新装版 **オイラーの贈物**

人類の至宝 $e^{i\pi}=-1$ を学ぶ

吉田 武 著

$$e^{i\pi}=-1$$

東海教育研究所

Eùler's Formula
−A New Style Textbook in Fundamental Mathematics

Takeshi YOSHIDA
Printed in Japan
ISBN978−4−924523−14−2

新装版まえがき

　我が国の高等教育システムの最大の問題点は，分野全体を見渡す「分の厚い統合的著作」が極めて少なく，それを活用した「概論講義」も準備されていないために，学習者が自分の置かれている位置や，学問全体の目的を容易に見出すことが出来ない点にある．要するに，出発点も到着点も明示せず，地図一つも持たせずに，「さあ頑張れ」と旅立ちばかりを勧めているような状況である．

　また本来「概論」は，入門であると同時に，そこから専門的な分野へと，滑らかに繋がっていなければならない．それは内容面だけではなく，学習者の興味を一つ上の段階へと，自然に導くようなものでなければならず，その意味で「十全な満足感」を与えるよりは，むしろ「少々の飢餓感」を与えて，より一層の向学心に火を点けるようなものであることが望ましい．

　要するに，学問の基礎を講ずるに際して，それが「次のより深いレベルでも応用可能な」，一般的な手法に配慮したものでなければならない．従って，図版に頼って数式を減らしたり，記号の操作に重点を置くあまり具体的な数値計算を疎かにしたりした著作は，「数学の概論書」としては適切ではないのである．

　そこで，「昭和末期」より構想を練り，「平成初期」より原稿を書いて，漸く出版にまで漕ぎ着けたのが，本書の元本 (A5 版) である．そして，時代は 21 世紀を迎え，それに相応しい携帯性を実現するために，文庫版としてリサイズした．これは専門書を「iPod 化する」ことが一つの目標であった．

　これらは全て我が国出版界の常識に反するものであった．それ故，充分な「産みの苦しみ」を味わった．結果的に，A5 版・文庫版合わせて十万部を越える部数が世に出回り，当初の「最低限の目的」は果たしたこともあって，双方とも著者自ら絶版とした．しかし，大変嬉しいことに，今なお旧著を探し求めてくださる方々がおられることから，ここに東海大学出版会の御賛同を得て，新装版として復活させることにした次第である (内容は文庫版とほぼ同じ)．

　世界が激動する中，我が国が安定した地位を占め，学生諸君が学問に邁進出来る環境にあらんことを念じて．高齢者の方々の自学自習に際し，他書参照の御手間が無いように念じて，「万古不易の学問」の概論書を三度ここに贈る．

はじめに

本書は，唯一つの式——オイラーの公式：

$$e^{i\theta} = \cos\theta + i\sin\theta$$

を理解することを目標に，基礎的な数学全般の学習が一人でできるように工夫した，全く新しい形式の入門書である．

　想定した読者層は，意欲溢れる中学・高校生から，大学一般教養の学生，数学に興味を持つ社会人などである．また，理・工学部の学生諸君が，本格的な数学書に挑戦する前に本書を読まれることも無駄ではないと思う．

　本書の具体的な特徴を以下に示す．

［1］自己完結している．

　基本的な内容に関して，他書を参照する必要がないよう留意した．例えば，一つの無理数に対して，その数が無理数であることの証明，具体的な大きさなど，初等的な範囲で記述できるものはすべて与えた．また，初学者が疑問に思う点などを丁寧に説明し，順次読み進んでいく中に，残された問題も解決するような構成をとった．

［2］代数，解析などの"分類"にこだわらない．

　学校では，色々な制約から科目を幾つかに細分し，教授することが多い．例えば，高校の数学においては，数学I，代数幾何，基礎解析，微分・積分，確率統計などに分けられ，学年別，コース別に取捨選択されている．これにより，数学を，有機的に結合した大きなものとして見る考え方が育成されず，木を見て森を見ない弊害が少なからず発生している．俗にいう受験優等生ほど，この傾向は強い．彼らは，与えられた問題を如何に機械的に解くか，この点にしか興味がなく，別解を探したり，他の分野とのつながりを考えたりする余裕も教育も受けていない．

　ところが，数学に限らず，実際に新しい問題に挑む場合には，既存の分類や

方法にばかり頼っていたのでは解決を得ない. このようなとき役に立つのは, 少数の基本的な事柄を確実に理解し, それらが全体の中でどのような位置を占めるのかを知ることである. これにより, 真に創造的な新しい方法を生み出すことが可能となる.

そこで, 本書では, 多くの教科書で用いられる, 代数, 解析, 幾何などの内容的な区別をなくし, 全体をオイラーの公式を学ぶために必要不可欠な数学的要素として統一的に扱った. 実際, 読者は上述した分類などに関わることなく, 知らない中に様々な事柄を学べるように配慮してある. 従って, 本書は, 受験参考書とは別の次元で, 受験生にも有用であると信ずる.

[3] 定義を重視する.

数学は "言葉" である. 従って, 用いる用語一つひとつの意味が, 確実に, しかも唯一つに定義されないと, 他者との "会話" は成り立たない.

定義に従って有意義な結果を得たとき, これを定理といい, 特に, 簡単な式の形で表現できるとき公式と呼ぶ. すなわち, 数学において基礎となる最も重要なものは, 定理 (公式) ではなく定義である.

ところが, 一般に, 受験の影響からか, 数学を暗記科目として処理しようとする傾向が強い. ここでは定義よりも公式を丸暗記することが最優先され, その結果, 定理の成立条件も知らず, 誤用する者も多い.

本書は基礎数学の書であるから, 当然, 定義を最重要視している. さらに, 先に述べた傾向に歯止めをかける意味からも, 得た結果を, 定理, 公式としてまとめなかった. 幾ら説明しても, 要約などを見て, "このページだけ覚えればいい" と勝手に納得する読者が出るのを恐れるためである. また, 同じ理由から, 公式という言葉自体もなるべく使わないように努力した (慣例として附随しているものは除く).

[4] 数値による計算を積極的に取り入れた.

我が国の教科書の記述は, たとえそれが初等的なものであっても, 抽象的であり網羅的である. 理論の骨格を示すことがその目的であり, 数値を代入する

具体的な計算などは講義で補うか，読者の演習という形に委ねられている．

その結果，多くの"やさしい～"と書かれた教科書は難しい．難解である，あるいは全く理解できないことが高級である，と錯覚する非常に奇妙な国民性がこれらの状況を支えている．また"分厚い本は売れにくい"という商業上の理由から本の内容はさらに洗練され，初学者にとってより敷居の高いものになっている．

一方，欧米の教科書は非常に具体的である．細かな式の計算や図を用いた繊細な説明があり，著者の教育にかける並々ならぬ意欲と力量が感じられる．彼らにとって，理解できないもの，あるいは説得力に欠けるものは，存在意義のないものである．よって，当然本は分厚くなる (千頁を越えるものも珍しくない)．しかし，値段は驚くほど安い．

九九の計算に始まる数値の具体的な計算練習，一本の補助線が解決の糸口を与える初等幾何などは，我々の数学的な感覚を磨いてくれる．これらの素直な延長として，本書では，登場するすべての無理数の値を 8 桁の電卓を用いて求めた．また，代数方程式の根，三角関数の値なども実際に数値計算し，天下り的な記述を排除した．詳細な計算に伴う頁数の増加は恐れなかった．我が国にも，分の厚い，独習に堪え得る本がそろそろ必要ではないかと思う．

[5] 式番号を省略した．

良い文章は，文末に向かって上から下へ一気に読め，上下に読み直したり，後戻りが必要な文章は悪文である，といわれる．本書では，この点を徹底的に追求し，式の重複を厭わず，全体を後戻りせずに読み切れるように，文章の流れを特に重視した．このことにより生じる記述の冗長さも，初学者にとっては，かえって理解の助けになると考え，理工書の"常識"である式番号をあえて省略した．

以上，本書の特徴と精神を簡単に述べた．本書に即効性はない．じっくり，のんびり楽しみながら読んで頂きたい．

目次

新装版まえがき／はじめに

新装版 オイラーの贈物

第 I 部

基礎理論

Basic Theory

今日知られている数の性質は，大部分が観察に
よって明るみに出たのであり，それが真実であ
ることが厳密な証明によって確かめられるより
ずっと前に分かっていたのである．　　オイラー

第1章 　　　　　パスカルの三角形

Pascal's Triangle

　本章では，**数 (number)** に関する話題を中心に，その種類や計算法則などについて述べ，展開の係数の持つ性質や，数の和の求め方について考える——自然数から実数に至る数の関係，相互の加減乗除，大小関係などの極めて基本的な事柄は既知とする．また，第 I 部において，最も重要な役割を担う極限の概念や，無限数列の収束・発散などについて，その基礎を論じる．

1.1　数の種類

　物の個数を数えることから**自然数 (natural number)** という概念が生まれた．そして，我々は問題を解く必要に迫られて，一つまた一つと数の概念を拡張し充実させてきた．数，それ自身を学ぶことから，数学の学習を始めよう．

　先ず，数の種類について，簡単に表の形にまとめておく．各々の数の性質と共に，その包含関係が重要である．なお，自然数を N，整数を Z，有理数を Q，実数を R，複素数を C，と略記する場合が多いが，本書ではこれを用いない——この記法による場合は，筆記体 $\mathcal{N}, \mathcal{Z}, \mathcal{Q}, \mathcal{R}, \mathcal{C}$ を用いるなど，書体に様々な工夫をして，他と紛れがないようにするのが慣例である．

```
┌─────────────────────────────────────────────────────────────────────┐
│ 自然数 (＝正の整数), }                有理数：m/n                      │
│ 0 , 及び 負の整数   } 整数 }            (m：整数, n：自然数)  } 実数 } 複素数 │
│                                                                       │
│ 有限小数：0.25, −1.6, 等 } 分数 }                                      │
│ 循環小数：0.31818···, 等 }            無理数：循環しない              │
│                                        無限小数, √2, π 等  } 虚数      │
└─────────────────────────────────────────────────────────────────────┘
```

1.1.1　自然数と素数

　自然数で 1 とその数自身の他に，**約数 (divisor)** を持たないものを**素数 (prime number)** という．最小の素数は 2 である[注1]．

　素数以外の自然数を**合成数 (composite number)** と呼ぶ．合成数は素数の積で表すこと——**素因数分解 (factorization into prime factors)**——ができる．このとき素数を掛ける順序を考慮しなければ，分解は一意に決まる．これを素因数分解の**一意性 (uniqueness)** という．1 を素数としないのは，この一意性を保持するためである．ある自然数 N までのすべての素数を求めるには

> ◆ 最小の素数 2 で割り切れる数，すなわち，2 の**倍数 (multiple)** 4, 6, 8, ... を消去する——これを**偶数 (even number)**，他を**奇数 (odd number)** と呼ぶ.
>
> ◆ 続いて，3 の倍数 6, 9, 12, ... を消去する.
>
> ◆ これを $\left[\sqrt{N}\right]$ まで繰り返し，順次割り切れる数を消していくと，最後に素数だけが残る ($[N]$ は N を越えない最大の整数を表す，**ガウスの記号 (Gauss′ symbol)** である).

この方法は，**エラトステネスの篩 (Eratosthenes′ sieve)** と呼ばれ，素数を組織的に求めるための方法として，現在もなお意味を持っている[注2]．

[注1] 自然数 2 は唯一偶数の素数で**偶素数**と呼ばれる.

[注2] 附録：「素数に関する定理」の項参照.

例題 具体的に 1 から 100 の間の素数を求めよう.

初めに, 100 までの数を表の形に書き, 2 を除く偶数と 1 を, 続いて, 素数 3, 5, 7 の倍数を消去する. 残った最小数 11 は $\left[\sqrt{100}\right] = 10$ を越えているので作業は終了し, 以下の結果を得る.

1	2	3	4	5	6	7	8	9	10
11	12	13	14	15	16	17	18	19	20
21	22	23	24	25	26	27	28	29	30
31	32	33	34	35	36	37	38	39	40
41	42	43	44	45	46	47	48	49	50
51	52	53	54	55	56	57	58	59	60
61	62	63	64	65	66	67	68	69	70
71	72	73	74	75	76	77	78	79	80
81	82	83	84	85	86	87	88	89	90
91	92	93	94	95	96	97	98	99	100

*	2	3	*	5	*	7	*	9	*
11	*	13	*	15	*	17	*	19	*
21	*	23	*	25	*	27	*	29	*
31	*	33	*	35	*	37	*	39	*
41	*	43	*	45	*	47	*	49	*
51	*	53	*	55	*	57	*	59	*
61	*	63	*	65	*	67	*	69	*
71	*	73	*	75	*	77	*	79	*
81	*	83	*	85	*	87	*	89	*
91	*	93	*	95	*	97	*	99	*

[1] 先ず, **2** を除く偶数と **1** を消す

	2	3		5		7		*
11		13		*		17		19
*		23		25		*		29
31		*		35		37		*
41		43		*		47		49
*		53		55		*		59
61		*		65		67		*
71		73		*		77		79
*		83		85		*		89
91		*		95		97		*

[2] 残った **3** の倍数 (9, 15, …) を消す

	2	3		5		7		
11		13				17		19
		23		*				29
31				*		37		
41		43				47		49
		53		*				59
61				*		67		
71		73				77		79
		83		*				89
91				*		97		

[3] 残った **5** の倍数 (25, 35, …) を消す

	2	3		5		7		
11		13				17		19
		23						29
31						37		
41		43				47		*
		53						59
61						67		
71		73				*		79
		83						89
*						97		

[4] 残った **7** の倍数 (**49, 77, 91**) を消す

すなわち, この範囲の中の素数は次の 25 個である.

$$2,\ 3,\ 5,\ 7,\ 11, 13, 17, 19, 23, 29, 31, 37, 41,$$
$$43, 47, 53, 59, 61, 67, 71, 73, 79, 83, 89, 97.$$

さらに, 上表の合成数を素因数分解してまとめると次表のようになる.

1	2	3	2^2	5	$2 \cdot 3$	7	2^3	3^2	$2 \cdot 5$
11	$2^2 \cdot 3$	13	$2 \cdot 7$	$3 \cdot 5$	2^4	17	$2 \cdot 3^2$	19	$2^2 \cdot 5$
$3 \cdot 7$	$2 \cdot 11$	23	$2^3 \cdot 3$	5^2	$2 \cdot 13$	3^3	$2^2 \cdot 7$	29	$2 \cdot 3 \cdot 5$
31	2^5	$3 \cdot 11$	$2 \cdot 17$	$5 \cdot 7$	$2^2 \cdot 3^2$	37	$2 \cdot 19$	$3 \cdot 13$	$2^3 \cdot 5$
41	$2 \cdot 3 \cdot 7$	43	$2^2 \cdot 11$	$3^2 \cdot 5$	$2 \cdot 23$	47	$2^4 \cdot 3$	7^2	$2 \cdot 5^2$
$3 \cdot 17$	$2^2 \cdot 13$	53	$2 \cdot 3^3$	$5 \cdot 11$	$2^3 \cdot 7$	$3 \cdot 19$	$2 \cdot 29$	59	$2^2 \cdot 3 \cdot 5$
61	$2 \cdot 31$	$3^2 \cdot 7$	2^6	$5 \cdot 13$	$2 \cdot 3 \cdot 11$	67	$2^2 \cdot 17$	$3 \cdot 23$	$2 \cdot 5 \cdot 7$
71	$2^3 \cdot 3^2$	73	$2 \cdot 37$	$3 \cdot 5^2$	$2^2 \cdot 19$	$7 \cdot 11$	$2 \cdot 3 \cdot 13$	79	$2^4 \cdot 5$
3^4	$2 \cdot 41$	83	$2^2 \cdot 3 \cdot 7$	$5 \cdot 17$	$2 \cdot 43$	$3 \cdot 29$	$2^3 \cdot 11$	89	$2 \cdot 3^2 \cdot 5$
$7 \cdot 13$	$2^2 \cdot 23$	$3 \cdot 31$	$2 \cdot 47$	$5 \cdot 19$	$2^5 \cdot 3$	97	$2 \cdot 7^2$	$3^2 \cdot 11$	$2^2 \cdot 5^2$

◇◇◇◇◇◇◇◇◇◇◇◇◇◇   参考   ◇◇◇◇◇◇◇◇◇◇◇◇◇◇◇

| 最大の素数 |

素数は無限に存在する[注3]．しかし，素数を順に生成する公式は発見されていないので，計算機を用いて，より大きな素数を具体的に探すしかない．例えば

$$2^{13466917} - 1 \qquad (2001.11.4.)$$

である．これは「約405万桁の数」である[注4]．このように $2^M - 1$ の形をした素数を**メルセンヌ数 (Mersenne number)** という．現在「何番目」と確定しているメルセンヌ数は，上記のものを除いて，次の38個である．

$M = 2,\ 3,\ 5,\ 7,\ 13,\ 17,\ 19,\ 31,\ 61,\ 89,\ 107, 127,\ 521, 607,\ 1279,$
$\qquad 2203,\ 2281,\ 3217,\ 4253,\ 4423,\ 9689,\ 9941,\ 11213,\ 19937,$
$\qquad 21701,\ 23209, 44497,\ 86243,\ 110503,\ 132049,\ 216091,\ 756839,$
$\qquad 859433,\ 1257787,\ 1398269,\ 2976221,\ 3021377,\ 6972593.$

また、相互間に未見の素数が存在するか否か、確認されていないため、何番目とは呼べない7個：$M = 20996011,\ 24036583,\ 25964951,\ 30402457,\ 32582657,$ $43112609,\ 37156667$ がある．最後の二数は1000万桁を越えており、大きさと発見順が逆転した最初の例となっている (2008.9.6.現在)．

[注3] 附録：「整数論の基本定理」「素数に関する定理」の項参照．
[注4] 正確には，4053946 桁である．

1.1.2 実数

実数は，有理数と無理数から構成されている．**有理数 (rational number)** とは，**比 (ratio)** で書ける数——整数を含めた広い意味の分数——のことであり，**無理数 (irrational number)** とは，"比" では表し得ない数を意味する[注5]．

さて，ある対象を考察する場合，そのものの持つ性質を主に述べて全体像を捕まえる方法を**定性的 (qualitative)** な方法と呼び，その量，あるいは大きさに注目して議論する方法を**定量的 (quantitative)** な方法と呼ぶ．実際に対象をより深く理解するためには，この両面からの綿密な議論が必要であり，どちらが欠けても充分ではない．

例えば，一辺の長さが 1 の正方形の対角線の長さ——すなわち，2 の平方根——は無理数なので，分数の形には書けない．循環しない**無限小数 (infinite decimal)** なので，幾ら桁数を多く取っても真値には等しくならない．これはこの数の持つ定性的な側面である．しかし，具体的な大きさ

$$\sqrt{2} = 1.41421356\cdots$$

を無視しては，他の数との大小の比較もできない．

このように，一つの数を考える場合にも，その数の持つ性質，大きさ，さらには生い立ちなどを知って，初めて身近に感じられるようになるのである．

与えられた無理数の大きさを**評価 (estimation)** する方法を，自然数の**平方根 (square root)** の場合について与えておこう．評価とは，実数値をそれより大きい数 (あるいは小さい数) を求めることにより推定することである．

先ず，自然数を大きさの順に並べて書く．

$$1 < 2 < 3 < 4 < 5 < 6 < 7 < 8 < 9 < \cdots$$

記号 $<$，$>$ を**不等号 (inequality sign)** といい，不等号を含む式を**不等式 (inequality)** と呼ぶ．

[注5] この語義に従えば，**有比数**，**無比数**と訳すべきだろう．

自然数 a, b に対して，$a < b$ ならば，$\sqrt{a} < \sqrt{b}$ となるので，以下の不等式

$$\sqrt{1} < \sqrt{2} < \sqrt{3} < \sqrt{4} < \sqrt{5} < \quad \sqrt{6} \quad < \sqrt{7} < \quad \sqrt{8} \quad < \sqrt{9} < \cdots$$
$$\| \qquad\qquad\qquad \| \qquad\qquad\qquad\qquad\qquad\qquad\quad \|$$
$$1 \quad < \sqrt{2} < \sqrt{3} < \quad 2 \quad < \sqrt{5} < \sqrt{2}\sqrt{3} < \sqrt{7} < 2\sqrt{2} < \quad 3 \quad < \cdots$$

が成り立つ．これより，$\sqrt{5}$ の大きさは

$$\boxed{2 < \sqrt{5} < 3}$$

と評価できる．素因数分解の表を利用すれば，大きさの評価をさらに続けていくことができる．

　ところで，あの何桁にもおよぶ無理数の小数表示は，どのようにして求められたのだろう．また，循環しない小数だと何故分かるのだろう．この問いに対する答えは本書を読み進むに従って明らかになるだろう[注6]．

$\boxed{\text{問題 1}}$　29 の平方根の大きさを評価せよ．

　実数は**数直線 (number line)** を使って図示できる．幾つかの数を実際に数直線上に書いてみよう．

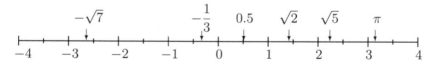

このように，実数が図示できるのは，実数に切れ目がない——**連続である**という——ことによる．今後，実数のある範囲について議論するとき，以下の**記法 (notation)** を用いる．

閉区間：$a \leqq x \leqq b \Rightarrow [a,\ b]:$　●——●

開区間：$a < x < b \Rightarrow (a,\ b):$　○——○

[注6] 附録：「無理数であることの証明」の項参照．

前者を**閉区間** (closed interval)，後者を**開区間** (open interval) と呼ぶ．閉区間の場合には両端の点 a, b——これを**端点** (end point) という——を含む．また

$$a < x \leqq b \;\Rightarrow\; (a,\; b] : \quad \text{—}\bigcirc\text{———}\bullet\text{—}$$

$$a \leqq x < b \;\Rightarrow\; [a,\; b) : \quad \text{—}\bullet\text{———}\bigcirc\text{—}$$

を共に**半開区間** (semi-open interval) と呼ぶ．

　ここで，記号 $|x|$ を導入しよう．$|x|$ は**絶対値** (absolute value)x と読み，x の正負に関わりなく，その大きさのみを取り出す．すなわち

$$|x| \equiv \begin{cases} x & (x \geqq 0 \text{ のとき}) \\ -x & (x < 0 \text{ のとき}) \end{cases}$$

である[注7]．この記号を用いれば，不等式 $-\alpha < x < \alpha$ を簡潔に

$$|x| < \alpha, \quad (\text{ただし}, \; \alpha > 0)$$

と表せる．これは幾何的に考えれば，数直線上の 0 を中心とした幅 2α の中に数 x が存在することを意味する．

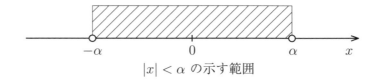

$|x| < \alpha$ の示す範囲

二数 a, b の正負を場合分けすることにより，容易に

$$\boxed{|ab| = |a||b|}$$

を得る．また，任意の a, b に対して

$$-|a| \leqq a \leqq |a|, \quad -|b| \leqq b \leqq |b|$$

[注7] $\equiv$ は左辺を右辺で**定義** (definition) する記号である．

が成り立つので，辺々を加えて

$$-(|a| + |b|) \leq a + b \leq |a| + |b|.$$

これは絶対値記号の定義によって

$$\boxed{|a + b| \leq |a| + |b|}$$

と書け，**三角不等式 (triangle inequality)** と呼ばれる．等号は $ab \geq 0$ のとき成り立つ．上式において a を $(a - b)$ と置き換えると

$$|(a - b) + b| = |a| \leq |a - b| + |b|$$

より

$$\boxed{|a| - |b| \leq |a - b|}$$

を得る．これらは最も基本的な不等式である．

さて，本章の初めの表において，**循環小数 (recurring decimal)** は分数になる，と記されている．例として

$$A = 0.33333 \cdots (無限に続く)$$

について考えよう．両辺を 10 倍して

$$10A = 3.33333 \cdots = 3 + A$$

より，$9A = 3$．よって

$$A = \frac{1}{3}$$

となる．ところで，この結論は

$$\boxed{0.9999999999 \cdots = 1}$$

を意味する．すなわち，一つの数が「0.999999999$\cdots$」と「1」の二通りに表されることになる．

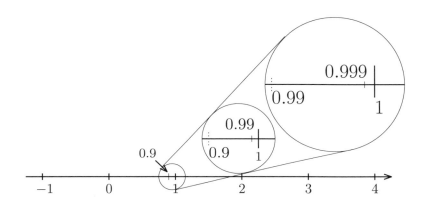

これは実数の**連続性 (continuity)** に関する理解の程度を試す問題である．上式において

9 が無限に続く

としたところが重要な点で，もし 1 に無限に近づいて行く左辺が右辺と異なるとすると，そこに穴が開いてしまい，連続性の仮定に反する．よって，実数の連続性を保持するためには，上記二通りの記述方法を共に**等**しいとして認める必要がある．

問題 2 0.3181818⋯ を分数表示せよ．

◇◇◇◇◇◇◇◇◇◇◇◇◇　**参考**　◇◇◇◇◇◇◇◇◇◇◇◇◇

| 循環小数 |

　循環小数において，繰り返される数の一つのまとまりを，**循環節 (recurring period)** と呼び，節の始まりと終わりの数の上に黒丸を打って，これを略記する．例えば

$$0.14285714285714\cdots \Rightarrow 0.\dot{1}4285\dot{7}, \qquad 0.833333\cdots \Rightarrow 0.8\dot{3}.$$

循環節が小数第一位から始まるものを**純循環小数 (pure recurring decimal)**，第二位以降から始まるものを**混循環小数 (mixed-)** と呼ぶ．混循環小数は，**有限小数 (finite decimal)** と循環小数の二つの要素から成り立っている．

　純循環小数を“機械的”に分数に直すには，**分子 (numerator)** に循環節を取り，**分母 (denominator)** に同じ桁数だけの 9 を並べ，**約分 (abbreviation)** すればよい．すなわち

$$0.\dot{1}4285\dot{7} = \frac{142857}{999999} = \frac{1}{7}.$$

混循環小数の場合には，有限小数の部分を分離し，残った循環節を小数第一位から始まるようにして処理する．

$$0.8\dot{3} = 0.8 + 0.0\dot{3} = \frac{8}{10} + \frac{1}{10} \times 0.\dot{3}$$
$$= \frac{8}{10} + \frac{1}{10} \times \frac{3}{9} = \frac{75}{90} = \frac{5}{6}.$$

これは**ロバートソン (J.Robertson,1712-1776)** による方法と呼ばれる．

◇◇◇◇◇◇◇◇◇◇◇◇◇◇◇◇◇◇◇◇◇◇◇◇◇◇◇◇◇◇◇◇◇◇◇◇

1.2 二項展開とパスカルの三角形

1.2.1 計算の法則

今後用いる用語と法則について簡単に説明しておく.

数や文字の掛け算で表された一つの単位を**項 (term)**,項の中で注目している文字以外の数や文字を**係数 (coefficient)** という.

一つの項からなる式を**単項式 (monomial)**,単項式の和のことを**多項式 (polynomial)** と呼ぶ.多項式のことを**整式**ともいう.

二つの多項式の**商 (quotient)** の形で与えられる式を**有理式 (rational expression)**,あるいは**分数式 (fractional expression)** と呼ぶ.これは,数における整数・有理数の概念の式への拡張になっている.

A, B, C を数,あるいは整式とするとき,加法,乗法の規則として**交換法則 (commutative law)**,**結合法則 (associative law)**,**分配法則 (distributive law)** と呼ばれる以下の三つの法則が成り立つ.

$$
\begin{aligned}
&\text{交換法則}: A + B = B + A, && A \times B = B \times A. \\
&\text{結合法則}: (A + B) + C = A + (B + C), && (A \times B) \times C = A \times (B \times C). \\
&\text{分配法則}: A \times (B + C) = A \times B + A \times C, && (A + B) \times C = A \times C + B \times C.
\end{aligned}
$$

k 個の a の積を a^k と書き,a の k 乗と読む——k を**指数 (exponent)** という.

$$
a^k \equiv \underbrace{a \times a \times a \times \cdots \times a}_{k \text{ 個}}
$$

また,この演算には**指数法則 (exponential law)**:

$$
a^m a^n = a^{m+n}, \quad (a^m)^n = a^{mn}, \quad (ab)^n = a^n b^n
$$

が成り立つ.特に,$a^0 = 1, a^{-m} = 1/a^m$ であると約束する.

上記法則を用いて，a と b の和の二乗を計算すると

$$\begin{aligned}(a+b)^2 &= (a+b)(a+b) = (a+b)a + (a+b)b \\ &= aa + ba + ab + bb = a^2 + 2ab + b^2.\end{aligned}$$

同様にして，三乗を求めると

$$\begin{aligned}(a+b)^3 &= (a+b)^2(a+b) = (a^2+2ab+b^2)(a+b) \\ &= a^3 + 3a^2b + 3ab^2 + b^3\end{aligned}$$

となる．これを繰り返して

$$\begin{aligned}(a+b)^4 &= a^4 + 4a^3b + 6a^2b^2 + 4ab^3 + b^4, \\ (a+b)^5 &= a^5 + 5a^4b + 10a^3b^2 + 10a^2b^3 + 5ab^4 + b^5, \\ (a+b)^6 &= a^6 + 6a^5b + 15a^4b^2 + 20a^3b^3 + 15a^2b^4 + 6ab^5 + b^6, \\ &\vdots\end{aligned}$$

これら一連の計算を**二項展開 (binomial expansion)** といい，各項の係数を**二項係数 (binomial coefficient)** と呼ぶ．展開の各項において，a の指数と b の指数の和は，n に等しい．係数の部分だけを取り出して並べると，右図のようになる．図は左右対称であり，線で結ばれた上段の二数の和が下段の数になること，両端から一つ内側の数が，それぞれその段の n に一致すること，などを示している．これを**パスカルの三角形 (Pascal's triangle)** と呼ぶ．この名は**パスカル (B.Pascal,1623-1662)** に由来し，その著書『**算術三角形論**』(1654) にその出典がある．しかし，それよりも三百年以上早く，元の数学者朱世傑の『**四元玉鑑**』(1303) にも同様な記述のあることが知られている．

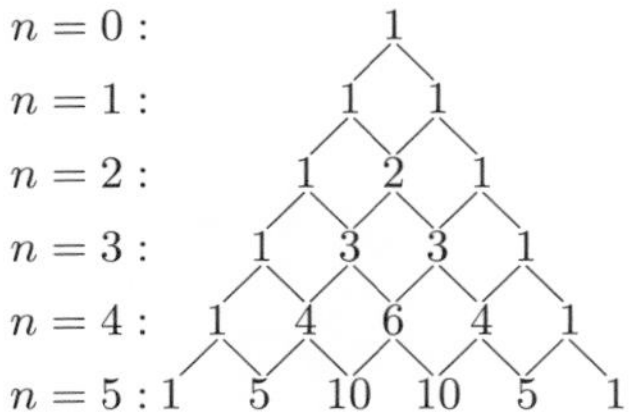
n = 0 : 1
n = 1 : 1 1
n = 2 : 1 2 1
n = 3 : 1 3 3 1
n = 4 : 1 4 6 4 1
n = 5 : 1 5 10 10 5 1

ここで，自然数の**階乗 (factorial)** を定義しておこう．これは

$$1 = 1!,\quad 1\times 2 = 2!,\quad 1\times 2\times 3 = 3!,\quad 1\times 2\times 3\times 4 = 4!, \ldots$$

すなわち

$$1 \times 2 \times 3 \times 4 \times \cdots \times n = n!$$

と書く約束のことである．特に，$0! = 1$ とする．また，偶数だけ，あるいは奇数だけの掛け算をそれぞれ

$$2 \times 4 \times 6 \times \cdots \times (2n-2) \times 2n = (2n)!!,$$
$$1 \times 3 \times 5 \times \cdots \times (2n-3) \times (2n-1) = (2n-1)!!$$

と書く．$(-1)!! = 0!! = 1$ と約束する．これらの記法と階乗の間には

$$
\begin{aligned}
(2n)!! &= 2 \times 4 \times 6 \times \cdots 2n \\
&= (2 \times 1) \times (2 \times 2) \times (2 \times 3) \times \cdots \times (2 \times n) \\
&= 2^n \times (1 \times 2 \times 3 \times \cdots \times n) = 2^n n!, \\
(2n-1)!! \times (2n)!! &= [1 \times 3 \times 5 \times \cdots \times (2n-1)] \times (2 \times 4 \times 6 \times \cdots 2n) \\
&= 1 \times 2 \times 3 \times 4 \times \cdots \times 2n = (2n)!
\end{aligned}
$$

より

$$(2n)!! = 2^n n!, \quad (2n-1)!! = (2n)!/2^n n!$$

という関係がある[注8]．

　問題 3　素因数分解を利用して，10!, 20!! と 100! を求めよ．

1.2.2　二項定理

　階乗の記号を用いて，二項係数は

$${}_n\mathrm{C}_r \equiv \frac{n!}{r!(n-r)!}, \text{ あるいは } \begin{bmatrix} n \\ r \end{bmatrix} \equiv \frac{n!}{r!(n-r)!}$$

[注8] 附録：「10 までの自然数の階乗とその逆数」「20 までの整数の!!」の項参照．

と表される．これは，相異なる n 個のものから，r 個を取る**組合せ (combination)** の総数を示す．文字 C は Combination の頭文字である．この記号で重要な部分は，**添字 (suffix)** の n と r であり，${}_nC_r$ と書いたのでは，最も重要な文字が目立たないので，右側の記号を用いる場合も多い[注9]．

記号 ${}_nC_r$ を用いて，二項展開は

$$(a+b)^n = {}_nC_0 a^n + {}_nC_1 a^{n-1}b + {}_nC_2 a^{n-2}b^2 + \cdots + {}_nC_n b^n$$

と整理できる．幾つかの項を具体的に計算すると

$$
{}_nC_0 = \frac{n!}{0!(n-0)!} = \frac{n!}{n!} = 1,
$$

$$
{}_nC_1 = \frac{n!}{1!(n-1)!} = \frac{1 \times 2 \times \cdots \times (n-1) \times n}{1 \times [1 \times 2 \times \cdots \times (n-1)]} = n,
$$

$$
{}_nC_2 = \frac{n!}{2!(n-2)!} = \frac{1 \times 2 \times \cdots \times (n-2) \times (n-1) \times n}{2! \times [1 \times 2 \times \cdots \times (n-2)]} = \frac{n(n-1)}{2},
$$

$$
\vdots
$$

$$
{}_nC_n = \frac{n!}{n!(n-n)!} = \frac{1}{0!} = 1.
$$

これらを $(a+b)^n$ に**代入 (substitution)** して

$$(a+b)^n = a^n + na^{n-1}b + \frac{1}{2}n(n-1)a^{n-2}b^2 + \cdots + b^n$$

を得る．これは**総和の記号** $\sum$ **(summation sign)** を用いて

$$\boxed{(a+b)^n = \sum_{k=0}^{n} {}_nC_k a^{n-k}b^k}$$

と略記される[注10]．上式を**二項定理 (binomial theorem)** と呼ぶ[注11]．

[注9] 附録：「順列と組合せ」の項参照．

[注10] 添字 k は**無効添字 (dummy suffix)** と呼ばれるもので，結果に無関係なので他の文字と重複しなければ何を用いてもよい．

[注11] 附録：「数学的帰納法と帰謬法」の項参照．

パスカルの三角形の構造を二項係数を用いて確認しておこう．第 k 項と第 $(k+1)$ 項の二項係数の和を，定義に従って計算すると

$$_n\mathrm{C}_k + {}_n\mathrm{C}_{k+1} = \frac{n!}{k!(n-k)!} + \frac{n!}{(k+1)![n-(k+1)]!}$$

$$= \frac{n!}{(1 \times 2 \times \cdots \times k) \times [1 \times 2 \times \cdots \times (n-k-1) \times (n-k)]}$$

$$+ \frac{n!}{[1 \times 2 \times \cdots \times k \times (k+1)] \times [1 \times 2 \times \cdots \times (n-k-1)]}$$

$$= \frac{(k+1) \times n!}{[1 \times 2 \times \cdots \times k \times (k+1)] \times [1 \times 2 \times \cdots \times (n-k-1) \times (n-k)]}$$

$$+ \frac{(n-k) \times n!}{[1 \times 2 \times \cdots \times k \times (k+1)] \times [1 \times 2 \times \cdots \times (n-k-1) \times (n-k)]}$$

$$= \frac{(k+1) \times n!}{(k+1)!(n-k)!} + \frac{(n-k) \times n!}{(k+1)!(n-k)!}$$

$$= \frac{(k+1+n-k) \times n!}{(k+1)!(n-k)!} = \frac{n! \times (n+1)}{(k+1)!(n-k)!}$$

$$= \frac{(n+1)!}{(k+1)!(n-k)!} = \frac{(n+1)!}{(k+1)![(n+1)-(k+1)]!}$$

$$= {}_{n+1}\mathrm{C}_{k+1}$$

となる．すなわち，二項係数の相互関係：

$$\boxed{{}_n\mathrm{C}_k + {}_n\mathrm{C}_{k+1} = {}_{n+1}\mathrm{C}_{k+1}, \quad (k=0,1,2,\ldots,n)}$$

が三角形の構造を決めるのである．

問題 4 定義に従って $_4\mathrm{C}_2 + {}_4\mathrm{C}_3$ を計算し，$_5\mathrm{C}_3$ に一致することを確かめよ．

参考

二項分布

　ある**事象 (event)** A の起こる**確率 (probability)** p が与えられている．この確率は全く独立であって，複数回の試行に対して前後の結果は互いに影響を及ぼさないとする．これを**ベルヌーイ試行 (Bernoulli trial)** と呼ぶ．このとき，n 回の独立試行に対して，A が x 回起こる確率は

$$A(x) = {}_nC_x p^x (1-p)^{n-x}, \quad (x = 0, 1, 2, \ldots, n)$$

で与えられる．これを**二項分布 (binomial distribution)** と呼ぶ．この名称は $(1-p)$ を q とおくと

$$A(x) = {}_nC_x p^x q^{n-x}$$

となり，$A(x)$ が $(p+q)^n$ の展開の各項に相当することに由来する．

　例えば，四枚の硬貨を同時に投げて，四枚とも表が出る確率は，$n = 4$, $p = 1/2$, $x = 4$ を代入して

$$A(4) = {}_4C_4 \left(\frac{1}{2}\right)^4 \left(1 - \frac{1}{2}\right)^0 = \frac{1}{16}$$

と求められる．

1.3 パスカルの三角形に色を塗る

自然数 a, b に対して，$(a-b)$ が m の整数倍になるとき，a は m を**法 (modulus)** として，b と**合同 (congruence)** であるといい，以下のように表す．

$$\boxed{a \equiv b \quad (\text{mod. } m)}$$

これを**合同式 (congruence equation)** という．すなわち，a と b が合同であるとは，a, b を m で割ったときに，その余りが等しいことである[注12]．

例えば，時計の読みにおいて，午後 5 時と 17 時は同じ時刻を示すが，これは $17 - 5 = 1 \times 12$ より，合同式を用いて，以下のように表される．

$$17 \equiv 5 \quad (\text{mod. } 12)$$

すべての日付を七日目ごとに区切ると，七種類に分けられる．すなわち，曜日とは 7 を法として日付を分類する方法である．同様に，$60, 24, 365$ などを法とする例を考えれば，合同の示す意味がさらに明瞭になるだろう．

さて，パスカルの三角形を構成する数字を自然数 k で割り，その余りに注目する．すなわち，k を法として各数字を分類する．例えば，2 で割ると余りは 0 と 1 であり，各係数を偶数と奇数に分けることになる．余りに対して何か適当な色を決めて塗り分けると，次頁に示すような幾何学模様ができる．

これは右図を単位として構成されており，全体と細部が同じ構造を持っている．これを**自己相似図形**という．k を変えることにより模様は変わるが，それらに共通していることは，割り切れる数が最も多いことである．そのために下の段にいくに従って，同色部分の面積が増えていく[注13]．最近はスポーツの応援に色板を使ったり，人文字コンテストなども盛んであるが，この種の図形も配色次第で美しいものになるだろう．

注12 本節においてのみ，記号 $\equiv$ を上述の意味で用いる．
注13 附録 B の白紙三角形を利用して塗り分けに挑戦して下さい．

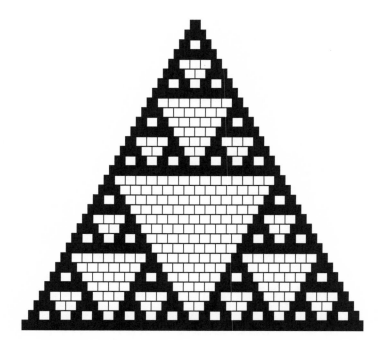

2 で割った余りが 0 なら □，1 なら ■ とした場合

◇◇◇◇◇◇◇◇◇◇◇◇ **参考** ◇◇◇◇◇◇◇◇◇◇◇◇

フラクタル図形

　上図は，以下の全く異なる過程からも導き出せる．

　　　[1] 基準となる正三角形を描き，各辺の中点を線で結ぶ．
　　　[2] 元の正三角形は中央部の逆向きの正三角形と，
　　　　　　その外側の三つの正立した正三角形に分割される．
　　　[3] 外側の正三角形を基準三角形と見做し，[1] へ戻る．

これを希望の回数だけ繰り返すことにより，上図の構造は再現される．この過程により描かれる図形を**シェルピンスキーのガスケット**と呼ぶ．このような自己相似図形は，一般に**フラクタル図形**と呼ばれる．

◇◇◇◇◇◇◇◇◇◇◇◇◇◇◇◇◇◇◇◇◇◇◇◇◇◇◇◇◇◇◇◇◇◇

1.4 無限数列とその極限

1.4.1 パスカルの三角形と数列

パスカルの三角形の各段の数の和を求めよう.

各段の数の和を, その段の番号 n を添字として, $S_n \, (n = 0 \sim 5)$ と書くと

$n = 0 :$ 1 $\Rightarrow S_0 = 1 = 2^0$

$n = 1 :$ 1   1 $\Rightarrow S_1 = 1 + 1 = 2 = 2^1$

$n = 2 :$ 1   2   1 $\Rightarrow S_2 = 1 + 2 + 1 = 4 = 2^2$

$n = 3 :$ 1   3   3   1 $\Rightarrow S_3 = 1 + 3 + 3 + 1 = 8 = 2^3$

$n = 4 :$ 1   4   6   4   1 $\Rightarrow S_4 = 1 + 4 + 6 + 4 + 1 = 16 = 2^4$

$n = 5 :$ 1   5   10   10   5   1 $\Rightarrow S_5 = 1 + 5 + 10 + 10 + 5 + 1 = 32 = 2^5$

となる. これより "和は一段ごとに倍々と増えていく" と予想できる. 二項係数を用いて書き直すと, 各段の関係が見やすくなる.

$$
\begin{aligned}
&{}_0C_0 &&\Rightarrow S_0 = {}_0C_0 \\
&{}_1C_0 \quad {}_1C_1 &&\Rightarrow S_1 = {}_1C_0 + {}_1C_1 \\
&{}_2C_0 \quad {}_2C_1 \quad {}_2C_2 &&\Rightarrow S_2 = {}_2C_0 + {}_2C_1 + {}_2C_2 \\
&{}_3C_0 \quad {}_3C_1 \quad {}_3C_2 \quad {}_3C_3 &&\Rightarrow S_3 = {}_3C_0 + {}_3C_1 + {}_3C_2 + {}_3C_3 \\
&{}_4C_0 \quad {}_4C_1 \quad {}_4C_2 \quad {}_4C_3 \quad {}_4C_4 &&\Rightarrow S_4 = {}_4C_0 + {}_4C_1 + {}_4C_2 + {}_4C_3 + {}_4C_4 \\
&{}_5C_0 \, {}_5C_1 \, {}_5C_2 \, {}_5C_3 \, {}_5C_4 \, {}_5C_5 &&\Rightarrow S_5 = {}_5C_0 + {}_5C_1 + {}_5C_2 + {}_5C_3 + {}_5C_4 + {}_5C_5
\end{aligned}
$$

すなわち, 第 n 段の和 S_n は二項係数を用いて

$$
S_n = \sum_{k=0}^{n} {}_nC_k \quad (= {}_nC_0 + {}_nC_1 + {}_nC_2 + {}_nC_3 + \cdots + {}_nC_n).
$$

同様に第 $(n+1)$ 段の和は, 次式のように表せる.

$$
S_{n+1} = \sum_{k=0}^{n+1} {}_{n+1}C_k.
$$

先の予想を確かめるために，S_{n+1} と S_n の関係を調べよう．二項係数の定義と相互の関係：$_n\mathrm{C}_k + {}_n\mathrm{C}_{k+1} = {}_{n+1}\mathrm{C}_{k+1}$ を用いて S_{n+1} を変形すると

$$
\begin{aligned}
S_{n+1} &= \sum_{k=0}^{n+1} {}_{n+1}\mathrm{C}_k = {}_{n+1}\mathrm{C}_0 + \sum_{k=1}^{n} {}_{n+1}\mathrm{C}_k + {}_{n+1}\mathrm{C}_{n+1} \\
&= 1 + \sum_{k=0}^{n-1} {}_{n+1}\mathrm{C}_{k+1} + 1 \\
&= 1 + \sum_{k=0}^{n-1} ({}_n\mathrm{C}_k + {}_n\mathrm{C}_{k+1}) + 1 \\
&\quad\Downarrow 1 \text{ を書き直して} \\
&= \left({}_n\mathrm{C}_n + \sum_{k=0}^{n-1} {}_n\mathrm{C}_k \right) + \left({}_n\mathrm{C}_0 + \sum_{k=0}^{n-1} {}_n\mathrm{C}_{k+1} \right) \\
&\qquad\qquad\qquad\Downarrow \text{番号を附け直す} \\
&= \sum_{k=0}^{n} {}_n\mathrm{C}_k + \left({}_n\mathrm{C}_0 + \sum_{k=1}^{n} {}_n\mathrm{C}_k \right) \\
&= \sum_{k=0}^{n} {}_n\mathrm{C}_k + \sum_{k=0}^{n} {}_n\mathrm{C}_k = 2 \sum_{k=0}^{n} {}_n\mathrm{C}_k = 2S_n
\end{aligned}
$$

となる．これより，予想を証明する以下の結果を得た．

$$\boxed{S_{n+1} = 2S_n.}$$

さて，第 n 段までの和を順に並べて書くと

$$S_0 = 2^0, \quad S_1 = 2^1, \quad S_2 = 2^2, \quad S_3 = 2^3, \quad S_4 = 2^4, \ldots, S_n = 2^n.$$

このように，ある規則に従って並べられた数の列のことを**数列 (sequence)** と呼び，S_n を**一般項 (general term)** という．一般項が与えられたとき，その数列を S_n と表す．この場合は 2^n（あるいは具体的に $1, 2, 4, 8, 16, \ldots$）と書く．

一般に，一段階ごとにその前の値が p 倍されるとき，その数の列を**等比数列 (geometric sequence)**，最初の項を**初項 (first term)**，p を**公比 (common ratio)** という[注14]．

[注14] 先の例は，初項 1，公比 2 の等比数列である．

また，項の数が有限の場合を**有限数列** (finite sequence)，項が無限に続く場合を**無限数列** (infinite sequence) という[注15].

問題 5 二項定理と S_n の定義式：

$$S_n = \sum_{k=0}^{n} {}_n\mathrm{C}_k$$

を比較することにより，上で得た結果 $S_n = 2^n$ を再現せよ.

◇◇◇◇◇◇◇◇◇◇◇◇◇ **参考** ◇◇◇◇◇◇◇◇◇◇◇◇◇

漸化式

漸化式 (recurrence formula) とは，数列の隣接する項の関係を与えるものである．例えば，次の項を，その前の二項の和で定義する漸化式：

$$a_{n+2} = a_{n+1} + a_n, \quad (n = 1, 2, 3, \ldots)$$

(ただし，$a_1 = a_2 = 1$) は数列：$1, 1, 2, 3, 5, 8, 13, 21, 34, 55, 89, \ldots$ を生み出す. この数列は，イタリアのピサのレオナルド (**Leonardo da Pisa,1170-1250**) により詳しく研究されたもので，現在では彼の通称をとって，**フィボナッチ数列** (**Fibonacci sequence**) と呼ばれている[注16]．パスカルの三角形とフィボナッチ数列の間には，次頁に示されたような面白い関係がある.

フィボナッチ数列の一般項は，ビネ (**J.P.M.Binet**) の公式：

$$a_n = \frac{1}{\sqrt{5}} \left[\left(\frac{1+\sqrt{5}}{2} \right)^n - \left(\frac{1-\sqrt{5}}{2} \right)^n \right]$$

で与えられ――結果は先に示したように，当然整数値になるにも拘わらず――無理数を含んだ複雑な形をしている．この場合，上式により一般項を与えて数列を定義するよりも，二項間の関係を定義した漸化式の方がはるかに簡潔で，表すべき対象の意味を理解しやすい形で与えている[注17].

[注15] 附録：「等差数列」の項参照.

[注16] これは，うさぎの増殖や植物の成長形態など，自然界の様々な所に見出される非常に重要な数列である.

[注17] 附録：「数列の一般項と行列」の項参照.

								1	= 1		フ
							1		= 1		イ
						1		1	= 2		ボ
					1		2		= 3		ナ
				1		3		1	= 5		ッ
			1		4		3		= 8		チ
		1		5		6		1	= 13		数
	1		6		10		4		= 21		列
パ		7		15		10		1			·
ス			21		20		5				·
カ				35		15		1			·
ル					35		6				·
の						21		1			
三							7				
角								1			
形											

◇◇◇◇◇◇◇◇◇◇◇◇◇◇◇◇◇◇◇◇◇◇◇◇◇◇◇◇◇◇◇◇◇◇◇◇

二項係数は，分数表記を利用して，機械的に求めることもできる．

例えば，$(a+b)^7$ の場合であれば，各係数は，7! を二通りに書いた：

$$\frac{7 \times 6 \times 5 \times 4 \times 3 \times 2 \times 1}{1 \times 2 \times 3 \times 4 \times 5 \times 6 \times 7} = 1$$

を初項 a^7 の係数として，分子・分母の最後の数を，順次消していく作業によって求められる．すなわち，$a^6b, a^5b^2, a^4b^3, a^3b^4, a^2b^5, ab^6$ の各係数は，順に

$$\frac{7 \times 6 \times 5 \times 4 \times 3 \times 2}{1 \times 2 \times 3 \times 4 \times 5 \times 6} = 7, \qquad \frac{7 \times 6 \times 5 \times 4}{1 \times 2 \times 3 \times 4} = 35, \qquad \frac{7 \times 6}{1 \times 2} = 21,$$

$$\downarrow \qquad\qquad \nearrow \qquad\qquad \downarrow \qquad\qquad \nearrow \qquad\qquad \downarrow$$

$$\frac{7 \times 6 \times 5 \times 4 \times 3}{1 \times 2 \times 3 \times 4 \times 5} = 21, \qquad \frac{7 \times 6 \times 5}{1 \times 2 \times 3} = 35, \qquad \frac{7}{1} = 7.$$

これは，二項係数の定義の焼き直しに過ぎないが，実用上は便利な表現である．

1.4.2 無限数列の極限

第2節で示したように，実数 r の n 個の積を指数表記で以下のように書く．

$$r^n = \underbrace{r \times r \times r \times \cdots \times r}_{n\,\text{個の積}}$$

ここで，$r = 0, 1$ は**自明の場合 (trivial case)** なので除いておく．この r^n を一般項と見て，$r^1, r^2, r^3, \ldots, r^n$ と並べると，これは指数 n を添字とした一つの数列を定義する．数列の項の数は n 個あり，n は項の番号としても使われる．

さて，$1 < r$ ならば，$r^n < r^{n+1}$，すなわち

$$r^1 < r^2 < r^3 < r^4 < \cdots < r^n$$

が成り立つ．これを**増加数列 (increasing sequence)** と呼ぶ．この場合，数列のどの二項を取っても値が停滞せず単純に増加していくので，**単調数列 (monotonic sequence)** ともいう．

一方，$0 < r < 1$ ならば，n が大きくなるに従って，積 r^n は減少し，不等号の向きは $r^n > r^{n+1}$ と逆向きになる．よって

$$r^1 > r^2 > r^3 > r^4 > \cdots > r^n.$$

これを**減少数列 (decreasing sequence)** という．この場合，n の増大と共に数の列はどんどん 0 に近づいていく[注18]．これも単調数列である．

上記数列において等号を許す場合，すなわち，$r^n \leqq r^{n+1}$，あるいは $r^n \geqq r^{n+1}$ の場合もそれぞれ増加数列，減少数列と呼ぶ．

r が負の値を取る場合でも，$-1 < r < 0$ のときには，n の偶奇により全体の符号は，正，負と変わるが，大きさそのものは減少していく．この場合，数の列は数直線上で原点の左右に交互に移動するが，やはり 0 に近づいていく．

[注18] 数直線上に各項の数値を記していけば，より明瞭に理解できる．

$r > -1$ の場合もやはり符号を正負と変えていくが，大きさは増大する．$r = -1$ のときは ± 1 を繰り返し増減はない．

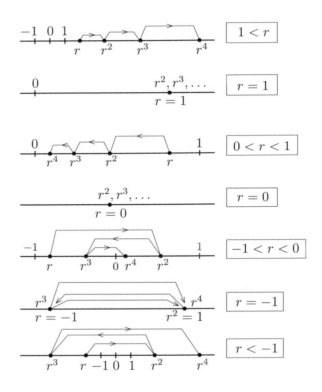

以上の考察を基礎に，定数 r の無限個の掛け算を考えよう．これは

$$\lim_{n \to \infty} r^n \equiv \underbrace{r \times r \times r \times r \times \cdots}_{\text{無限個}}$$

で定義される．この記法により無限数列 r^n を扱うことができる[注19]．先に得た結果から，項の番号 n を限りなく大きくするとき，第 n 項の大きさは

[注19] lim はリミット (limit)，記号 ∞ は無限大 (infinity) と読む．

> [1] $1 < r$ のとき，限りなく大きくなる．
>
> [2] $r = 1$ のとき，1．
>
> [3] $|r| < 1$ のとき，0 に限りなく近づく．
>
> [4] $r \leqq -1$ のとき，どのような値にも近づかない．

となる．

　一般に，無限数列 a_n において，項の番号 n を限りなく大きくしたとき

◆ a_n がある有限な確定値 α に限りなく近づくならば，
　極限値 (**limitvalue**) α に**収束** (**convergence**) するという．

◆ a_n が幾らでも大きくなるならば，正の無限大に**発散** (**divergence**)
　する．また，$-a_n$ は負の無限大に発散するという．

◆ 上記のどちらでもない場合，極限は存在しない，あるいは
　発散するという．

　さらに，収束する二つの数列：

$$\lim_{n \to \infty} a_n = \alpha, \qquad \lim_{n \to \infty} b_n = \beta$$

の四則計算 (four arithmetical operations) に関して

$$\lim_{n \to \infty} (a_n \pm b_n) = \alpha \pm \beta, \quad \lim_{n \to \infty} a_n b_n = \alpha\beta, \quad \lim_{n \to \infty} \frac{a_n}{b_n} = \frac{\alpha}{\beta}$$

(ただし，$b_n \neq 0, \beta \neq 0$) が成り立つ．これらの関係は今後，断りなく用いる．

| 問題 6 | 無限数列 r^n は，$1 < r$ の場合発散し，$|r| < 1$ の場合 0 に収束する．ここで
8 桁電卓において，1 に最も近い二数：

$$A = 0.9999999, \qquad B = 1.0000001$$

により与えられる数列 A^n, B^n の収束・発散を調べたい．A, B の累乗を求め，数表の
形にまとめよ．

1.5 収束の判定法

1.5.1 有界・単調数列

 与えられた数列の収束性を判定するのに，最も基本となる方法は，その有界性と**単調性 (monotonicity)** を示すことである．

 数列 a_n が上に**有界 (bounded)** であるとは，任意の n に対して，$a_n \leq \alpha$ となる定数 α が存在することであり，下に有界であるとは，$\beta \leq a_n$ となる定数 β が存在することである．α を数列の一つの**上界 (upper bound)**，β を一つの**下界 (lower bound)** と呼ぶ．上にも下にも有界である場合は単に有界であるという．

<u>**例題**</u>　一般項が

$$S_n = \left(1 + \frac{1}{n}\right)^n$$

で与えられる数列 S_n の収束性を調べよう．先ず

$$S_{n+1} = \left(1 + \frac{1}{n+1}\right)^{n+1}$$

を作り S_n との大小を比べる．両式を二項定理により展開すると

$$S_n = 1 + n\frac{1}{n} + \frac{1}{2!}n(n-1)\frac{1}{n^2} + \frac{1}{3!}n(n-1)(n-2)\frac{1}{n^3} + \cdots$$

$$= 1 + 1 + \frac{1}{2!}\left(1 - \frac{1}{n}\right) + \frac{1}{3!}\left(1 - \frac{1}{n}\right)\left(1 - \frac{2}{n}\right) + \cdots,$$

$$S_{n+1} = 1 + 1 + \frac{1}{2!}\left(1 - \frac{1}{n+1}\right) + \frac{1}{3!}\left(1 - \frac{1}{n+1}\right)\left(1 - \frac{2}{n+1}\right) + \cdots.$$

対応する括弧内の数を比較すると，すべての項において S_{n+1} の方が大きい．よって，$S_n < S_{n+1}$ となり，S_n は単調増加数列であることが示された．

ところで，明らかに

$$S_n = 1 + 1 + \frac{1}{2!}\left(1 - \frac{1}{n}\right) + \frac{1}{3!}\left(1 - \frac{1}{n}\right)\left(1 - \frac{2}{n}\right) + \cdots$$
$$< 1 + 1 + \frac{1}{2!} + \frac{1}{3!} + \cdots + \frac{1}{n!}$$

であるが，さらに

$$\frac{1}{3!} = \frac{1}{2 \times 3} < \frac{1}{2^2}, \qquad \frac{1}{4!} = \frac{1}{2 \times 3 \times 4} < \frac{1}{2^3}, \qquad \frac{1}{5!} < \frac{1}{2^4}, \cdots$$

なる関係を利用して

$$S_n < 1 + 1 + \frac{1}{2} + \frac{1}{2^2} + \cdots + \frac{1}{2^{n-1}} = 1 + \frac{1 - \left(\frac{1}{2}\right)^n}{1 - \frac{1}{2}} = 3 - 2\left(\frac{1}{2}\right)^n < 3$$

となる．よって，S_n は上に有界であり，3 は一つの上界である．

以上で，与えられた数列が単調増加：

$$\boxed{S_n < S_{n+1}}$$

であり，さらに上に有界：

$$\boxed{S_n < 3}$$

であること，すなわち，数列 S_n は収束することが示された．

1.5.2 項の比による判定法

項の比を利用して収束性を判定する方法を考える．先ず，以下の極限値：

$$\lim_{n \to \infty} \frac{a_{n+1}}{a_n} = K$$

が存在して $|K| < 1$ であると仮定すると，ある番号 N_0 より大きいすべての N に対して

$$-r < \frac{a_{N+1}}{a_N} < r$$

が成り立つ. ここで, r は $K < r < 1$ なる正数である. これより

$$-ra_N < a_{N+1} < ra_N$$

となる. 同様にして, 以下の関係が得られる.

$$-r < \frac{a_{N+2}}{a_{N+1}} < r \ \text{より}, \ -ra_{N+1} < a_{N+2} < ra_{N+1},$$

$$-r < \frac{a_{N+3}}{a_{N+2}} < r \ \text{より}, \ -ra_{N+2} < a_{N+3} < ra_{N+2}.$$

ところで, 両式を

$$-ra_N < a_{N+1} < ra_N \Rightarrow -r^3 a_N < r^2 a_{N+1} < r^3 a_N,$$

$$-ra_{N+1} < a_{N+2} < ra_{N+1} \Rightarrow -r^2 a_{N+1} < ra_{N+2} < r^2 a_{N+1}$$

と書き直し, 一つにまとめて, 不等式:

$$-r^3 a_N < -r^2 a_{N+1} < -ra_{N+2} < a_{N+3} < ra_{N+2} < r^2 a_{N+1} < r^3 a_N$$

が得られるが, これは

$$-r^k a_N < a_{N+k} < r^k a_N$$

を意味する. 上式より

$$\lim_{k \to \infty} |a_{N+k}| < a_N \lim_{k \to \infty} r^k$$

を考えると, 仮定 $(0 < r < 1)$ より, 右辺の極限値は 0 になる. 従って, $\lim_{k \to \infty} a_{N+k} = 0$ より

$$\lim_{n \to \infty} a_n = 0.$$

すなわち

$$\boxed{\lim_{n \to \infty} \left| \frac{a_{n+1}}{a_n} \right| < 1 \ \text{ならば}, \ \lim_{n \to \infty} a_n = 0}$$

が成り立つことが示された.

　後に重要な役割を果たす二つの数列の極限について調べておこう.

例題 1 一般項が

$$a_n = \frac{D^n}{n!}, \quad (ただし, D は定数)$$

で与えられる数列の極限を考える.

　定数が $0 < D < 1$ の範囲にあるとき,明らかに $\lim\limits_{n\to\infty} a_n = 0$ となるので,$D > 1$ の場合について調べよう.a_{n+1} と a_n の比を作ると

$$\frac{a_{n+1}}{a_n} = \frac{D^{n+1}/(n+1)!}{D^n/n!} = \frac{D}{n+1}.$$

よって

$$\lim_{n\to\infty} \left| \frac{a_{n+1}}{a_n} \right| = \lim_{n\to\infty} \left| \frac{D}{n+1} \right| = 0$$

より

$$\boxed{\lim_{n\to\infty} \frac{D^n}{n!} = 0, \quad (D は任意の定数)}$$

を得る.

注意 本文中の記述:「ある番号 N_0 より大きいすべての N に対して, $-r < (a_{N+1}/a_N) < r$ が成り立つ」を実例を考えずに理解することは難しい.そこで問題の $a_{N+1}/a_N = D/(N+1)$ に何か具体的な値を入れて考えてみよう.簡単のために,$r = 0.9, D = 10$ とすると

$$\frac{10}{N+1} < 0.9 \quad より, \quad \frac{91}{9} < N.$$

すなわち,$N_0 = 11$ 以上のすべての番号において,条件が満たされる.
　同じ D に対して,$r = 0.09$ とすると

$$\frac{10}{N+1} < 0.09 \quad より, \quad \frac{991}{9} < N$$

となり,$N_0 = 111$ と考えればよい.このように,与えられた r に対して,対応する適当な番号が存在することが分かる. ∎

例題 2 　一般項:

$$a_n = \frac{1}{n!}\nu(\nu-1)(\nu-2)\times\cdots\times[\nu-(n-1)]p^n$$

の場合を考えよう.

　p^n の係数にあたる部分は，**一般化された二項係数**と呼ばれ，ν は任意の実数である．今後，自然数に関する二項係数の記号を流用して

$$_\nu C_n \equiv \frac{1}{n!}\nu(\nu-1)(\nu-2)\times\cdots\times[\nu-(n-1)]$$

と書く (ν が自然数のとき，$_\nu C_n = {_\nu}\mathrm{C}_n$ となる)．よって，$a_n = {_\nu}C_n p^n$ である．このとき

$$\frac{a_{n+1}}{a_n} = \frac{\nu(\nu-1)\times\cdots\times(\nu-n)p^{n+1}/(n+1)!}{\nu(\nu-1)\times\cdots\times[\nu-(n-1)]p^n/n!} = \frac{\nu-n}{n+1}p$$

より

$$\lim_{n\to\infty}\left|\frac{\nu-n}{n+1}p\right| = \lim_{n\to\infty}\left|\frac{\nu/n-1}{1+1/n}p\right| = |p|$$

となる．よって，数列は $|p|<1$ のとき，0 に収束する．すなわち

$$\boxed{\lim_{n\to\infty} {_\nu}C_n p^n = 0, \quad (ただし，|p|<1)}$$

を得る.

1.6 数列の和

1.6.1 パスカルの三角形と数の和

　本節では，さらに考察を広げて，パスカルの三角形の第 n 段までに現れるすべての数の和について考えよう．これは数列 S_n の和：

$$T \equiv S_0 + S_1 + S_2 + S_3 + S_4 + \cdots + S_n = \sum_{l=0}^{n} S_l$$

を求めることである．これを**有限級数 (finite series)** と呼ぶ——最右辺では総和記号 $\sum$ を用いて，簡略表記した．

　初項が 1，公比が p である等比数列の第 n 項までの和を

$$I = 1 + p + p^2 + p^3 + p^4 + \cdots + p^n$$

と書く．これは特に**等比級数**，あるいは**幾何級数 (geometric series)** と呼ばれる．先ず，この和を求めよう．上式の両辺に p を掛けて

$$pI = p + p^2 + p^3 + p^4 + \cdots + p^{n+1}$$

を作り，二式の辺々を引き算すると

$$
\begin{array}{l}
I = 1 + p + p^2 + p^3 + p^4 + \cdots + p^n \\
pI = p + p^2 + p^3 + p^4 + \cdots + p^n + p^{n+1} \ (- \\
\hline
(1-p)I = 1 -p^{n+1}
\end{array}
$$

となる．I について解き，等比数列の総和を与える以下の式を得る[注20]．

$$\boxed{1 + p + p^2 + p^3 + p^4 + \cdots + p^n = \frac{1 - p^{n+1}}{1 - p}}$$

　これで全数の和 T を求める準備が整った．数列 S_n は公比が 2 なので，$p = 2$ を上式に代入して

[注20] 特に，$p = 1$ の場合は $I = n$ である．

$$T = \frac{1 - 2^{n+1}}{1 - 2} = 2^{n+1} - 1.$$

よって，第 n 段までの数の総和は $2^{n+1} - 1$ と求められた[注21]．

1.6.2　無限数列の和

等比数列の第 n 項までの和 I を求める式を得たが，これは有限数列の和である．ここでは無限個の和，すなわち無限等比数列の形式的な和

$$S = \sum_{n=0}^{\infty} p^n = 1 + p + p^2 + p^3 + p^4 + \cdots$$

を考えよう．これを**無限級数 (infinite series)**，あるいは**無限等比級数**と呼ぶ．

先ず，有限和の式を変形して

$$I = \frac{1 - p^{n+1}}{1 - p} = \frac{1}{1 - p} - \frac{p^{n+1}}{1 - p}.$$

これを第 n 項までの和の意味で**第 n 部分和 (nth partial sum)** と呼ぶ．添字 n を動かすことにより，部分和を項とする数列 I_n を作る．すなわち

$$I_0 \equiv 1 \qquad\qquad\qquad = \frac{1}{1 - p} - \frac{p}{1 - p},$$

$$I_1 \equiv 1 + p \qquad\qquad = \frac{1}{1 - p} - \frac{p^2}{1 - p},$$

$$I_2 \equiv 1 + p + p^2 \qquad = \frac{1}{1 - p} - \frac{p^3}{1 - p},$$

$$\vdots$$

$$I_n \equiv 1 + p + p^2 + p^3 + \cdots + p^n = \frac{1}{1 - p} - \frac{p^{n+1}}{1 - p}$$

により I_n を定義する．

[注21] これは面白いことに，先に述べたメルセンヌ数の形をしている．すなわち，素数 $2^{6972593} - 1$ は 6972592 段までのパスカルの三角形の内部の数をすべて加えたもの，とも考えられる．

　ここで，$n \to \infty$ のとき I_n が収束し，極限値 α を持つならば，無限級数 S も収束し，その極限値 α が無限数列の和を与えると定義しよう[注22]．

　そこで，I_n の極限について調べると

$$\lim_{n\to\infty} I_n = \lim_{n\to\infty} \left(\frac{1}{1-p} - \frac{p^{n+1}}{1-p} \right)$$
$$= \frac{1}{1-p} - \frac{p}{1-p} \lim_{n\to\infty} p^n.$$

第二項は $|p| < 1$ のとき，0 に収束するので，極限値は

$$\lim_{n\to\infty} I_n = \frac{1}{1-p}$$

となる——p が上記範囲にないときには発散する．この数列 I_n の極限値が，元の無限級数の和 S を

$$\boxed{S = \sum_{n=0}^{\infty} p^n = \frac{1}{1-p}, \quad (ただし，|p| < 1)}$$

と定める．

　この場合，級数 S の第 n 項 p^n が $n \to \infty$ のとき，0 に収束することが必要であるが，逆に第 n 項の収束性だけでは級数が収束するとはいえない[注23]．

> 注意　先に述べたように，"無限数列の和は定義されたもの"であって，決して自明なものではない．実際，コーシーの意味では収束しない級数も，チェザロ (**E.Cesàro,1859-1906**) の意味——部分和 a_n の平均：
>
> $$\frac{a_1 + a_2 + a_3 + \cdots + a_n}{n}$$
>
> が $n \to \infty$ のとき収束する——では値を与える場合もある[注24]．　■

注22　この和の定義はコーシー (**A.L.Cauchy,1789-1857**) による．
注23　問題 8 参照．
注24　本書では，コーシーの意味での収束・発散しか議論しない．

例題 循環小数：$A = 0.33333\cdots$ を無限級数の立場から考察しよう．

A を以下のように分解する．

$$A = 0.3 + 0.03 + 0.003 + 0.0003 + 0.00003 + \cdots$$
$$= \frac{3}{10} + \frac{3}{100} + \frac{3}{1000} + \frac{3}{10000} + \frac{3}{100000} + \cdots$$
$$= \frac{3}{10}\left(1 + \frac{1}{10} + \frac{1}{100} + \frac{1}{1000} + \frac{1}{10000} + \cdots\right)$$
$$= \frac{3}{10}\left(1 + \frac{1}{10} + \frac{1}{10^2} + \frac{1}{10^3} + \frac{1}{10^4} + \cdots\right)$$
$$= \frac{3}{10}\sum_{n=0}^{\infty}\left(\frac{1}{10}\right)^n.$$

この書き換えにより，A は公比 10^{-1} の無限級数に比例することが明らかになった．公比が 1 より小さいので級数は収束し，その和は

$$A = \frac{3}{10}\left(\frac{1}{1 - 10^{-1}}\right) = \frac{1}{3}$$

となる．このように，無限数列の和を利用して，循環小数を分数に書き換えることができる．

問題 7 $0.\dot{1}4285\dot{7}$ を無限級数と見て，分数に直せ．

問題 8 **調和級数 (harmonic series)**：

$$1 + \frac{1}{2} + \frac{1}{3} + \frac{1}{4} + \cdots + \frac{1}{n} + \cdots$$

の収束・発散を調べよ．

問題 9 項が交互に正負を繰り返す級数を **交代級数 (alternating series)** という．
交代級数：

$$[1]\ 1 - \frac{1}{2} + \frac{1}{3} - \frac{1}{4} + \cdots + (-1)^{n-1}\frac{1}{n} + \cdots,$$
$$[2]\ 1 - \frac{1}{3} + \frac{1}{5} - \frac{1}{7} + \cdots + (-1)^{n-1}\frac{1}{2n-1} + \cdots$$

の収束・発散を調べよ．

第2章　方程式と関数

Equations & Functions

　本章では，二次方程式をその導入として，方程式，および関数に関する様々な概念を学び，電卓を用いた数値による計算を行う．

　計算機では，扱える数値の桁数に制限があり"本物の実数"は扱えないので，数値計算特有の細かな注意が必要となる．逆に，数値計算を通じて数に対する繊細な神経を養うことにより，文字式に対する理解も深まる．

　最後に，関数が定義する曲線の接線を求め，その応用として，与えられた数の平方根を計算する．

2.1　方程式の根

　初めに，使用する用語とその定義を整理しておく．

　前章で幾つかの式を扱ったが，その多くは，より詳しくいえば**恒等式 (identity)**と呼ばれるものである．これは

$$\boxed{\text{どのような値を代入しても，両辺が等しくなる式}}$$

を意味する．数学において**公式 (formula)** とは，多くの場合，恒等式のことである．一方で

> ある特定の値でなければ，等号の成立しない式

も存在する．これを**方程式 (equation)** と呼び[注1]，その値を$\overset{\text{こん}}{\textbf{根}}$(**root**)，あるいは**解 (solution)** という．また，求めるべき量を**未知数 (unknown)** といい，x, y, z などアルファベット後半の文字を使う．定数値は a, b, c など，前半の文字で表すのが慣例である．

　特に，未知数の$\overset{\text{べき}}{\textbf{冪}}$(**power**) による多項式の形で与えられた方程式を，**代数方程式 (algebraic equation)** という．冪は累乗ともいう．未知数の指数をその項の**次数 (degree)** といい，一番大きい次数をもってその方程式の次数とする．

　ガウス (C.F.Gauss,1777-1855) は，n 次の代数方程式は n 個の根を複素数の範囲の中に持つことを証明した．これは**代数学の基本定理**と呼ばれている．

2.1.1　一次方程式の解法

　代数方程式の最も簡単な例は，x の**一次方程式 (equation of first degree, linear equation)** ：

$$ax + b = 0$$

である．

　x の係数 a が $a \neq 0$ のとき，**定数項 (constant term)** を**移項 (transposition)** し，両辺を a で割って，一次方程式の根の公式

$$\boxed{x = -\frac{b}{a}}$$

を得る．

　係数 a が 0 で，さらに $b = 0$ であるとき，方程式は**不定 (indeterminate)** である (根は無数にある) といい，$b \neq 0$ のとき，**不能 (inconsistent)** である (根なし) という．

[注1] 物理学において公式とは，多くの場合，方程式のことである．

注意 本書では，簡単のために，以後扱う方程式の最高次の係数は 0 でない，として議論を進める．一般に，方程式の最高次の係数が 0 である場合，上述した不定・不能に関する注意を要する． ■

2.1.2 二次方程式の解法

x の二次方程式 (equation of second degree, quadratic equation)：

$$ax^2 + bx + c = 0$$

の解法について考える．

この方程式が，一次式の積の形に**因数分解 (factorization)** できる場合，すなわち

$$(x - \alpha)(x - \beta) = 0$$

のとき

$$x - \alpha = 0, \text{ または } x - \beta = 0$$

と分割でき，根 $x = \alpha, \beta$ を得る．

次に，二次方程式の根を，その係数により表す式を導こう．与式の両辺を a で割り，$(b/2a)^2$ を足し引きして**完全平方式**を作る．

$$0 = x^2 + \frac{b}{a}x + \frac{c}{a} = x^2 + \frac{b}{a}x + \frac{c}{a} + \left(\frac{b}{2a}\right)^2 - \left(\frac{b}{2a}\right)^2$$
$$= \left(x + \frac{b}{2a}\right)^2 - \left(\frac{b}{2a}\right)^2 + \frac{c}{a}.$$

x を含まない項を移項して

$$\left(x + \frac{b}{2a}\right)^2 = \frac{b^2 - 4ac}{4a^2}.$$

開平 (extraction of square root)，整理して，二次方程式の根の公式：

$$x = \frac{-b \pm \sqrt{b^2 - 4ac}}{2a} \qquad \text{(A)}$$

を得る．求めた根

$$\alpha = \frac{-b + \sqrt{b^2 - 4ac}}{2a}, \quad \beta = \frac{-b - \sqrt{b^2 - 4ac}}{2a}$$

と係数 a, b, c の間には

$$\alpha + \beta = -\frac{b}{a}, \quad \alpha\beta = \frac{c}{a}$$

が成り立つ．これは**根と係数の関係**と呼ばれる．

　ここで，二つの根の差の二乗から

$$D \equiv a^2(\alpha - \beta)^2$$

を定義し，根の**判別式 (discriminant)** と呼ぶ．係数を用いて書き直すと

$$D = b^2 - 4ac$$

となる．これより，二次方程式の根は，D の正，0，負に対応して

[1] $D > 0$：根は異なる二つの実数 ..... **実根 (real root)** と呼ぶ．
[2] $D = 0$：根は重複した実数 .... **重根 (multiple root)** と呼ぶ．
[3] $D < 0$：根は共役な虚数 .... **虚根 (imaginary root)** と呼ぶ．

の三種類に別れることが分かる[注2]．なお，共役は“軛を共にする”という意味から，正しくは“**共軛**”と書くべき用語である．

　このように，係数の**四則算法**と**冪根 (power root)** をとる作業のみで解く方法を**方程式の代数的解法**と呼ぶ．

[注2] $D \geq 0$ を実根，$D < 0$ を虚根とし，二つに分ける場合もある．附録：「二次方程式と確率」の項参照．

　三次方程式の代数的解法は**タルタリア‐カルダノ (Tartaglia-Cardano)**，四次方程式は**フェラーリ (L.Ferrari,1522-1565)** により与えられたが，一般的な五次以上の方程式は代数的に解けない——上述した意味での根の公式が存在しない——ことが**アーベル (N.H.Abel,1802-1829)** により証明され，**ガロア (È.Galois,1811-1832)** は全くの孤立無援の中，その理論的背景の探求に没頭していた注3．このアーベル‐ガロアによる方程式論が，**群論 (Group theory)** の成功の始まりである注4．

$\boxed{\text{問題 1}}$　以下の方程式を解け．

[1] $x^2 - 2\sqrt{7}x + 2 = 0$　　　　　[2] $x^2 + x + 1 = 0$

[3] $x^3 + 1 = 0$　　　　　　　　　[4] $x^4 - 10x^2 + 1 = 0$

[5] $x^4 + 2x^3 - x^2 + 2x + 1 = 0$

注3 この二人は共に短命であり，悲劇的な最期を遂げた．生没年に注目せよ．
注4 附録：「代数方程式の代数的解法」の項参照．

2.2　複素数の四則

複素数に関する演算についてまとめておく. 二次方程式：

$$x^2 + 1 = 0$$

の根 $\sqrt{-1}$ を i で表し, **虚数単位 (imaginary unit)** と呼ぶ. i の冪は

$$i^2 = -1, \quad i^3 = i \times i^2 = -i, \quad i^4 = i \times (-i) = -i^2 = 1, \dots$$

となり, 以後はこれを繰り返す.

虚数単位と二つの実数 a, b を組み合わせた

$$\boxed{Z \equiv a + bi}$$

を**複素数 (complex number)** という. a を**実部 (real part)**, b を**虚部 (imaginary part)** といい, 記号：

$$a = \operatorname{Re} Z, \quad b = \operatorname{Im} Z, \quad (a = \Re Z, \, b = \Im Z \text{ とも書く.})$$

で表す. 虚部の**符号 (signature)** を変えたものを

$$\boxed{Z^* \equiv a - bi}$$

と書き, Z の**共役複素数 (conjugate complex number)** という. 記号 $*$ は**アステリスク (asterisk)** と読む. 両者の和は

$$Z + Z^* = (a + bi) + (a - bi) = 2a$$

より実数であり――これを**トレース (trace)** と呼ぶ――両者の積：

$$ZZ^* = (a + bi)(a - bi) = a^2 + b^2$$

も実数である. ZZ^* の平方根の正の方を

$$|Z| \equiv \sqrt{ZZ^*} = \sqrt{a^2 + b^2}$$

と書き，Z の**絶対値 (absolute value)** という[注5]．

> 注意 "虚"は，虚しいとか，うそとかいうマイナスのイメージの強い言葉であり，このことが災いして，虚数という訳語にも "実在しない数である" という印象が強い．しかし，虚数は，決して思考の遊戯ではなく，$\sqrt{-1}$ をその定義とする数学的実在である．本当は imaginary の意味に従い，"仮想数" とでも呼ぶのが適当であろう．
>
> また，複素数とは，$z = a \times 1 + b \times \mathrm{i}$ と書けるように単位 (基準) となる数が 1 と i という複数存在すること，すなわち，複単位数の略語である． ∎

複素数：

$$Z_1 = a + b\mathrm{i}, \quad Z_2 = c + d\mathrm{i}$$

に対して四則計算を以下のように定義する．

$$
\begin{aligned}
Z_1 \pm Z_2 &\equiv (a \pm c) + (b \pm d)\mathrm{i}, \\
Z_1 Z_2 &\equiv (ac - bd) + (ad + bc)\mathrm{i}, \\
\frac{Z_1}{Z_2} &\equiv \frac{ac + bd}{c^2 + d^2} + \frac{-ad + bc}{c^2 + d^2}\mathrm{i}.
\end{aligned}
$$

ここで，Z_1 と Z_2 が等しいのは，実部と虚部がそれぞれ等しいとき，すなわち

$$a = c \quad かつ \quad b = d$$

のときに限る．逆に，$Z_1 = Z_2$ であれば，$a = c, b = d$ である．

この定義は，複素数同士の加減乗除がまた複素数になることを示している．これを

複素数の全体は加減乗除の演算で閉じた体系である

という．また，複素数に有意の大小関係は，定義できないことを注意しておく．

[注5] $Z + Z^*$ をシュプール (Spur)，$\sqrt{ZZ^*}$ をノルム (Norm) ということもある．

2.3　1 の n 乗根

2.3.1　代数学の基本定理

代数学の基本定理——複素数を係数とする n 次代数方程式：

$$x^n + a_1 x^{n-1} + a_2 x^{n-2} + \cdots + a_{n-1} x + a_n = 0$$

は複素数の範囲に n 個の根を持つ——から導出される代数方程式の性質について考えよう．この定理は，代数方程式に根が必ず存在することを保証するだけで，それをどのようにして求めるかについては言及しない[注6]．

定理は，与えられた方程式が一次因数の積の形

$$(x - \alpha_1)(x - \alpha_2) \times \cdots \times (x - \alpha_{n-1})(x - \alpha_n) = 0$$

に分解できることを述べている．α_j は根を表し，その中に等しいものがあっても，それぞれ一つと数える．

> 注意　上式は，和の略記法 $\sum$ に対応する**積の略記法** Π を用いて，以下のように書ける——Π は π の大文字である．
>
> $$\prod_{j=1}^{n} (x - \alpha_j) = 0.$$
>
> この記法を用いて，階乗の記号 $n!$ を書き直すこともできる．　　　　■

次に，係数 a_j がすべて実数である n 次代数方程式を考える．もし，この方程式に虚根 γ が存在すれば，対応する共役な根 γ^* が必ずある[注7]．そこで，実根を R_j，虚根を I_j で表せば，方程式は

$$(x - R_1)(x - R_2) \times \cdots \times (x - R_l)$$
$$\times (x - I_1)(x - I_1^*)(x - I_2)(x - I_2^*) \times \cdots \times (x - I_m)(x - I_m^*) = 0$$

[注6] この種の定理は，一般に**存在定理 (existence theorem)** と呼ばれる．

[注7] 虚根が存在する場合，その個数は偶数である．従って，n が奇数であれば，実根が少なくとも一つ存在する．

と因数分解できる．共役な根についてまとめると

$$(x - I_j)(x - I_j^*) = x^2 - (I_j + I_j^*)x + I_j I_j^*$$

となり，各係数は実数になる．そこで，実数 b_j, c_j を用いて

$$x^2 - (I_j + I_j^*)x + I_j I_j^* = x^2 - b_j x + c_j$$

と表せば，与えられた方程式は，結局，実係数の一次式と二次式の積の形

$$\boxed{\prod_{j=1}^{l}(x - R_j) \times \prod_{k=1}^{m}(x^2 - b_k x + c_k) = 0}$$

に分解される．ここで，$l + 2m = n$ である．

> 注意　方程式 $\displaystyle\prod_{j=1}^{n}(x - \alpha_j) = 0$ において，α_j を**根**，あるいは，解と呼ぶが，根という用語は，未知数が一つの代数方程式においてのみ用いられる．実際，この用語は，代数方程式が上述の如く，一次因数 $(x - \alpha_j)$ の積に因数分解できる，という性質に因っている．すなわち，因数分解された形式が，方程式の最も基本的な形であり，代数方程式研究の "根幹を成すもの" が **"根"** である，という認識である．昨今，用語を機械的に解に統一しようとする悪しき傾向が強いが，解には既述の如き意味はなく，派生する用語も多分に人工的である．∎

2.3.2　1 の n 乗根を求める

具体的に根を求める得る場合を考えよう．ある自然数 n に対して

$$\boxed{x^n - 1 = 0}$$

なる方程式を考え，その根——これを**1 の n 乗根**という——を求める．この方程式は，代数学の基本定理より n 個の根を持ち，明らかにすべての n について，$x = 1$ が根になる．よって，$x^n - 1$ は $x - 1$ で割り切れる．

$$x^n - 1 = (x-1)(x^{n-1} + x^{n-2} + \cdots + x + 1).$$

そこで, 方程式

$$\boxed{x^{n-1} + x^{n-2} + \cdots + x + 1 = 0}$$

を解き, $(n-1)$ 個の根を求めればよい. この方程式を**円分方程式**という.

n を決めて根を求めていこう.

◆ **$n = 1$ の場合**——解くべき方程式

$$x - 1 = 0$$

は一次方程式であり, 根は $x = 1$ である.

◆ **$n = 2$ の場合**——解くべき方程式は

$$x^2 - 1 = 0$$

である. 因数分解 $x^2 - 1 = (x-1)(x+1)$ より, 根は

$$x = 1, \quad -1$$

と求められる.

◆ **$n = 3$ の場合**——解くべき方程式は

$$x^3 - 1 = 0$$

である. $x = 1$ が根であることを利用して $x^3 - 1 = (x-1)(x^2 + x + 1)$ と因数分解する. 右辺の二次方程式を解いて, 残りの二根が求められる.

$$x = 1, \quad \frac{-1 + \sqrt{3}\mathrm{i}}{2}, \quad \frac{-1 - \sqrt{3}\mathrm{i}}{2}$$

が根である.

◆ **$n = 4$ の場合**──解くべき方程式は
$$x^4 - 1 = 0$$
である．因数分解
$$x^4 - 1 = (x - 1)(x + 1)(x - \mathrm{i})(x + \mathrm{i})$$
より，根は以下の四つである．
$$x = 1, \quad -1, \quad \mathrm{i}, \quad -\mathrm{i}.$$

◆ **$n = 5$ の場合**──解くべき方程式は
$$x^5 - 1 = 0$$
である．この場合も $x = 1$ が根になることを利用して
$$x^5 - 1 = (x - 1)(x^4 + x^3 + x^2 + x + 1)$$
と因数分解し，四次の円分方程式
$$x^4 + x^3 + x^2 + x + 1 = 0$$
を解く．これは**相反方程式 (reciprocal equation)**[注8]であり，明らかに $x = 0$ は根ではないので，全体を x^2 で割って
$$x^2 + x + 1 + \frac{1}{x} + \frac{1}{x^2} = 0$$
となる．さらに，未知数を
$$t = x + \frac{1}{x}$$
と置き換え，t に関する二次方程式 $t^2 + t - 1 = 0$ を得る．これを解いて $t = (-1 \pm \sqrt{5})/2$．未知数を元へ戻して，二つの二次方程式：
$$x^2 - \frac{1}{2}\left(-1 + \sqrt{5}\right)x + 1 = 0, \quad x^2 + \frac{1}{2}\left(1 + \sqrt{5}\right)x + 1 = 0$$
を得る．両方程式を解いて，以下に示す 1 の五乗根が求められる．
$$x = 1, \quad \frac{1}{4}\left(\sqrt{5} - 1 \pm \mathrm{i}\sqrt{10 + 2\sqrt{5}}\right), \quad \frac{1}{4}\left(-\sqrt{5} - 1 \pm \mathrm{i}\sqrt{10 - 2\sqrt{5}}\right).$$

[注8] 問題 1 の解答参照．

◇◇◇◇◇◇◇◇◇◇◇◇◇◇   **参考**   ◇◇◇◇◇◇◇◇◇◇◇◇◇◇

| 群論 |

1 の四乗根 1, -1, i, $-$i に対して

$$1 \Rightarrow E, \quad i \Rightarrow A, \quad -1 \Rightarrow B, \quad -i \Rightarrow C$$

と名前を附ける．ここで，根同士の掛け算：

$$A \times B = C, \quad B \times C = A, \ldots$$

を考え，表の形にまとめると

	E	A	B	C
E	E	A	B	C
A	A	B	C	E
B	B	C	E	A
C	C	E	A	B

となる．この表を**乗積表 (multiplication table)** という．表から以下のこと
が読み取れる．

◆ 掛け算の結果は唯一つに決まる．
◆ どの要素と掛けても，その相手自身に一致する要素 E がある．
    $EA = A, \quad EB = B, \quad EC = C, \ldots$
◆ どの要素も，掛けると E になる相手を持っている．
    $AC = E, \quad BB = E, \quad CA = E, \ldots$
◆ 結合法則 $(\alpha\beta)\gamma = \alpha(\beta\gamma)$ が成り立つ．
    例えば，$(AB)C = CC = B, \quad A(BC) = AA = B$ より
    $(AB)C = A(BC)$

これらの条件を満足する (E, A, B, C) は，**群 (group)** を成す，という．

2.4 方程式を電卓で解く

本節では，一般によく使われている**電卓**[注9]を用いて，**数値計算 (numerical calculation)** に伴う問題点について考える．手元に電卓を置いて，一つひとつ確かめながら読んで頂きたい (高機能のものは不要．安価なカード型8桁のもので充分であり，基礎の理解のためには，むしろ"低機能"の方が好ましい)．

初めに，計算機を使用するときに最も注意を要する事項：

$$\boxed{\text{数値計算で\textbf{本物の実数は扱えない}}}$$

を記しておく．これはあらゆる数値計算の大前提である．如何に巨大なシステムを用いても，唯一つの無理数を記憶することも，表示することもできない．有限の大きさと能力しか持ち得ない計算機に，数値としての無限は扱えない[注10]．

当り前のようで，しかし忘れやすいこの事実を，具体的な例を挙げながら説明していく．

2.4.1 計算の順序

1を3で割ると，8桁電卓では表示窓に

$$\boxed{\textbf{0.3333333}}$$

と表示される．この結果に3を掛けると

$$\boxed{\textbf{0.9999999}}$$

[注9] 卓上電子計算機の略語．その名が示すように，第一世代の電卓は，机の上に置かなければ使えないほど大きく，重く，しかも高価だった．

[注10] この種の問題に対処するため，数式処理と呼ばれる計算機科学の分野が発達し，現在では，パーソナル・コンピューター上でも稼動するようになった．

が表示される．これは計算機においては

$$(1 \div 3) \times 3 \neq 1$$

となることを示している．ところが，先に 1 を三倍し，その結果を 3 で割れば，正しい答え 1 が得られる．すなわち

$$(1 \times 3) \div 3 = 1$$

となる．

　この現象は，本来許されるはずの計算順序の変更が，数値計算では異なる結果を生み出すことを示している．第 1 章で学んだ内容

> 0.999999 · · · と 9 の列が無限に続くとき，
> 実数の連続性により，それは 1 に等しい

ことを思いだせば，本来無限に続く小数である 1/3 を有限項，この場合 8 桁で切ったこと，が上述の矛盾の原因だと理解できる．代数計算は無限桁の計算であり，数値計算は有限桁の計算である．この簡単な例は，無限小数を有限項で切ることが数値計算にまつわる困難の一つであることを示している．

2.4.2　桁落ち

　次の問題は，計算機の処理できる数値の大きさに関わるものである．
　8 桁電卓における最大の数：

$$\boxed{\textbf{99999999}}$$

に 1 を加えれば，100000000 であるが，処理できる数値は 8 桁までしかないので，計算機はエラー表示を出し，クリヤー・キー以外のすべての操作は無視される[注11]．これを**オーバー・フロー (overflow)** と呼ぶ．8 桁電卓の最小数：

[注11] この点は機種により異なる．

$$\boxed{0.0000001}$$

を 2 で割ると, 0.00000005 であり, これも 8 桁を越える. これは**アンダー・フ
ロー (underflow)** と呼ばれる. しかし, この場合はエラー表示もなく, 数値
0 を表示して機能を継続する機種が多い. 数値 0 の特殊性 (除数にはなれない)
を考えると, このエラーはオーバー・フローの場合よりも深刻である. 特にプ
ログラム電卓などを使って, 計算途中のアンダー・フローを知らずにその結果
を利用すると, 致命的な失敗を犯すことになる.

2.4.3 計算の精度

与えられた数を小数で表示するとき, 位取りの 0 以外の数字を**有効数字
(significant figure)** という. 例えば

100 は有効数字 1 桁, 　　　　0.0010 は有効数字 2 桁
1.234567 は有効数字 7 桁, 　　1.2345678 は有効数字 8 桁

である.
　ところで, 下段の二数を引き算すると

$$1.2345678 - 1.234567 = 0.0000008$$

となり, 結果の有効数字は 1 桁になる. このように, 計算前の有効数字の桁数
よりも, 得られた結果の有効数字の桁数が少ない場合, **桁落ち (cancelling)**
を生じた, という. 大きさの近い二つの数を引き算すると桁落ちが生じ, 計算
結果に対する信頼が著しく失われる.
　例えば, 円周率 π を表す二つの近似分数

$$\frac{355}{113} \approx 3.1415929, \quad \frac{333}{106} \approx 3.1415094$$

の差を求めるために, 有効数字 8 桁の二つの小数を引き算すると

$$3.1415929 - 3.1415094 = 0.0000835$$

となり，結果の有効数字は 3 桁に落ちてしまう[注12].

　桁落ちを避けるには，先に通分して

$$\frac{355}{113} - \frac{333}{106} = \frac{1}{11978}.$$

さらに，分子分母を 100000 倍してから計算機を用いて

$$\frac{1}{11978} = \frac{100000}{11978} \times \frac{1}{100000} \approx 8.3486391 \times 10^{-5} = 0.000083486391$$

とすれば，有効数字 8 桁の答えが得られる．このように，桁落ちを防ぐためには，筆算による計算を用いるなど，問題に応じた特別の工夫が必要である．

　さて，これらの問題点をより鮮明にするために，非整数係数を持つ二次方程式に対して，電卓を用いて根の公式から答えを出してみよう．

例題 1　　方程式：$x^2 - (3.1)x + 2.38 = 0$ を解く．

　判別式を計算すると

$$D = (-3.1)^2 - 4 \times 1 \times 2.38 = 9.61 - 9.52 = 0.09 > 0.$$

よって，方程式は二実根を持つ．それらは根の公式を用いて

$$x_1 = \frac{3.1 + 0.3}{2} = 1.7, \qquad x_2 = \frac{3.1 - 0.3}{2} = 1.4$$

と求められる．実際

$$(x - 1.4)(x - 1.7) = x^2 - 3.1x + 2.38$$

となり，元の方程式を再現しているので，正しい答えを得たことが分かる．

[注12] 記号 $\approx$ は近似的に等しいことを表す．

例題 2 　 方程式： $x^2 - (1000.001)x + 1 = 0$ を解く.

　判別式は

$$D = (1000.001)^2 - 4 \times 1 \times 1 = 999998 > 0$$

となり，この場合も二実根を持つ.

$$\sqrt{D} = \sqrt{999998} \Rightarrow 999.99899$$

として，8桁電卓による答えは

$$x_1 = \frac{1000.001 + 999.99899}{2} = 999.99995,$$

$$x_2 = \frac{1000.001 - 999.99899}{2} = 0.00105$$

となる．しかし

$$(x - 999.99995)(x - 0.00105) = x^2 - 1000.001x + 1.0499999$$

となるので，x_1, x_2 は正しい根ではない.

　真の根は，与式が

$$x^2 - (1000.001)x + 1 = (x - 10^3)(x - 10^{-3})$$

と因数分解できることから

$$x_1 = 10^3 = 1000, \quad x_2 = 10^{-3} = 0.001$$

である. ■

　さて，真値 R と計算値 r との差：

$$\boxed{e \equiv R - r}$$

を**誤差 (error)** という．そこで，**例題 2** の誤差を，根 x_1 に対しては e_1，x_2 に対しては e_2 と書くことにすると

$$e_1 = 1000 - 999.99995 = 0.00005, \quad e_2 = 0.001 - 0.00105 = -0.00005,$$

すなわち，数値解は共に誤差を有する．しかし，この誤差の大きさだけでは，二つの根のどちらが対応する真の値をより良く表しているか明らかでない．

　そこで，根の真値からのずれの程度を比較するために，**相対誤差 (relative error)** という概念を導入する．相対誤差 ε とは

$$\varepsilon \equiv \frac{R - r}{R}$$

により定義される量であり，数値が小さいほど望ましい．誤差の場合と同様に，根 x_1 に対しては ε_1，x_2 には ε_2 と書いて

$$\varepsilon_1 = \frac{1000 - 999.99995}{1000} = 0.00000005, \quad \varepsilon_2 = \frac{0.001 - 0.00105}{0.001} = -0.05$$

を得る．根 x_2 の方が相対誤差が大きく，真の値からより外れている．ここで，方程式の係数に注目すると $b^2 = (1000.001)^2$ は $4ac = 4$ に比べて十分大きいので，b と判別式の平方根の値は非常に近い．x_2 はこの近接する二数の引き算を含むので，桁落ちの危険性が高く，誤差も大きくなるわけである．

　そこで，引き算を避けることにより，誤差を少なくしよう．根の公式の分子分母に共通因子を掛けることにより，分子を**有理化 (rationalization)**[注13]する．

$$x_1 = \frac{\left(-b + \sqrt{b^2 - 4ac}\right)\left(-b - \sqrt{b^2 - 4ac}\right)}{2a\left(-b - \sqrt{b^2 - 4ac}\right)} = \frac{2c}{-b - \sqrt{b^2 - 4ac}},$$

$$x_2 = \frac{\left(-b - \sqrt{b^2 - 4ac}\right)\left(-b + \sqrt{b^2 - 4ac}\right)}{2a\left(-b + \sqrt{b^2 - 4ac}\right)} = \frac{2c}{-b + \sqrt{b^2 - 4ac}}.$$

これより，根の公式のもう一つの表現

$$x = \frac{2c}{-b \pm \sqrt{b^2 - 4ac}} \qquad \textbf{(B)}$$

[注13] 無理数を含む表現を除くこと．

を得る. 公式 (A):

$$x = \frac{-b \pm \sqrt{b^2 - 4ac}}{2a} \qquad (\mathbf{A})$$

の分子において引き算が出る場合, 公式 (B) においては分母の足し算になる. 従って, 二つの公式を使い分けることにより, 引き算をすることなく, 答えを求め得る.

公式 (B) を用いて, 根と誤差, および相対誤差を求め直すと

$$x_1 = \frac{2}{1000.001 - 999.99899} = 952.38095, \quad x_2 = \frac{2}{1000.001 + 999.99899} = 0.001,$$

$$e_1 = 1000 - 952.38095 = 47.6191, \qquad e_2 = 0.001 - 0.001 = 0,$$

$$\varepsilon_1 = \frac{1000 - 952.38095}{1000} = 0.0476191, \qquad \varepsilon_2 = \frac{0.001 - 0.001}{0.001} = 0$$

となる. 今度は x_1 が非常に大きな誤差を持ち, x_2 は幸運にも誤差 0 で求められた. 表の形にまとめると

真値	公式 (**A**) による答え			公式 (**B**) による答え		
	数値解	誤差	相対誤差	数値解	誤差	相対誤差
1000	**999.99995**	0.00005	0.00000005	952.38095	47.6191	0.0476191
0.001	0.00105	-0.00005	-0.05	**0.001**	0	0

よって, 本問の場合, 公式 (A) より 999.99995 を, 公式 (B) より 0.001 を数値解として採用するのが適当である[注14].

このように, 数値を用いて答えを求める場合, 文字を使用した厳密な計算とは違う困難がある. 数値解のみで結論を出さなければならない場合——現実の問題はほとんどそうである——には細心の注意が必要であることを例題は示している.

[注14] 公式 (A) による根 x_A と (B) による根 x_B の積は, **根と係数の関係**より $x_A x_B = c/a$ となる.

2.5　関数とグラフ

2.5.1　連立方程式

　二次方程式 $ax^2 + bx + c = 0$ を形式的に二つに分割し，y を仲立ちとした一組の方程式

$$y = ax^2 + bx + c, \quad y = 0$$

と見直そう．このように，二つ以上の方程式を一組として考え，未知数が同一の値を取るとするとき，この方程式の組を**連立方程式 (simultaneous equations)** という．

　$\boxed{\text{問題 2}}$　以下の二つの連立方程式を解き，前節の注意を考慮して，得た解を比較せよ．

$$[\,1\,] \ x + 5y = 17, \quad 1.5x + 7.501y = 25.504$$
$$[\,2\,] \ x + 5y = 17, \quad 1.5x + 7.501y = 25.5$$

2.5.2　関数と逆関数

　連立方程式の解を求めるために，x に適当な実数値を与えると，y の値は規則

$$ax^2 + bx + c \ \longrightarrow \ y$$

に従って唯一つ定まる．このとき，y は x の**関数 (function)** であるという．すなわち

$$\boxed{\text{関数とは，与えられた } x \text{ に対して，} y \text{ を唯一つ定める規則のこと}}$$

であり，それに名前——例えば f など——を附けて，以下のように表す．

$$\boxed{y = f(x), \text{ あるいは } \ f : x \longmapsto y.}$$

なお，この表現全体が，x, y の関数関係を表しており，f はその特定の名称であって，function の頭文字として，すべての関数を象徴しているわけではない．

関数 $y = f(x)$ において，x を**独立変数 (independent variable)**[注15]，y を**従属変数 (dependent variable)** といい，$f(x) = 0$ となる x の値を，関数 $f(x)$ の**零点 (zero point)** という．

一般に，x の冪の多項式の場合，最高次の指数をもってその名称とする[注16]．

また，独立変数の取り得る変域の中で考察の対象とする範囲を**定義域 (domain)**，従属変数の変域を**値域 (range)** という．

なお，関数は，"入力と出力の間に立って機能するもの" という本来の意味からは **"函数"** と書かれるべき用語である．

注意 オイラー **(L.Euler,1707-1783)** は，関数の定義域を "関数が数学的に意味を持つように，暗黙の中に，定められるもの" とした．例えば，有理式により表される関数を**有理関数 (rational function)** と呼ぶが，有理関数は分母の零点では定義できないので，その定義域から分母の零点は除かれる．

しかし現代では，関数とは，与えられた要素に対して，対応する要素を唯一つ定める規則のことであり，必ずしも数式で表される必要はない．

例えば，クラスの学生に異なる番号を附ければ，各数字に一人の人物が対応するので，これは一つの関数を定める．この場合，定義域は数字の集まりであり，値域は学生達である．ここで，定義域としての数字の集まりを適当に選べば，この関数により男子学生だけを表すことも，女子学生だけを表すこともできる．従って，関数の精密な定義には，対応の規則を定めるだけでは不十分であり，さらにその定義域及び値域について考察することが必要となる．

このように，関数の定義域とは，正に**定義**を要するもので，「次の関数の定義域を求めよ」というような問題は，定義域に対するオイラー流の解釈の下ではじめて成り立ち，現代流に解釈すれば，"定義" を求める，という極めて奇妙な問いになってしまう． ■

[注15] x を関数 f の**引数 (argument)** ということもある．
[注16] $f(x) = ax^2 + bx + c$ は二次関数である．

2.5.3　逆関数

　関数の定義をより理解するために，簡単な例として，x の関数である $y = x^2$ について考える．この関数を x について解くと

$$x = \pm\sqrt{y}, \quad (\text{ただし，} y \geq 0)$$

という対応関係を定める．しかしこの場合は，一つの y の値に対して，x の値は $+\sqrt{y}$, $-\sqrt{y}$ の二つ定まるので，関数の定義に反する．よって，x は y の関数ではない．

　そこで，元の関数の定義域を $x \geq 0$ に制限すると，逆に解いた場合も一つの値 $+\sqrt{y}$ に定まるので，x は y の関数となる．この関数を，元の関数の**逆関数 (inverse function)** という．すなわち

$$\boxed{y = x^2, \ (x \geq 0)} \ \Leftarrow \text{逆関数} \Rightarrow \ \boxed{x = \sqrt{y}, \ (y \geq 0)}$$

が成り立つ[注17]．一般に，$y = f(x)$ の逆関数を $x = f^{-1}(y)$ と書く．このとき恒等式

$$y = f(f^{-1}(y)), \quad x = f^{-1}(f(x))$$

が成り立つ．

| 注意 | 上式 $f^{-1}(y)$ は，"エフ　インバース　ワイ"と読む．この式における上附き添字 $[-1]$ は"逆 (インバース)"を意味する記号であって，$1/f(y)$ ではない――この種の混同の基となるので，あまり好い記号であるとはいえない．ただし，記号には，必ず一長一短があり，一義的に決定できない場合も多く，また，決定しない方がむしろ都合の良い場合さえあるので，場面に応じて読み分ける能力が要求される．絶えず，前後の文脈に注意を払う必要がある．

　また，元の関数と逆関数の関数形を比較したい場合には，逆関数の文字を入れ替え $y = f^{-1}(x)$ とすることが多い．　■

[注17] 両矢印は，逆関数の逆関数は元の関数になることを示している．

◇◇◇◇◇◇◇◇◇◇◇◇◇◇ 参考 ◇◇◇◇◇◇◇◇◇◇◇◇◇◇

| 偶関数・奇関数 |

x を $-x$ にする変換に対して

$$f(-x) = f(x)$$

が成り立つとき，f を**偶関数 (even function)** と呼ぶ．同様に，任意の x に対して

$$g(-x) = -g(x)$$

となるとき，g を**奇関数 (odd function)** という．

一次関数 $f(x) = ax$ は

$$f(-x) = a(-x) = -ax = -f(x)$$

となるので奇関数であり，二次関数 $f(x) = ax^2$ は

$$f(-x) = a(-x)^2 = ax^2 = f(x)$$

より偶関数である．

さて，任意の関数 $h(x)$ に対し，以下の恒等変形

$$h(x) = \frac{1}{2}h(x) + \frac{1}{2}h(x) + \frac{1}{2}h(-x) - \frac{1}{2}h(-x)$$
$$= \frac{1}{2}[h(x) + h(-x)] + \frac{1}{2}[h(x) - h(-x)]$$

を加え，新しく二つの関数：

$$F(x) \equiv \frac{1}{2}[h(x) + h(-x)], \quad G(x) \equiv \frac{1}{2}[h(x) - h(-x)]$$

を定義する．変数 x を $-x$ に変換すると

$$F(-x) = \frac{1}{2}[h(-x) + h(x)] = F(x), \quad G(-x) = \frac{1}{2}[h(-x) - h(x)] = -G(x)$$

となるので，F は偶関数，G は奇関数である．すなわち，すべての関数は，偶関数と奇関数の和の形：

$$h(x) = F(x) + G(x)$$

に分解できる．

2.5.4 関数のグラフ

関数 $y = f(x)$ を図に表すことを考えよう.

直交カーテシアン座標系　　　　斜交カーテシアン座標系

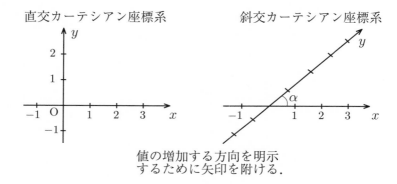

値の増加する方向を明示
するために矢印を附ける.

　上左図に示すように, 二本の数直線を, 一本は水平に, 他の一本は垂直に, そして両直線の 0 点が交点となるように描く. この交点を**原点 (origin)** と呼ぶ[注18]. 水平方向に x の値を左から右へ増加するように取り x 軸と呼ぶ. 同様に, 垂直方向に y の値を下から上に増加するように取り, y 軸と呼ぶ. 両軸を合わせて**座標軸 (coordinate axis)** といい, 座標軸の与えられた平面を**座標平面 (coordinate plane)** という. この場合, より精密には**直交カーテシアン座標系 (rectangular Cartesian coordinate system)** と呼ばれる[注19].

　座標平面上の点は, 二つの実数 x, y の**順序附きの組 (ordered pair)**：

$$(x, y)$$

で表される. 順序附きとは, $x \neq y$ であるとき, $(x, y) \neq (y, x)$ となることを意味する.

[注18] 頭文字を取って O と表す——数 0 で代用する場合も多い.

[注19] カーテシアンとは, 座標の概念を**幾何学 (geometry)** に持ち込み**解析幾何学 (analytic geometry)** を創始した**デカルト (R.Descartes,1596-1650)** の英語名に由来する.

このとき, $x = \alpha$ における関数値 $f(\alpha)$ は, 座標平面上の点

$$(\alpha, f(\alpha))$$

により表される. α を定義域全体で動かすと, $(\alpha, f(\alpha))$ は座標平面上に一つの曲線を描き出す. この曲線を関数の**グラフ (graph)** という.

これまでに登場した関数のグラフは

定数関数: $y = f(x) = $ 定数, x 軸に平行な直線,
一次関数: $y = f(x) = ax + b,$ 一般的な直線, $(a \neq 0)$
二次関数: $y = f(x) = ax^2 + bx + c,$ 放物線 $(a \neq 0)$

である.

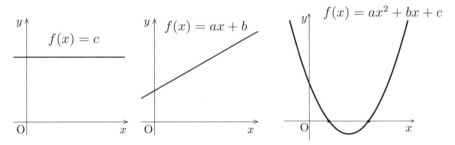

これより二次方程式の解は, 座標平面上において, **放物線 (parabola)** が x 軸を横切る点の値であることが分かる.

また, $y = f(x)$ のグラフと $y = f^{-1}(x)$ のグラフは, 直線 $y = x$ に対して対称になる.

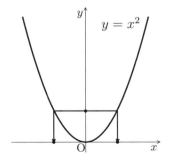
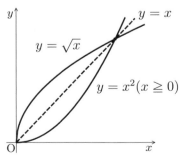

　以上のグラフは，すべて滑らかな曲線であるが，絶対値記号を含んだ関数 $y = |x|$ のグラフは

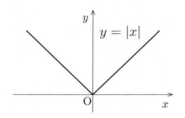

であり，$x = 0$ において尖っている.

　ここまでのグラフはすべて切れ目のない曲線であるが，**直角双曲線 (rectangular hyperbola)** $y = 1/x$ や，ガウス記号を含んだ関数 $y = [x]$ は不連続な曲線を表す.

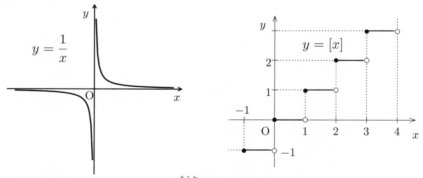

以上の関数は，すべて y について 陽(あらわ) に解いた形

$$\boxed{y = f(x)}$$

になっているので，**陽関数 (explicit function)** と呼ばれる.

　一方，x, y が絡み合い具体的に特定の変数について解かれていない関数を，**陰関数 (implicit function)** と呼び

$$F(x, y) = 0$$

と書き表す.

$$x^2 + y^2 = r^2, \quad \frac{x^2}{a^2} + \frac{y^2}{b^2} = 1$$

は陰関数の代表的な例であり，それぞれ，**円 (circle)** と**楕円 (ellipse)** を表している.

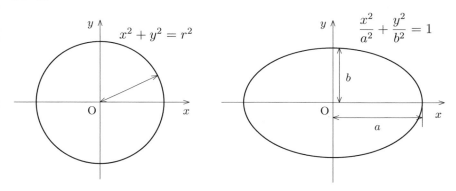

絶対値記号を含んだ陰関数のグラフは幾何的に面白い.

$$\left| x + |y| \right| + |y| = 1 \quad \text{二等辺三角形}, \qquad |x| + |y| = 1 \quad \text{正方形}$$

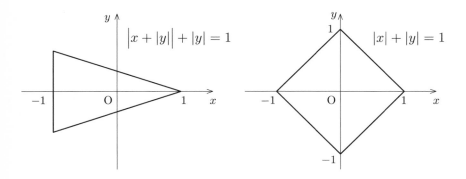

などがある. 一般に，陰関数のグラフは，陽関数のグラフに比べて複雑である.

陰関数は，陽関数 $y = f(x)$ の形に変形できる場合と，できない場合がある．例えば，陰関数：

$$F(x, y) = ax + by + c = 0$$

は，$b \neq 0$ として

$$y = -\frac{a}{b}x - \frac{c}{b}$$

と陽関数の形に変形できる．ところが，円の方程式を変形すると

$$y = \pm\sqrt{c^2 - x^2}$$

となり，与えられた x の値に対して，y が二つ定まるので，y は x の関数ではない[注20]．

また

$$\boxed{x = f(t), \quad y = g(t)}$$

の形に関数を表すと，実際に計算機を利用して，グラフを描かせる場合に便利である．これを関数の**媒介変数表示 (parametric representation)** といい，t を**媒介変数 (parameter)** という．楕円の方程式をこの表示法で表すと

$$x = \frac{a(1 - t^2)}{1 + t^2}, \quad y = \frac{2bt}{1 + t^2}$$

となる．

> 注意 独立変数 x が，有理数のとき $y = 1$，無理数のとき $y = 0$ と定義すれば，与えられた x の値に対して，y が唯一つ定まるので y は x の関数になる．これをディリクレ (**P.G.L.Dirichlet,1805-1859**) の関数と呼ぶ．しかし，これは明らかに図示できない．このように，関数のグラフがすべて描けるわけではない．■

[注20] すなわち，この式は y について陽に解かれてはいるが，陽 "関数" ではない．

2.6 関数の最大値・最小値

2.6.1 二次関数の最大値・最小値

与えられた関数の**最大値 (maximum value)**, あるいは**最小値 (minimum value)** を取る点を見附けることは重要な問題である. ここでは, 二次関数の最大・最小問題をその導入として調べていこう.

前に行った計算を流用して, 二次関数 $y = ax^2 + bx + c$ を

$$y = a\left(x + \frac{b}{2a}\right)^2 - \frac{b^2 - 4ac}{4a}$$

と変形する. 右辺第二項を移項して, さらに, 変数を

$$Y = y + \frac{b^2 - 4ac}{4a}, \quad X = x + \frac{b}{2a}$$

と置き換える. これは座標軸を "大文字を変数とする新しい座標軸" に平行移動させたことになる. このとき, 与えられた関数は

$$Y = aX^2$$

と簡単になる. 上式は頂点を原点に持つ放物線の標準形である.

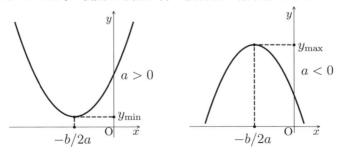

実数の二乗は負にならないので, Y は a が正数のとき $X = 0$ で最小値 0, a が負数のとき $X = 0$ で最大値 0 を取る. これで大文字座標における最大・最小問題の解が得られた.

よって，元の問題の解は，変数を小文字に戻して

$$x = -\frac{b}{2a} \text{ において} \begin{cases} a > 0 : y_{\min} = -\dfrac{b^2}{4a} + c, \quad y_{\max} \text{ はない} \\ a < 0 : y_{\max} = -\dfrac{b^2}{4a} + c, \quad y_{\min} \text{ はない} \end{cases}$$

と求められる．ここで，$y_{\max}$，$y_{\min}$ はそれぞれ最大値，最小値を表す．

2.6.2 接線の傾きと極値

前節において，二次関数のグラフは，座標平面上に放物線を描くことが示された．本節では，放物線 $y = x^2$ に**接線 (tangential line)** を引き，これを利用して二次関数の最大・最小問題を考察しよう．

接線とは"直線"であるから，求めるべき接線を

$$y = mx + n$$

と仮定する．ここで m は接線の**傾き (slope)**，n は y 切片 (y-intercept) と呼ばれる．傾きとは，x の増加量に対し，y の値がどれだけ増加したか，その比率を示すもので

$$\boxed{\text{傾き} \equiv \frac{y \text{ の増加量}}{x \text{ の増加量}}}$$

で定義される量である．

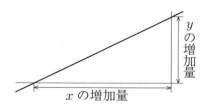

さらに，接線は曲線と一点で交わる必要がある．これは二つの方程式

$$y = x^2, \quad y = mx + n$$

を連立して

$$x^2 - (mx + n) = 0$$

を考え，この式が，唯一つの実根を持つことが条件である．すなわち

$$判別式 = m^2 + 4n = 0.$$

これより，y 切片と傾きの間の関係 $n = -m^2/4$ を得る．よって，求める直線は

$$y = mx - \frac{m^2}{4}$$

となる．放物線上の一点 (α, α^2) をこの直線が通るとき

$$\alpha^2 = m\alpha - \frac{m^2}{4}$$

が成り立つ．m について整理すると，二次方程式

$$m^2 - 4\alpha m + 4\alpha^2 = (m - 2\alpha)^2 = 0$$

となり，この方程式を解いて

$$m = 2\alpha$$

を得る．

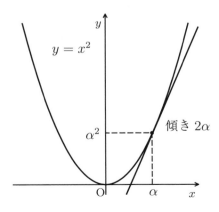

すなわち, 点 (α, α^2) における接線の傾きは 2α である. この結論は α に因らないので, 傾きを x の関数

$$m(x) = 2x$$

と見て, x に数値 α を代入したもの——すなわち, 関数値 $m(\alpha)$ がその点での傾き 2α を与える——と考えられる.

例題　一般的な x の二次関数

$$y = ax^2 + bx + c$$

の場合も全く同様である. 今度は最初から, x の関数としての傾き $m(x)$ を求めよう.

直線 $y = mx + n$ と連立させて

$$ax^2 + bx + c - (mx + n) = 0.$$

判別式 $= 0$ より, m と n の関係を求めると

$$n = c - \frac{(b-m)^2}{4a}$$

となる. よって, 接線の方程式は

$$y = mx + c - \frac{(b-m)^2}{4a}.$$

傾き m について整理して, m の二次方程式

$$m^2 - 2(2ax + b)m + (b^2 - 4ac + 4ay) = 0$$

を得る. $y = ax^2 + bx + c$ を代入, 整理すると

$$\begin{aligned}
0 &= m^2 - 2(2ax + b)m + (b^2 - 4ac + 4ay) \\
&= m^2 - 2(2ax + b)m + [b^2 - 4ac + 4a(ax^2 + bx + c)] \\
&= m^2 - 2(2ax + b)m + (2ax + b)^2 \\
&= [m - (2ax + b)]^2
\end{aligned}$$

となり，傾きは

$$m(x) = 2ax + b$$

と求められる．傾きが 0 になるのは

$$2ax + b = 0 \quad \text{より，} \quad x = -\frac{b}{2a}$$

のときである．本問の場合，傾きが 0 になる点 $x = -b/2a$ が，与えられた関数の最大値 (あるいは最小値) を与えることを示している． ■

一般に，接線の傾きが 0 になる点は，一つとは限らないので，その点は元の関数の最大値，あるいは最小値の候補を与えるにすぎない．そこで，最大値を与える候補のことを**極大値** (maximal value)，最小値の候補を**極小値** (minimal value) と呼び，両方をまとめて，**極値** (extremal value) という．

<u>**問題 3**</u> 接線の方程式 $y = mx + n$ との連立方程式を解くことにより，以下の関数の接線の傾きを求めよ．

$$[\,1\,]\ y = \sqrt{ax + b} \qquad\qquad [\,2\,]\ y = \frac{1}{ax + b}$$

2.7　関数の凹凸

　関数が，独立変数の変化に伴って，どのような値を取るかを調べることは，関数を理解するための第一歩である．視覚的に最も有効な方法は，その関数のグラフを描くことである．実際，グラフより明らかになる幾何的な性質を利用して，関数を分類することも多い[注21]．本節では，関数値の増減をグラフを基に考えていく．

　与えられた関数 $f(x)$ のグラフと二点で交わる直線を考え，これを**割線 (secant line)** と呼ぶ．図に示すように，割線よりもグラフの曲線が下側に出るものを，下に凸な曲線 (あるいは，上に凹な曲線)，上に出る場合を，上に凸な曲線 (あるいは，下に凹な曲線) と名附ける．

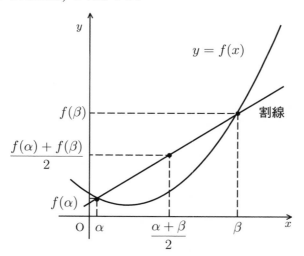

　下に凸な曲線の条件とは，割線と曲線の交点の x 座標を α, β (ただし，$\alpha \leq \beta$) とするとき，不等式：

[注21] コンピューターを利用できる環境にあれば，積極的に色々な関数のグラフを描いてみよう――「表計算ソフト」はグラフの概略を調べるのに利用できる．

$$\boxed{\frac{f(\alpha) + f(\beta)}{2} \geqq f\left(\frac{\alpha + \beta}{2}\right)}$$

を満たすことである．等号は $\alpha = \beta$ のとき成り立つ．

関数によっては，変域によって，凹凸が入れ替わることがある．曲線の凹凸の性質の変わる点のことを，**変曲点 (inflection point)** と呼ぶ．

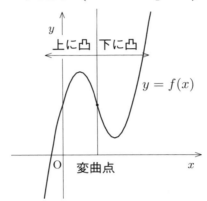

例題 1 放物線 $f(x) = x^2$ の凹凸を調べる．

α, β を異なる二点 $(\alpha < \beta)$ として，式

$$\frac{\alpha^2 + \beta^2}{2} - \left(\frac{\alpha + \beta}{2}\right)^2$$

の正負が問題である．そこで，1/4 をくくり出して

$$\frac{1}{4}\left[2\alpha^2 + 2\beta^2 - (\alpha^2 + \beta^2 + 2\alpha\beta)\right] = \frac{1}{4}(\beta - \alpha)^2 \geqq 0$$

より，この曲線は定義域の全域で下に凸であることが分かる．

割線の傾き M は

$$M = \frac{f(\beta) - f(\alpha)}{\beta - \alpha} = \frac{\beta^2 - \alpha^2}{\beta - \alpha} = \alpha + \beta$$

で与えられる．

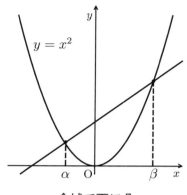

全域で下に凸

両端点 α, β における接線の傾きは，前節で求めたように

$$m(\alpha) = 2\alpha, \quad m(\beta) = 2\beta$$

であり，$\alpha < \beta$ と仮定しているので，$2\alpha < \alpha + \beta < 2\beta$ が成り立つことから

$$m(\alpha) < M < m(\beta)$$

となる．これは下に凸な関数のグラフの特徴である．

$\boxed{\textbf{例題 2}}$　　無理関数 $f(x) = \sqrt{x}$ について調べる．

この場合

$$\frac{\sqrt{\alpha} + \sqrt{\beta}}{2} \quad \text{と} \quad \sqrt{\frac{\alpha + \beta}{2}}$$

の大小関係が問題である．これらは，共に正数なので，二乗して係数を整理した

$$\left(\sqrt{\alpha} + \sqrt{\beta}\right)^2 - 2(\alpha + \beta)$$

の正負を調べればよい．具体的に計算を続けて

$$\left(\sqrt{\alpha} + \sqrt{\beta}\right)^2 - 2(\alpha + \beta) = -\left(\sqrt{\beta} - \sqrt{\alpha}\right)^2 < 0$$

を得る．よって

$$\frac{\sqrt{\alpha}+\sqrt{\beta}}{2} < \sqrt{\frac{\alpha+\beta}{2}}$$

より $\sqrt{x}$ は上に凸な関数である．

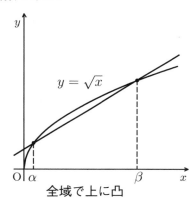

$y = \sqrt{x}$

全域で上に凸

　割線の傾きは

$$M = \frac{\sqrt{\beta}-\sqrt{\alpha}}{\beta-\alpha} = \frac{\sqrt{\beta}-\sqrt{\alpha}}{\left(\sqrt{\beta}-\sqrt{\alpha}\right)\left(\sqrt{\beta}+\sqrt{\alpha}\right)} = \frac{1}{\sqrt{\alpha}+\sqrt{\beta}}$$

であり，α, β における接線の傾きは

$$m(\alpha) = \frac{1}{2\sqrt{\alpha}}, \quad m(\beta) = \frac{1}{2\sqrt{\beta}}$$

で与えられる[注22]ので，上に凸な関数の場合には

$$m(\alpha) > M > m(\beta)$$

が成り立つ． ∎

　この二つの例は，接線の傾きが独立変数の増加に伴って大きくなる場合，その関数のグラフは下に凸になり，反対に傾きが独立変数の増加に伴って小さく

[注22] 問題 3 参照．

なるとき，グラフは上に凸になること，すなわち，関数の凹凸は**接線の傾きの変化のしかた**により定まることを示している．

例題 3　三次関数 $f(x) = x^3$ について考える．

先の二例と同様にして

$$\frac{\alpha^3 + \beta^3}{2} - \left(\frac{\alpha + \beta}{2}\right)^3 = \frac{3}{8}(\beta - \alpha)^2(\alpha + \beta)$$

の正負を調べる．ここで，$\beta \geqq \alpha = 0$ とすれば，上式は非負であり，任意の正の実数 x に対して，$f(x)$ のグラフは下に凸になる．

ところで，三次関数は

$$f(-x) = (-x)^3 = -x^3 = -f(x)$$

より奇関数であり，グラフは原点に関して対称となる．よって，x の負の領域ではグラフは上に凸になる．これらは原点が変曲点になっていることを示している．

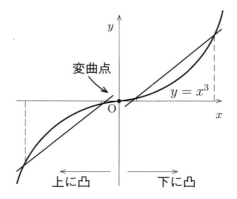

2.8 平方根を求める

本節では，放物線のグラフとその接線を利用して，与えられた数の平方根を求める．考察の基礎とする関数は，y 軸を対称軸とする二次関数

$$y = f(x) = x^2 - C, \quad (C：正数)$$

である．放物線が x 軸を横切る点——$f(x)$ の零点——が C の平方根を与える．すなわち

$$x^2 - C = 0 \quad より，\quad x = \pm\sqrt{C}.$$

放物線上の点 x_0 における接線の傾きは

$$m(x_0) = 2x_0$$

で与えられる．接線が x 軸と交わる点を x_1 とすると，傾きの定義から

$$m(x_0) = \frac{f(x_0)}{x_0 - x_1}$$

であり，x_1 について解き，傾きの式を代入すれば

$$x_1 = x_0 - \frac{f(x_0)}{m(x_0)} = x_0 - \frac{x_0^2 - C}{2x_0}$$
$$= \frac{1}{2}\left(x_0 + \frac{C}{x_0}\right)$$

となる．求めた x_1 を新たな出発値として，この**手続き (procedure)** を繰り返す．繰り返しの回数が増えるに従って，x 軸と接線との交点は，放物線と x 軸との交点，すなわち，$\sqrt{C}$ の値に肉薄する．

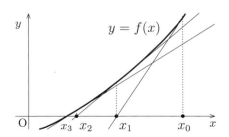

この一連の手続きを

$$x_{n+1} = \frac{1}{2}\left(x_n + \frac{C}{x_n}\right)$$

によって表す. 初期値 x_0 は真の値に近いほど, 繰り返しの回数を少なくできる. この**反復法 (iteration method)** はニュートン法, あるいは**ニュートン‐ラフソン法 (Newton-Raphson method)** と呼ばれている.

ニュートン‐ラフソン法を解析的に確かめよう. これは, 上式が定義する数列 x_n が C の平方根に収束することをいえばよい. 先ず, **相加平均 (arithmetic mean)** と**相乗平均 (geometric mean)** の関係:

$$\frac{a+b}{2} \geq \sqrt{ab}$$

(ただし, a, b は正数) を用いて

$$x_{n+1} = \frac{1}{2}\left(x_n + \frac{C}{x_n}\right) \geq \sqrt{C}.$$

すなわち, $x_n > \sqrt{C}$ より, 数列 x_n は下に有界である. さらに

$$x_n - x_{n+1} = \frac{1}{2}\left(x_n - \frac{C}{x_n}\right)$$
$$= \frac{1}{2x_n}(x_n^2 - C) > 0$$

より, この数列は減少数列である. よって, x_n は収束し, その値を α とすると

$$\lim_{n \to \infty} \frac{1}{2}\left(x_n + \frac{C}{x_n}\right) = \frac{1}{2}\left(\alpha + \frac{C}{\alpha}\right) = \alpha,$$

すなわち

$$\alpha = \sqrt{C}$$

となる.

例題 ニュートン‐ラフソン法を用いて，2の平方根を求める．

先に導いた式：

$$x_{n+1} = \frac{1}{2}\left(x_n + \frac{C}{x_n}\right)$$

において，定数を $C = 2$ と選ぶ．

第1章で議論したように，$1 < \sqrt{2} < 2$ なので，初期値 x_0 を2として，繰り返し計算を始めると

$$x_1 = \frac{1}{2}\left(x_0 + \frac{2}{x_0}\right) = \frac{1}{2}\left(2 + \frac{2}{2}\right) = \frac{3}{2} \quad \Rightarrow 1.5,$$

$$x_2 = \frac{1}{2}\left(\frac{3}{2} + \frac{2}{(3/2)}\right) = \frac{17}{12} \qquad \Rightarrow 1.41\dot{6},$$

$$x_3 = \frac{1}{2}\left(\frac{17}{12} + \frac{2}{(17/12)}\right) = \frac{577}{408} \qquad \Rightarrow 1.4142156,$$

$$x_4 = \frac{1}{2}\left(\frac{577}{408} + \frac{2}{(577/408)}\right) = \frac{665857}{470832} \Rightarrow 1.4142135$$

となる．$x_4 = 1.4142135$ は8桁まで正しい．

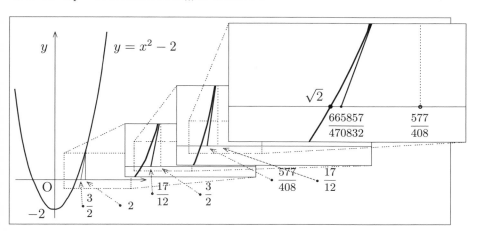

問題 4 3と5の平方根を求めよ．

　以上の手法により，我々は希望する精度で平方根の値を求め得るわけである．また，ニュートン‐ラフソン法は，単に平方根に限らず，曲線の接線が求められるならば，他の様々な計算に応用できる極めて汎用性の高いものである．問題は，如何にして与えられた曲線の接線を求めるか，だけである．

　本章において，我々は接線の傾きを"与えられた関数と一次関数との連立方程式が重根を持つこと"を条件として求めた．そして接線の傾きが 0 になる点での関数値は，最大値 (あるいは最小値) の候補であることを知った．この方法は直感的で理解しやすいが，判別式を用いるので限られた範囲の関数しか扱えない．次章では，以上のことをより統一的に行う．これは**微分学**と呼ばれる．

第3章

微分

Differentiation

　前章では，関数により定義された曲線に対して，各点での接線の傾きを表す関数を求めた．関数の局所的な性質は，その接線に反映されるので，曲線を接線の集まりとして見直すことができる．これは広範囲の問題に対処するための非常に重要な考え方である．

　本章では，先ず，関数の持つ局所的な性質を，接線を調べることにより議論する．さらに，曲線の持つ連続性と滑らかさについて，より精密な検討を加え，導関数を定義する．

　導関数は，各点の接線の傾きを与えるので，これを調べることにより，関数の全体的な性質を知り，グラフの概略を描き得る．導関数を求めることを"微分する"という．

3.1　連続関数の性質

　前章では，二次関数と幾つかの簡単な関数の接線の方程式を求めた．それらの関数のグラフは"連続した滑らかな曲線である"ことを共通した性質として持っていた．連続 (**continuance**) と滑らか (**smooth**) が数学的に何を意味するのか，先ずは日常語として感覚的に使われている程度，すなわち

> 連続とは，切れ目なくつながっていること
> 滑らかとは，丸みを持ち尖っていないこと

から議論を始めて，次第に精密に考えていくことにしよう．グラフが切れ目のない曲線になる関数を**連続関数 (continuous function)** と呼ぶ．

3.1.1　切れ目のある曲線

連続とは，数学的にどのように定義されるのか，連続関数とは，どのような性質を持つ関数であるのか，を "明らかに連続ではない" 曲線を例として挙げ，それを基礎に調べていこう．

例題 1　関数 $y = [x]$ を考える——ここで，$[\cdot]$ はガウスの記号である．

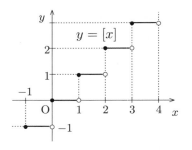

グラフは，x が整数値を取る点において，切れ切れになっている．例えば，$x = 1$ を挟んだ幾つかの値に対して，y の値を調べると

$$
\begin{aligned}
&\vdots \\
y &= [1.2] = 1, \\
y &= [1.1] = 1, \\
y &= [1.0] = 1, \\
y &= [0.9] = 0, \\
y &= [0.8] = 0, \\
y &= [0.7] = 0, \\
&\vdots
\end{aligned}
\quad
\begin{cases}
y = [1.02] = 1, \\
y = [1.01] = 1, \\
y = [1.00] = 1, \\
y = [0.99] = 0, \\
y = [0.98] = 0, \\
y = [0.97] = 0,
\end{cases}
\quad
\begin{cases}
y = [1.002] = 1, \\
y = [1.001] = 1, \\
y = [1.000] = 1, \\
y = [0.999] = 0, \\
y = [0.998] = 0, \\
y = [0.997] = 0,
\end{cases}
\quad
\begin{cases}
y = [\cdots \\
y = [\cdots \\
y = [\cdots \\
y = [\cdots \\
y = [\cdots \\
y = [\cdots
\end{cases}
$$

となる．ここで，y の値が変わる点 $x = 1$ に注目し，$\varepsilon < 1$ なる正数 ε を用いて

$$y_+ \equiv [1 + \varepsilon], \quad y_- \equiv [1 - \varepsilon]$$

を定義すると，両関数値は，ε をどのような小さい数に選んでも一致しない．

例題 2 　直角双曲線 $y = 1/x$ の $x = 0$ を挟んだ値について調べる．

正数 ε を用いて

$$y_+ \equiv \frac{1}{0 + \varepsilon} = \frac{1}{\varepsilon}, \quad y_- \equiv \frac{1}{0 - \varepsilon} = -\frac{1}{\varepsilon}$$

を定義する．これらの関数も，どのような ε に対しても一致せず，$\varepsilon \to 0$ の極限では共に無限大に発散する．しかも，元の関数 $y = 1/x$ は，**例題 1** とは異なり，$x = 0$ において定義されていない．

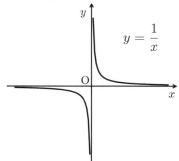

以上の二つの例に共通していることは，考察の対象とする数直線上の点に，右側から近づいた場合と，左側から近づいた場合で，結果が異なることである．

例題 3 　有理関数：

$$y = \frac{x(x - 1)}{x - 1}$$

について考える．

この関数は，$x = 1$ において定義されない．一般に有理関数は，分母の零点において定義されないが，それ以外の点（この場合は $x \neq 1$）においては，共通する因子を約分することができて

$$y = \frac{x(x - 1)}{x - 1} \iff y = x, \ (\text{ただし}, \ x \neq 1)$$

となる．よって，この関数のグラフは，直線 $y = x$ 上の一点 $x = 1$ に穴を空けたものである．

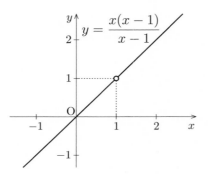

3.1.2　連続関数の定義

先の例題は，"切れ目のある曲線"の持つ特徴を示している．これらの例は，我々が，日常的な感覚として持っている"連続"という概念を，以下のように定義し得ることを示唆する．

> 与えられた関数が，点 $x = a$ において連続であるとは
> [1] $f(a)$ が定義されている．
> [2] $\lim_{x \to a} f(x)$ が存在し，有限確定値を取る．
> [3] **両者が一致する．**すなわち，$\lim_{x \to a} f(x) = f(a)$.

関数が，x の区間 I の各点で連続なとき"区間 I で連続である"といい，点 $x = a$ において連続でないとき"点 a において不連続である"という．この定義から，先の三つの例題はすべて不連続であることが再確認できる．

上記定義において，[1] は関数 $f(x)$ に $x = a$ を入れる代入操作であり，当然この関数は，$x = a$ において定義されている必要がある．ところが，[2] は $x \neq a$ なる値を取りながら，限りなく a に近づく極限操作を表している．従って，必ずしも $x = a$ において関数が定義されている必要はない．

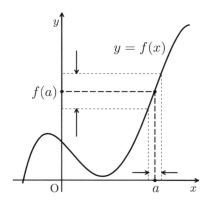

すなわち，[1] と [2] は概念として全く異なり，[3] はその両者が等しいこと，象徴的に書けば

$$\boxed{\text{代入操作＝極限操作}}$$

であり，このような "特殊なこと" が成り立つ関数が，その点において連続となる，と主張しているのである.

例題　公比が $1/(1+x^2)$ である等比級数を x の関数と見て，その連続性を定義に従って調べる.

$$f(x) = x^2 \left[1 + \frac{1}{1+x^2} + \frac{1}{(1+x^2)^2} + \cdots + \frac{1}{(1+x^2)^n} + \cdots \right].$$

先ず，右辺の x に 0 を代入すると，$f(0) = 0$ となり，条件 [1] を満足する.

公比は，任意の実数値に対して，1 より小さいので，右辺は収束する. よって，$x \neq 0$ においては，等比級数の和の式を用いて

$$f(x) = \frac{x^2}{1 - \dfrac{1}{1+x^2}} = 1 + x^2. \quad \text{従って，} \lim_{x \to 0} f(x) = \lim_{x \to 0}(1 + x^2) = 1$$

となり，有限確定値 1 を取るので，条件 [2] も満足する. ところが

$$f(0) \neq \lim_{x \to 0} f(x)$$

より，条件 [3] に反する．よって，この関数は $x = 0$ において連続ではない．

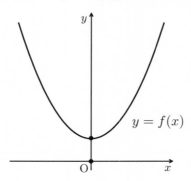

$y = f(x)$

注意　不連続点を含む関数の値を，数値計算で求める場合には，特に注意を要する．例えば，上の関数の第二項まで取った近似式と，級数の和により得た式

$$f_\mathrm{A}(x) \equiv x^2 + \frac{x^2}{1 + x^2}, \quad f_\mathrm{B}(x) \equiv 1 + x^2$$

は，小さな x に対して

$$f_\mathrm{A}(0.1) = 0.0199009, \qquad f_\mathrm{B}(0.1) = 1.01,$$
$$f_\mathrm{A}(0.01) = 0.0001999, \qquad f_\mathrm{B}(0.01) = 1.0001,$$
$$\vdots \qquad\qquad\qquad \vdots$$

となり，全く異なる値を示す．

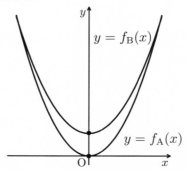

$y = f_\mathrm{B}(x)$

$y = f_\mathrm{A}(x)$

3.1.3 極限の意味

極限の意味について，少し精密に考えよう．極限を表す記号：

$$\lim_{x \to a} f(x)$$

は，数列の極限 (第 1 章) において用いたものと形式的には同一であるが，その内容はより複雑である．

数列の極限：

$$\lim_{n \to \infty} a_n$$

の場合，n は項の番号 $(n = 1, 2, 3, \ldots)$ を表し，番号附けされた数の列

$$a_1, \ a_2, \ a_3, \ a_4, \ a_5, \ a_6, \ldots$$

について考えた．しかし，例題のように，実数 x が実数 a に近づいていく場合，その接近の方法は "無限通り" ある．このとき，$f(x)$ の極限値を b で表し

$$\boxed{\lim_{x \to a} f(x) = b, \ \ \text{あるいは} \ \ x \to a \ \text{のとき}, \ f(x) \to b}$$

と書く．どちらの表現においても**矢印**は，x が a に近づく**近づき方のすべて**を表している．すなわち，x が $x > a$ なる値から a に近づいても，逆に，$x < a$ なる値から a に近づいても，あるいは x が a を挟んで大小を繰り返しながら a に近づいても，どのような近づき方であっても構わない．

| 例題 | 一般項：

$$[\,1\,]\ a\left(1 + \frac{1}{n}\right) \qquad [\,2\,]\ a\left(1 - \frac{1}{n}\right) \qquad [\,3\,]\ a\left[1 + \frac{(-1)^n}{n}\right]$$

を持つ数列 x_n を考えよう．n は自然数である．これらは，すべて $n \to \infty$ のとき a に収束する．また，一般項を

$$x_n = a\left(1 + \frac{1}{n^{10}}\right)$$

とする数列は，先の三つの数列のどれよりも早く収束する．

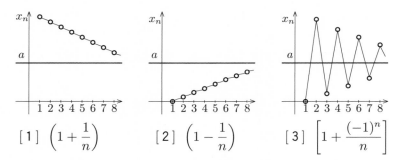

$$[1]\ \left(1+\frac{1}{n}\right) \qquad [2]\ \left(1-\frac{1}{n}\right) \qquad [3]\ \left[1+\frac{(-1)^n}{n}\right]$$

上述したことは，これらのどの数列に従って x_n が a に接近しようとも——収束の早さにも無関係に——結果が変わらないことを意味する．よって

> $\lim\limits_{x\to a} f(x) = b$ とは，$n \to \infty$ のとき a に収束する
> 任意の数列 x_n を用いて作られた数列 $f(x_n)$ に対し
> $$\lim\limits_{n\to\infty} f(x_n) = b$$
> を満足することである．

3.1.4　ε-δ 式論法

極限の定義の要点は "x が a に限りなく近づくこと" であるから，我々は，この点を強調した以下の表現に到達する．

> $\lim\limits_{x\to a} f(x) = b$ とは，任意の正数 ε に対して，
> 適当な正数 δ を取り，$0 < |x-a| < \delta$ なる
> すべての x について，
> $$|f(x) - b| < \varepsilon$$
> が成り立つことである

これを ε-δ 式論法という．

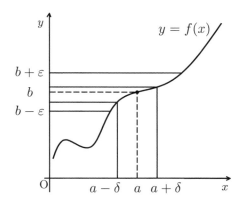

注意 先にも述べたように，極限を求める計算は，$x \neq a$ なる x を a に近づけていくので，0 に関する不等号を含めて $0 < |x - a| < \delta$ と書く．上記内容を，簡略化した表記法：

$$0 < \forall \varepsilon,\ 0 < \exists \delta(a, \varepsilon);\ 0 < |x - a| < \delta \quad \Rightarrow \quad |f(x) - b| < \varepsilon$$

を用いて書くこともある．記号 $\forall, \exists$ は，それぞれ All(すべての) の A，Exist(存在する) の E を逆さまにしたもので，$\forall$ は**全称記号 (universal quantifier)**，$\exists$ は**存在記号 (existential quantifier)** と呼ばれる．　■

同様に，連続関数の定義を ε-δ 式に書くと

> 任意の正数 ε に対して，適当な正数 δ を取り，$|x - a| < \delta$ なるすべての x について，$|f(x) - f(a)| < \varepsilon$ が成り立つとき，$f(x)$ は $x = a$ で連続であるという．

あるいは，簡略化した表記法を用いて

$$0 < \forall \varepsilon,\ 0 < \exists \delta(a, \varepsilon);\ |x - a| < \delta \quad \Rightarrow \quad |f(x) - f(a)| < \varepsilon$$

となる[注1].

[注1] この場合，$f(a)$ の存在が必要なので，0 に関する不等号は含まれず，$|x - a| < \delta$ と表されることに注意すること．

さて, 式:$|x - a| < \delta$, $|f(x) - f(a)| < \varepsilon$ は, より丁寧に書けば

$$a - \delta < x < a + \delta, \qquad f(a) - \varepsilon < f(x) < f(a) + \varepsilon$$

となる. これらを a の **δ-近傍(δ-neighbourhood)**, $f(a)$ の **ε-近傍**という.

すなわち, 定理は, 与えられた関数 $f(x)$ が連続であるならば, $f(x)$ をグラフ上の $f(a)$ を中心とした幅 2ε の中に押し込んだとき, x の取る値の範囲が 2δ の幅で収まる——そのような δ が必ず存在する——ということを述べている.

$\boxed{\text{注意}}$ 厳密性を失うことを恐れずに, より感覚的に ε-δ 式論法の主張するところを論じよう.

今, 手元に自由自在に拡大率を変えることのできる, 理想的な顕微鏡があると仮定する. この顕微鏡を用いて, 詳細にグラフを調べよう. どのような高倍率を選んでグラフを観察しても, 画面内の横方向 (x 方向) のわずかな変化に対して, 縦方向 (y 方向) の変化もわずかであるとき, その関数は連続である.

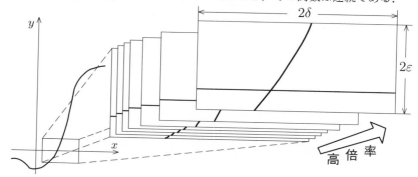

例えば, ここに巨視的に見て切れ目のない曲線があるとき, それを高倍率で拡大し曲線の微視的な構造を探っても, やはり切れ目がない場合, その点は——その倍率の範囲内で結論を出せば——つながっている, といえるであろう. ところが, 我々の手元にある理想顕微鏡は, 幾らでも倍率が上げられるので, 疑義なく曲線の連続・不連続を判定できる, というわけである. ∎

例題 関数 $f(x) = x^2$ の $x = 1$ における連続性を確かめる.

正数 ε を一つ定め,任意の x について

$$|x - 1| < \delta, \qquad |x^2 - 1| < \varepsilon$$

を満足する δ を見附ければよい.絶対値の性質より

$$|x^2 - 1| = |(x + 1)(x - 1)| = |x + 1||x - 1|$$

となる.ここで三角不等式:

$$|a + b| \leqq |a| + |b|, \quad |a| - |b| \leqq |a - b|$$

を用いて上式を変形する.先ず

$$|x + 1| \leqq |x| + 1, \quad |x| - 1 \leqq |x - 1|$$

であり,$x - 1 < \delta$ を用いて

$$|x| - 1 < \delta$$

を得る.上式の両辺に 2 を加えて

$$|x| + 1 < \delta + 2$$

となる.これらをまとめて

$$|x^2 - 1| < \delta(\delta + 2)$$

を得る.仮定より,これが ε より小さいので,不等式

$$\delta(\delta + 2) < \varepsilon$$

を満たすことが,δ に対する条件である.

この条件を満足する δ は,与えられた ε に対して,常に存在するので,関数 $f(x) = x^2$ は $x = 1$ において連続である.

3.1.5　連続関数に対する存在定理

連続関数に対して成り立つ重要な存在定理を二つ紹介しよう.

$f(x)$ を閉区間 $[a,b]$ で定義された連続な関数とし, D を

$$f(a) < D < f(b)$$

となる実数とするとき

$$D = f(c), \quad (a < c < b)$$

を満足する実数 c が存在する. これを**中間値の定理 (intermediate value theorem)** と呼ぶ.

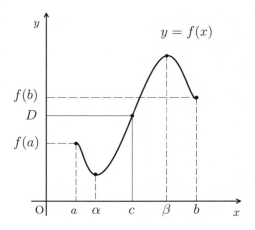

同じ条件の下で, 関数 $f(x)$ には, 最小値を取る点 α と, 最大値を取る点 β が必ず存在する. これを**最大・最小値の定理**, あるいは**ワイエルシュトラス (K.Weierstrass,1815-1879) の定理**という.

3.2 微分の定義

第2章では，幾つかの簡単な関数に対して，連立方程式を解くことにより，接線の傾きを求めた．ここでは，より広範囲な関数に対応するための一般的な方法について考えよう．

3.2.1 微分係数と導関数

接線——与えられた関数が描く曲線と唯一点で交わる直線——を求めるための準備として，曲線と二点で交わる**割線**を考察する．

関数 $y = f(x)$ で定まる曲線と，傾き M を持つ割線が二点 $(\alpha, f(\alpha)), (\beta, f(\beta))$ で交わるとする．傾きは交点の座標より

$$M = \frac{f(\beta) - f(\alpha)}{\beta - \alpha}$$

である．上式において，α を固定し，β を動かすと，割線は β の動きに合わせて，どんどん接線に似てくる．最終的に両点の距離が無くなったとき，割線は正に接線そのものになる．

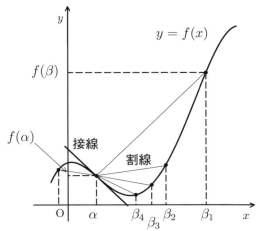

 逆に，接線がその点において存在するならば (それは唯一本であるはずだから)，β が α に対して，右側から近づいた場合も，左側から近づいた場合も，同じ傾きを定義しなければならない．以上述べたことを，式で表せば，求めるべき接線の傾きを m として

$$m = \lim_{\beta \to \alpha} \frac{f(\beta) - f(\alpha)}{\beta - \alpha}$$

である．ここで問題になるのは，β と α の差だけであるから，$\alpha = x_0$，$\beta = x_0 + \Delta x$ とおき，傾き m を

$$\boxed{m = \lim_{\Delta x \to 0} \frac{f(x_0 + \Delta x) - f(x_0)}{\Delta x}}$$

と表せる．これを，x_0 における**微分係数 (differential coefficient)** と呼び，分母 Δx を独立変数の**増分 (increment)**，分子を関数の増分という．

 関数が $y = f(x)$ の形で与えられている場合，関数の増分を Δy と書く．定義域の各点で上記微分係数が存在すれば，各点，各点での微分係数を与える関数を考え得る．これは，微分係数における定数 x_0 を，形式的に変数 x と見直したもので

$$\boxed{\frac{\mathrm{d}y}{\mathrm{d}x} \equiv \lim_{\Delta x \to 0} \frac{\Delta y}{\Delta x} = \lim_{\Delta x \to 0} \frac{f(x + \Delta x) - f(x)}{\Delta x}}$$

で定義される関数である．

 各点における微分係数の全体を，ひとまとめに考える観点から，このように新しい関数を定義することができた．これを，元の関数から導かれたという意味で**導関数 (derived function)** と呼び，導関数を求めることを**微分する**という[注2]．上式が**微分 (differentiation)** の定義式である．

[注2] 一口に "〜を微分をする" といっても，与えられた関数の変数は何か，その関数を何で微分をするのか，が鮮明でなければならない．本書のように，一変数関数のみを扱う場合には，混乱は生じないが，多変数関数の微分の場合には非常に大切な問題である．

注意 極限を取る前の式 $\Delta y/\Delta x$ に対しては，通常の分数のように，下から上へ "デルタ エックス ぶんの デルタ ワイ" と読んでよい．しかし，$\mathrm{d}y/\mathrm{d}x$ は，もはや分数という意味を離れ，一つの記号になっているので，上から下へディ ワイ ディ エックスと読む．

関数 $y = f(x)$ の導関数を表す記号は

$$\frac{\mathrm{d}y}{\mathrm{d}x}, \quad \frac{\mathrm{d}f}{\mathrm{d}x}, \quad \frac{\mathrm{d}}{\mathrm{d}x}f(x) : \text{ライプニッツ (\textbf{Leibniz}) 流}$$

$$\mathrm{D}_x y, \quad \mathrm{D}_x f, \quad \mathrm{D}_x f(x) : \text{コーシー (\textbf{Cauchy}) 流}$$

$$y', \quad f'(x), \quad f^{(1)}(x) : \text{ラグランジュ (\textbf{Lagrange}) 流}$$

など色々あるが，それぞれ一長一短があるので，場合に応じて使い分ければよい． ■

問題 1 関数 $f(x) = |x|$ の $x = 0$ における連続性，微分可能性を調べよ．

◇◇◇◇◇◇◇◇◇◇◇◇◇ **参考** ◇◇◇◇◇◇◇◇◇◇◇◇◇

微分演算子

数学的な計算において，対象になる要素と，その計算行為を分けて扱うほうが便利な場合がある．このとき，計算行為を表す記号を**演算子 (operator)**，あるいは**作用素**と呼ぶ．

例えば，数の掛け算 2×3 を

$$\underbrace{(2\times)}_{\substack{\text{数を二倍}\\\text{する演算子}}} \underbrace{(3)}_{\substack{\text{二倍される}\\\text{対象}}} = \underbrace{6}_{\substack{\text{演算の}\\\text{結果}}}$$

とした新しい見方ができるわけである．

この意味で，記号 $\mathrm{d}/\mathrm{d}x$, D_x は**微分演算子 (differential operator)**，あるいは微分作用素と呼ばれる．ここで，微分演算子 D_x と関数 $f(x)$ の順序を入れ替えた二種類の積：

$$\mathrm{D}_x f(x), \quad f(x)\mathrm{D}_x$$

を考えると，$\mathrm{D}_x f(x)$ は $f(x)$ の導関数であり，一方，$f(x)\mathrm{D}_x$ は，D_x の $f(x)$ 倍という別の演算子を新しく定義したことになる．すなわち，微分演算子を含

む計算においては，その順序により結果が異なり，通常の積の交換法則は適用できない．二つの演算子 A, B を用いて

$$[A, B] \equiv AB - BA$$

を定義し，$[\,,\,]$ を**交換子 (commutator)** と呼ぶ．また，交換子により定まる A, B の関係を**交換関係 (commutation relation)** という．

　例として，$A = \mathrm{D}_x$，$B = x$ とおき交換関係を求めよう．この種の計算においては，ダミー関数(計算の途中にだけ必要となる任意の関数)$f(x)$ を想定し

$$[\mathrm{D}_x, x]f(x) = \mathrm{D}_x(xf(x)) - x\mathrm{D}_xf(x) = f(x)$$

と求め，その後 $f(x)$ を取り除き

$$[\mathrm{D}_x, x] = 1$$

を求めるべき結果とする．これは**不確定性関係**をその本質とする**量子力学 (quantum mechanics)** の基礎を成す計算処方である．

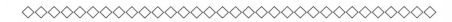

3.2.2　滑らかな関数の定義

不連続な関数は当然として，連続関数であっても，極限値

$$\lim_{\Delta x \to 0} \frac{\Delta y}{\Delta x} = \lim_{\Delta x \to 0} \frac{f(x + \Delta x) - f(x)}{\Delta x}$$

が存在しない関数は，微分可能ではない．ところが，極限値が存在すれば上式において

$$\Delta x \to 0 \quad \text{のとき}, \quad \Delta y \to 0$$

となるので

$$0 = \lim_{\Delta x \to 0} \Delta y = \lim_{\Delta x \to 0} f(x + \Delta x) - \lim_{\Delta x \to 0} f(x)$$
$$= \lim_{\Delta x \to 0} f(x + \Delta x) - f(x).$$

よって

$$\lim_{\Delta x \to 0} f(x + \Delta x) = f(x)$$

となる．これは，与えられた関数が微分可能な区間で連続関数であること[注3]を表している．

　ここまでは，関数の定義する曲線が，滑らかであることを感覚的に扱って来たが，ようやくこれを数学的に定義できるようになった．関数が，滑らかであるとは

　　　微分可能であり，その導関数が連続であること

すなわち，滑らかな曲線とは，ある点において接線が引けるだけでは十分ではなく，接線の傾きの変化の仕方も連続となる必要があるのである．

3.2.3　高階導関数

　与えられた関数を微分することにより，導関数を定義することができ，導関数のある点での値を微分係数と呼んだ[注4]．微分係数は，導関数の記号を用いて

$$\left. \frac{\mathrm{d}y}{\mathrm{d}x} \right|_{x=x_0} \quad \text{または,} \ \ f^{(1)}(x_0)$$

と書ける．

　各点での微分係数を考えることにより，導関数と呼ばれる新しい関数を定義できた．今後，これを**一階導関数**と呼ぶ．

　ところで，導関数も一つの関数であるから，それ自身が滑らかなものであれば，さらに微分することにより，新たな関数を定義し得る．これを**二階導関数**という．

[注3] 連続関数であっても，必ずしも微分可能ではないが，逆に微分可能な区間では，その関数は必ず連続となる．
[注4] 微分係数がその点での接線の傾きを与える．

この演算を n 回繰り返して定義される関数を，**n 階導関数**と名附ける．$n \geqq 2$ 以上をまとめて**高階導関数 (higher order derivative)** と呼び，以下のように書き表す．

$$
\begin{aligned}
\frac{\mathrm{d}}{\mathrm{d}x}\left(\frac{\mathrm{d}f}{\mathrm{d}x}\right) &= \frac{\mathrm{d}^2 f}{\mathrm{d}x^2} = (\mathrm{D}_x)^2 f(x) = f^{(2)}(x), \\
\frac{\mathrm{d}}{\mathrm{d}x}\left(\frac{\mathrm{d}^2 f}{\mathrm{d}x^2}\right) &= \frac{\mathrm{d}^3 f}{\mathrm{d}x^3} = (\mathrm{D}_x)^3 f(x) = f^{(3)}(x), \\
&\vdots \\
\frac{\mathrm{d}}{\mathrm{d}x}\left(\frac{\mathrm{d}^{n-1} f}{\mathrm{d}x^{n-1}}\right) &= \frac{\mathrm{d}^n f}{\mathrm{d}x^n} = (\mathrm{D}_x)^n f(x) = f^{(n)}(x).
\end{aligned}
$$

便宜上，元の関数 $f(x)$ を $f^{(0)}(x)$ と書くことがある．

[注意]　先の場合と同様に，記号 $\mathrm{d}^2 f/\mathrm{d}x^2$ も，上から下へディ 2 エフ ディ エックス 2 と読む．英語では

$$\mathrm{d}\ \textbf{two}\ f\ \textbf{over}\ \mathrm{d}x\ \textbf{square}$$

と読む．　　　　　　　　　　　　　　　　　　　　　　　　　■

本節で示した考え方は，物体の運動や地球の重力を理解するための数学的手段として，ニュートン **(I.Newton,1642–1727)** により——同時にライプニッツ **(G.W.Leibniz,1646–1716)** により——考案された．

3.3 平均値の定理と関数値の増減

3.3.1 平均値の定理

微分可能な関数に対して成り立つ存在定理を紹介する.

> 関数 $f(x)$ が, 閉区間 $[a, b]$ で連続, 開区間 (a, b) で微分可能であるとき
> $$\frac{f(b) - f(a)}{b - a} = f^{(1)}(c), \ (a < c < b)$$
> なる点 c が必ず存在する.

これを**平均値の定理 (mean value theorem)** と呼ぶ.

　左辺は, 座標平面上の二点 $(a, f(a))$, $(b, f(b))$ を結ぶ直線——**割線**——の傾きを表し, **平均変化率 (average rate of change)**, あるいは**ニュートン商 (Newton quotient)** と呼ばれる. 定理は, 二点間を結ぶどのような曲線[注5]にも, "平均変化率に等しい接線の傾きを持つ点" が必ず存在すると主張している.

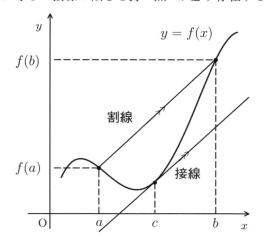

[注5] ただし滑らかな.

平均値の定理より，区間内の任意の点 p において，$f^{(1)}(p) > 0$ であれば，$b - a > 0$ となるので

$$f(b) - f(a) > 0 \ \ \text{より}, \quad f(b) > f(a).$$

よって，この区間内で関数 $f(x)$ は，**単調 (monotone)** にその値を増していく．

同様の議論から，ある区間内において

$$\begin{cases} f^{(1)}(x) > 0 \ \text{ならば，} f(x) \text{ は単調に増加する} \\ f^{(1)}(x) = 0 \ \text{ならば，} f(x) \text{ は定数である} \\ f^{(1)}(x) < 0 \ \text{ならば，} f(x) \text{ は単調に減少する} \end{cases}$$

が結論される．これより，$f^{(1)}(c) = 0$ であるとき，$x = c$ の近くで $f^{(1)}(x)$ の値が

$$\begin{cases} x < c \text{で正，} x > c \text{で負ならば，} f(x) \text{ は } x = c \text{ で極大} \\ x < c \text{で負，} x > c \text{で正ならば，} f(x) \text{ は } x = c \text{ で極小} \end{cases}$$

であり，**極値** $f(c)$ を取ることが分かる．

さらに，二階導関数について同様の考察をする．二階導関数 $f^{(2)}(x)$ が，常に正ならば $f^{(1)}(x)$ は単調に増加する，すなわち，元の関数の接線の傾きが，x の増加に伴って単調に増加する．これは幾何的には，$f(x)$ のグラフが下に凸であることを示している．また，$f^{(2)}(x) < 0$ であれば，$f(x)$ は上に凸になる．

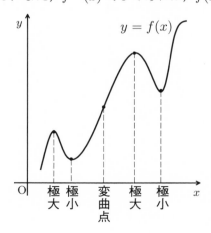

以上をまとめると，ある区間内において

$$\begin{cases} f^{(2)}(x) > 0 \text{ ならば, } f(x) \text{ のグラフは下に凸} \\ f^{(2)}(x) < 0 \text{ ならば, } f(x) \text{ のグラフは上に凸} \end{cases}$$

となる[注6]．

3.3.2 ド・ロピタルの定理

有理関数 $f(x)/g(x)$ の極限値を求める場合，計算した結果が $0/0$ や ∞/∞ の形になることがある．これを**不定形 (indeterminate form)** という．不定形の極限値を求めるための非常に強力な方法を以下に示す．

関数 $f(x), g(x)$ が，点 a を含む区間で連続，a を除いて微分可能であり

$$f(a) = g(a) = 0, \quad g^{(1)}(x) \neq 0$$

とする．このとき，分子分母を**別々に微分した**ものの極限

$$\lim_{x \to a} \frac{f^{(1)}(x)}{g^{(1)}(x)}$$

が存在すれば

$$\boxed{\lim_{x \to a} \frac{f(x)}{g(x)} = \lim_{x \to a} \frac{f^{(1)}(x)}{g^{(1)}(x)}}$$

となる．これを**ド・ロピタル (G.F.A.de l'Hospital,1661-1704) の定理**と呼ぶ．定理は

[1] $a \to \pm\infty$, [2] $x \to a$ のとき，$f(x) \to \pm\infty$, $g(x) \to \pm\infty$

であっても成り立つ応用範囲の広いものである．

[注6] グラフの変曲点——グラフの凹凸の変わる点——においては，$f^{(2)}(c) = 0$ であるが，逆に $f^{(2)}(c) = 0$ であっても，それだけでは，その点が変曲点であるとは決まらない．

　一階導関数の比の極限がまた不定形になり，初めに示した成立条件を満足するならば，本定理を再度適用することにより，極限を計算できる．この演算は，成立条件を満足する限り，何回でも連続して適用できる．

◇◇◇◇◇◇◇◇◇◇◇◇　**参考**　◇◇◇◇◇◇◇◇◇◇◇◇◇

|定理の応用例|

　関数の連続と滑らかさについて，例を挙げて考えてみよう．

　一番興味を惹く実例は，遊園地のジェット・コースターであろう．最近では，宙返りをさせるなど様々な軌道が設計され人気を博しているが，すべてに共通することは軌道が連続で滑らかなことである（軌道の連続性に対しては，言うまでもないだろう）．もし軌道に尖った点があれば，その点で台車が空中に投げ出されてしまう．このような点は，軌道の**特異点 (singular point)** と呼ばれる．ジェット・コースターの軌道を設計するには，軌道に特異点を作らないことが必須である．

　連続で滑らかな関数に対して成り立つ存在定理について，感覚的に理解しておこう．日本地図を見ながら，大阪から青森へ旅行を計画する（ただし，平面上の問題として扱い，地球が球体であることを考慮しない）．さて，旅行者が

　[1] 東経 140 度，北緯 40 度の線を越えることなく，青森へ到着できるか
　[2] 大阪・青森間を直線で結び基準の方向とするとき，一度もこの方向を
　　　向くことなく，青森へ到着できるか．

問題 [1] を解くために，大阪，青森を結ぶ色々な**経路 (path)** を考えよう．問題 [1] は，この二点をある線を越えずに結ぶことに他ならない．陸路を採ろうが，外国経由の空路を採ろうが，設定された線を跨いでしまうことは明らかである．ここで経線に注目すると，経度を大阪・青森間のどのような値に選んでも，今得た結論に変わりのないことが理解できる．

　すなわち，どのような旅行経路を選んでも，大阪・青森間に設定された経線を，必ず一回以上通る．また，両地間の経度の間の適当な値を選んで，そこにロープを張って待ち伏せすれば，旅行者を必ず捕まえられる．全く同様のことが，緯線についても成り立つ．以上が**中間値の定理**の内容である．

　問題 [2] も [1] と同様に，両地点を結ぶ勝手な (ただし，滑らかな) 経路上を歩いている状態を考えると，どのように工夫しても，一度は基準の方向を向いてしまう．これが**平均値の定理**の主張である．

　このように，中間値の定理，および平均値の定理は，全く平易な，誰もが直感的に正しいと認めるような内容を数学的に表したものである．よって，その応用範囲は非常に広く，一見無関係に思える問題が，これらの存在定理の当然の帰結として証明されることも希ではないのである．

3.4　導関数を求める

　ここでは，代表的な関数を取り上げ，それを定義に従って微分し，導関数を求める．

◆ $x = C$ (定数) の場合

y の増分：$\Delta y = C - C = 0$ より

$$\frac{\mathrm{d}y}{\mathrm{d}x} = 0.$$

$$\therefore \boxed{\text{定数の微分は } 0}$$

◆ $y = x$ の場合

y の増分：$\Delta y = (x + \Delta x) - (x) = \Delta x$ より

$$\frac{\mathrm{d}y}{\mathrm{d}x} = \lim_{\Delta x \to 0} \frac{\Delta x}{\Delta x} = 1.$$

$$\therefore \boxed{x \text{ の } x \text{ に関する微分は } 1}$$

◆ $y = x^2$ の場合

y の増分：

$$\Delta y = (x + \Delta x)^2 - (x)^2 = x^2 + 2x\Delta x + (\Delta x)^2 - x^2$$
$$= 2x\Delta x + (\Delta x)^2$$

より

$$\frac{\mathrm{d}y}{\mathrm{d}x} = \lim_{\Delta x \to 0} \frac{2x\Delta x + (\Delta x)^2}{\Delta x} = \lim_{\Delta x \to 0} (2x + \Delta x)$$
$$= 2x.$$

$$\therefore \boxed{x^2 \text{の } x \text{ に関する微分は } 2x}$$

◆ $y = x^n$ の場合 (ただし, n は自然数)

y の増分は

$$
\begin{aligned}
\Delta y &= (x + \Delta x)^n - (x)^n \\
&= x^n + nx^{n-1}\Delta x + \cdots + nx(\Delta x)^{n-1} + (\Delta x)^n - x^n \\
&= nx^{n-1}\Delta x + \cdots + nx(\Delta x)^{n-1} + (\Delta x)^n.
\end{aligned}
$$

(ここで, 二項展開の知識を用いた). よって

$$
\begin{aligned}
\frac{\mathrm{d}y}{\mathrm{d}x} &= \lim_{\Delta x \to 0} \frac{nx^{n-1}\Delta x + \cdots + nx(\Delta x)^{n-1} + (\Delta x)^n}{\Delta x} \\
&= \lim_{\Delta x \to 0}[nx^{n-1} + \Delta x(\cdots)] \\
&= nx^{n-1}.
\end{aligned}
$$

$$\therefore \boxed{x^n \text{の } x \text{ に関する微分は } nx^{n-1}(n \text{ は自然数})}$$

◆ $y = \sqrt{ax + b}$ の場合

定義より

$$
\frac{\mathrm{d}y}{\mathrm{d}x} = \lim_{\Delta x \to 0} \frac{1}{\Delta x}\left(\sqrt{a(x + \Delta x) + b} - \sqrt{ax + b}\right).
$$

分子を有理化して

$$
\begin{aligned}
\frac{\mathrm{d}y}{\mathrm{d}x} &= \lim_{\Delta x \to 0} \frac{\left(\sqrt{a(x + \Delta x) + b} - \sqrt{ax + b}\right)\left(\sqrt{a(x + \Delta x) + b} + \sqrt{ax + b}\right)}{\Delta x \left(\sqrt{a(x + \Delta x) + b} + \sqrt{ax + b}\right)} \\
&= \lim_{\Delta x \to 0} \frac{[a(x + \Delta x) + b] - (ax + b)}{\Delta x \left(\sqrt{a(x + \Delta x) + b} + \sqrt{ax + b}\right)} \\
&= \lim_{\Delta x \to 0} \frac{a}{\sqrt{a(x + \Delta x) + b} + \sqrt{ax + b}} \\
&= \frac{a}{2\sqrt{ax + b}}.
\end{aligned}
$$

$$\therefore \boxed{\sqrt{ax + b} \text{ の } x \text{ に関する微分は } \frac{a}{2\sqrt{ax + b}}}$$

◆ $y = \dfrac{1}{ax+b}$ の場合

定義より

$$\frac{\mathrm{d}y}{\mathrm{d}x} = \lim_{\Delta x \to 0} \frac{1}{\Delta x}\left[\frac{1}{a(x+\Delta x)+b} - \frac{1}{ax+b}\right].$$

通分して

$$
\begin{aligned}
\frac{\mathrm{d}y}{\mathrm{d}x} &= \lim_{\Delta x \to 0} \frac{(ax+b)-[a(x+\Delta x)+b]}{\Delta x\,[a(x+\Delta x)+b]\,(ax+b)} \\
&= \lim_{\Delta x \to 0} \frac{-a}{[a(x+\Delta x)+b][ax+b]} \\
&= \frac{-a}{(ax+b)^2}.
\end{aligned}
$$

$$\therefore \boxed{\;\frac{1}{ax+b}\;\text{の}\;x\;\text{に関する微分は}\;\frac{-a}{(ax+b)^2}\;}$$

3.5 微分法の基礎公式

微分可能な関数に対して成り立つ代表的な公式を導いておく.

◆ **関数の和と差の微分法**──$y = f(x) \pm g(x)$ の場合

$$\frac{\mathrm{d}y}{\mathrm{d}x} = \lim_{\Delta x \to 0} \frac{[f(x + \Delta x) \pm g(x + \Delta x)] - [f(x) \pm g(x)]}{\Delta x}$$
$$= \lim_{\Delta x \to 0} \frac{f(x + \Delta x) - f(x)}{\Delta x} \pm \lim_{\Delta x \to 0} \frac{g(x + \Delta x) - g(x)}{\Delta x}.$$

すなわち

$$\boxed{\frac{\mathrm{d}y}{\mathrm{d}x} = \frac{\mathrm{d}f}{\mathrm{d}x} \pm \frac{\mathrm{d}g}{\mathrm{d}x}.}$$

◆ **関数の積の微分法**──$y = f(x)g(x)$ の場合

$$\frac{\mathrm{d}y}{\mathrm{d}x} = \lim_{\Delta x \to 0} \frac{f(x + \Delta x)g(x + \Delta x) - f(x)g(x)}{\Delta x}$$
$$= \lim_{\Delta x \to 0} \frac{1}{\Delta x} \{[f(x + \Delta x) - f(x)][g(x + \Delta x) - g(x)]$$
$$+ [f(x + \Delta x) - f(x)]g(x) + f(x)[g(x + \Delta x) - g(x)]\}$$
$$= \lim_{\Delta x \to 0} \frac{f(x + \Delta x) - f(x)}{\Delta x} \frac{g(x + \Delta x) - g(x)}{\Delta x} \Delta x$$
$$+ g(x) \lim_{\Delta x \to 0} \frac{f(x + \Delta x) - f(x)}{\Delta x} + f(x) \lim_{\Delta x \to 0} \frac{g(x + \Delta x) - g(x)}{\Delta x}$$
$$= \frac{\mathrm{d}f}{\mathrm{d}x} \frac{\mathrm{d}g}{\mathrm{d}x} \times 0 + \frac{\mathrm{d}f}{\mathrm{d}x} g + f \frac{\mathrm{d}g}{\mathrm{d}x}.$$

すなわち

$$\boxed{\frac{\mathrm{d}y}{\mathrm{d}x} = \frac{\mathrm{d}f}{\mathrm{d}x} g + f \frac{\mathrm{d}g}{\mathrm{d}x}.}$$

◆ **関数の商の微分法**——$y = f(x)/g(x)$ $(g(x) \neq 0)$ の場合

$f(x) = g(x)y$ と変形して，先の結果を用いると

$$\frac{\mathrm{d}f}{\mathrm{d}x} = \frac{\mathrm{d}g}{\mathrm{d}x}y + g\frac{\mathrm{d}y}{\mathrm{d}x}.$$

よって

$$\frac{\mathrm{d}y}{\mathrm{d}x} = \frac{1}{g}\left(\frac{\mathrm{d}f}{\mathrm{d}x} - \frac{\mathrm{d}g}{\mathrm{d}x}y\right) = \frac{1}{g}\left(\frac{\mathrm{d}f}{\mathrm{d}x} - \frac{\mathrm{d}g}{\mathrm{d}x}\frac{f}{g}\right).$$

すなわち

$$\boxed{\frac{\mathrm{d}y}{\mathrm{d}x} = \frac{1}{g^2}\left(\frac{\mathrm{d}f}{\mathrm{d}x}g - f\frac{\mathrm{d}g}{\mathrm{d}x}\right).}$$

これらはラグランジュ流の表記法を用いると

$$\boxed{(1)\ (f \pm g)' = f' \pm g', \quad (2)\ (fg)' = f'g + fg', \quad (3)\ \left(\frac{f}{g}\right)' = \frac{f'g - fg'}{g^2}}$$

となる．ここで，**プライム (prime)** $'$ は x に関する微分を表す．

◆ **合成関数の微分法**——$y = f(u)$, $u = g(x)$ の場合

y の増分は，$\Delta y = f(u + \Delta u) - f(u)$ であり，u の増分は

$$\Delta u = g(x + \Delta x) - g(x)$$

である．$\Delta x \to 0$ のとき，u の増分も 0 になる．よって

$$\frac{\mathrm{d}y}{\mathrm{d}x} = \lim_{\Delta x \to 0}\frac{\Delta y}{\Delta x} = \lim_{\Delta x \to 0}\frac{\Delta y}{\Delta u}\frac{\Delta u}{\Delta x} = \lim_{\Delta u \to 0}\frac{\Delta y}{\Delta u}\lim_{\Delta x \to 0}\frac{\Delta u}{\Delta x}.$$

すなわち

$$\boxed{\frac{\mathrm{d}y}{\mathrm{d}x} = \frac{\mathrm{d}y}{\mathrm{d}u}\frac{\mathrm{d}u}{\mathrm{d}x}.}$$

上式は，微分する変数が u と x の二種類あるので，ラグランジュ流の表記法には馴染まず，無理に書くと微分変数がはっきりせず混乱する[注7].

◆ 逆関数の微分法

関数 $y = f(x)$ に対し，逆関数 $x = f^{-1}(y)$ も微分可能であるとき，合成関数の微分法に従って，恒等式：

$$x = f^{-1}(f(x))$$

の両辺を x で微分すると

$$\frac{\mathrm{d}x}{\mathrm{d}x} = 1 = \left[\frac{\mathrm{d}}{\mathrm{d}y}f^{-1}(y)\right]\left[\frac{\mathrm{d}}{\mathrm{d}x}f(x)\right] = \frac{\mathrm{d}x}{\mathrm{d}y}\frac{\mathrm{d}y}{\mathrm{d}x}.$$

これより，以下の式を得る．

$$\boxed{\frac{\mathrm{d}y}{\mathrm{d}x} = \frac{1}{\dfrac{\mathrm{d}x}{\mathrm{d}y}}}$$

問題 2 積の微分公式を利用して，x の n 乗の微分を求めよ．

注意 関数 $A(x), B(x)$ が，$x \to m$ の極限で，それぞれ極限値 α, β を持つ，すなわち

$$\lim_{x \to m} A(x) = \alpha, \quad \lim_{x \to m} B(x) = \beta$$

であるとき，収束する数列の場合と同様の関係：

$$\lim_{x \to m}[A(x) \pm B(x)] = \alpha \pm \beta, \quad \lim_{x \to m} A(x)B(x) = \alpha\beta, \quad \lim_{x \to m}\frac{A(x)}{B(x)} = \frac{\alpha}{\beta}$$

(ただし，$\beta \neq 0$) が成り立つ． ■

[注7] 右辺の右上がり対角線に，同じ変数が鎖で結ばれたように並んでいるので**連鎖律 (chain rule)** とも呼ばれる．

3.6　冪関数の微分 (指数の拡張)

前節までに，幾つかの重要な関数の導関数を求め，微分法の基礎公式を導出した．この中で最も重要な関数は，x の**冪関数** (power function)

$$\boxed{y = x^n}$$

である．この導関数は，既に任意の自然数 n に対して求められた．指数 n に対する制限を一つずつ取り除いていこう．

先ず，n が負の整数の場合を調べる．ここで，$n = -N$ (N は自然数) とおくと，負の冪に対する指数法則より

$$y = x^{-N} = \frac{1}{x^N}.$$

商の微分法を用いて

$$\frac{\mathrm{d}y}{\mathrm{d}x} = \frac{1}{(x^N)^2}\left[x^N \frac{\mathrm{d}}{\mathrm{d}x}(1) - 1 \times \frac{\mathrm{d}}{\mathrm{d}x}(x^N)\right]$$
$$= -\frac{1}{(x^N)^2}Nx^{N-1} = -Nx^{-N-1}$$

となり，$-N = n$ より

$$\frac{\mathrm{d}y}{\mathrm{d}x} = nx^{n-1},$$

すなわち

$$\boxed{\mathrm{D}_x x^n = nx^{n-1}, \ (n \text{ は整数})}$$

を得る．これは，n を自然数に制限した場合と全く同型であるので，n は任意の整数にまで拡張されたことになる．

拡張作業を続けよう．n を任意の有理数 $n = k/m$ (k は整数，m は自然数) として

$$y = x^{k/m}$$

を考える. 定義域を $x > 0$ とし, 負数の**冪根 (power root)** は避けておく. また, y が x の関数であることを強調するために

$$y = f(x) = x^{k/m}$$

と書く. 与式の両辺を m 乗すると, $y^m = x^k$ となり

$$g(y) = y^m$$

とおくと, 関数 g は, y を通じて x の関数になる. すなわち

$$g(f(x)) = (x^{k/m})^m = x^k$$

である. 連鎖律を用いて, 上式の左辺を x で微分すると

$$\begin{aligned}
左辺 &= \left[\frac{\mathrm{d}}{\mathrm{d}y}g(y)\right]\left[\frac{\mathrm{d}}{\mathrm{d}x}f(x)\right] = \left(\frac{\mathrm{d}}{\mathrm{d}y}y^m\right)\frac{\mathrm{d}y}{\mathrm{d}x} \\
&= my^{m-1}\frac{\mathrm{d}y}{\mathrm{d}x}
\end{aligned}$$

となる. 同様に, 右辺 x^k を x で微分すると

$$右辺 = \frac{\mathrm{d}}{\mathrm{d}x}x^k = kx^{k-1}$$

である. $\mathrm{d}y/\mathrm{d}x$ について解いて

$$\begin{aligned}
\frac{\mathrm{d}y}{\mathrm{d}x} &= \frac{kx^{k-1}}{my^{m-1}} = \frac{k}{m}x^{k-1}(x^{k/m})^{1-m} \\
&= \frac{k}{m}x^{(k/m)-1} = nx^{n-1},
\end{aligned}$$

すなわち

$$\boxed{\mathrm{D}_x x^n = nx^{n-1}, \ (n \text{ は**有理数**})}$$

を得る.

上式の指数は，初め二項展開を用いて，任意の自然数について証明された．そして今，整数から有理数へと拡張されたわけであるが，結論を先取りすれば，指数 n は**任意の実数**にまで拡張される[注8].

問題 3 合成関数，逆関数の微分法を用いて，dy/dx を求めよ．

　[1] $y = u^{-1}$, $u = ax + b$　　[2] $y = \sqrt{u}$, $u = ax + b$　　[3] $y = \sqrt{x}$, $(x > 0)$

問題 4 ルジャンドル (**A.M.Legendre,1752-1833**) の多項式：

$$P_n \equiv \frac{1}{2^n n!} D_x^n (x^2 - 1)^n, \ \ (n = 0, 1, 2, 3, \ldots)$$

に対し，具体的に P_0, P_1, P_2, P_3 を計算せよ．

[注8] これは第6章において導かれる．

3.7 ニュートン‐ラフソン法

関数 $f(x)$ の導関数を求める一般的な方法を得たので，第 2 章で学んだニュートン‐ラフソン法の計算式を，以下の形式にまとめられる．

$$x_{n+1} = x_n - \frac{f(x_n)}{f^{(1)}(x_n)}$$

例題　立方根 (cube root)——三乗すると元の数になる——を求める．

平方根のときと同様に，関数 $f(x) = x^3 - C$ を考える．導関数は $f^{(1)}(x) = 3x^2$ となり，次式により近似解を順次計算できる．

$$x_{n+1} = x_n - \frac{(x_n)^3 - C}{3(x_n)^2} = \frac{2(x_n)^3 + C}{3(x_n)^2}$$

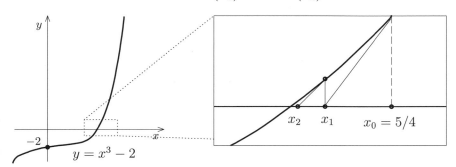

$y = x^3 - 2$

具体的な例として，2 の立方根 $(C = 2)$ を計算する．この場合 $(1.2)^3 < 2 < (1.3)^3$ より $x_0 = 1.25 = 5/4$ とおいて

$$x_1 = \frac{2 \times (5/4)^3 + 2}{3 \times (5/4)^2} = \frac{63}{50} = 1.26,$$

$$x_2 = \frac{2 \times (63/50)^3 + 2}{3 \times (63/50)^2} = \frac{375047}{297675} \approx 1.259921.$$

近似解 x_2 の誤差は，$2 - (1.259921)^3 \approx 0.0000003$ の程度である．

3.8   関数のグラフを描く

これまでに得た微分法の知識 (関数の局所的な情報) を総合すれば，関数：

$$\boxed{y = f(x)}$$

のグラフ (関数の全体的な情報) が描ける．そのためには

◆ 曲線の存在する範囲 (定義域，値域を確認する)，
◆ 座標軸，原点などに関する対称性 (関数の偶奇性)，
◆ 座標軸との交点 (簡単に計算できるものはすべて求める)，
◆ x が極端に大きな (小さな) 値をとるときの $f(x)$ の状態，
◆ 関数値の増減および極値 (あるいは最大・最小)，
◆ 曲線の凹凸，変曲点

などを調べればよい．

この方針に従って得られた結果をまとめ，関数の増加減少の状況を示した表を関数の**増減表**と呼ぶ．具体的には以下に示すように，$x, f(x), f^{(1)}(x), f^{(2)}(x)$，及びそれらの符号を並べて書く．

例題   三次方程式：$3x^3 + x^2 + x - 2 = 0$ の根を求める．

三次関数：$f(x) = 3x^3 + x^2 + x - 2$ と x 軸との交点を求める問題として解く．この関数の定義域は，実数全体である．そこで $f(x)$ を

$$f(x) = \left(3 + \frac{1}{x} + \frac{1}{x^2} - \frac{2}{x^3}\right) x^3$$

と変形する．括弧の中は x の増加に伴って

$$\lim_{x \to \infty} \left(3 + \frac{1}{x} + \frac{1}{x^2} - \frac{2}{x^3}\right) = 3.$$

よって，$f(x)$ は x の絶対値が大きい所では，$3x^3$ のように振る舞う．

$f(x)$ の一階導関数は，$f^{(1)}(x) = 9x^2 + 2x + 1$ であるが，右辺を完全平方の形に変形すると

$$f^{(1)}(x) = 9\left(x + \frac{1}{9}\right)^2 + \frac{8}{9} > 0$$

となるので，$f(x)$ は x のすべての範囲で単調増加である．

二階導関数は，$f^{(2)}(x) = 18x + 2$ となり

$$\begin{cases} x > -1/9 \text{ のとき，} f^{(2)}(x) > 0, \text{（上に凸）} \\ x < -1/9 \text{ のとき，} f^{(2)}(x) < 0, \text{（下に凸）} \end{cases}$$

より，$x = -1/9$ が変曲点となる．以上をまとめて，増減表：

x		$-1/9$	
$f^{(2)}(x)$	$-$	0	$+$
$f^{(1)}(x)$	$+$	$+$	$+$
$f(x)$	↗	↗	↗
備考	上に凸	変曲点	下に凸

を得る．さらに，$f(0) = -2 < 0$, $f(1) = 3 > 0$ であるから，この関数は，$0 < x < 1$ の間で唯一の x 軸との交点を有することが分かる．

交点の値を求めるために，ニュートン - ラフソン法を用いる．近似解は

$$x_{n+1} = x_n - \frac{f(x_n)}{f^{(1)}(x_n)} = x_n - \frac{3x_n^3 + x_n^2 + x_n - 2}{9x_n^2 + 2x_n + 1}$$
$$= \frac{6x_n^3 + x_n^2 + 2}{9x_n^2 + 2x_n + 1}$$

により順次計算できる．根は 0 と 1 の間にあるので，試みに初期値 $x_0 = 1$ として，計算を始めると

$$x_1 = \frac{6 + 1 + 2}{9 + 2 + 1} = \frac{3}{4} \qquad\qquad \Rightarrow 0.75,$$

$$x_2 = \frac{6 \times (3/4)^3 + (3/4)^2 + 2}{9 \times (3/4)^2 + 2 \times (3/4) + 1} = \frac{163}{242} \qquad \Rightarrow 0.6735537,$$

$$x_3 = \frac{6 \times (163/242)^3 + (163/242)^2 + 2}{9 \times (163/242)^2 + 2 \times (163/242) + 1} = \frac{30379578}{45565817}$$

となる．これより，近似解：

$$\boxed{x_3 \approx 0.6667186}$$

を得る．

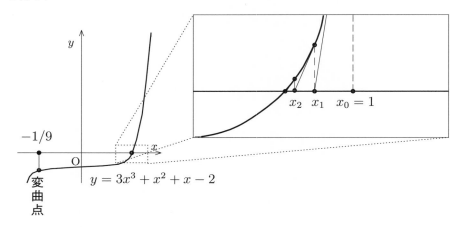

$$y = 3x^3 + x^2 + x - 2$$

ところで，この三次方程式は

$$3x^3 + x^2 + x - 2 = (x^2 + x + 1)(3x - 2) = 0$$

と因数分解ができ，実根の厳密な値は 2/3 である．よって，x_3 は誤差：

$$0.6667186 - 0.6666666 = 0.000052$$

で求められたことが分かる．   ∎

　このように，微分法は**高次代数方程式の根を求める**ためにも利用される．

問題 5　次の関数の増減表を作り，そのグラフを描け．

$$[\,1\,]\ f(x) = 1 - \frac{1}{2!}x^2 \qquad\qquad [\,2\,]\ g(x) = 1 - \frac{1}{2!}x^2 + \frac{1}{4!}x^4$$

問題 6　$x^3 + x^2 - 4x + 1 = 0$ を解け．

第4章　積分

Integration

　本章では，積分の概念と算法について学ぶ．

　先ず，平面上の図形の面積を簡単な図形で置き換えて求める．この方法を一般化したものが**定積分**であり，計算結果は一つの数値を与える．

　さらに，積分は，微分の逆演算としての性質を持つ．これは**不定積分**，あるいは**原始関数**と呼ばれる．微分と積分は表裏一体の関係にある．通常，合わせて"微積分"と呼ばれるのはこのためである．

4.1　面積と定積分

4.1.1　面積を求める

　与えられた図形の面積 S を求める．

　最も簡単な方法は，図形内部に丁度入る，面積の知れた単純な図形を描き，その面積を求めるべき値とすることである．長方形はこの目的に適している．この面積を S_{low} で表す．また，図形全体を丁度飲み込む大きさの長方形を描いて，図形の面積と定義する方法もある．この面積を S_{up} と書くと

$$\boxed{S_{low} < S < S_{up}}$$

が成立する．上式により，図形の真の面積 S の一つの上限と下限が与えられたことになる．

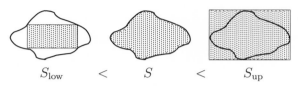

$$S_{\text{low}} \quad < \quad S \quad < \quad S_{\text{up}}$$

もし，求める図形が長方形であれば，当然この方法は厳密な答えを与える．わずかに歪んだ台形状の面積を求める場合も，満足のいく数値を出すかもしれない．問題は"与えられた図形が，どれだけ長方形に似ているか"という点であり，その程度に従って，求められる値の精度が定まる．**積分 (integration)** とは，このような考え方を，より精密に発展させたものである．

例えば，半径 1 の円の面積 S を求めよう．S の値は，言うまでもなく，$\pi = 3.1415\cdots$ であるが，上記方法に従って，内側に一辺 $\sqrt{2}$，外側に一辺 2 の正方形を描き，面積の評価式：

$$2 < S < 4$$

を得る．しかし，もう少し真の値に接近した良い値を求めたい．

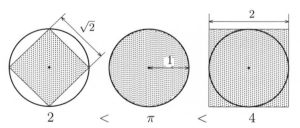

$$2 \quad < \quad \pi \quad < \quad 4$$

そこで，今度は立場を逆転させ，与えられた図形を細分化し，それぞれの細分化された図形を内側と外側から長方形で挟み込み，その面積を長方形の面積で評価する．それらを持ち寄って元の面積の近似値とすれば，誤差はより小さくなる．刻みを細かくしていけば，内側の長方形の面積も，外側の長方形の面積も，求めるべき図形の面積にどんどん近づいていくだろう．

以上の考え方を式で表そう．議論を簡単にするために，x の増加に伴って単調増加する関数 $y = f(x)$，x 軸および y 軸に平行な二本の直線で囲まれた図形の面積について考える．この二直線に平行に図形を n 等分し，その座標を x_i，刻みの幅を Δx と書く（i は $0, 1, 2, \ldots$ を表す）．

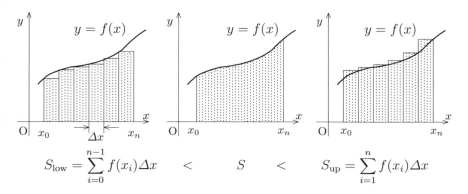

$$S_{\mathrm{low}} = \sum_{i=0}^{n-1} f(x_i)\Delta x \quad < \quad S \quad < \quad S_{\mathrm{up}} = \sum_{i=1}^{n} f(x_i)\Delta x$$

求めるべき図形の面積 S を

$$S_{\mathrm{low}} \equiv [f(x_0) + f(x_1) + \cdots + f(x_{n-1})]\Delta x = \sum_{i=0}^{n-1} f(x_i)\Delta x$$

で近似する．これは，図形内部に描ける最大の高さを持つ長方形の和であり，S よりも小さい値を与える近似式である．これを**下方和 (lower sum)**，あるいは**不足和**と呼ぶ．さらに

$$S_{\mathrm{up}} \equiv [f(x_1) + f(x_2) + \cdots + f(x_n)]\Delta x = \sum_{i=1}^{n} f(x_i)\Delta x$$

を定義する．これは，S よりも大きい値を与えるので**上方和 (upper sum)**，あるいは**過剰和**と呼ばれる．以上をまとめて，以下の面積の評価式を得る．

$$\boxed{\sum_{i=0}^{n-1} f(x_i)\Delta x < S < \sum_{i=1}^{n} f(x_i)\Delta x}$$

例題 原点を通る傾き 1 の直線と x 軸，および $x = 1$ の三本の直線で囲まれた図形の面積を求める．

問題は，底辺，高さ共に 1 の直角二等辺三角形なので，面積は当然 1/2 である．これを上の近似式により求める．分割数を一つずつ増やして，近似の程度を見ていこう．

◆ $n = 3$ の場合：

$$S_{\text{low}} = \left(\frac{0}{3} + \frac{1}{3} + \frac{2}{3}\right)\frac{1}{3} = \frac{1}{3} = 0.\dot{3}, \qquad S_{\text{up}} = \left(\frac{1}{3} + \frac{2}{3} + \frac{3}{3}\right)\frac{1}{3} = \frac{2}{3} = 0.\dot{6}$$

◆ $n = 4$ の場合：

$$S_{\text{low}} = \left(\frac{0}{4} + \frac{1}{4} + \frac{2}{4} + \frac{3}{4}\right)\frac{1}{4} = \frac{3}{8} = 0.375, \quad S_{\text{up}} = \left(\frac{1}{4} + \frac{2}{4} + \frac{3}{4} + \frac{4}{4}\right)\frac{1}{4} = \frac{5}{8} = 0.625$$

◆ $n = 5$ の場合：

$$S_{\text{low}} = \left(\frac{0}{5} + \frac{1}{5} + \frac{2}{5} + \frac{3}{5} + \frac{4}{5}\right)\frac{1}{5} = \frac{2}{5} = 0.4, \; S_{\text{up}} = \left(\frac{1}{5} + \frac{2}{5} + \frac{3}{5} + \frac{4}{5} + \frac{5}{5}\right)\frac{1}{5} = \frac{3}{5} = 0.6$$

これより，下方和は次第に増加する数列を形成し，上方和は逆に減少する数列を形成することが予想される．

1 から N までの自然数の和を与える式 $N(N+1)/2$ を用いて，上の予想を確かめよう．下方和は

$$\begin{aligned}
S_{\text{low}} &= \sum_{i=0}^{n-1} f(x_i)\Delta x = \left(\frac{0}{n} + \frac{1}{n} + \frac{2}{n} + \frac{3}{n} + \cdots + \frac{n-1}{n}\right)\frac{1}{n} \\
&= \frac{1}{n^2}[0 + 1 + 2 + 3 + \cdots + (n-1)] \\
&= \frac{1}{n^2}\frac{1}{2}(n-1)[(n-1)+1] = \frac{1}{2} - \frac{1}{2n}
\end{aligned}$$

となる．同様にして，上方和は

$$\begin{aligned}
S_{\text{up}} &= \sum_{i=1}^{n} f(x_i)\Delta x = \frac{1}{n^2}(1 + 2 + 3 + 4 + \cdots + n) \\
&= \frac{1}{n^2}\frac{n(n+1)}{2} = \frac{1}{2} + \frac{1}{2n}
\end{aligned}$$

である．

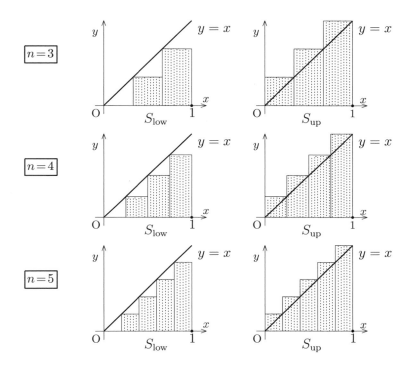

よって，面積 S は取り得る値の範囲を

$$\frac{1}{2} - \frac{1}{2n} < S < \frac{1}{2} + \frac{1}{2n}$$

に制限される．各項から $1/2$ を引くと

$$-\frac{1}{2n} < S - \frac{1}{2} < \frac{1}{2n}, \quad \text{あるいは} \quad \left| S - \frac{1}{2} \right| < \frac{1}{2n}.$$

両端の項は，n が大きくなるに従って小さくなり，極限において 0 になる．両側を 0 で挟まれているので，中央の項も 0 になり

$$S - \frac{1}{2} = 0 \quad \text{より}, \quad S = \frac{1}{2}$$

を得る． ■

刻みの数 n を大きくすることは，刻みの幅 Δx を小さくすることに他ならないので，面積 S を

$$S = \lim_{\Delta x \to 0} \sum_{i=0}^{n-1} f(x_i)\Delta x = \lim_{\Delta x \to 0} \sum_{i=1}^{n} f(x_i)\Delta x$$

により，求めることが可能となった．上式を

$$S = \int_{x_0}^{x_n} f(x)\mathrm{d}x$$

と書き，**定積分 (definite integral)** と呼ぶ．x を**積分変数 (variable of integration)**，閉区間 $[x_0, x_n]$ を**積分範囲**，x_0 を積分の**下端 (lower limit)**，x_n を**上端 (upper limit)** という．

> 注意 上述したように，積分は，総和の極限の意味を持っている．そこで，和を意味する英語 Sum の頭文字 **S** を，上下に引っ張って作った記号 $\int$ で積分を表し，**インテグラル**と読む．上式を音読すれば
> エス　イコール　インテグラル (x_0 から x_n まで)
> エフ　エックス　ディ　エックス
> となる．括弧内を最後に読む流儀もある．英語では
> S **equals integral of** f **with respect to** x **from** x_0 **to** x_n
> と読む．　　　　　　　　　　　　　　　　　　　　　　　　　　　　　■

4.1.2　定積分の性質

導出の過程を振り返れば，定積分とは単なる一つの数値——ここでは面積の意味を持っていた——であることが理解できる．S は数値であるから，積分変数の選び方に因らず，積分範囲の等しい定積分は，すべて同じ値を与える．すなわち

$$\int_a^b f(x)\mathrm{d}x = \int_a^b f(y)\mathrm{d}y = \int_a^b f(z)\mathrm{d}z \Rightarrow 数値$$

であり，上端と下端の入れ替えに対しては

$$\int_a^b f(x)\mathrm{d}x = -\int_b^a f(x)\mathrm{d}x$$

が成り立つ．

さらに，$a < c < b$ である実数 c を用いて，積分範囲を

$$\int_a^b f(x)\mathrm{d}x = \int_a^c f(x)\mathrm{d}x + \int_c^b f(x)\mathrm{d}x$$

と分割できる．また，$f(x), g(x)$ を任意の関数，k を定数とするとき，以下の式が成り立つ．

$$\int_a^b [f(x) \pm g(x)]\mathrm{d}x = \int_a^b f(x)\mathrm{d}x \pm \int_a^b g(x)\mathrm{d}x,$$
$$\int_a^b k f(x)\mathrm{d}x = k \int_a^b f(x)\mathrm{d}x$$

区間 $[a, b]$ で $f(x) \leqq g(x)$ ならば

$$\int_a^b f(x)\mathrm{d}x \leqq \int_a^b g(x)\mathrm{d}x$$

が成り立ち，不等式：$-|f(x)| \leqq f(x) \leqq |f(x)|$ を用いて

$$-\int_a^b |f(x)|\mathrm{d}x \leqq \int_a^b f(x)\mathrm{d}x \leqq \int_a^b |f(x)|\mathrm{d}x,$$

すなわち

$$\left| \int_a^b f(x)\mathrm{d}x \right| \leqq \int_a^b |f(x)|\mathrm{d}x$$

を得る．

対称な積分範囲 $[-\alpha, \alpha]$ の場合，被積分関数が奇関数 f_odd であれば，積分変数 x を $-x$ に変える変換に対して

$$f_\text{odd}(-x) = -f_\text{odd}(x)$$

が成り立つ．上端，下端を入れ替えて

$$\int_{-\alpha}^{\alpha} f_{\mathrm{odd}}(x)\mathrm{d}x = \int_{\alpha}^{-\alpha} f_{\mathrm{odd}}(-x)(-\mathrm{d}x) = -\int_{-\alpha}^{\alpha} f_{\mathrm{odd}}(x)\mathrm{d}x$$

より

$$\boxed{\int_{-\alpha}^{\alpha} f_{\mathrm{odd}}(x)\mathrm{d}x = 0.}$$

すなわち，奇関数の対称区間における定積分は常に 0 である．

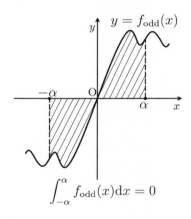

$$\int_{-\alpha}^{\alpha} f_{\mathrm{odd}}(x)\mathrm{d}x = 0$$

　同じ条件の下で，偶関数

$$f_{\mathrm{even}}(-x) = f_{\mathrm{even}}(x)$$

の場合には，積分範囲を等分して

$$\int_{-\alpha}^{\alpha} f_{\mathrm{even}}(x)\mathrm{d}x = \int_{-\alpha}^{0} f_{\mathrm{even}}(x)\mathrm{d}x + \int_{0}^{\alpha} f_{\mathrm{even}}(x)\mathrm{d}x.$$

ところで

$$\int_{-\alpha}^{0} f_{\mathrm{even}}(x)\mathrm{d}x = \int_{\alpha}^{0} f_{\mathrm{even}}(-x)(-\mathrm{d}x) = \int_{0}^{\alpha} f_{\mathrm{even}}(x)\mathrm{d}x$$

より，結局

$$\int_{-\alpha}^{\alpha} f_{\text{even}}(x)\mathrm{d}x = 2\int_{0}^{\alpha} f_{\text{even}}(x)\mathrm{d}x$$

を得る.すなわち,偶関数の対称区間における定積分は,半区間 $[0, \alpha]$ におけ
る積分値の二倍である.

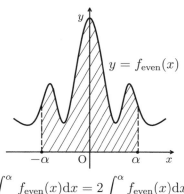

$$\int_{-\alpha}^{\alpha} f_{\text{even}}(x)\mathrm{d}x = 2\int_{0}^{\alpha} f_{\text{even}}(x)\mathrm{d}x$$

4.2　原始関数

　定積分において，積分の下端を定数 a に固定し，上端を変数 x と見直す．このとき，定積分は上端を変数とする一つの関数：

$$S(x) \equiv \int_a^x f(t)\mathrm{d}t$$

を定義する.

　初めの考察に戻れば，これは "面積を表す関数" が先に与えられた場合である．$S(x)$ の増分

$$\Delta S = S(x + \Delta x) - S(x)$$

は座標 x と $x + \Delta x$ の間の面積を表す．下方和と上方和を使って評価すると，$S_{\mathrm{low}} < \Delta S < S_{\mathrm{up}}$，すなわち

$$f(x)\Delta x < S(x + \Delta x) - S(x) < f(x + \Delta x)\Delta x$$

が成り立つ．全体を Δx で割って

$$f(x) < \frac{S(x + \Delta x) - S(x)}{\Delta x} < f(x + \Delta x).$$

$\Delta x \to 0$ の極限を考えると，中央の項は微分の定義そのものであり

$$\lim_{\Delta x \to 0} \frac{S(x + \Delta x) - S(x)}{\Delta x} = \frac{\mathrm{d}S}{\mathrm{d}x}$$

となる．両端の項は共に $f(x)$ となるので，結局 $f(x)$ と面積を表す関数 $S(x)$ は

$$f(x) = \frac{\mathrm{d}S}{\mathrm{d}x}$$

なる関係にある.

　微分して $f(x)$ になる関数を $F(x)$ と書き

$$\boxed{\frac{\mathrm{d}F}{\mathrm{d}x} = f(x)}$$

が成り立つとき, $F(x)$ を $f(x)$ の**原始関数 (primitive function)** と呼ぶ. 先の結果と組み合わせれば

$$\frac{\mathrm{d}F}{\mathrm{d}x} = \frac{\mathrm{d}S}{\mathrm{d}x} \text{ より}, \quad \frac{\mathrm{d}}{\mathrm{d}x}(F - S) = 0.$$

これは "$F - S = $ 定数" を意味し, S について解いて

$$S(x) = F(x) + \text{定数}$$

を得る. 積分の上端も a の場合 (すなわち, 積分範囲が 0 のとき), 当然面積は 0 であるから, $S(a) = 0$ となり, 上式の定数は

$$F(a) + \text{定数} = 0 \quad \text{より}, \quad \text{定数} = -F(a)$$

と定まる.

以上をまとめて

$$S(x) = \int_a^x f(t)\mathrm{d}t = F(x) - F(a).$$

一般に, 与えられた関数 $f(x)$ に対し, 原始関数を $F(x)$ で表すとき, $f(x)$ の a から b までの定積分を

$$\boxed{\int_a^b f(x)\mathrm{d}x = [F(x)]_a^b = F(x)\big|_a^b = F(b) - F(a)}$$

と書く. これを**微分積分法の基礎公式**と呼び, 原始関数を求めることを**不定積分 (indefinite integral)** を求める, あるいは単に, **積分する**という.

定積分における積分範囲の上端・下端の入れ替えは, 上記公式を用いて

$$\int_a^b f(x)\mathrm{d}x = F(b) - F(a) = -\int_b^a f(x)\mathrm{d}x$$

と導かれる.

関数の演算の立場から見れば, 不定積分は微分の逆演算であり, 象徴的に**逆微分**ともいわれる. 実際, a を任意の定数として

$$\frac{\mathrm{d}}{\mathrm{d}x} \int_a^x f(t)\mathrm{d}t = \frac{\mathrm{d}}{\mathrm{d}x}[F(x) - F(a)] = f(x),$$
$$\int_a^x \left[\frac{\mathrm{d}}{\mathrm{d}x}F(x) \right] \mathrm{d}x = F(x) - F(a)$$

が成立する.

ところで, 先に原始関数 $F(x)$ とは, 関数 $f(x)$ に対して

$$\frac{\mathrm{d}F}{\mathrm{d}x} = f(x)$$

が成り立つものと定義した. しかし, 原始関数を

$$G(x) \equiv F(x) + 定数$$

としても, 定数微分は 0 になるので

$$\frac{\mathrm{d}G}{\mathrm{d}x} = \frac{\mathrm{d}F}{\mathrm{d}x} + \frac{\mathrm{d}}{\mathrm{d}x}(定数) = f(x)$$

となり, 結果は変わらない. すなわち, 原始関数には定数だけの不定性がある. この定数を**積分定数 (integration constant)** と呼ぶ. 定積分の場合には, 積分定数同士が打ち消し合うので, これを考慮する必要はない. 実際, 原始関数を

$$G(x) = F(x) + 積分定数$$

とし, 積分範囲を a から b としたとき, 定積分の値は

$$G(b) - G(a) = [F(b) + 積分定数] - [F(a) + 積分定数]$$
$$= F(b) - F(a)$$

となり, 積分定数の選び方に因らない.

積分範囲が無限区間である場合

$$\lim_{M \to \infty} \int_a^M f(x)\mathrm{d}x$$

が収束し, 極限値が定まるならば, これを

$$\int_a^\infty f(x)\mathrm{d}x$$

と表す．また，点 a において定義されない関数 $f(x)$ に対しても

$$\lim_{h\to 0}\int_{a+h}^b f(x)\mathrm{d}x = F(b) - \lim_{h\to 0} F(a+h)$$

が存在するならば，積分が定義できる．これらを**広義積分**という．

最後に，微分と積分の関係をまとめておこう．

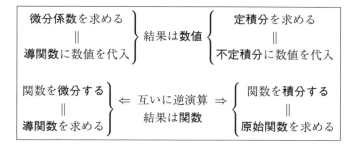

4.3 冪関数の積分

最も基本的な関数である x の冪の積分を求めよう.

これは, $f(x) = x^n$ の原始関数を $F(x)$ として

$$F(x) = \int x^n \mathrm{d}x$$

を求める問題である.

結果を以下のように仮定する.

$$F(x) = Kx^N + 定数$$

両辺を x で微分して, $x^n = KNx^{N-1}$. これより, $KN = 1, N-1 = n$. よって

$$F(x) = \frac{1}{n+1}x^{n+1} + 定数$$

が導かれる——最後の定数は, "両辺の微分が等しい" という条件だけからは定まらない.

結局, x の冪の積分は

$$\boxed{\int x^n \mathrm{d}x = \frac{1}{n+1}x^{n+1} + 積分定数}$$

となる. ただし, 上式が一般に成立するための条件は, $x > 0, n \neq -1$ である——$n = -1$ の場合は, 後の章で議論する.

与えられた図形の面積を求めることは, 対応する関数と範囲に対し, その定積分を求めることに他ならない.

そこで, **4.1.の例題**——原点を通る傾き 1 の直線と x 軸, および $x = 1$ の三本の直線で囲まれた図形の面積を求める——を上で導いた式に従って, 定積分の問題として解いてみよう.

　対象とするべき関数は $f(x) = x$，積分範囲は 0 から 1 までであるから，求める面積 S は

$$S = \int_0^1 x \, \mathrm{d}x = \left[\frac{1}{1+1}x^{1+1}\right]_0^1 = \frac{1}{2}\left[x^2\right]_0^1$$

$$= \frac{1}{2}(1^2 - 0^2) = \frac{1}{2}$$

と極めて容易に求められる．

問題 1　以下の関数の定める曲線の $f(x) \geqq 0$ の部分と，x 軸とで囲まれた領域の面積を求めよ．

[1] $f(x) = 1 - \dfrac{1}{2!}x^2$ 　　　　　　 [2] $f(x) = 1 - \dfrac{1}{2!}x^2 + \dfrac{1}{4!}x^4$

4.4　積分法の基礎公式

　本節では，具体的に積分を計算するために，極めて有効な二つの方法を紹介する．これらを適切に用いることにより，積分できる関数の範囲が飛躍的に広がる．

4.4.1　置換積分法

　関数 $f(x)$ の原始関数 $F(x)$ を求める積分

$$F(x) = \int f(x)\mathrm{d}x$$

の変数を $x = x(t)$ に従って，t に変換する．この変換により，求めるべき原始関数は t の関数と見做せるので，連鎖律を用いて微分すると

$$\frac{\mathrm{d}}{\mathrm{d}t}F(x(t)) = \frac{\mathrm{d}F}{\mathrm{d}x}\frac{\mathrm{d}x}{\mathrm{d}t} = \left[\frac{\mathrm{d}}{\mathrm{d}x}\int f(x)\mathrm{d}x\right]\frac{\mathrm{d}x}{\mathrm{d}t},$$

すなわち

$$\frac{\mathrm{d}F}{\mathrm{d}t} = f(x(t))\frac{\mathrm{d}x}{\mathrm{d}t}$$

となる．さらに，上式の両辺を t で積分して

$$F = \int\left[f(x(t))\frac{\mathrm{d}x}{\mathrm{d}t}\right]\mathrm{d}t.$$

結局，x から t への変換に対して

$$\boxed{\int f(x)\mathrm{d}x = \int f(x(t))\frac{\mathrm{d}x}{\mathrm{d}t}\mathrm{d}t}$$

なる式が導かれた．これは，**置換積分法 (integration by substitution)** と呼ばれ，与えられた関数が x の関数としては複雑な形である場合，変数を適当に置き換えることにより，計算の見通しを良くする．置換積分法は，導出の過程からも明らかなように，微分法における連鎖律と表裏一体の関係にある．

注意　置換積分法を用いて，定積分を求める場合には，変数が $x = x(t)$ に従って，x から t に変換されることに対応して，積分範囲も

$$x : [a,\ b] \quad \text{から} \quad t : [\alpha,\ \beta]$$

と変換される．ここで，$a = x(\alpha),\ b = x(\beta)$ である．　　■

4.4.2　部分積分法

二つの関数の積を微分するとき

$$\frac{\mathrm{d}}{\mathrm{d}x}(fg) = \frac{\mathrm{d}f}{\mathrm{d}x}g + f\frac{\mathrm{d}g}{\mathrm{d}x}$$

が成り立つことは，第 3 章で示した．これを

$$\frac{\mathrm{d}f}{\mathrm{d}x}g = \frac{\mathrm{d}}{\mathrm{d}x}(fg) - f\frac{\mathrm{d}g}{\mathrm{d}x}$$

と変形し，両辺を x で積分すると

$$\int \frac{\mathrm{d}f}{\mathrm{d}x}g\mathrm{d}x = \int \left[\frac{\mathrm{d}}{\mathrm{d}x}(fg)\right]\mathrm{d}x - \int f\frac{\mathrm{d}g}{\mathrm{d}x}\mathrm{d}x = fg - \int f\frac{\mathrm{d}g}{\mathrm{d}x}\mathrm{d}x.$$

これをラグランジュ流の記法を用いて簡潔に

$$\boxed{\int f'g\ \mathrm{d}x = fg - \int fg'\ \mathrm{d}x}$$

と書き，**部分積分法 (integration by parts)** と呼ぶ．

これら二つの方法を，微分法の公式と対比して表の形にまとめると

微分法		積分法
合成関数の連鎖律	⇔	置換積分法
積の微分法	⇔	部分積分法

となる．

問題 2   以下の原始関数を求めよ.

[1] $\dfrac{a}{2\sqrt{ax+b}}$ [2] $\dfrac{-a}{(ax+b)^2}$ [3] $\dfrac{x}{\sqrt{ax+b}}$

注意   部分積分法を用いて, 定積分を求める場合には

$$\int_a^b f'g\,\mathrm{d}x = [fg]_a^b - \int_a^b fg'\,\mathrm{d}x$$
$$= f(b)g(b) - f(a)g(a) - \int_a^b fg'\,\mathrm{d}x$$

であり, 右辺第一項にも, 積分範囲 $[a,b]$ を忘れないこと. ■

問題 3   以下の定積分を求めよ.

[1] $\displaystyle\int_0^1 \dfrac{a}{2\sqrt{ax+b}}\mathrm{d}x$ [2] $\displaystyle\int_0^1 \dfrac{x}{\sqrt{ax+b}}\mathrm{d}x$

第 II 部

関数の定義

Definitions of Functions

特殊から一般へ！　それが標語である．それは
凡ての実質的なる学問に於いて必要なる条件で
あらねばならない……我々は空虚なる一般論に
促われないで，帰納の一途に精進すべきではある
まいか．　　　　　　　　　　　　　　高木貞治

第5章　テイラー展開

Taylar's Expansion

　第1章において，等比数列の和を求める式

$$\sum_{k=0}^{n} p^k = \frac{1 - p^{n+1}}{1 - p}$$

を考察し，$n \to \infty$ としたとき，その和は

$$\sum_{k=0}^{\infty} p^k = \frac{1}{1 - p}, \quad (\text{ただし，}|p| < 1)$$

となることを示した．公比 p を変数と見直し，これを強調するために x と書き換えると

$$\sum_{n=0}^{\infty} x^n = 1 + x + x^2 + x^3 + x^4 + \cdots.$$

変域 $|x| < 1$ において，級数は収束し一つの値を定める．従って，この級数は関数：

$$I(x) \equiv \sum_{n=0}^{\infty} x^n \left(= \frac{1}{1 - x} \right)$$

を定義する．

　それでは逆に，与えられた関数を級数の形に変形できるだろうか．本章ではこの問題について考える．

5.1 テイラー多項式

与えられた n 次の式を，x の冪の多項式の形に書き換える．与式を x の関数 $f(x)$ と見直し，定係数 a_n を用いて，以下のように書けると仮定する．

$$f(x) = \sum_{k=0}^{n} a_k x^k = a_0 + a_1 x + a_2 x^2 + a_3 x^3 + a_4 x^4 + \cdots + a_n x^n$$

ここで，両辺が等しくなるように，係数 a_n を定める．先ず，$f(x)$ の高階導関数を求め，ラグランジュ流の記法を用いて整理すると

$$
\begin{aligned}
f^{(0)}(x) &= a_0 + a_1 x + a_2 x^2 + a_3 x^3 + a_4 x^4 + a_5 x^5 + \cdots, \\
f^{(1)}(x) &= a_1 + 2a_2 x + 3a_3 x^2 + 4a_4 x^3 + 5a_5 x^4 + \cdots, \\
f^{(2)}(x) &= 2a_2 + 2 \times 3a_3 x + 3 \times 4a_4 x^2 + 4 \times 5a_5 x^3 + \cdots \\
&= 2a_2 + 6a_3 x + 12a_4 x^2 + 20a_5 x^3 + \cdots, \\
f^{(3)}(x) &= 6a_3 + 2 \times 12a_4 x + 3 \times 20a_5 x^2 + \cdots \\
&= 6a_3 + 24a_4 x + 60a_5 x^2 + \cdots, \\
f^{(4)}(x) &= 24a_4 + 2 \times 60a_5 x + \cdots \\
&= 24a_4 + 120a_5 x + \cdots, \\
&\vdots \\
f^{(n)}(x) &= 1 \times 2 \times \cdots \times n a_n = n! a_n, \\
f^{(n+1)}(x) &= 0.
\end{aligned}
$$

$f(x)$ は n 次の式なので，$(n+1)$ 階以上の導関数は消える．上式の x に 0 を代入すると各導関数において，第一項だけが残り

$$f^{(0)}(0) = a_0, \quad f^{(1)}(0) = a_1, \quad f^{(2)}(0) = 2! a_2,$$

$$f^{(3)}(0) = 3! a_3, \quad f^{(4)}(0) = 4! a_4, \ldots, f^{(n)}(0) = n! a_n$$

となる．係数について逆に解いて

$$a_0 = f(0), \quad a_1 = f^{(1)}(0), \quad a_2 = \frac{1}{2!} f^{(2)}(0),$$

$$a_3 = \frac{1}{3!} f^{(3)}(0), \quad a_4 = \frac{1}{4!} f^{(4)}(0), \ldots, a_n = \frac{1}{n!} f^{(n)}(0).$$

よって

$$f(x) = f^{(0)}(0) + f^{(1)}(0)x + \frac{1}{2!}f^{(2)}(0)x^2 + \frac{1}{3!}f^{(3)}(0)x^3$$
$$+ \frac{1}{4!}f^{(4)}(0)x^4 + \cdots + \frac{1}{n!}f^{(n)}(0)x^n.$$

和の略記法を用いて

$$\boxed{f(x) = \sum_{k=0}^{n} \frac{1}{k!}f^{(k)}(0)x^k}$$

を得る.上式を n 次の**テイラー (R.Taylor,1685-1731) 多項式**という.これ
は $x = 0$ における微分係数を用いて,未定の係数を決定したので,"$x = 0$ を中
心とした展開"と呼ばれる.

$x = a$ を中心とする展開は,x 座標の平行移動 $x \Rightarrow (x - a)$ により,直ちに

$$\boxed{f(x) = \sum_{k=0}^{n} \frac{1}{k!}f^{(k)}(a)(x - a)^k}$$

と求められる.

例題 1 以下の式:

$$(1 + x)^n, \quad (n \text{ は自然数})$$

をテイラー多項式に展開せよ.

与式を $f(x)$ とおき,高階導関数,$x = 0$ における微分係数を求めて

$$f^{(0)}(x) = (1 + x)^n, \qquad\qquad f^{(0)}(0) = 1,$$
$$f^{(1)}(x) = n(1 + x)^{n-1}, \qquad\qquad f^{(1)}(0) = n,$$
$$f^{(2)}(x) = n(n - 1)(1 + x)^{n-2}, \qquad f^{(2)}(0) = n(n - 1),$$
$$f^{(3)}(x) = n(n - 1)(n - 2)(1 + x)^{n-3}, \quad f^{(3)}(0) = n(n - 1)(n - 2),$$
$$\vdots \qquad\qquad\qquad\qquad \vdots$$
$$f^{(n)}(x) = n!, \qquad\qquad\qquad f^{(n)}(0) = n!.$$

これらを

$$f(x) = \sum_{k=0}^{n} \frac{1}{k!} f^{(k)}(0) x^k$$

に代入して

$$f(x) = 1 + nx + \frac{1}{2!}n(n-1)x^2 + \frac{1}{3!}n(n-1)(n-2)x^3 + \cdots + x^n$$
$$= \sum_{k=0}^{n} \frac{n!}{k!(n-k)!} x^k.$$

すなわち

$$(1+x)^n = \sum_{k=0}^{n} {}_n\mathrm{C}_k x^k$$

を得る．これは二項展開そのものである．

例題 2   有理式：

$$\frac{3x^3 - 7x^2 + 6x - 1}{x^2 - 2x + 1}$$

を簡単にせよ．

分母 $= (x-1)^2$ となるので，分子を $f(x)$ とおき，$(x-1)$ の冪に展開する．高階導関数を計算し，$x = 1$ における微分係数を求め，整理すると

$$
\begin{aligned}
f^{(0)}(x) &= 3x^3 - 7x^2 + 6x - 1, & f^{(0)}(1) &= 1, \\
f^{(1)}(x) &= 9x^2 - 14x + 6, & f^{(1)}(1) &= 1, \\
f^{(2)}(x) &= 18x - 14, & f^{(2)}(1) &= 4, \\
f^{(3)}(x) &= 18, & f^{(3)}(1) &= 18
\end{aligned}
$$

となる．これらを $x = 1$ を中心とする展開式

$$f(x) = \sum_{k=0}^{3} \frac{1}{k!} f^{(k)}(1)(x-1)^k$$

に代入して

$$f(x) = 1 + (x-1) + 2(x-1)^2 + 3(x-1)^3$$

を得る．分母で割って，整理すると

$$\frac{3x^3 - 7x^2 + 6x - 1}{x^2 - 2x + 1} = 3x - 1 + \frac{1}{x - 1} + \frac{1}{(x - 1)^2}$$

となる． ■

このように，分子の次数を，分母の次数より小さい形に変形しておくと，積分計算などに便利である[注1]．

問題 1 次の有理式：

$$\frac{4x^3 - 5x^2 - 6x + 1}{x - 2}$$

を簡単にせよ．

[注1] 附録：「部分分数分解」の項参照．

5.2　テイラー級数

　関数の展開において，結果が多項式になる場合——前節で示したように，ある階数以上のすべての高階導関数が消える——とそうでない場合とがある．本節では，後者の場合を考える．

5.2.1　剰余項を求める

　与えられた関数を，n 次のテイラー多項式で近似し，生じた $(n+1)$ 次以上の余りを R_{n+1} と書き，**剰余項 (remainder)** と呼ぶ．すなわち

$$\boxed{f(x) = \sum_{k=0}^{n} \frac{1}{k!} f^{(k)}(0) x^k + R_{n+1}}$$

である．

　剰余項について調べよう．関数 f には，任意階数の導関数が存在すると仮定し，f の独立変数を t で表す．一階導関数 $f^{(1)}$ を，0 から x まで積分すると

$$\int_0^x f^{(1)}(t)\mathrm{d}t = f(x) - f(0).$$

$f(x)$ について解いて

$$f(x) = f(0) + \int_0^x f^{(1)}(t)\mathrm{d}t$$

を得る．上式を "関数 $f(x)$ が $f(0)$ で近似され，余りが積分の形で与えられている" と読む．すなわち，この場合の剰余項は，以下のようになる．

$$\boxed{R_1 = \int_0^x f^{(1)}(t)\mathrm{d}t}$$

　剰余項 R_1 の中から，有効な項をさらに絞り出そう．$(x-t)f^{(1)}(t)$ を t で微分する．t での微分を D_t で表し，積の微分公式を用いると

$$\mathrm{D}_t\left[(x-t)f^{(1)}(t)\right] = -f^{(1)}(t) + (x-t)f^{(2)}(t).$$

$f^{(1)}(t)$ について解き

$$f^{(1)}(t) = (x-t)f^{(2)}(t) - \mathrm{D}_t\left[(x-t)f^{(1)}(t)\right]$$

を得る．これを R_1 に代入すると

$$
\begin{aligned}
f(x) &= f(0) + \int_0^x f^{(1)}(t)\mathrm{d}t \\
&= f(0) + \int_0^x \left\{(x-t)f^{(2)}(t) - \mathrm{D}_t\left[(x-t)f^{(1)}(t)\right]\right\}\mathrm{d}t \\
&= f(0) + \int_0^x (x-t)f^{(2)}(t)\mathrm{d}t - \int_0^x \left\{\mathrm{D}_t\left[(x-t)f^{(1)}(t)\right]\right\}\mathrm{d}t \\
&= f(0) + \int_0^x (x-t)f^{(2)}(t)\mathrm{d}t - \left[(x-t)f^{(1)}(t)\right]_0^x \\
&= f(0) + f^{(1)}(0)x + \int_0^x (x-t)f^{(2)}(t)\mathrm{d}t
\end{aligned}
$$

となる．このとき，剰余項は

$$\boxed{R_2 = \int_0^x (x-t)f^{(2)}(t)\mathrm{d}t}$$

である．

続いて，R_2 の被積分関数の形から，次の微分を考える．$(x-t)^2 f^{(2)}(t)$ を t で微分して

$$\mathrm{D}_t\left[(x-t)^2 f^{(2)}(t)\right] = -2(x-t)f^{(2)}(t) + (x-t)^2 f^{(3)}(t).$$

$(x-t)f^{(2)}(t)$ について解いて

$$(x-t)f^{(2)}(t) = \frac{1}{2}(x-t)^2 f^{(3)}(t) - \frac{1}{2}\mathrm{D}_t\left[(x-t)^2 f^{(2)}(t)\right]$$

を得る．R_2 に代入して

$$
\begin{aligned}
f(x) &= f(0) + f^{(1)}(0)x + \int_0^x (x-t)f^{(2)}(t)\mathrm{d}t \\
&= f(0) + f^{(1)}(0)x + \int_0^x \left\{\frac{1}{2}(x-t)^2 f^{(3)}(t) - \frac{1}{2}\mathrm{D}_t\left[(x-t)^2 f^{(2)}(t)\right]\right\}\mathrm{d}t \\
&= f(0) + f^{(1)}(0)x + \frac{1}{2}\int_0^x (x-t)^2 f^{(3)}(t)\mathrm{d}t - \frac{1}{2}\left[(x-t)^2 f^{(2)}(t)\right]_0^x \\
&= f(0) + f^{(1)}(0)x + \frac{1}{2}f^{(2)}(0)x^2 + \frac{1}{2}\int_0^x (x-t)^2 f^{(3)}(t)\mathrm{d}t
\end{aligned}
$$

となる．これで二階の導関数まで用いた式が得られた．この場合，剰余項は

$$R_3 = \frac{1}{2} \int_0^x (x-t)^2 f^{(3)}(t) \mathrm{d}t$$

である．これを繰り返し，与えられた関数を n 次の多項式で表現した場合，剰余項は

$$R_{n+1} = \frac{1}{n!} \int_0^x (x-t)^n f^{(n+1)}(t) \mathrm{d}t$$

となる．

さて，閉区間 $[0,x]$ において，$f^{(n+1)}(t)$ は連続なので，**ワイエルシュトラスの定理**より最小値と最大値が存在する．そこで，$t = \alpha$ で最小値，$t = \beta$ で最大値を取ると仮定すると

$$f^{(n+1)}(\alpha) \leq f^{(n+1)}(t) \leq f^{(n+1)}(\beta).$$

さらに $0 \leq t \leq x$ より，$0 \leq (x-t)$ となるので，$(x-t)^n$ は常に非負である．よって

$$(x-t)^n f^{(n+1)}(\alpha) \leq (x-t)^n f^{(n+1)}(t) \leq (x-t)^n f^{(n+1)}(\beta)$$

が成り立つ．全体を正数 $n!$ で割り，各辺を 0 から x まで積分して，剰余項に対する評価式：

$$\frac{1}{n!} \int_0^x (x-t)^n f^{(n+1)}(\alpha) \mathrm{d}t \leq R_{n+1} \leq \frac{1}{n!} \int_0^x (x-t)^n f^{(n+1)}(\beta) \mathrm{d}t$$

を得る．$f^{(n+1)}(\alpha)$ は定数であるから，積分記号の外に出せる．従って，左辺は

$$\frac{1}{n!} \int_0^x (x-t)^n f^{(n+1)}(\alpha) \mathrm{d}t$$
$$= \frac{1}{n!} f^{(n+1)}(\alpha) \int_0^x (x-t)^n \mathrm{d}t = \frac{1}{n!} f^{(n+1)}(\alpha) \left[-\frac{1}{n+1}(x-t)^{n+1} \right]_0^x$$
$$= \frac{f^{(n+1)}(\alpha)}{(n+1)!} x^{n+1}$$

と積分できる. $f^{(n+1)}(\beta)$ の場合も, 全く同様に積分ができ

$$\frac{f^{(n+1)}(\alpha)}{(n+1)!}x^{n+1} \le R_{n+1} \le \frac{f^{(n+1)}(\beta)}{(n+1)!}x^{n+1}.$$

ところで

$$f^{(n+1)}(\alpha) \le f^{(n+1)}(t) \le f^{(n+1)}(\beta)$$

より

$$\frac{f^{(n+1)}(\alpha)}{(n+1)!}x^{n+1} \le \frac{f^{(n+1)}(t)}{(n+1)!}x^{n+1} \le \frac{f^{(n+1)}(\beta)}{(n+1)!}x^{n+1}$$

であるが, **中間値の定理**より, 中央の項が剰余項に等しくなる定数 c が, 区間内に少なくとも一つ存在する. よって

$$\boxed{R_{n+1} = \frac{f^{(n+1)}(c)}{(n+1)!}x^{n+1}, \ (\text{ただし}, \ 0 < c < x)}$$

が成り立つ. この形式を**ラグランジュ型の剰余項**と呼ぶ.

5.2.2 テイラー級数の定義

項数 n を大きくしていったとき, ある x の範囲において, 剰余項が限りなく 0 に近づく, すなわち

$$\lim_{n \to \infty} R_{n+1} = 0$$

ならば, 与えられた関数は無限級数

$$\boxed{\begin{aligned} f(x) &= \sum_{k=0}^{\infty} \frac{1}{k!} f^{(k)}(0)x^k \\ &= f^{(0)}(0) + f^{(1)}(0)x + \frac{1}{2!}f^{(2)}(0)x^2 + \frac{1}{3!}f^{(3)}(0)x^3 + \cdots \end{aligned}}$$

の形に書ける. これを "$x = 0$ における**テイラー級数 (Taylor series)**" あるいは**マクローリン (C.Maclaurin,1698-1746) 級数**と呼ぶ. 一般に, 変数の累乗を項とする級数を**冪級数 (power series)** という. このように, 関数を級

数で表すことを展開するといい，上式を**テイラー展開 (Taylor expansion)** とも呼ぶ．

テイラー多項式の場合と同様に，変数を $(x - a)$ に置き換えると

$$
f(x) = \sum_{k=0}^{\infty} \frac{1}{k!} f^{(k)}(a)(x - a)^k
$$
$$
= f^{(0)}(a) + f^{(1)}(a)(x - a) + \frac{1}{2!} f^{(2)}(a)(x - a)^2 + \cdots
$$

となる[注2]．

例題 以下の関数：

$$
f(x) = \frac{1}{1 - x}
$$

を $|x| < 1$ において，テイラー級数に展開せよ．

高階導関数と，$x = 0$ における微分係数を計算すると

$$
f^{(0)}(x) = \frac{1}{1 - x}, \qquad\qquad f^{(0)}(0) = 1
$$

$$
f^{(1)}(x) = \frac{1}{(1 - x)^2}, \qquad\qquad f^{(1)}(0) = 1
$$

$$
f^{(2)}(x) = \frac{1 \times 2}{(1 - x)^3}, \qquad\qquad f^{(2)}(0) = 2!
$$

$$
f^{(3)}(x) = \frac{1 \times 2 \times 3}{(1 - x)^4}, \qquad\qquad f^{(3)}(0) = 3!
$$

$$
\vdots \qquad\qquad\qquad\qquad \vdots
$$

$$
f^{(n)}(x) = \frac{n!}{(1 - x)^{n+1}}, \qquad\qquad f^{(n)}(0) = n!
$$

$$
f^{(n+1)}(x) = \frac{(n + 1)!}{(1 - x)^{n+2}}, \qquad f^{(n+1)}(0) = (n + 1)!
$$

[注2] $x = a$ を中心とした展開式をテイラー級数，先に示した $x = 0$ における展開を**マクローリン級数**，と呼び両者を区別する流儀もある．

となる.

　剰余項を積分により求め，評価する．定義式に $(n+1)$ 階導関数を代入して

$$R_{n+1} = \frac{1}{n!}\int_0^x (x-t)^n \frac{(n+1)!}{(1-t)^{n+2}}\mathrm{d}t = (n+1)\int_0^x \frac{(x-t)^n}{(1-t)^{n+2}}\mathrm{d}t.$$

積分を実行するために，次の微分を考える．

$$\mathrm{D}_t\left(\frac{x-t}{1-t}\right)^{n+1} = (n+1)\left(\frac{x-t}{1-t}\right)^n \frac{(x-1)}{(1-t)^2}$$
$$= (n+1)(x-1)\frac{(x-t)^n}{(1-t)^{n+2}}$$

これより，被積分関数は

$$\frac{(x-t)^n}{(1-t)^{n+2}} = \frac{1}{(n+1)(x-1)}\mathrm{D}_t\left(\frac{x-t}{1-t}\right)^{n+1}$$

と書ける．R_{n+1} に代入して

$$R_{n+1} = (n+1)\int_0^x \left[\frac{1}{(n+1)(x-1)}\mathrm{D}_t\left(\frac{x-t}{1-t}\right)^{n+1}\right]\mathrm{d}t$$
$$= \frac{1}{x-1}\int_0^x \left[\mathrm{D}_t\left(\frac{x-t}{1-t}\right)^{n+1}\right]\mathrm{d}t = \frac{1}{x-1}\left[\left(\frac{x-t}{1-t}\right)^{n+1}\right]_0^x$$
$$= -\frac{1}{x-1}x^{n+1} = \frac{x^{n+1}}{1-x}$$

を得る．よって，n を限りなく大きくしたとき，$|x| < 1$ において

$$\lim_{n\to\infty} R_{n+1} = \lim_{n\to\infty}\frac{x^{n+1}}{1-x} = 0$$

であるから，剰余項は収束し，無限級数が関数を定める．

　以上を展開公式に代入して

$$f(x) = f(0) + f^{(1)}(0)x + \frac{1}{2!}f^{(2)}(0)x^2 + \frac{1}{3!}f^{(3)}(0)x^3 + \cdots$$
$$= 1 + x + \frac{1}{2!}2!x^2 + \frac{1}{3!}3!x^3 + \cdots$$
$$= 1 + x + x^2 + x^3 + \cdots = \sum_{n=0}^{\infty} x^n,$$

すなわち, 等比級数の式

$$\frac{1}{1-x} = \sum_{n=0}^{\infty} x^n$$

が再現された.

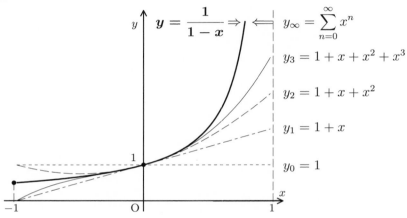

一般に, 剰余項の評価は難しい問題である. 特に, 例題のように剰余項を直接積分する方法は, 積分の難しさから実行できる場合は限られており, 多くの場合, ラグランジュ型の剰余項などを使った間接的な方法が用いられる.

注意 x に無関係に

$$\left| f^{(n+1)}(x) \right| \le M$$

となる定数 M が存在する——すなわち, $f^{(n+1)}(x)$ が有界である——場合には, R_{n+1} は

$$|R_{n+1}| \le M \frac{x^{n+1}}{(n+1)!}$$

で押さえられ, 右辺の極限は (第 1 章で調べたように)0 に収束するので, 直ちに

$$\lim_{n\to\infty} R_{n+1} = 0$$

を得る. ∎

5.2.3 項別微分・項別積分

関数 $f(x)$ が，テイラー級数に展開される x の開区間 $(-r, r)$ を，級数の**収束域 (domain of convergence)**，r を**収束半径 (radius of convergence)** と呼ぶ．このとき，$f(x)$ を開区間 $(-r, r)$ で**実解析的 (real analytic)**，あるいは**実解析関数 (real analytic function)** であるという．

逆に，収束半径 r の実解析関数が冪級数：

$$f(x) = \sum_{k=0}^{\infty} a_k x^k = a_0 + a_1 x + a_2 x^2 + a_3 x^3 + \cdots$$

で表されるとき，導関数は

$$\frac{\mathrm{d}f}{\mathrm{d}x} = \sum_{k=1}^{\infty} k a_k x^{k-1} = a_1 + 2a_2 x + 3a_3 x^2 + \cdots$$

であり，原始関数は

$$\int_0^x f(t)\mathrm{d}t = \sum_{k=0}^{\infty} \frac{1}{k+1} a_k x^{k+1} = a_0 x + \frac{1}{2} a_1 x^2 + \frac{1}{3} a_2 x^3 + \cdots$$

となる．上記両関数の収束半径は共に r である．これは $f(x)$ が——あたかも多項式であるかのように——**項別微分 (termwise differentiation)**，**項別積分 (termwise integration)** ができることを示している[注3]．

> $\boxed{\text{問題 2}}$ 先の例題の結果を利用して，以下の関数：
>
> $$[\,1\,]\ \frac{1}{1+x^2} \qquad\qquad [\,2\,]\ \frac{1}{(1-x)^2}$$
>
> を $x = 0$ でテイラー級数に展開せよ．

[注3] ただし，収束域の端点における級数の収束・発散については，さらに吟味を要する．

5.3　一般の二項展開

　本節では，二項展開の指数を，自然数から任意の実数に拡張した**一般の二項展開**について考える．

　関数：

$$f(x) = (1 + x)^\alpha$$

を定義する．ここで，α は任意の実数であり，定義域を $|x| < 1$ とする．この関数を，前節の方法に従って，テイラー級数に展開しよう．

　係数を決定するために，与えられた関数を微分し，$x = 0$ を代入して

$$
\begin{aligned}
f^{(0)}(x) &= (1 + x)^\alpha, & f^{(0)}(0) &= 1, \\
f^{(1)}(x) &= \alpha(1 + x)^{\alpha-1}, & f^{(1)}(0) &= \alpha, \\
f^{(2)}(x) &= \alpha(\alpha - 1)(1 + x)^{\alpha-2}, & f^{(2)}(0) &= \alpha(\alpha - 1), \\
f^{(3)}(x) &= \alpha(\alpha - 1)(\alpha - 2)(1 + x)^{\alpha-3}, & f^{(3)}(0) &= \alpha(\alpha - 1)(\alpha - 2), \\
&\quad\vdots & &\quad\vdots \\
\end{aligned}
$$

$$f^{(n+1)}(x) = \alpha(\alpha - 1) \times \cdots \times (\alpha - n)(1 + x)^{\alpha-(n+1)}.$$

一般の二項係数：

$$_\alpha C_n \equiv \alpha(\alpha - 1)(\alpha - 2) \times \cdots \times [\alpha - (n - 1)]/n!$$

を用いると，$f^{(n+1)}(x)$ は

$$f^{(n+1)}(x) = (n + 1)! \, _\alpha C_{n+1} \, (1 + x)^{\alpha-(n+1)}$$

と表される．よって，剰余項は

$$
\begin{aligned}
R_{n+1} &= \frac{1}{n!} \int_0^x (x - t)^n f^{(n+1)}(t) \mathrm{d}t \\
&= \frac{1}{n!} \int_0^x (x - t)^n (n + 1)! {}_\alpha C_{n+1}(1 + t)^{\alpha-(n+1)} \mathrm{d}t \\
&= (n + 1) \, _\alpha C_{n+1} \int_0^x \left(\frac{x - t}{1 + t} \right)^n (1 + t)^{\alpha-1} \mathrm{d}t
\end{aligned}
$$

となり，$f(x)$ は以下のように展開される．

$$f(x) = \sum_{m=0}^{n} {}_\alpha C_m \, x^m + R_{n+1}$$

剰余項が $|x| < 1$ の範囲で 0 に収束するか調べよう．先ず

$$-|R_{n+1}| \leqq R_{n+1} \leqq |R_{n+1}|$$

より，以下の関係に注目する．

$$|R_{n+1}| = \left| (n+1){}_\alpha C_{n+1} \int_0^x \left(\frac{x-t}{1+t} \right)^n (1+t)^{\alpha-1} \mathrm{d}t \right|$$

$$= (n+1)|{}_\alpha C_{n+1}| \left| \int_0^x \left(\frac{x-t}{1+t} \right)^n (1+t)^{\alpha-1} \mathrm{d}t \right|$$

ここで，t の範囲を正と負の二分する．$0 < x < 1$ において，t は正であり

$$\frac{x-t}{1+t} < x-t < x$$

が成り立つ．$-1 < x < 0$ において t は負である．$-1 < x$ の両辺に負数 t を掛けて，$-t > tx$．両辺に x を加えて整理すると，$x - t > x + tx = x(1+t)$ より

$$\frac{x-t}{1+t} > x.$$

以上，正負をまとめて

$$\left| \frac{x-t}{1+t} \right| < |x|$$

を得る．ここで，積分における不等式：

$$\left| \int_a^b f(x)\mathrm{d}x \right| \leqq \int_a^b |f(x)|\mathrm{d}x$$

を利用して，以下の不等式が導かれる．

$$\left| \int_0^x \left(\frac{x-t}{1+t} \right)^n (1+t)^{\alpha-1} \mathrm{d}t \right|$$

$$\leqq \int_0^x \left| \left(\frac{x-t}{1+t} \right)^n (1+t)^{\alpha-1} \right| \mathrm{d}t = \int_0^x \left| \frac{x-t}{1+t} \right|^n \left| (1+t)^{\alpha-1} \right| \mathrm{d}t$$

$$< \int_0^x |x|^n \left| (1+t)^{\alpha-1} \right| \mathrm{d}t = |x|^n \int_0^x \left| (1+t)^{\alpha-1} \right| \mathrm{d}t.$$

以上をまとめて，剰余項に対する評価式

$$|R_{n+1}| < (n+1)\,|_\alpha C_{n+1} x^n|\int_0^x \Big|(1+t)^{\alpha-1}\Big|\,\mathrm{d}t$$

を得る.

次に，上記右辺の n に関する収束性を調べるために，数列：

$$a_n \equiv n\,_\alpha C_n\,x^{n-1}$$

を定義しよう．項の比による収束の判定法を使うと

$$\frac{a_{n+1}}{a_n} = \frac{(n+1)_\alpha C_{n+1} x^n}{n_\alpha C_n x^{n-1}} = \left(\frac{\alpha}{n} - 1\right)x$$

より

$$\lim_{n\to\infty}\left|\frac{a_{n+1}}{a_n}\right| = |x|\lim_{n\to\infty}\left|\frac{\alpha}{n} - 1\right| = |x|.$$

x の範囲は $|x| < 1$ なので

$$\lim_{n\to\infty}\left|\frac{a_{n+1}}{a_n}\right| < 1$$

となり，a_n は $n \to \infty$ に伴って 0 に収束する数列である．従って，一般化された二項展開の剰余項は

$$\lim_{n\to\infty} R_{n+1} = 0$$

となり，テイラー級数は $|x| < 1$ の範囲で収束する．すなわち，与えられた関数 $(1+x)^\alpha$ は

$$
\begin{aligned}
(1+x)^\alpha &= \sum_{n=0}^{\infty}{}_\alpha C_n x^n \\
&= 1 + \alpha x + \frac{1}{2!}\alpha(\alpha-1)x^2 + \frac{1}{3!}\alpha(\alpha-1)(\alpha-2)x^3 \\
&\quad + \frac{1}{4!}\alpha(\alpha-1)(\alpha-2)(\alpha-3)x^4 + \cdots
\end{aligned}
$$

と二項展開できることが示された.

級数の収束する範囲について，より詳しく調べると

◆ α が自然数の場合，収束の問題は生じない (通常の二項展開).

◆ $\alpha > 0$ の場合，$|x| \leqq 1$ の範囲で級数は収束する.

◆ $-1 < \alpha < 0$ の場合，$-1 < x \leqq 1$ の範囲で級数は収束する.

◆ $\alpha \leqq -1$ の場合，$|x| < 1$ の範囲で級数は収束する.

となる.

応用上特に重要なのは，x が 1 に比べて十分小さく，二乗以上の項が無視できる場合である．展開は

$$(1 \pm x)^k \approx 1 \pm kx$$

と非常に簡単になり，容易に値を求めることができる[注4].

例えば，1.1 の平方根を求める場合

$$\sqrt{1.1} = \sqrt{1 + 0.1} \approx 1 + \frac{1}{2} \times 0.1 = 1.05$$

となる．これは，解法の手軽さを考えると，真値 $\sqrt{1.1} = 1.0488\cdots$ と比べて，良い値を与えている，といえるだろう.

また，この数の立方根が必要であれば

$$\sqrt[3]{1.1} = \sqrt[3]{1 + 0.1} \approx 1 + \frac{1}{3} \times 0.1 = 1.0333\cdots.$$

この場合，真値は $1.03228\cdots$ である.

x に代入する数値は，小さいほど精度が高くなるので，この点を工夫すれば結果はより良くなる．このことを確認するために，幾つかの平方根を求めて真値との差を比較してみよう.

[注4] 第 1 章問題 6 参照.

例題 平方根の値を求める.

先ず, 2 の平方根を求める. x に代入する値を, なるべく小さく設定することが肝心であるから, 2 に近い二乗数を探して $((3/2)^2 = 2.25$ を利用する).

$$\sqrt{2} = \sqrt{\frac{9}{4} \times \frac{4}{9} \times 2} = \frac{3}{2}\sqrt{\frac{8}{9}} = \frac{3}{2}\sqrt{1 - \frac{1}{9}}$$
$$\approx \frac{3}{2}\left(1 - \frac{1}{2} \times \frac{1}{9}\right) = \frac{17}{12}$$
$$\Rightarrow 1.41\dot{6}.$$

この場合, $x = 1/9 = 0.\dot{1}$ であり, 誤差は $17/12 - \sqrt{2} = 0.0024531$ である.

$\sqrt{15}$ の場合には

$$\sqrt{15} = \sqrt{16 \times \frac{15}{16}} = 4\sqrt{\frac{15}{16}} = 4\sqrt{1 - \frac{1}{16}}$$
$$\approx 4\left(1 - \frac{1}{2} \times \frac{1}{16}\right) = \frac{31}{8}$$
$$\Rightarrow 3.875.$$

$x = 1/16 = 0.0625$ であり, 誤差は $31/8 - \sqrt{15} = 0.0020167$ となる.

最後に, 99 の平方根は

$$\sqrt{99} = \sqrt{100 \times \frac{99}{100}} = 10\sqrt{\frac{99}{100}} = 10\sqrt{1 - \frac{1}{100}}$$
$$\approx 10\left(1 - \frac{1}{2} \times \frac{1}{100}\right) = \frac{199}{20}$$
$$\Rightarrow 9.95.$$

$x = 1/100 = 0.01$ であり, 誤差は $199/20 - \sqrt{99} = 0.0001256$ となる. ■

確かに x が小さくなるに従って, 誤差も小さくなっている.

問題 3 257 の 8 乗根を求めよ.

◇◇◇◇◇◇◇◇◇◇◇◇　**参考**　◇◇◇◇◇◇◇◇◇◇◇◇

二項展開の具体例

　具体的に指数 α を決めて，展開の最初の数項を調べよう (n は整数).

◆ $\alpha = \dfrac{1}{2}$;　$\sqrt{1+x} = 1 + \dfrac{1}{2}x - \dfrac{1}{8}x^2 + \dfrac{1}{16}x^3 - \cdots$　収束域 $|x| \leqq 1$

◆ $\alpha = \dfrac{1}{3}$;　$\sqrt[3]{1+x} = 1 + \dfrac{1}{3}x - \dfrac{1}{9}x^2 + \dfrac{5}{81}x^3 - \cdots$　収束域 $|x| \leqq 1$

◆ $\alpha = \dfrac{1}{n}$;　$\sqrt[n]{1+x} = 1 + \dfrac{1}{n}x - \dfrac{n-1}{2n^2}x^2 + \cdots$　収束域 $|x| \leqq 1$

◆ $\alpha = -\dfrac{1}{2}$;　$\dfrac{1}{\sqrt{1+x}} = 1 - \dfrac{1}{2}x + \dfrac{3}{8}x^2 - \dfrac{5}{16}x^3 - \cdots$　収束域 $-1 < x \leqq 1$

◆ $\alpha = -\dfrac{1}{n}$;　$\dfrac{1}{\sqrt[n]{1+x}} = 1 - \dfrac{1}{n}x + \dfrac{n+1}{2n^2}x^2 - \cdots$　収束域 $-1 < x \leqq 1$

◆ $\alpha = -1$;　$\dfrac{1}{1+x} = 1 - x + x^2 - x^3 + \cdots$　収束域 $|x| < 1$

　$\alpha = 1/2$ の場合に関して，関数の近似の程度をグラフで見ておこう.

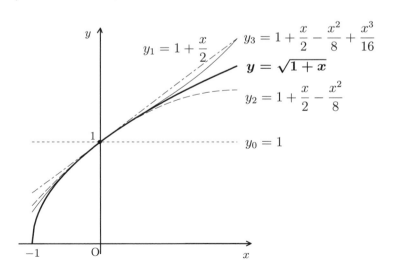

　　最後に，実用の便の為に，より一般的な形式で結果をまとめておく──収束域はすべての場合に対して，$[|x| < |a|]$ である.

$$(a+x)^k = \sum_{n=0}^{\infty} \frac{k(k-1)\cdots(k-n+1)}{n!} a^{k-n} x^n$$
$$= a^k + \frac{k}{1!} a^{k-1} x + \frac{k(k-1)}{2!} a^{k-2} x^2 + \frac{k(k-1)(k-2)}{3!} a^{k-3} x^3 + \cdots,$$

$$(a+x)^{-1} = \sum_{n=0}^{\infty} (-1)^n \frac{x^n}{a^{n+1}} = \frac{1}{a} - \frac{x}{a^2} + \frac{x^2}{a^3} - \frac{x^3}{a^4} + \cdots,$$

$$(a-x)^{-1} = \sum_{n=0}^{\infty} \frac{x^n}{a^{n+1}} = \frac{1}{a} + \frac{x}{a^2} + \frac{x^2}{a^3} + \frac{x^3}{a^4} + \cdots,$$

$$(a-x)^{-2} = \sum_{n=0}^{\infty} (-1)^n \frac{(n+1)x^n}{a^{n+2}} = \frac{1}{a^2} - \frac{2x}{a^3} + \frac{3x^2}{a^4} - \frac{4x^3}{a^5} + \cdots,$$

$$(a+x)^{1/2} = a^{1/2} + \sum_{n=1}^{\infty} (-1)^{n-1} \frac{(2n-3)!! x^n}{n! 2^n a^{n-(1/2)}}$$
$$= a^{1/2} \left[1 + \frac{x}{2a} - \frac{x^2}{8a^2} + \frac{x^3}{16a^3} - \frac{5x^4}{128a^4} + \frac{7x^5}{256a^5} - \frac{21x^6}{1024a^6} + \cdots \right],$$

$$(a+x)^{-1/2} = \sum_{n=0}^{\infty} (-1)^n \frac{(2n-1)!! x^n}{n! 2^n a^{n+(1/2)}}$$
$$= \frac{1}{a^{1/2}} \left[1 - \frac{x}{2a} + \frac{3x^2}{8a^2} - \frac{5x^3}{16a^3} + \frac{35x^4}{128a^4} - \frac{63x^5}{256a^5} + \frac{231x^6}{1024a^6} - \cdots \right],$$

$$(a+x)^{-3/2} = \sum_{n=0}^{\infty} (-1)^n \frac{(2n+1)!! x^n}{n! 2^n a^{n+(3/2)}}$$
$$= \frac{1}{a^{3/2}} \left[1 - \frac{3x}{2a} + \frac{15x^2}{8a^2} - \frac{35x^3}{16a^3} + \frac{315x^4}{128a^4} - \frac{693x^5}{256a^5} + \frac{3003x^6}{1024a^6} - \cdots \right].$$

◇◇◇

第6章　指数関数・対数関数

Exponential & Logarithmic Functions

本章では，先に直感的に取り扱った指数法則をより精密な形で考察し，その結果を受けて，任意の実数を指数とする指数関数と，その逆関数である対数関数を定義する．指数関数は，微積分に関連して登場する最も重要な関数であり，底となる無理数 e は，数学における基本定数の一つである．

6.1　指数法則

第1章で説明した指数法則を，より精密に議論する．指数法則を

> $\phi(0) \neq 0$ である ϕ に対して
> $$\phi(x + y) = \phi(x)\phi(y)$$
> が成り立つとき，ϕ は**指数法則を満足する**

と定義し，ϕ の性質を順に調べていこう．先ず

$$\phi(0) = \phi(0 + 0) = \phi(0)\phi(0) = \phi(0)^2.$$

仮定より $\phi(0) \neq 0$ なので $\phi(0) = 1$ となる．

次に，$\phi(1) = a$ とおくと

$$\phi(1) = \phi\left(\frac{1}{2} + \frac{1}{2}\right) = \phi\left(\frac{1}{2}\right)\phi\left(\frac{1}{2}\right) = \left[\phi\left(\frac{1}{2}\right)\right]^2$$

となるので，a は正数である．引数を自然数とし，上記演算を繰り返して

$$\phi(2) = \phi(1+1) = \phi(1)\phi(1) = [\phi(1)]^2,$$
$$\phi(3) = \phi(1+1+1) = \phi(1)\phi(1)\phi(1) = [\phi(1)]^3,$$
$$\phi(4) = \phi(1+1+1+1) = \phi(1)\phi(1)\phi(1)\phi(1) = [\phi(1)]^4,$$
$$\vdots$$
$$\phi(n) = \phi(1+1+\cdots+1) = \phi(1) \times \cdots \times \phi(1) = [\phi(1)]^n.$$

よって，任意の自然数 n に対して

$$\boxed{\phi(n) = a^n}$$

となる．先に $\phi(0) = 1$ を得たので，上式は $n = 0$ の場合：

$$\phi(0) = a^0 = 1$$

を含む．さらに

$$1 = \phi(0) = \phi(n-n) = \phi(n)\phi(-n)$$

より $\phi(-n) = 1/\phi(n)$，よって

$$\boxed{a^{-n} = 1/a^n}$$

を得る．初めに指数 n を自然数と仮定したが，これで n は**任意の整数**にまで拡張された．

さて

$$a^m a^n = \phi(m)\phi(n) = \phi(m+n),$$

すなわち

$$a^m a^n = a^{m+n}$$

は指数法則そのものであり，また

$$[\phi(m)]^n = \underbrace{\phi(m) \times \cdots \times \phi(m)}_{n \text{ 個}} = \phi(\underbrace{m + \cdots + m}_{n \text{ 個}}) = \phi(mn)$$

より，以下の関係を得る．

$$\boxed{(a^m)^n = a^{mn}.}$$

ここで，$\phi(1) = a, \psi(1) = b$ とおくと

$$\begin{aligned}
(ab)^n &= [\phi(1)\psi(1)]^n = [\phi(1)\psi(1)] \times \cdots \times [\phi(1)\psi(1)] \\
&= [\phi(1) \times \cdots \times \phi(1)][\psi(1) \times \cdots \times \psi(1)] \\
&= [\phi(1)]^n[\psi(1)]^n
\end{aligned}$$

より

$$\boxed{(ab)^n = a^n b^n}$$

が導かれる．

　自然な計算の結果として理解できた自然数に対する指数法則は，ここで**任意の整数**に対しても成り立つよう拡張された．このように，基本的な定義を基礎に，既知の結果を整理反省しておけば，後の拡張は比較的容易である．

　指数を有理数に拡張しよう．m を自然数，n を整数として

$$a^n = \phi(n) = \phi\left(m \times \frac{n}{m}\right) = \phi\left(\underbrace{\frac{n}{m} + \cdots + \frac{n}{m}}_{m \text{ 個}}\right)$$

$$= \underbrace{\phi\left(\frac{n}{m}\right) \times \cdots \times \phi\left(\frac{n}{m}\right)}_{m \text{ 個}} = \left[\phi\left(\frac{n}{m}\right)\right]^m = (a^{n/m})^m.$$

これより，有理数 n/m に対して

$$\phi(n/m) = a^{n/m}$$

となる．上式を基礎として，整数の場合と全く同様に，有理数に対する演算則を得る．

　さらに指数を拡張する．正定数 a に対し，無理数 x を指数とする a^x を評価する．例えば，$x = \sqrt{2}$ のとき，$\sqrt{2}$ を有理数で近似して，a^x の大きさを上下から押さえていく．すなわち

$$
\begin{array}{lll}
1.4 \;\;\; < x < 1.5 & \Rightarrow & a^{1.4} \;\;\; < a^x < a^{1.5}, \\
1.41 \;\; < x < 1.42 & \Rightarrow & a^{1.41} \;\; < a^x < a^{1.42}, \\
1.414 < x < 1.415 & \Rightarrow & a^{1.414} < a^x < a^{1.415}, \\
\quad\vdots & & \quad\vdots
\end{array}
$$

これより，x が無理数の場合にも，a^x に一つの値が定まることが理解できる．

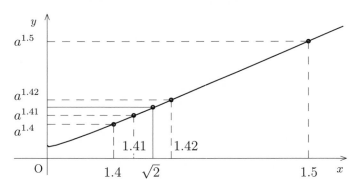

このように定義された a^x が，指数法則を満足することは後で示す．

6.2 指数関数

前節で示したように，任意の実数 x に対し，a^x に一つの実数値が定まる．これを a を**底 (base)** とする**指数関数 (exponential function)** と呼ぶ．

$$\boxed{f(x) = a^x}$$

6.2.1 指数関数のグラフ

実際に，この関数のグラフを描くには，幾つかの有理数 x に対してその値を求め，間を滑らかな曲線で結んでいけばよい．例として，$a = 2, 3$ の場合のグラフを描いてみよう．

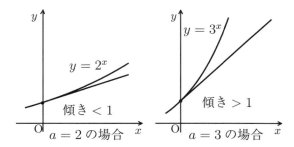

グラフによると，$a = 2$ のとき，$x = 0$ での接線の傾きは 1 より小さく，$a = 3$ のとき，その傾きは 1 より大きい[注1]．

指数関数の導関数を求める．微分の定義に従って

$$\frac{\mathrm{d}a^x}{\mathrm{d}x} = \lim_{\Delta x \to 0} \frac{a^{x+\Delta x} - a^x}{\Delta x} = a^x \lim_{\Delta x \to 0} \frac{a^{\Delta x} - 1}{\Delta x} = K_a a^x.$$

ここで不定の極限値を K_a とおいた――これは $x = 0$ での，a^x の微分係数である．グラフから，極限値 K_a が存在し，$K_2 < 1 < K_3$ となることが分かる[注2]．

[注1] この結果は後で用いる．

[注2] 後で，K_2, K_3 を具体的に求める．

さて，極限値 K_a が 1 に等しくなるような特別な数を底に選び，それを e と書く．2^x の接線の傾きは 1 より小さく，3^x のときは 1 より大きい．しかも，グラフより $2^x, 3^x$ は共に下に凸の関数であることが明らかなので，定数 e の値は

$$\boxed{2 < \mathrm{e} < 3}$$

の範囲にある．また，数 e は仮定より，$K_\mathrm{e} = 1$ であるから

$$\lim_{\Delta x \to 0} \frac{\mathrm{e}^{\Delta x} - 1}{\Delta x} = 1$$

となり，e^x の導関数はその関数形を変えない，すなわち

$$\boxed{\frac{\mathrm{d}\mathrm{e}^x}{\mathrm{d}x} = \mathrm{e}^x}$$

となる．

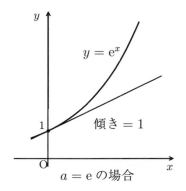

$a = \mathrm{e}$ の場合

問題 1　エルミート (**C.Hermite,1822-1901**) の多項式：

$$H_n \equiv (-1)^n \mathrm{e}^{x^2} \mathrm{D}^n \mathrm{e}^{-x^2}, \quad (n = 0, 1, 2, 3, \ldots)$$

に対し，具体的に H_0, H_1, H_2, H_3 を計算せよ．ここで，$\mathrm{D} \equiv \mathrm{d}/\mathrm{d}x$ である．

6.2.2 級数による指数関数の定義

底を特別な数 e に選んだ指数関数は，微分しても形の変わらない関数である．この性質だけを用いて，$f(x) = \mathrm{e}^x$ を無限級数の形で定義しよう．以下に示す $x = 0$ でのテイラー級数の式を用いて計算する．

$$f(x) = \sum_{k=0}^{n} \frac{1}{k!} f^{(k)}(0) x^k + R_{n+1}$$

関数 $f(x) = \mathrm{e}^x$ は，一階導関数が同じ形になるので，結局，何回微分しても関数形が変わらない，すなわち

$$f^{(k)}(x) = \mathrm{e}^x, \quad f^{(k)}(0) = \mathrm{e}^0 = 1$$

である．よって，以下の結論を得る．

$$\mathrm{e}^x = \sum_{k=0}^{n} \frac{1}{k!} x^k + R_{n+1}$$
$$= 1 + x + \frac{1}{2!} x^2 + \frac{1}{3!} x^3 + \frac{1}{4!} x^4 + \cdots + \frac{1}{n!} x^n + R_{n+1}$$

次に，剰余項の評価をする．ラグランジュ型の剰余項：

$$R_{n+1} = \frac{f^{(n+1)}(c)}{(n+1)!} x^{n+1}$$

を用いると

$$R_{n+1} = \frac{\mathrm{e}^c x^{n+1}}{(n+1)!}, \quad (\text{ただし，} 0 < c < x)$$

となる．x を固定して考えると，$0 < c < x$ より，$1 < \mathrm{e}^c < \mathrm{e}^x$ であり

$$\lim_{n \to \infty} R_{n+1} = \mathrm{e}^c \lim_{n \to \infty} \frac{x^{n+1}}{(n+1)!} = 0,$$

すなわち，剰余項は 0 に収束する．従って，e^x の級数展開は

$$\boxed{\mathrm{e}^x \equiv \sum_{n=0}^{\infty} \frac{1}{n!} x^n = 1 + x + \frac{1}{2!} x^2 + \frac{1}{3!} x^3 + \frac{1}{4!} x^4 + \cdots}$$

となる．これは実解析関数であり，実数全体で定義される．

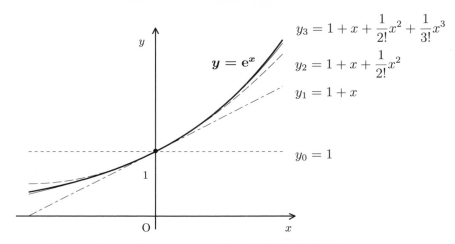

$$y_3 = 1 + x + \frac{1}{2!}x^2 + \frac{1}{3!}x^3$$

$$y_2 = 1 + x + \frac{1}{2!}x^2$$

$$y_1 = 1 + x$$

$$y_0 = 1$$

$y = e^x$

また，無限級数で定義されるある種の関数を**超越関数** (transcendental function) と呼ぶ．指数関数は超越関数である．

> 注意　正定数 a を用い，実数 x に a^x を対応させることによって，実数全体を定義域とする関数 a^x が定まる．正確には，この関数を a を底とする指数関数と呼び，e^x は "e を底とする指数関数" と呼ぶべきであるが，本書では，今後簡単のために単に指数関数と呼ぶ．e^x の指数部が多項式のように複雑な形の場合には，$\exp[x]$ と書く——exp は exponential (指数) の略記である．■

一般に，未知関数の微分を含む方程式を**微分方程式** (differential equation) と呼び，微分の階数を附与してその名前とする．指数関数 e^x は，最も簡単な，そして最も重要な**一階微分方程式** (differential equation of the first order)

$$\boxed{\frac{\mathrm{d}y}{\mathrm{d}x} = y}$$

の解である[注3]．

注3 附録：「一階線型微分方程式の解の公式」の項参照．

6.3 指数関数の性質

6.3.1 一般の指数法則

指数関数 e^x の性質を，その定義に従って調べよう．

先ず，展開式の第二項以降は，すべて x を含んでいるので，$x = 0$ を代入して，直ちに $e^0 = 1$ となることが分かる．

次に，微分による関数形の変化を，実際に項別微分して確かめよう．x に関する微分を，D_x で表して

$$D_x \left(1 + x + \frac{1}{2}x^2 + \frac{1}{2}\frac{1}{3}x^3 + \frac{1}{2}\frac{1}{3}\frac{1}{4}x^4 + \cdots\right)$$

$$= D_x 1 + D_x x + D_x \frac{1}{2}x^2 + D_x \frac{1}{2}\frac{1}{3}x^3 + D_x \frac{1}{2}\frac{1}{3}\frac{1}{4}x^4 + \cdots$$

$$= D_x 1 + D_x x + D_x \frac{1}{2}x^2 + \frac{1}{2}D_x \frac{1}{3}x^3 + \frac{1}{2}\frac{1}{3}D_x \frac{1}{4}x^4 + \cdots$$

$$\Downarrow \qquad \Downarrow \qquad \Downarrow \qquad \Downarrow \qquad \Downarrow$$

$$= \quad 0 \ + \ 1 \ + \quad x \quad + \quad \frac{1}{2}x^2 \quad + \quad \frac{1}{2}\frac{1}{3}x^3 \quad + \cdots$$

最後の式は級数の各項がそれ自身の形を変えずに，一つずつ後ろにずれた形になっている．よって

$$\boxed{D_x e^x = e^x}$$

となり，関数形の変わらないことが確かめられた．

続いて，指数法則が成り立つか調べる．指数関数 e^{x+y} において，y を固定して考えると，x の関数

$$f(x) = e^{x+y}, \quad (y \text{ は定数})$$

になる．これを x で微分する．$x + y = u$ とおき，合成関数の微分法則を用いると

$$\frac{du}{dx} = 1, \quad \text{より} \quad \frac{df}{dx} = \frac{du}{dx}\frac{d}{du}e^u = e^u.$$

すなわち

$$f(x) = \mathrm{e}^{x+y} \quad \text{のとき,} \quad f^{(1)}(x) = \mathrm{e}^{x+y}$$

であり，直ちに

$$f^{(k)}(x) = \mathrm{e}^{x+y}, \quad f^{(k)}(0) = \mathrm{e}^{y}$$

を得る．よって，関数 $f(x) = \mathrm{e}^{x+y}$ のテイラー展開は

$$\mathrm{e}^{x+y} = \mathrm{e}^{y} + \mathrm{e}^{y}x + \frac{\mathrm{e}^{y}}{2!}x^2 + \frac{\mathrm{e}^{y}}{3!}x^3 + \frac{\mathrm{e}^{y}}{4!}x^4 + \cdots + \frac{\mathrm{e}^{y}}{n!}x^n + \cdots$$

$$= \mathrm{e}^{y} \sum_{k=0}^{\infty} \frac{1}{k!}x^k = \mathrm{e}^{y}\mathrm{e}^{x}$$

となり，指数法則は，指数が**任意の実数**の場合にも成り立つことが示された．

$$\boxed{\mathrm{e}^{x+y} = \mathrm{e}^{x}\mathrm{e}^{y}.}$$

一般の底の場合は後に示す．

　最後に，$f(x) = \mathrm{e}^{x}$ のグラフの持つ性質について調べよう．実数の二乗は非負なので，任意の実数 x, y に対して

$$0 \leq \left(\mathrm{e}^{x/2} - \mathrm{e}^{y/2}\right)^2 = \mathrm{e}^{x} + \mathrm{e}^{y} - 2\mathrm{e}^{(x+y)/2}$$

が成り立つ．変形して，$(\mathrm{e}^{x} + \mathrm{e}^{y})/2 \geqq \mathrm{e}^{(x+y)/2}$ となる．これは

$$\frac{f(x) + f(y)}{2} \geq f\left(\frac{x+y}{2}\right)$$

を満たすので，第2章で議論したように，$f(x) = \mathrm{e}^{x}$ は下に凸の関数となる．この結果は，一階導関数 $f^{(1)}(x) = \mathrm{e}^{x}$ が任意の実数 x に対して非負であること，すなわち，$f(x) = \mathrm{e}^{x}$ は単調増加関数であることを示している．

6.3.2　ネイピア数

　以下の指数関数の定義式より，定数 e の値を求めよう．

$$\mathrm{e}^{x} = 1 + x + \frac{1}{2}x^2 + \frac{1}{6}x^3 + \frac{1}{24}x^4 + \cdots$$

$e = e^1$ より，上式に $x = 1$ を代入して

$$e = 1 + 1 + \frac{1}{2} + \frac{1}{6} + \frac{1}{24} + \frac{1}{120} + \frac{1}{720} + \frac{1}{5040} + \frac{1}{40320} + \frac{1}{362880} + \cdots.$$

収束の早さを調べるために，項を一つ加えるごとに値がどう変化するか，表にまとめてみよう[注4].

$$
\begin{array}{ll}
1 + 1 = 2 & \Rightarrow 2, \\[2mm]
2 + \dfrac{1}{2} = \dfrac{5}{2} & \Rightarrow 2.5, \\[2mm]
\dfrac{5}{2} + \dfrac{1}{6} = \dfrac{8}{3} & \Rightarrow 2.\dot{6}, \\[2mm]
\dfrac{8}{3} + \dfrac{1}{24} = \dfrac{65}{24} & \Rightarrow 2.7083\dot{3}, \\[2mm]
\dfrac{65}{24} + \dfrac{1}{120} = \dfrac{163}{60} & \Rightarrow 2.716\dot{6}, \\[2mm]
\dfrac{163}{60} + \dfrac{1}{720} = \dfrac{1957}{720} & \Rightarrow 2.71805\dot{5}, \\[2mm]
\dfrac{1957}{720} + \dfrac{1}{5040} = \dfrac{685}{252} & \Rightarrow 2.7182540, \\[2mm]
\dfrac{685}{252} + \dfrac{1}{40320} = \dfrac{109601}{40320} & \Rightarrow 2.7182788, \\[2mm]
\dfrac{109601}{40320} + \dfrac{1}{362880} = \dfrac{98641}{36288} & \Rightarrow 2.7182815, \\[2mm]
\dfrac{98641}{36288} + \dfrac{1}{3628800} = \dfrac{9864101}{3628800} & \Rightarrow 2.7182818.
\end{array}
$$

最後の数値は，小数点以下 7 桁まで正しい値を与えている.

定数 e は**ネイピア数 (Napier's number)** と呼ばれる無理数である[注5]. 参考に，より詳しい値を書いておく.

$$e = 2.718281828459045235360287471353 \cdots$$

[注4] 通分して，計算機による誤差の混入を避け，小数点以下 8 桁目を四捨五入している.
[注5] 附録:「無理数であることの証明」の項参照.

◇◇◇◇◇◇◇◇◇◇◇◇ **参考** ◇◇◇◇◇◇◇◇◇◇◇◇

指数関数の定義

指数関数のもう一つの定義：

$$\mathrm{e}^x \equiv \lim_{n\to\infty}\left(1+\frac{x}{n}\right)^n$$

が級数による定義と等しいことを以下に示す. 括弧の内部を S_n とおき，二項定理を用いて展開すると

$$S_n \equiv \left(1+\frac{x}{n}\right)^n$$
$$= {}_n\mathrm{C}_0 + {}_n\mathrm{C}_1\left(\frac{x}{n}\right) + {}_n\mathrm{C}_2\left(\frac{x}{n}\right)^2 + {}_n\mathrm{C}_3\left(\frac{x}{n}\right)^3 + \cdots$$
$$= {}_n\mathrm{C}_0 + \frac{1}{n}{}_n\mathrm{C}_1 x + \frac{1}{n^2}{}_n\mathrm{C}_2 x^2 + \frac{1}{n^3}{}_n\mathrm{C}_3 x^3 + \cdots$$
$$= 1 + \frac{1}{n}nx + \frac{1}{n^2}\frac{1}{2}n(n-1)x^2 + \frac{1}{n^3}\frac{1}{6}n(n-1)(n-2)x^3 + \cdots$$
$$= 1 + x + \frac{1}{2}\left(1-\frac{1}{n}\right)x^2 + \frac{1}{6}\left(1-\frac{3}{n}+\frac{2}{n^2}\right)x^3 + \cdots$$

と変形できる. これより

$$\lim_{n\to\infty}S_n = \lim_{n\to\infty}\left[1 + x + \frac{1}{2}\left(1-\frac{1}{n}\right)x^2 + \frac{1}{6}\left(1-\frac{3}{n}+\frac{2}{n^2}\right)x^3 + \cdots\right]$$
$$= 1 + x + \frac{1}{2}x^2 + \frac{1}{6}x^3 + \cdots = \mathrm{e}^x$$

となり，二つの定義は等しいことが示された.

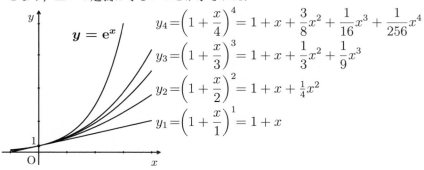

$$y_4 = \left(1+\frac{x}{4}\right)^4 = 1 + x + \frac{3}{8}x^2 + \frac{1}{16}x^3 + \frac{1}{256}x^4$$

$$y_3 = \left(1+\frac{x}{3}\right)^3 = 1 + x + \frac{1}{3}x^2 + \frac{1}{9}x^3$$

$$y_2 = \left(1+\frac{x}{2}\right)^2 = 1 + x + \frac{1}{4}x^2$$

$$y_1 = \left(1+\frac{x}{1}\right)^1 = 1 + x$$

$x = 1$ を代入すると，S_n は第 1 章で議論した数列の一般項と一致する．第 1 章では，この数列の有界性と単調性，さらに，一つの上界が 3 であることを示した．本章の結果から，この数列の極限値がネイピア数 e となること，すなわち

$$\lim_{n \to \infty} \left(1 + \frac{1}{n} \right)^n = 2.718281828 \cdots$$

が示された．実際に数値を代入して，この数列の収束の速さを調べよう．

$$S_1 = \left(1 + \frac{1}{1} \right)^1 = 2,$$

$$S_2 = \left(1 + \frac{1}{2} \right)^2 = \frac{9}{4} \Rightarrow 2.25,$$

$$S_3 = \left(1 + \frac{1}{3} \right)^3 = \frac{64}{27} \Rightarrow 2.\dot{3}7\dot{0},$$

$$\vdots$$

$$S_8 = \left(1 + \frac{1}{8} \right)^8 = \frac{43046721}{16777216} \Rightarrow 2.5657845.$$

級数展開の方法では，7 桁の分数で小数点以下 7 桁まで正しい値が得られた．しかし，上記の方法では，収束が全く緩慢で，8 桁の分数を取っても小数点以下第一位すら正しい値になっていない．従って，数値計算をする場合，この方法が実際に用いられることはない．

|問題 2| ネイピア数の逆数を，以下の二つの方法で求めよ．

[1] 1 を数 e で割る． [2] 級数展開の引数に -1 を代入する．

|問題 3| 誤差関数 (error function)：

$$g(x) = \int_0^x \exp[-t^2] \mathrm{d}t$$

において $g(1)$ を計算せよ．答えは小数点以下 5 桁目を四捨五入せよ．

方針：被積分関数をテイラー展開し，初めの 7 項を項別積分せよ．

6.4　対数関数

6.4.1　対数関数の定義

指数関数の逆関数について考えよう．独立変数を u とする指数関数 $x = \mathrm{e}^u$ の逆関数を

$$u = A(x), \quad (\text{ただし}, \ x > 0)$$

と書く．$\mathrm{e}^0 = 1$ より，$A(1) = 0$ となり，同様に $\mathrm{e}^1 = \mathrm{e}$ より，$A(\mathrm{e}) = 1$ を得る．

逆関数の微分法則

$$\frac{\mathrm{d}u}{\mathrm{d}x} = \frac{1}{\dfrac{\mathrm{d}x}{\mathrm{d}u}}$$

に従って，$A(x)$ を x で微分すると

$$\frac{\mathrm{d}A}{\mathrm{d}x} = \frac{1}{\dfrac{\mathrm{d}x}{\mathrm{d}u}} = \frac{1}{\mathrm{e}^u}.$$

よって

$$\frac{\mathrm{d}A}{\mathrm{d}x} = \frac{1}{x}$$

を得る．すなわち，指数関数 $x = \mathrm{e}^u$ の逆関数は，x で微分すると $1/x$ になるものである[注6]．

上式の両辺を積分して

$$A(x) = \int_1^x \frac{1}{t}\,\mathrm{d}t, \quad (x > 0)$$

を得る——積分の下端は，$A(1) = 0$ となるように選んだ．これを**対数関数 (logarithmic function)** と呼び，以後

$$\ln\ x$$

と書く．従って，対数関数とは**指数関数の逆関数**であり

[注6] 導関数が $1/x$ になる x の冪関数は存在しなかったこと (第3章) を思い出そう．

$$\ln x \equiv \int_1^x \frac{1}{t} \, \mathrm{d}t, \quad (\text{ただし, } x > 0)$$

で定義される関数である.

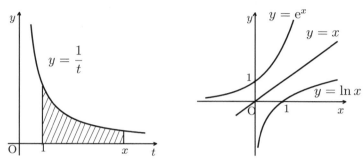

対数関数を用いて, $1/x$ の原始関数は ($1/x$ が $x = 0$ で定義されないことに注意して)

$$\int \frac{1}{x} \mathrm{d}x = \ln x + C_1, \qquad (x > 0),$$

$$\int \frac{1}{x} \mathrm{d}x = \ln(-x) + C_2, \quad (x < 0)$$

となる. ここで, C_1, C_2 は積分定数であり, それぞれ独立に定まるものであるが, この違いに留意したうえで, 簡潔に

$$\int \frac{1}{x} \mathrm{d}x = \ln |x| + C$$

と書く.

上で得た結果を利用して, $f(x)$ と一階導関数 $f^{(1)}(x)$ の商の積分

$$\int \frac{f^{(1)}(x)}{f(x)} \mathrm{d}x$$

が計算できる. $f(x) = t$ とおき, 置換積分法に従って変数を変換して, 以下の結果を得る.

$$\int \frac{f^{(1)}(x)}{f(x)} \mathrm{d}x = \int \frac{f^{(1)}(x)}{t} \frac{\mathrm{d}x}{\mathrm{d}t} \mathrm{d}t.$$

ところで，$f(x) = t$ の両辺を t で微分すると

$$\frac{\mathrm{d}f}{\mathrm{d}x}\frac{\mathrm{d}x}{\mathrm{d}t} = 1, \quad \text{すなわち,} \quad f^{(1)}(x)\frac{\mathrm{d}x}{\mathrm{d}t} = 1.$$

よって，求めるべき積分は

$$\int \frac{f^{(1)}(x)}{t}\frac{\mathrm{d}x}{\mathrm{d}t}\mathrm{d}t = \int \frac{1}{t}\mathrm{d}t = \ln|t| + \text{積分定数}$$

より，変数を元へ戻して

$$\boxed{\int \frac{f^{(1)}(x)}{f(x)}\mathrm{d}x = \ln|f(x)| + C}$$

となる．積分定数 C，及び絶対値記号の意味は先に注意した通りである．

問題 **4**　$\int \ln x \, \mathrm{d}x$ を求めよ．

6.4.2　対数関数の性質

対数関数の計算規則を調べよう．先ず，$x = 0, 1$ の場合は

$$\ln 1 = 0, \quad \ln \mathrm{e} = 1$$

である．次に，$\ln xy$ を定義に従って変形する．すなわち

$$\ln xy = \int_1^{xy} \frac{1}{t}\mathrm{d}t$$

において積分範囲を

$$\int_1^{xy} \frac{1}{t}\mathrm{d}t = \int_1^x \frac{1}{t}\mathrm{d}t + \int_x^{xy} \frac{1}{t}\mathrm{d}t$$

と二つに分割し，右辺第二項の積分を置換積分法を用いて解く．変数を

$$t = xs$$

に従って s に変換し，x を定数と見做して
$$\frac{\mathrm{d}t}{\mathrm{d}s} = x.$$
このとき，積分範囲は
$$t : [x,\ xy] \quad から \quad s : [1,\ y]$$
に変換され
$$\int_x^{xy} \frac{1}{t}\mathrm{d}t = \int_1^y \frac{1}{xs}\frac{\mathrm{d}t}{\mathrm{d}s}\mathrm{d}s = \int_1^y \frac{1}{s}\mathrm{d}s$$
となる．元の式に戻すと
$$\int_1^{xy} \frac{1}{t}\mathrm{d}t = \int_1^x \frac{1}{t}\mathrm{d}t + \int_1^y \frac{1}{s}\mathrm{d}s = \ln x + \ln y$$
となり，これより対数関数の持つ重要な性質：

$$\boxed{\ln xy = \ln x + \ln y}$$

が見出される．これは指数法則 $\mathrm{e}^{x+y} = \mathrm{e}^x \mathrm{e}^y$ の対数関数による表現である．

　また，$\ln 1 = 0$ より，$xy = 1$ として
$$0 = \ln x + \ln \frac{1}{x},$$
すなわち

$$\boxed{\ln \frac{1}{x} = -\ln x.}$$

　続いて，$a = \mathrm{e}^b$ となる正数 a, b を仮定し，両辺の対数を取ると
$$\ln a = \ln \mathrm{e}^b = b$$
となる．さらに，両辺を x 乗した $a^x = \mathrm{e}^{bx}$ に対して対数を取り
$$\ln a^x = \ln \mathrm{e}^{bx} = bx \ln \mathrm{e} = bx.$$
よって

$$\boxed{\ln a^x = x \ln a}$$

を得る．

6.4.3 一般の底に対する指数法則

恒等式：

$$a = e^{\ln a}$$

を利用して，一般的な底を持つ指数関数 $y = a^x$ の導関数を求めよう．
先ず

$$y = \left(e^{\ln a}\right)^x = e^{x \ln a}$$

より $u = x \ln a, y = e^u$ とおいて，合成関数の微分法を用いると

$$\frac{dy}{dx} = \frac{dy}{du}\frac{du}{dx} = e^u \ln a.$$

よって

$$\boxed{D_x a^x = a^x \ln a}$$

となる．
さらに，恒等式 $a = e^{\ln a}$ を用いて

$$a^{x+y} = e^{(x+y)\ln a} = e^{x \ln a + y \ln a} = e^{x \ln a}e^{y \ln a}$$

より，一般の底に対する指数法則

$$\boxed{a^{x+y} = a^x a^y}$$

を得る．

 **参考**

冪関数の微分

　ようやく第3章で残した問題を解く準備が整った. 関数：

$$y = x^{\alpha}, \quad (ただし, \ x > 0)$$

の導関数を求める (α は任意の実数). 両辺の対数を取って

$$\ln y = \alpha \ln x.$$

上式の両辺を x で微分する. このように，対数をとって微分する方法を**対数微分法 (logarithmic differentiation)** という. 有理数に対して証明したときと同様に，左辺を合成関数と見て微分し，整理すると

$$\frac{1}{y}\frac{\mathrm{d}y}{\mathrm{d}x} = \alpha \frac{1}{x}$$

より

$$\frac{\mathrm{d}y}{\mathrm{d}x} = \alpha \frac{y}{x} = \alpha \frac{x^{\alpha}}{x} = \alpha x^{\alpha-1},$$

すなわち

$$\boxed{\mathrm{D}_x x^{\alpha} = \alpha x^{\alpha-1}, \quad (x > 0, \ \alpha \ は任意の実数)}$$

となる.

6.5　対数関数の級数展開

　対数関数の級数表現を求める．これまでに得た知識を総合して，$x = 0$ の附近で関数を展開する．ただし，$\ln x$ は 0 を含む負の変域で定義されないので

$$f(x) = \ln(1 + x), \quad (\text{ただし，} x > -1)$$

を展開しよう．

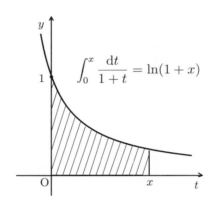

$$\int_0^x \frac{\mathrm{d}t}{1 + t} = \ln(1 + x)$$

　対数関数の定義より

$$\ln(1 + x) = \int_0^x \frac{\mathrm{d}t}{1 + t}.$$

右辺の被積分関数は，等比級数の展開式を利用して

$$
\begin{aligned}
\frac{1}{1 + t} &= \frac{1}{1 - (-t)} \\
&= 1 + (-t) + (-t)^2 + (-t)^3 + (-t)^4 + \cdots \\
&= 1 - t + t^2 - t^3 + t^4 - \cdots
\end{aligned}
$$

と無限級数に展開できる．この級数の収束域は $|t| < 1$ である．

　よって，$\ln(1 + x)$ の級数展開は上式を代入し，項別積分することにより

$$\ln(1 + x) = \int_0^x \frac{\mathrm{d}t}{1 + t}$$

$$= \int_0^x (1 - t + t^2 - t^3 + t^4 - \cdots) \mathrm{d}t$$
$$= x - \frac{1}{2}x^2 + \frac{1}{3}x^3 - \frac{1}{4}x^4 + \cdots$$
$$= \sum_{n=1}^{\infty} (-1)^{n-1} \frac{x^n}{n}$$

となる.

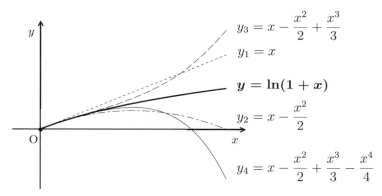

収束域は，元の級数のそれに一致するので $|x| < 1$ であるが，上式において $x = 1$ を代入した級数：

$$1 - \frac{1}{2} + \frac{1}{3} - \frac{1}{4} + \frac{1}{5} - \frac{1}{6} + \cdots$$

も収束する――これは $\ln 2$ に等しい――ので，展開は収束域の端点 $x = 1$ においても成り立つことが分かる[注7]. よって

$$\boxed{\ln(1 + x) = \sum_{n=1}^{\infty} (-1)^{n-1} \frac{x^n}{n}, \quad (\text{収束域は} -1 < x \leqq 1)}$$

を得る.

　上式を用いて，対数の値が求められる. しかし，x が 1 に近い数値の場合には，上記級数の収束は全く緩慢であり，多くの項を計算しなければならない.

[注7] 第 1 章の問題 9 参照.

実際，$\ln 2$ を正直に計算すれば，1000 項までの和を取っても (1000 項目の大きさは，$1/1000 = 0.001$ であるから)，小数点以下 3 桁も確定しない．具体的には

$$
\begin{array}{l}
n = 10 \ \text{までの和} : 0.64563492 \\
n = 10^2 \ \text{までの和} : 0.68817218 \\
n = 10^3 \ \text{までの和} : 0.69264743 \\
n = 10^4 \ \text{までの和} : 0.69309718 \\
n = 10^5 \ \text{までの和} : 0.69314218
\end{array}
$$

である．

　そこで，変数を $-x$ で置き換えて

$$
\ln(1 - x) = \sum_{n=1}^{\infty} (-1)^{n-1} \frac{(-x)^n}{n} = -\sum_{n=1}^{\infty} \frac{x^n}{n}, \quad (\text{収束域は} \ -1 \leq x < 1)
$$

を作り

$$
\ln(1 + x) = \sum_{n=1}^{\infty} (-1)^{n-1} \frac{x^n}{n}, \quad \ln(1 - x) = -\sum_{n=1}^{\infty} \frac{x^n}{n}
$$

の辺々を引き算する．左辺は対数関数の性質より

$$
\begin{aligned}
\text{左辺} &= \ln(1 + x) - \ln(1 - x) \\
&= \ln(1 + x)(1 - x)^{-1} = \ln \frac{1 + x}{1 - x}
\end{aligned}
$$

であり，右辺は

$$
\begin{aligned}
\text{右辺} &= x - \frac{1}{2}x^2 + \frac{1}{3}x^3 - \frac{1}{4}x^4 + \frac{1}{5}x^5 - \cdots \\
&\quad - \left(-x - \frac{1}{2}x^2 - \frac{1}{3}x^3 - \frac{1}{4}x^4 - \frac{1}{5}x^5 - \cdots \right) \\
&= 2 \left(x + \frac{1}{3}x^3 + \frac{1}{5}x^5 + \frac{1}{7}x^7 + \cdots \right)
\end{aligned}
$$

となる．これより，数値計算に便利な式：

$$
\ln \frac{1 + x}{1 - x} = 2 \left(x + \frac{1}{3}x^3 + \frac{1}{5}x^5 + \frac{1}{7}x^7 + \cdots \right)
$$

を得る．収束域は $|x| < 1$ である．

上式において
$$\frac{1+x}{1-x} = k$$
とおき，x について解くと
$$x = \frac{k-1}{k+1}.$$
k が 1 に近いとき (x は小さな値をとるので)，上記級数の収束は早い．

例題 上式を用いて $\ln 2$ の値を求める．

$k = 2$ より，$x = 1/3$ となる．よって
$$\ln 2 = 2\left[\frac{1}{3} + \frac{1}{3}\left(\frac{1}{3}\right)^3 + \frac{1}{5}\left(\frac{1}{3}\right)^5 + \frac{1}{7}\left(\frac{1}{3}\right)^7 + \frac{1}{9}\left(\frac{1}{3}\right)^9 + \frac{1}{11}\left(\frac{1}{3}\right)^{11} + \cdots\right].$$
展開を 11 乗の項で打ち切ると
$$\ln 2 \approx 2\left(\frac{1}{3} + \frac{1}{81} + \frac{1}{1215} + \frac{1}{15309} + \frac{1}{177147} + \frac{1}{1948617}\right)$$
$$= \frac{15757912}{22733865} \approx 0.6931470.$$
これは，小数点以下 6 桁まで正しい．本書では，以後の計算において近似値：

$$\boxed{\ln 2 = 0.693147}$$

を用いる．より高い精度を望むときは，さらに高次の項——この場合 13 乗以上——まで計算すればよい． ■

さて，上のようにして対数の値を求めるためには，なるべく少ない項数で良い値が得られる計算法があれば便利である．そこで，展開式の変数を
$$x = \frac{1}{2p^2 - 1}, \quad (ただし，p > 1)$$
とすると
$$\frac{1+x}{1-x} = \frac{p^2}{p^2 - 1} = \frac{p^2}{(p-1)(p+1)}$$

である．よって

$$
\begin{aligned}
\ln \frac{1+x}{1-x} &= \ln \frac{p^2}{(p-1)(p+1)} \\
&= 2\ln p - \ln(p-1) - \ln(p+1) \\
&= 2\left[\frac{1}{2p^2-1} + \frac{1}{3}\left(\frac{1}{2p^2-1}\right)^3 + \frac{1}{5}\left(\frac{1}{2p^2-1}\right)^5 + \cdots\right].
\end{aligned}
$$

上式を変形して，さらに早く収束する展開式：

$$
\begin{aligned}
\ln p &= \frac{1}{2}\ln(p-1) + \frac{1}{2}\ln(p+1) \\
&\quad + \frac{1}{2p^2-1} + \frac{1}{3}\left(\frac{1}{2p^2-1}\right)^3 + \frac{1}{5}\left(\frac{1}{2p^2-1}\right)^5 + \cdots
\end{aligned}
$$

を得る．

例題 上式を用いて，$\ln 3$ を求める．

$p = 3$ を代入して

$$
\ln 3 = \frac{1}{2}\ln 2 + \frac{1}{2}\ln 4 + \frac{1}{17} + \frac{1}{3}\left(\frac{1}{17}\right)^3 + \frac{1}{5}\left(\frac{1}{17}\right)^5 + \cdots.
$$

展開を三乗の項で打ち切って

$$
\ln 3 \approx \frac{1}{2}\ln 2 + \ln 2 + \frac{1}{17} + \frac{1}{3}\left(\frac{1}{17}\right)^3 = \frac{3}{2}\ln 2 + \frac{868}{14739}.
$$

よって

$$
\ln 3 = \frac{3}{2} \times 0.693147 + 0.058891
$$

より，近似値：

$$
\boxed{\ln 3 = 1.09861}
$$

を得る． ■

全く同じ要領で，$\ln 5$ を計算する．$p = 5$ を代入して，展開を三乗の項で打ち切ると

$$\begin{aligned}
\ln 5 &\approx \frac{1}{2}\ln 4 + \frac{1}{2}\ln 6 + \frac{1}{49} + \frac{1}{3}\left(\frac{1}{49}\right)^3 \\
&= \frac{1}{2}(3\ln 2 + \ln 3) + \frac{7204}{352947} \\
&\approx \frac{1}{2} \times (3 \times 0.693147 + 1.09861) + 0.020411.
\end{aligned}$$

従って，近似値：

$$\boxed{\ln 5 = 1.60944}$$

を得る．

ところで

$$\ln 10 = \ln(2 \times 5) = \ln 2 + \ln 5$$

より，直ちに

$$\boxed{\ln 10 = 2.30259}$$

を得る．これは非常に重要な数値なので，より詳しい値を以下に示しておく．

$$\boxed{\ln 10 = 2.30258509299404568401799145 4.}$$

問題 5 $\ln 7$ を求めよ.

$\ln 7$ の値を含めて，本節で得た結果を整理しておこう．

$$\boxed{\begin{aligned}
\ln 2 &= 0.693147, \\
\ln 3 &= 1.09861, \\
\ln 5 &= 1.60944, \\
\ln 7 &= 1.94591, \\
\ln 10 &= 2.30259.
\end{aligned}}$$

第1章で示したように，合成数は素数の積に分解できるので，あとは四則計算のみで，合成数に対する対数表を作成できる．

問題 6　巻末の素数に対する対数値を用いて，100までの対数表を完成させよ．

注意　先に議論した極限値 K_2, K_3 を求める準備が整った．一般の底 a を持つ指数関数 $y = a^x$ の導関数は

$$\mathrm{D}_x a^x = a^x \ln a.$$

問題の極限値は

$$K_a = \lim_{\Delta x \to 0} \frac{a^{\Delta x} - 1}{\Delta x} = \left(\frac{\mathrm{d}a^x}{\mathrm{d}x} \right)_{x=0}$$
$$= (a^x \ln a)_{x=0} = \ln a$$

となり，$a = 2, 3$ を代入して，$x = 0$ における接線の傾きは

$$K_2 = \ln 2 = 0.693147, \quad K_3 = \ln 3 = 1.09861$$

となる．確かに $K_2 < 1 < K_3$ となっている．

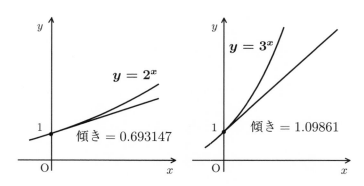

6.6 常用対数

我々は，日常，多くの場合 **10 進法 (decimal system)** を使って計算している．計算結果が相当大きくなると予想されるとき，計算の正確な値そのものではなく，何桁の数であるか知りたい場合がある．

例えば，第 1 章で述べた巨大素数などはその典型的な例である．細かい数値よりもその桁数に興味を持つ人が多いだろう．そこで，そのような計算に役立つよう考案されたのが，以下に示す計算法である．

T を任意の実数として

$$x = 10^T$$

とおく．両辺の対数を取ると

$$\ln x = \ln 10^T = T \ln 10$$

となり，T について解いて

$$T = \frac{\ln x}{\ln 10}$$

を得る．これを，底を 10 とする対数，または**常用対数 (common logarithm)** といい

$$\boxed{\log x \equiv \frac{\ln x}{\ln 10}}$$

あるいは底を明示して $\log_{10} x$ と書く．これは，$x = 10^T$ の逆関数である．定義より直ちに，$\log 10 = 1$ である．

これに対して，初めに導入した対数 $\ln x$ は，底を e とする対数，または**自然対数 (natural logarithm)** と呼ばれ $\log_e x$ とも書く．両者を混同しないように注意すること．微分・積分に関係して登場する対数は，常に自然対数である．

$\ln 10$ の値は，先に求めたように，2.30259 なので，両対数には

$$\boxed{\log x = \frac{\ln x}{2.30259}}$$

なる関係がある.

例えば，$\log 2$ の値は

$$\log 2 = \frac{0.693147}{2.30259} \approx 0.3010292$$

と求められる．本書では

$$\boxed{\log 2 = 0.301029}$$

としておく[注8].

例題 31 番目のメルセンヌ数

$$2^{216091} - 1$$

の桁数を求める.

最後の -1 は桁数には関係が無いので，これは

$$2^{216091} = 10^x$$

となる x を求める問題である．両辺の常用対数を取って

$$\begin{aligned}\log 10^x = x &= \log 2^{216091} \\ &= 216091 \times \log 2 = 216091 \times 0.301029 \\ &= 65049.657\end{aligned}$$

より 65050 桁となる. ■

同様にして，第 1 章に記載してある他のメルセンヌ数の桁数を求め比較すれば，桁数の飛躍の著しさ，巨大素数の発見の難しさが理解できるだろう.

問題 7 29, 30 番目のメルセンヌ数の桁数を求めよ.

問題 8 2 を底とする対数は，電算機内部の処理が 2 進数に基づくために，情報理論などでよく用いられる．$\log_2 2$, $\log_2 10$ を求めよ.

注8 附録：「無理数であることの証明」の項参照.

第7章　三角関数

Trigonometric Function

　本章では，先ず，直角三角形の辺の比である三角比を定義し，初等幾何の知識を用いて，三角比の相互の関係を調べる．続いて，三角比を，任意の数に対して成り立つように拡張した三角関数を定義し，その微積分に関する性質を調べる．さらに，三角関数をテイラー展開し，逆三角関数の定義と応用について述べる．

　指数・対数関数において，ネイピア数が特別の意味を持ったが，三角関数においては，円周率 π が基本的な定数として登場する．π の具体的な値を求めることも，本章の目的である．

7.1　弧度法と円周率

7.1.1　弧度法

　半径 (radius)r の円 (circle) の面積は πr^2，周 (circumference) は $2\pi r$ であり，円周と半径の比は

$$\frac{2\pi r}{r} = 2\pi$$

となり，円の大きさに因らない.

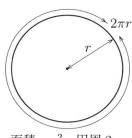

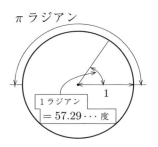

面積 $\pi r^2 \cdot$ 円周 $2\pi r$　　　単位円：面積 $\pi \cdot$ 円周 2π

以後半径 1 の円を考え，これを**単位円 (unit circle)** と呼ぶ. 単位円の面積は π，周は 2π である.

　長さ 1 の線分が半回転すると，その先端が $3.1415\cdots$ の長さを持つ円周を描くので，これを角の単位として用いることができ，radius になぞらえて**ラジアン (radian)**, あるいは**弧度 (circular measure, or radian)** と呼ぶ. 日常用いる 360 度を一回転とする**度 (degree)** との関係は

$$1\,\text{ラジアン} = \frac{360\,\text{度}}{2\pi} = 57.2957795\cdots\text{度}$$

である. 弧度法を用いると，半径 r，**中心角 (central angle)** α の**扇形 (sector)** の**弧 (arc)** の長さとその面積を

$$\text{弧の長さ} = \alpha r, \quad \text{面積} = \frac{1}{2}\alpha r^2$$

と簡潔に表せる.

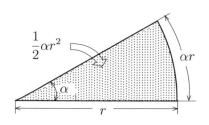

以下に，180度までの弧度との対応表を与えておく．

度	$\Longleftrightarrow$	弧度
$0°$	$\Longleftrightarrow$	$0 = 0$
$15°$	$\Longleftrightarrow$	$\pi/12 = 0.2617993$
$30°$	$\Longleftrightarrow$	$\pi/6 = 0.5235987$
$45°$	$\Longleftrightarrow$	$\pi/4 = 0.7853981$
$60°$	$\Longleftrightarrow$	$\pi/3 = 1.0471975$
$90°$	$\Longleftrightarrow$	$\pi/2 = 1.5707963$
$120°$	$\Longleftrightarrow$	$2\pi/3 = 2.0943950$
$135°$	$\Longleftrightarrow$	$3\pi/4 = 2.3561944$
$150°$	$\Longleftrightarrow$	$5\pi/6 = 2.6179938$
$180°$	$\Longleftrightarrow$	$\pi = 3.1415926$

注意 　"あの出来事で人生が180度変わった"と言う人は居ても，"人生がπだけ変わった"とは，さすがに数学者でも言わない．このように，我々は日常，角を度数法で測ることに慣れているけれども，この表示法に数学的な根拠はあまりなく，ただ古くからの慣習として存在しているにすぎない（一年を360日として，一日を一度とする．すなわち起源は天文学にある）．以後，弧度法を主に用いることにするが，上表の対応関係は頭に入れておくこと．

　また，関数電卓を用いる場合，「度」「弧度」の二種類の角の測り方を選べるので，どちらかに統一しないと結果を誤る．■

7.1.2　円周率 π

　円周率 (circular constant)πは，周囲を意味するギリシャ語 $\pi\epsilon\rho\iota\mu\epsilon\tau\rho o\nu$ の頭文字で，イギリスのジョーンズ (**W.Jones,1675-1749**) が1706年にこの記号を導入した．ドイツでは，この値を求める仕事に功績のあったルドルフにちなんで，円周率をルドルフ数 (**Ludolphsche Zahl**) と呼んでいる．値は

$$\pi = 3.141592653589793238462643383279950\cdots$$

と不規則に続く．1761年，ドイツのランベルト (**J.H.Lambert,1728-1777**)

は，π が無理数であることを証明した[注1]．

極めて実用的な近似分数として

$$\frac{22}{7} = \mathbf{3.14285714285\cdots},$$

$$\frac{355}{113} = \mathbf{3.14159}592035\cdots,$$

$$\frac{103993}{33102} = \mathbf{3.14159265}301\cdots$$

などが良く知られている[注2]．

インドの天才数学者ラマヌジャン (**S.Ramanujan,1887-1920**) は，π の非常に良い近似値を与える式を大量に "発見" した．

$$\sqrt[4]{\frac{2143}{22}} = \mathbf{3.14159265}258\cdots,$$

$$\frac{1}{2\sqrt{2}}\frac{99^2}{1103} = \mathbf{3.141592}73001\cdots,$$

$$\frac{63}{25} \times \frac{17 + 15\sqrt{5}}{7 + 15\sqrt{5}} = \mathbf{3.14159265}380\cdots.$$

ここでは，極めて簡潔で印象的な上記三例を挙げておく[注3]．

この式の理論的な意味や背景を問うてはいけない——それは発見者でさえ理解できない，ナーマギリ女神の啓示によるものなのであるから．我々はひたすらこの不思議な式に酔い，夭逝した天才に想いを馳せるしかないのである．

実際的な応用例として，長さ l の微小振幅の振子の周期 T を表す式において，地表附近の重力加速度の数値 $g = 9.8$ が，π^2 に近いことを利用して

$$T = 2\pi\sqrt{\frac{l}{g}} \approx 2\sqrt{l}$$

なる簡略化ができることを指摘しておこう．特に長さを $l = 1\mathrm{m}$ とした振子は，その半周期が 1 秒となるので，**秒振子**と呼ばれている．

[注1] 附録：「無理数であることの証明」の項参照．

[注2] 附録：「連分数」の項参照．

[注3] 第一式を電卓で求めるには，$2143, \div, 22, =, \sqrt{}, \sqrt{}$ と続けてキーを押せばよい．

◇◇◇◇◇◇◇◇◇◇◇◇ 参考 ◇◇◇◇◇◇◇◇◇◇◇◇

ピタゴラスの定理と円周率

　単位円に内接する**正多角形 (regular polygon)** を利用して，円周率 π の値を冪根で表そう．正六角形を考察の基礎として，正 (6×2^n) 角形の周の長さを，**ピタゴラスの定理 (Pythagorean theorem)**[注4]を用いて求める．

　単位円に内接する正 (6×2^n) 角形を描き，一つの**弦 (chord)** の長さを a_n で表す．弦の両端を半径で結ぶと，等辺の長さが 1 である**二等辺三角形 (isosceles triangle)** ができる．さらに，この三角形を半径で二等分して，正 $(6 \times 2^{n+1})$ 角形を作り，その弦を a_{n+1} とする．中央の半径が中心から弦 a_n と交わる点までの長さを x，円周までの残りを y で表すと，$x + y = 1$ である．

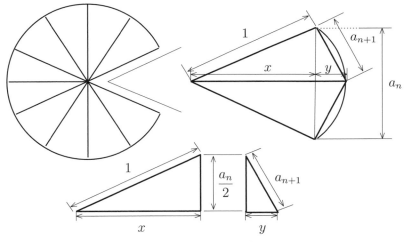

単位円と正 (6×2^n) 角形

このとき，図の二種類の直角三角形にピタゴラスの定理を適用して

$$1^2 = \left(\frac{a_n}{2}\right)^2 + x^2, \quad a_{n+1}^2 = \left(\frac{a_n}{2}\right)^2 + y^2$$

を得る．両式から $(a_n/2)^2$ を消去して，$x + y = 1$ を用いると

$$a_{n+1}^2 = 1 - x^2 + y^2 = 2 - 2x$$

[注4] 三平方の定理 (theorem of three squares) と呼ぶ方が歴史的には適切である．

となる．ここで

$$x^2 = 1 - \frac{a_n^2}{4}$$

であるので開平して，漸化式：

$$\boxed{a_{n+1} = \sqrt{2 - \sqrt{4 - a_n^2}}}$$

を得る．

$n = 0$ の場合，図形は正六角形であり，$a_0 = 1$ である．よって

$$a_1 = \sqrt{2 - \sqrt{3}} = \frac{\sqrt{6} - \sqrt{2}}{2} \quad \Rightarrow \quad 0.5176381$$

となる．これは正 12 角形の弦の長さを表している．これを繰り返して

$$a_2 = \sqrt{2 - \sqrt{2 + \sqrt{3}}} \qquad \Rightarrow \quad 0.2610524,$$

$$a_3 = \sqrt{2 - \sqrt{2 + \sqrt{2 + \sqrt{3}}}} \qquad \Rightarrow \quad 0.1308063,$$

$$a_4 = \sqrt{2 - \sqrt{2 + \sqrt{2 + \sqrt{2 + \sqrt{3}}}}} \quad \Rightarrow \quad 0.0654382,$$

$$\vdots$$

これらの値を用いて，正 $(6 \times 2^{n+1})$ 角形の半周の長さは

$$
\begin{array}{lll}
\text{正 6 角形：} & 3 \times a_0 = 3, \\
\text{正 12 角形：} & 6 \times a_1 = 3.1058285, \\
\text{正 24 角形：} & 12 \times a_2 = 3.1326286, \\
\text{正 48 角形：} & 24 \times a_3 = 3.1393502, \\
\text{正 96 角形：} & 48 \times a_4 = 3.1410320, \\
\text{正 192 角形：} & 96 \times a_5 = 3.1414525, \\
\text{正 384 角形：} & 192 \times a_6 = 3.1415576, \\
\text{正 768 角形：} & 384 \times a_7 = 3.1415839, \\
& \vdots
\end{array}
$$

となり，これが π の近似値を与える．

7.2 三角比

直角三角形 (rectangular triangle) の辺の比を考え，それらの持つ性質，相互の関係などを調べる．

頂点 (vertex) を大文字 A, B, C，**辺 (side)** を小文字 a, b, c で表した直角三角形に対して，辺の比を考え，**三角比 (trigonometric ratio)** と称する．辺 a, c で挟まれた**角 (included angle)** を θ とするとき

$$\sin\theta \equiv \frac{b}{c}, \quad \cos\theta \equiv \frac{a}{c}, \quad \tan\theta \equiv \frac{b}{a}$$

を定義し，順に，**サイン シータ (sine theta)**(あるいは，シータの**正弦**)，**コサイン～(cosine–)(余弦)**，**タンジェント～(tangent–)(正接)** と読む．

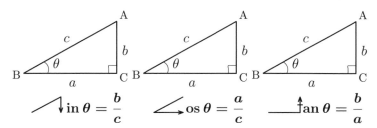

図のように，s, c, t の書き順の通りに分母分子と取る，と覚えれば間違わない．

7.2.1 三角比の相互関係

三角比の定義より

$$\frac{\sin\theta}{\cos\theta} = \frac{b/c}{a/c} = \frac{b}{a} = \tan\theta, \quad \sin^2\theta + \cos^2\theta = \frac{b^2}{c^2} + \frac{a^2}{c^2} = \frac{a^2+b^2}{c^2} = 1$$

が成り立つ[注5]．これより，直ちに

$$|\sin\theta| \leqq 1, \quad |\cos\theta| \leqq 1$$

[注5] 最後の変形で，ピタゴラスの定理 $a^2 + b^2 = c^2$ を用いた．

となることが分かる^{注6}. 二乗和の両辺を $\cos^2\theta$ で割ると

$$\frac{1}{\cos^2\theta} = 1 + \frac{\sin^2\theta}{\cos^2\theta} = 1 + \tan^2\theta$$

を得る. この関係もよく用いられる.

> 注意   三角比の冪を表す記法上の約束として, 通常 $(\sin\theta)^N$ を $\sin^N\theta$ と書く. これを $\sin\theta^N$ と書くと, $\sin(\theta^N)$ を表すことになり, $\sin\theta$ の逆比のつもりで $\sin^{-1}\theta$ と書くと, 後述する全く別の関数を意味するので注意を要する.   ■

　三角比は, 直角三角形の辺の比として定義されているので, 当然

$$0 < \theta < \frac{\pi}{2}$$

なる制約がある. そこで特に, $\theta = 0$ に対しては

$$\sin 0 = 0, \quad \cos 0 = 1, \quad \tan 0 = 0$$

と約束する.

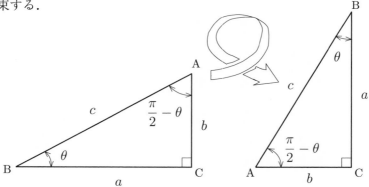

また, 図より, $\angle\mathrm{BAC} = \pi/2 - \theta$ に対する三角比は

$$\sin\left(\frac{\pi}{2} - \theta\right) = \frac{a}{c} = \cos\theta, \quad \cos\left(\frac{\pi}{2} - \theta\right) = \frac{b}{c} = \sin\theta,$$

$$\tan\left(\frac{\pi}{2} - \theta\right) = \frac{a}{b} = \frac{1}{\tan\theta}$$

注6 附録:「ピタゴラス数の一般解」の項参照.

となる——二つの角の和が $\pi/2$ となるものを，互いに他の**余角 (complementary angle)** であるという．この場合 $\angle\mathrm{BAC}$ は角 θ に対する余角である．

三角比相互の関係をまとめておこう．

$$\sin\left(\frac{\pi}{2}-\theta\right)=\cos\theta, \quad \cos\left(\frac{\pi}{2}-\theta\right)=\sin\theta, \quad \tan\left(\frac{\pi}{2}-\theta\right)=\frac{1}{\tan\theta},$$

$$\tan\theta=\frac{\sin\theta}{\cos\theta}, \qquad \sin^2\theta+\cos^2\theta=1.$$

このように，三角比は sine, cosine, tangent の中，どれか一つの性質を導けば，他は相互の関係式により定まる[注7]．

特定の角度に対する三角比の値を求めよう．正三角形と正方形をそれぞれ二等分して二つの直角三角形に分けると，二種類の底角，すなわち，$\pi/6, \pi/4$ に対する三角比が以下のように読み取れる．

$$\sin\frac{\pi}{6}=\frac{1}{2}, \qquad \cos\frac{\pi}{6}=\frac{\sqrt{3}}{2}, \quad \tan\frac{\pi}{6}=\frac{1}{\sqrt{3}}=\frac{\sqrt{3}}{3},$$

$$\sin\frac{\pi}{4}=\frac{1}{\sqrt{2}}=\frac{\sqrt{2}}{2}, \quad \cos\frac{\pi}{4}=\frac{1}{\sqrt{2}}, \quad \tan\frac{\pi}{4}=1.$$

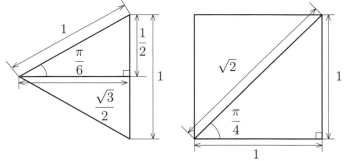

このように，簡単に三角比の値が求められる角を，**特別角**，あるいは**有名角**という——ここで，値そのものを覚えるのではなく，手早く図を描き，そこから読み取れるように慣れることが大切である．

[注7] cosine とは **co-sine**——sine と組になり互いに補完しあうもの——という意味である．

7.2.2   余弦定理・正弦定理

一般的な三角形の辺と角に対して成り立つ式を導いておく.

頂点 A から**垂線 (perpendicular)** を下ろし,その長さを h,垂線と底辺との**交点 (intersection point)** から,頂点 C までの長さを d とする.ピタゴラスの定理より
$$c^2 = h^2 + (a-d)^2.$$
三角比の定義 $d = b\cos\theta, h = b\sin\theta$ より
$$\begin{aligned}
c^2 &= (b\sin\theta)^2 + (a - b\cos\theta)^2 \\
&= b^2(1 - \cos^2\theta) + a^2 - 2ab\cos\theta + b^2\cos^2\theta \\
&= a^2 + b^2 - 2ab\cos\theta
\end{aligned}$$
となる.

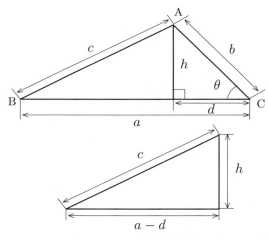

文字を**サイクリック (cyclic)**——輪環の順ともいう——に取り替える ($a \to b,\ b \to c,\ c \to a$) ことにより

$$\begin{aligned}
a^2 &= b^2 + c^2 - 2bc\cos\mathrm{A}, \\
b^2 &= c^2 + a^2 - 2ca\cos\mathrm{B}, \\
c^2 &= a^2 + b^2 - 2ab\cos\mathrm{C}.
\end{aligned}$$

これを **余弦定理 (cosine formula)** と呼ぶ[注8].

さらに，図より $h = c \sin B$, $h = b \sin C$ であるので

$$c \sin B = b \sin C.$$

両辺を $\sin B \sin C$ で割って，$b/\sin B = c/\sin C$. 文字をサイクリックに替えて

$$\boxed{\dfrac{a}{\sin A} = \dfrac{b}{\sin B} = \dfrac{c}{\sin C}}$$

を得る．これを **正弦定理 (sine formula)** と呼ぶ．

| 問題 1 | 三辺の長さが $3, 4, 5$ の三角形に対し，長さ 4 と 5 の辺の間の角を θ とする．$\cos \theta$ を求めよ．

[注8] 上式はピタゴラスの定理の一般的な三角形に対する拡張になっている．

7.3 加法定理 (図式解法)

角の足し算に対して，三角比の値はどのように計算されるのか，図を考察の基礎として順に調べていこう.

斜辺の長さが1である直角三角形 ABC を描く. さらに，それに重ねて直角三角形 ABN, AMN, BNP を書き，問題とする角を α, β とする.

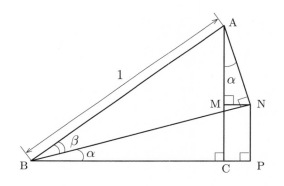

三角形 BNP と三角形 AMN は相似. よって，∠MAN は α に等しく

$$\sin (\alpha + \beta) = \overline{AC} = \overline{AM} + \overline{MC}$$

となる. ところで，$\overline{AN} = \sin \beta$，$\overline{AM} = \overline{AN} \cos \alpha$ より

$$\overline{AM} = \sin \beta \cos \alpha.$$

また，$\overline{BN} = \cos \beta$，$\overline{MC} = \overline{NP} = \overline{BN} \sin \alpha$ より

$$\overline{MC} = \cos \beta \sin \alpha$$

が分かる. よって

$$\sin (\alpha + \beta) = \sin \alpha \cos \beta + \cos \alpha \sin \beta$$

となる. 同様にして

$$\cos(\alpha + \beta) = \overline{BC} = \overline{BP} - \overline{CP}$$

を求めると

$$\overline{BP} = \overline{BN} \cos \alpha = \cos \beta \cos \alpha,$$
$$\overline{CP} = \overline{MN} = \overline{AN} \sin \alpha = \sin \alpha \sin \beta$$

より

$$\cos(\alpha + \beta) = \cos \alpha \cos \beta - \sin \alpha \sin \beta$$

を得る.

これより, $\tan(\alpha + \beta)$ を計算すると

$$\tan(\alpha + \beta) \equiv \frac{\sin(\alpha + \beta)}{\cos(\alpha + \beta)}$$
$$= \frac{\sin \alpha \cos \beta + \cos \alpha \sin \beta}{\cos \alpha \cos \beta - \sin \alpha \sin \beta}.$$

分子分母を $\cos \alpha \cos \beta$ で割って

$$\tan(\alpha + \beta) = \frac{\dfrac{\sin \alpha \cos \beta}{\cos \alpha \cos \beta} + \dfrac{\cos \alpha \sin \beta}{\cos \alpha \cos \beta}}{\dfrac{\cos \alpha \cos \beta}{\cos \alpha \cos \beta} - \dfrac{\sin \alpha \sin \beta}{\cos \alpha \cos \beta}} = \frac{\tan \alpha + \tan \beta}{1 - \tan \alpha \tan \beta}$$

を得る. 以上をまとめて

$$\boxed{\begin{aligned} &\sin(\alpha + \beta) = \sin \alpha \cos \beta + \cos \alpha \sin \beta, \\ &\cos(\alpha + \beta) = \cos \alpha \cos \beta - \sin \alpha \sin \beta, \\ &\tan(\alpha + \beta) = \frac{\tan \alpha + \tan \beta}{1 - \tan \alpha \tan \beta} \end{aligned}}$$

を**加法定理 (addition theorem)** と呼ぶ. ただし, $0 < \alpha + \beta < \pi/2$ である. 後節では, これを代数的に求め, 角に対する制限を取り除く.

7.4   三角比の値を求める

先に，正三角形と正方形を利用して角 $\pi/6$, $\pi/4$ に対する三角比を求めた．加法定理を用いて，この二つの角の和に対する三角比を求めよう．

$$\sin\frac{5\pi}{12} = \sin\left(\frac{\pi}{6}+\frac{\pi}{4}\right) = \sin\frac{\pi}{6}\cos\frac{\pi}{4}+\sin\frac{\pi}{4}\cos\frac{\pi}{6}$$

$$= \frac{1}{2}\times\frac{\sqrt{2}}{2}+\frac{\sqrt{2}}{2}\times\frac{\sqrt{3}}{2} = \frac{\sqrt{2}+\sqrt{6}}{4} \approx 0.9659258,$$

$$\cos\frac{5\pi}{12} = \cos\left(\frac{\pi}{6}+\frac{\pi}{4}\right) = \cos\frac{\pi}{6}\cos\frac{\pi}{4}-\sin\frac{\pi}{4}\sin\frac{\pi}{6}$$

$$= \frac{\sqrt{3}}{2}\times\frac{1}{\sqrt{2}}-\frac{1}{\sqrt{2}}\times\frac{1}{2} = \frac{\sqrt{6}-\sqrt{2}}{4} \approx 0.2588190,$$

$$\tan\frac{5\pi}{12} = \tan\left(\frac{\pi}{6}+\frac{\pi}{4}\right) = \frac{\tan(\pi/6)+\tan(\pi/4)}{1-\tan(\pi/6)\tan(\pi/4)}$$

$$= \frac{\left(1/\sqrt{3}\right)+1}{1-\left(1/\sqrt{3}\right)(1)} = 2+\sqrt{3} \approx 3.7320508.$$

さらに，余角に対する式を用いて

$$\sin\left(\frac{\pi}{2}-\frac{5\pi}{12}\right) = \sin\frac{\pi}{12} = \cos\frac{5\pi}{12} = \frac{\sqrt{6}-\sqrt{2}}{4},$$

$$\cos\left(\frac{\pi}{2}-\frac{5\pi}{12}\right) = \cos\frac{\pi}{12} = \sin\frac{5\pi}{12} = \frac{\sqrt{6}+\sqrt{2}}{4}$$

を得る．また，上式を組み合わせて

$$\tan\frac{\pi}{12} = \frac{\sin(\pi/12)}{\cos(\pi/12)} = \frac{\sqrt{6}-\sqrt{2}}{\sqrt{6}+\sqrt{2}} = 2-\sqrt{3}.$$

求めるべき角を

$$\frac{\pi}{12}+\frac{\pi}{12}=\frac{2\pi}{12} \Rightarrow \quad \frac{2\pi}{12}+\frac{\pi}{12}=\frac{3\pi}{12} \Rightarrow \quad \frac{3\pi}{12}+\frac{\pi}{12}=\frac{4\pi}{12} \Rightarrow \cdots$$

と考え，加法定理を連続して用いることにより，$\pi/12$ を単位として，その整数倍の角に対する三角比の値を求め得る．しかし，加法定理を無制限に連続して

用いれば，角の和に対する制限範囲 $0 < \alpha + \beta < \pi/2$ を越えてしまい，**直角三角形の辺の比**という定義そのものが成り立たなくなる．

そこで，我々は，三角比の素朴な幾何学的定義を離れ，$\pi/2$ より大きい任意の角に対して成り立つように拡張する．すなわち

> $\pi/2$ より小さい角に対しては，三角比の結果を含み，それより大きい角に対しては，加法定理の結果をその定義とする．

この定義に従って，$\pi/2$ より大きい角に対する値を調べ，表にまとめよう．

θ	$\sin\theta$	$\cos\theta$	$\tan\theta$
0	0	1	0
$\dfrac{\pi}{12}$	$\dfrac{\sqrt{6}-\sqrt{2}}{4} \approx 0.2588190$	$\dfrac{\sqrt{6}+\sqrt{2}}{4} \approx 0.9659258$	$2-\sqrt{3} \approx 0.2679492$
$\dfrac{2\pi}{12}$	$\dfrac{1}{2} = 0.5$	$\dfrac{\sqrt{3}}{2} \approx 0.8660254$	$\dfrac{\sqrt{3}}{3} \approx 0.5773503$
$\dfrac{3\pi}{12}$	$\dfrac{\sqrt{2}}{2} \approx 0.7071068$	$\dfrac{\sqrt{2}}{2} \approx 0.7071068$	1
$\dfrac{4\pi}{12}$	$\dfrac{\sqrt{3}}{2} \approx 0.8660254$	$\dfrac{1}{2} = 0.5$	$\sqrt{3} \approx 1.7320508$
$\dfrac{5\pi}{12}$	$\dfrac{\sqrt{6}+\sqrt{2}}{4} \approx 0.9659259$	$\dfrac{\sqrt{6}-\sqrt{2}}{4} \approx 0.2588190$	$2+\sqrt{3} \approx 3.7320508$
$\dfrac{6\pi}{12}$	1	0	定義されない
$\dfrac{7\pi}{12}$	$\dfrac{\sqrt{6}+\sqrt{2}}{4} \approx 0.9659259$	$-\dfrac{\sqrt{6}-\sqrt{2}}{4} \approx -0.2588190$	$-(2+\sqrt{3}) \approx -3.7320508$
$\dfrac{8\pi}{12}$	$\dfrac{\sqrt{3}}{2} \approx 0.8660254$	$-\dfrac{1}{2} = -0.5$	$-\sqrt{3} \approx -1.7320508$
$\dfrac{9\pi}{12}$	$\dfrac{\sqrt{2}}{2} \approx 0.7071068$	$-\dfrac{\sqrt{2}}{2} \approx -0.7071068$	-1
$\dfrac{10\pi}{12}$	$\dfrac{1}{2} = 0.5$	$-\dfrac{\sqrt{3}}{2} \approx -0.8660254$	$-\dfrac{\sqrt{3}}{3} \approx -0.5773503$
$\dfrac{11\pi}{12}$	$\dfrac{\sqrt{6}-\sqrt{2}}{4} \approx 0.2588190$	$-\dfrac{\sqrt{6}+\sqrt{2}}{4} \approx -0.9659258$	$-(2-\sqrt{3}) \approx -0.2679492$
π	0	-1	0

　表において，値の変化を見やすくするために，角を**既約分数 (irreducible fraction)** にせず，分母を 12 に揃えた．これで角は $0 \leqq \theta \leqq \pi$ の範囲にまで拡張されたわけである．

> ボックス注意　これまでは，方程式を単に代数的に解いても，それに関係した図を描いてみて，幾何的に何か異常なことがあれば，それは解ではないとする立場を取った．ところが，上で述べた三角比の拡張では，思考を幾何的に束縛せず，基礎となる代数的な関係だけを拠り所としている．
>
> 　このような考え方は，数学をより高度に発展させるために非常に重要である．幾何的な方法は，直感に訴えるところが大きく，全体を見誤らないために必要ではあるが，これには限界がある (例えば，三次元以上の空間図形は描けない)．これからは，幾何的な定義を踏まえながら，対象を代数的に定義し，得られた結果を吟味していく．　　　　　　　　　　　　　　　　　　　■

◇◇◇◇◇◇◇◇◇◇◇◇◇◇　**参考**　◇◇◇◇◇◇◇◇◇◇◇◇◇◇

正多角形と三角比

　単位円に内接する正 N 角形を，N 個の二等辺三角形の集まりとして考えると，一つの三角形の頂角の大きさは $2\pi/N$ であり，底辺の長さは $2\sin(\pi/N)$ となる．よって，この多角形の周の長さは

$$\boxed{2N \sin \frac{\pi}{N}}$$

で与えられる．

　ところで，正 (6×2^n) 角形の一辺の長さ a_n は，先に求めたように，冪根による漸化式の形で与えられているので，上式と比較することにより，$\sin(\pi/6 \times 2^n)$ の値を冪根により表せる．すなわち

$$\sin \frac{\pi}{6 \times 2^n} = \frac{a_n}{2}, \quad 漸化式 : a_{n+1} = \sqrt{2 - \sqrt{4 - a_n^2}}$$

により求められる．ただし $n = 0$ の場合，図形は正六角形であり $a_0 = 1$ である．

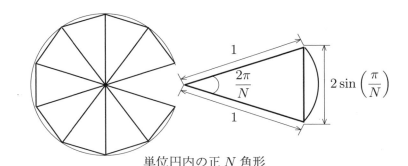

単位円内の正 N 角形

幾つかの値を具体的に書くと

$$\sin\frac{\pi}{6} = \frac{a_0}{2} = \frac{1}{2} \qquad\qquad \Rightarrow\quad 0.5,$$

$$\sin\frac{\pi}{12} = \frac{a_1}{2} = \frac{1}{2}\sqrt{2-\sqrt{3}} = \frac{\sqrt{6}-\sqrt{2}}{4} \qquad \Rightarrow\quad 0.2588190,$$

$$\sin\frac{\pi}{24} = \frac{a_2}{2} = \frac{1}{2}\sqrt{2-\sqrt{2+\sqrt{3}}} \qquad \Rightarrow\quad 0.1305262,$$

$$\sin\frac{\pi}{48} = \frac{a_3}{2} = \frac{1}{2}\sqrt{2-\sqrt{2+\sqrt{2+\sqrt{3}}}} \qquad \Rightarrow\quad 0.0654031,$$

$$\sin\frac{\pi}{96} = \frac{a_4}{2} = \frac{1}{2}\sqrt{2-\sqrt{2+\sqrt{2+\sqrt{2+\sqrt{3}}}}} \quad \Rightarrow\quad 0.0327191$$

となる.

7.5   三角関数の定義

　本章の前半部において，我々は，ある特定の三角形の辺の比を考えることから始めて，0 から π までの三角比の表を得た．ここで，さらに思考を飛躍させて，sine, cosine, tangent を実数を独立変数とする関数と見直す．実数値 x に対し，唯一つの実数値を対応させるこの関数を，0 から π までの三角比の値を取り込む形で定義し，π 以上の値と負の値に対しては加法定理を基に考察する．これを**三角関数 (trigonometric function)** と呼ぶ．

7.5.1   三角関数の性質

　前節の三角比の表を分析し，三角関数の性質について調べよう．
　$x = \pi$ の値を基礎に，加法定理を用いて 2π での値を求めると

$$\sin 2\pi = \sin(\pi + \pi) = \sin \pi \cos \pi + \sin \pi \cos \pi = 0,$$
$$\cos 2\pi = \cos(\pi + \pi) = \cos 2\pi = \cos \pi \cos \pi - \sin \pi \sin \pi = 1,$$
$$\tan 2\pi = \tan(\pi + \pi) = \frac{\tan \pi + \tan \pi}{1 - \tan \pi \tan \pi} = 0.$$

さらに，2π での値を用いて，任意の角 ϕ に対して

$$\sin(\phi + 2\pi) = \sin \phi \cos 2\pi + \sin 2\pi \cos \phi = \sin \phi,$$
$$\cos(\phi + 2\pi) = \cos \phi \cos 2\pi - \sin 2\pi \sin \phi = \cos \phi$$

が成り立つ[注9]．すなわち，この二つの関数は，周期 2π を持つ**周期関数 (periodic function)** であり，順に，**正弦関数**，**余弦関数**と呼ばれる．$\tan x$ の場合は

$$\tan(\phi + \pi) = \frac{\tan \phi + \tan \pi}{1 - \tan \phi \tan \pi} = \tan \phi$$

となり，半周で値が元へ戻る．すなわち，$\tan x$ は，周期 π の周期関数であり，**正接関数**と呼ばれる．

[注9] 単位円の円周が 2π であったことを思い出せば，値が一周して元に戻ったと理解できる．

また，$\tan x$ は，$0 < x < \pi/2$ の範囲において，x の増加に従って単調に増加し，$x = \pi/2$ において正の無限大に発散する．$\pi/2 < x < \pi$ の範囲では，x が減少するに従って単調に減少し，$\pi/2 = x$ において負の無限大に発散する．

次に，独立変数が負の値を持つとき，三角関数がどのような値を取るかを調べよう．三角関数は周期として 2π（$\tan x$ の場合は π）を持つ．すなわち，三角関数において，2π の整数倍は関数値を 0 での値に戻すだけで本質的な意味はない．そこで，角を**時計回り (clockwise rotation)** に測ることを，負の角と定義する．例えば，$(\pi/2 \Leftrightarrow -3\pi/2)$, $(\pi \Leftrightarrow -\pi)$, $(3\pi/2 \Leftrightarrow -\pi/2)$ と考える．

余角に関する式と表の数値を用いて，負角に対する三角関数の値を調べよう．

$\boxed{\text{例題}}$ $7\pi/12$ の余角に対する三角関数の値を求める．

$\pi/2 - 7\pi/12 = -\pi/12$ より

$$\sin\left(\frac{\pi}{2} - \frac{7\pi}{12}\right) = \sin\left(-\frac{\pi}{12}\right)$$

であるが，左辺は余角に対する式より

$$\sin\left(\frac{\pi}{2} - \frac{7\pi}{12}\right) = \cos\frac{7\pi}{12}$$

である．ところで，表によれば

$$\sin\frac{\pi}{12} = \frac{\sqrt{6} - \sqrt{2}}{4}, \qquad \cos\frac{7\pi}{12} = -\frac{\sqrt{6} - \sqrt{2}}{4}$$

であるので，以上をまとめて

$$\sin\left(-\frac{\pi}{12}\right) = -\sin\frac{\pi}{12}.$$

同様にして，表を用いて

$$\cos\left(\frac{\pi}{2} - \frac{7\pi}{12}\right) = \sin\frac{7\pi}{12} = \cos\frac{\pi}{12} \quad \text{より，} \quad \cos\left(-\frac{\pi}{12}\right) = \cos\frac{\pi}{12}$$

となる． ■

この種の演算を負の数に対して繰り返していくと，任意の実数 ϕ に対して

$$\sin(-\phi) = -\sin\phi, \quad \cos(-\phi) = \cos\phi$$

が成り立つと予想できる．これは，$\sin x$ が奇関数，$\cos x$ が偶関数であることを意味する．また，$\tan x$ は，奇関数 ÷ 偶関数の形で定義されているので

$$\tan(-\phi) \equiv \frac{\sin(-\phi)}{\cos(-\phi)} = -\tan\phi$$

より奇関数となる．

使用頻度はやや少ないものの，次の三種類の三角関数の表記も用いられる．

$$\cot x \equiv \frac{1}{\tan x}, \quad \sec x \equiv \frac{1}{\cos x}, \quad \operatorname{cosec} x \equiv \frac{1}{\sin x}$$

順に，**余接関数**，**正割関数**，**余割関数**と呼ばれる．

問題 2　加法定理を用いて，以下の角に対する sine, cosine, tangent の値を求めよ．

$$\begin{cases}
\dfrac{13\pi}{12} = \pi + \dfrac{\pi}{12}, & \dfrac{14\pi}{12} = \pi + \dfrac{\pi}{6}, & \dfrac{15\pi}{12} = \pi + \dfrac{\pi}{4}, \\[2mm]
\dfrac{16\pi}{12} = \pi + \dfrac{\pi}{3}, & \dfrac{17\pi}{12} = \pi + \dfrac{\pi}{12}, & \dfrac{18\pi}{12} = \pi + \dfrac{\pi}{2}, \\[2mm]
\dfrac{19\pi}{12} = \dfrac{3\pi}{2} + \dfrac{\pi}{12}, & \dfrac{20\pi}{12} = \dfrac{3\pi}{2} + \dfrac{\pi}{6}, & \dfrac{21\pi}{12} = \dfrac{3\pi}{2} + \dfrac{\pi}{4}, \\[2mm]
\dfrac{22\pi}{12} = \dfrac{3\pi}{2} + \dfrac{\pi}{3}, & \dfrac{23\pi}{12} = \dfrac{3\pi}{2} + \dfrac{5\pi}{12}, & 2\pi = \dfrac{3\pi}{2} + \dfrac{\pi}{2}.
\end{cases}$$

以上の結果をまとめると，先に示した加法定理の引数に対する制限を，取り除き得る．すなわち，任意の実数 α, β に対して

$$\begin{aligned}
\sin(\alpha \pm \beta) &= \sin\alpha\cos\beta \pm \cos\alpha\sin\beta, \\
\cos(\alpha \pm \beta) &= \cos\alpha\cos\beta \mp \sin\alpha\sin\beta, \\
\tan(\alpha \pm \beta) &= \frac{\tan\alpha \pm \tan\beta}{1 \mp \tan\alpha\tan\beta}
\end{aligned}$$

が成り立つ．今後，加法定理の名称はこの意味において用いる．

上式を足し引きして，三角関数の積を和に直す以下の式を得る．

$$\sin A \sin B = \frac{1}{2}[\cos(A - B) - \cos(A + B)],$$
$$\cos A \cos B = \frac{1}{2}[\cos(A - B) + \cos(A + B)],$$
$$\sin A \cos B = \frac{1}{2}[\sin(A - B) + \sin(A + B)]$$

さらに，α, β, A, B を適当に選ぶことにより，以下の式が得られる．

◆半角：$\sin^2 \dfrac{\theta}{2} = \dfrac{1 - \cos \theta}{2}$, $\quad \cos^2 \dfrac{\theta}{2} = \dfrac{1 + \cos \theta}{2}$, $\quad \tan \dfrac{\theta}{2} = \dfrac{\sin \theta}{1 + \cos \theta}$.

◆倍角：$\sin 2\theta = 2 \sin \theta \cos \theta$, $\cos 2\theta = 2 \cos^2 \theta - 1$, $\tan 2\theta = \dfrac{2 \tan \theta}{1 - \tan^2 \theta}$.

◆二乗：$\sin^2 \theta = \dfrac{1 - \cos 2\theta}{2}$, $\quad \cos^2 \theta = \dfrac{1 + \cos 2\theta}{2}$.

◆三乗：$\sin^3 \theta = \dfrac{-\sin 3\theta + 3 \sin \theta}{4}$, $\quad \cos^3 \theta = \dfrac{\cos 3\theta + 3 \cos \theta}{4}$.

◆合成：$a \cos x + b \sin x = \sqrt{a^2 + b^2} \sin(x + \gamma)$, $\quad$ （ただし，$\tan \gamma = a/b$）

7.5.2 三角関数のグラフ

これまでに得た結果を総合して，三角関数のグラフを描いてみよう．

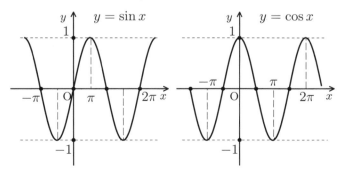

横軸に独立変数 x を取り，縦軸 y に計算で得た値を記していく．それらを結んで図のようなグラフができあがる．横軸に平行な破線は $y = \pm 1$ を表す．

　様々な計算の結果を総合して，グラフが完成した．逆に，三角関数に関する知識の多くがこのグラフに集約されているので，三角関数を扱うときは，常にグラフを書く習慣を附けたい．グラフから読み取れる情報を整理しておこう．

◆基本周期 2π の周期関数である，	◆偶奇性 (y 軸に関する対称性)
◆互いに $\pi/2$ ずれた平行移動の関係	◆値域は -1 から 1
◆関数値の正負	◆最大値，最小値，0点の場所
◆y の値に対応する x が無数にある	◆切れ目がない (連続関数)
◆滑らかな関数である (微分可能)	

同様の考察を経て，$\tan x$ のグラフが描ける．

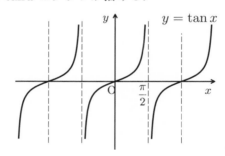

　三角関数の細かい公式を無理に覚えようとせず，グラフを頭に入れて存分に味わうことが重要である．

◇◇◇◇◇◇◇◇◇◇◇◇◇　**参考**　◇◇◇◇◇◇◇◇◇◇◇◇◇

極座標

　我々は，実数の幾何的な表現として数直線を学び，二本の直交する数直線を用いて，平面直交座標系を考えた．これにより，平面上のすべての点は，二つの実数の組によって，(x, y) のように表せる．独立な変数を何個用意すれば，

対象がもれなく記述できるか，ということが幾何的な次元の定義であるから，平面は二次元の幾何的対象となる．重要なことは，変数の独立性だけであるから，我々は直交座標系にこだわらず，問題に応じて便利な座標系を用いればよい (詳細は第9章参照).

　例えば，アメリカン・フットボールの競技場は，競技者が縦横に何ヤード動いたかが直ちに読み取れるように，目盛りが刻まれている．これは直交座標系を用いた競技場である．ところが，同じ競技場で野球をやろうとしても，地面に書かれた目盛りは全く役に立たず邪魔になる.

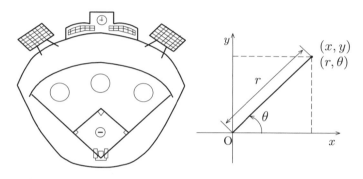

　球場は，本塁を起点として90度の広がりを有する扇型である．打者が，外野に向かって打球を飛ばしたとき，解説者は"レフト前への安打"あるいは"ライト頭上を越える長打"などと表現する．打球は，中央の線を基準として，左右，本塁からの距離を用いて表される.

　このように，ある線を基準として，その線に対する角度 θ と，起点からの距離 r によって，平面を表現する座標を**平面極座標系 (plane polar coordinate system)** と呼ぶ．直交座標系 (x, y) と極座標系 (r, θ) には，三角関数を用いて

$$x = r\cos\theta, \quad y = r\sin\theta,$$

あるいは，逆に

$$r = \sqrt{x^2 + y^2}, \quad \tan\theta = y/x$$

なる関係がある——直交座標系の原点を極座標系の起点とし，x 軸の正の部分を基準線とした．変数 r は，原点からの距離を表す変数なので非負であり，θ は任意の実数値をとる (ただし，θ と $\theta + 2n\pi$(n は整数) なる点は同一視する).

7.6 ド・モアブルの定理

7.6.1 ド・モアブルの定理の導出

三角関数の基本的な関係である $\cos^2 x + \sin^2 x = 1$ に注目し，左辺を複素数の範囲で因数分解すると

$$\cos^2 x + \sin^2 x = (\cos x + \mathrm{i} \sin x)(\cos x - \mathrm{i} \sin x)$$

となる．これより，二つの関数

$$A(x) \equiv \cos x + \mathrm{i} \sin x, \quad B(x) \equiv \cos x - \mathrm{i} \sin x$$

を定義する．両関数の間には

$$A(x)B(x) = 1, \quad B(x) = A(x)^*$$

なる関係がある．$*$ は複素共役を表す．

関数 $A(x)$ の掛け算に対する性質を調べよう．$A(y)$ を掛けて，加法定理を用いてまとめると

$$
\begin{aligned}
A(x)A(y) &= (\cos x + \mathrm{i} \sin x)(\cos y + \mathrm{i} \sin y) \\
&= \cos x \cos y - \sin x \sin y + \mathrm{i}(\sin x \cos y + \cos x \sin y) \\
&= \cos(x + y) + \mathrm{i} \sin(x + y)
\end{aligned}
$$

となる．すなわち，$A(x)$ は指数法則

$$A(x)A(y) = A(x + y)$$

を満足するので，任意の整数 n に対して

$$(\cos x + \mathrm{i} \sin x)^n = \cos nx + \mathrm{i} \sin nx.$$

同様にして，$B(x)B(y) = B(x + y)$ が成り立ち

$$(\cos x - \mathrm{i} \sin x)^n = \cos nx - \mathrm{i} \sin nx$$

を得る．両式をまとめて

$$(\cos x \pm \mathrm{i}\sin x)^n = \cos nx \pm \mathrm{i}\sin nx.$$

これを**ド・モアブルの定理 (de Moivre's theorem)** と呼ぶ.

注意 例によって，上式の指数 n を有理数，実数と拡張できれば応用範囲が広がって好都合である．しかし，我々は，まだ虚数の冪根の意味を知らないので，n は整数に制限しておく.

ところで，関数 $A(x), B(x)$ は共に指数法則：

$$\phi(x)\phi(y) = \phi(x+y)$$

を満たすので，両関数は "指数" 関数である．また，これらは実関数でないことも明らかである.

ド・モアブルの定理を通じて，**三角関数，虚数，指数関数**の間に密接な関係があることが明らかになった．本書の主題にあと一歩のところまで近づいたわけであるが，楽しみは次章まで取っておこう．　■

7.6.2 n 倍角の式

ド・モアブルの定理を，$\cos nx, \ \sin nx$ について解く．先ず

$$
\begin{aligned}
\cos nx &= \frac{1}{2}[A(x)^n + B(x)^n] \\
&= \frac{1}{2}(\cos x + \mathrm{i}\sin x)^n + \frac{1}{2}(\cos x - \mathrm{i}\sin x)^n \\
&= \frac{1}{2}\sum_{k=0}^{n} {}_n\mathrm{C}_k(\cos x)^{n-k}(\mathrm{i}\sin x)^k + \frac{1}{2}\sum_{k=0}^{n} {}_n\mathrm{C}_k(\cos x)^{n-k}(-\mathrm{i}\sin x)^k \\
&= \frac{1}{2}\sum_{k=0}^{n} {}_n\mathrm{C}_k(\cos x)^{n-k}(\sin x)^k \mathrm{i}^k[1+(-1)^k] \\
&= \sum_{k=0}^{n} I_k\, {}_n\mathrm{C}_k(\cos x)^{n-k}(\sin x)^k
\end{aligned}
$$

となる．ここで

$$I_k \equiv \frac{1}{2}\mathrm{i}^k[1+(-1)^k]$$

である.

同様にして，$\sin nx$ は

$$\sin nx = \frac{1}{2\mathrm{i}}[A(x)^n - B(x)^n]$$
$$= \sum_{k=0}^{n} J_k \, {}_n\mathrm{C}_k (\cos x)^{n-k}(\sin x)^k$$

となる．ただし，$J_k \equiv \mathrm{i}^{k-1}[1 - (-1)^k]/2$.

I_k, J_k の初めの数項を求めると

$$I_0 = \frac{1}{2}\mathrm{i}^0[1 + (-1)^0] = 1, \qquad J_0 = \frac{1}{2}\mathrm{i}^{-1}[1 - (-1)^0] = 0,$$

$$I_1 = \frac{1}{2}\mathrm{i}^1[1 + (-1)^1] = 0, \qquad J_1 = \frac{1}{2}\mathrm{i}^0[1 - (-1)^1] = 1,$$

$$I_2 = \frac{1}{2}\mathrm{i}^2[1 + (-1)^2] = -1, \qquad J_2 = \frac{1}{2}\mathrm{i}^1[1 - (-1)^2] = 0,$$

$$I_3 = \frac{1}{2}\mathrm{i}^3[1 + (-1)^3] = 0, \qquad J_3 = \frac{1}{2}\mathrm{i}^2[1 - (-1)^3] = -1,$$

$$I_4 = \frac{1}{2}\mathrm{i}^4[1 + (-1)^4] = 1, \qquad J_4 = \frac{1}{2}\mathrm{i}^3[1 - (-1)^4] = 0,$$

$$I_5 = \frac{1}{2}\mathrm{i}^5[1 + (-1)^5] = 0, \qquad J_5 = \frac{1}{2}\mathrm{i}^4[1 - (-1)^5] = 1,$$

$$\vdots \qquad\qquad\qquad \vdots$$

となり，四回で循環している．よって

$$\cos nx = \sum_{k=0}^{[n/2]} (-1)^k \, {}_n\mathrm{C}_{2k} \sin^{2k} x \cos^{n-2k} x,$$

$$\sin nx = \sum_{k=0}^{[(n-1)/2]} (-1)^k \, {}_n\mathrm{C}_{2k+1} \sin^{2k+1} x \cos^{n-(2k+1)} x$$

を得る．ここで $[\cdot]$ はガウスの記号である．

7.7 三角関数の微分

　三角関数は，連続で滑らかなグラフを有している．その微分を考えよう．$\sin x$ の微分は定義に従い，コーシー流の記法を用いて

$$D_x \sin x = \lim_{\Delta x \to 0} \frac{\sin(x + \Delta x) - \sin x}{\Delta x}$$

で与えられる．分子に加法定理を適用して，以下のように変形する．

$$\begin{aligned}
D_x \sin x &= \lim_{\Delta x \to 0} \frac{\sin x \cos \Delta x + \cos x \sin \Delta x - \sin x}{\Delta x} \\
&= \lim_{\Delta x \to 0} \frac{\sin x(\cos \Delta x - 1) + \cos x \sin \Delta x}{\Delta x} \\
&= \sin x \times \lim_{\Delta x \to 0} \frac{\cos \Delta x - 1}{\Delta x} + \cos x \times \lim_{\Delta x \to 0} \frac{\sin \Delta x}{\Delta x}
\end{aligned}$$

上式の二つの極限値を求める．簡単のために，$\Delta x = h$ とおいて，先ず

$$\lim_{h \to 0} \frac{\sin h}{h}$$

を調べる．

$$\frac{1}{2}\sin h \cos h \quad < \quad \frac{1}{2}h \quad < \quad \frac{1}{2}\tan h$$

ここで，単位円の弧を挟む二つの三角形を考えよう．図より

> 内側の三角形の面積 < 扇形の面積 < 外側の三角形の面積

が成り立つことが分かる. すなわち

$$\frac{1}{2}\sin h \cos h < \frac{1}{2}h < \frac{1}{2}\tan h.$$

全体を $(\sin h)/2$ で割り, 逆数を取る. 不等号の向きに注意して

$$\cos h < \frac{h}{\sin h} < \frac{1}{\cos h} \quad \text{より,} \quad \frac{1}{\cos h} > \frac{\sin h}{h} > \cos h.$$

$h \to 0$ の極限を考えると, 両端は共に 1 に収束するので, 挟まれた中央の項の極限値も 1 となる. h を正の方から 0 に近づけても, 負の方から近づけても

$$\frac{\sin(-h)}{-h} = \frac{-\sin h}{-h} = \frac{\sin h}{h}$$

となるので, 同じ結論に至る. よって

$$\boxed{\lim_{h \to 0} \frac{\sin h}{h} = 1}$$

となる. これは, 原点における $\sin x$ の傾きが 1 となることを示している. すなわち, x が小さいときには

$$\boxed{\sin x \sim x}$$

と近似できるわけである.

◇◇◇◇◇◇◇◇◇◇◇◇◇   参考   ◇◇◇◇◇◇◇◇◇◇◇◇◇

> 正多角形の極限

先に, 「参考：正多角形と三角比」のところで, 単位円に内接する正 N 角形の周の長さは $2N\sin(\pi/N)$ となることを示した. ところで, この分割数を大きくした極限においては, 多角形の周の長さは単位円の円周に一致するはずだから

$$\lim_{N \to \infty} 2N\sin\frac{\pi}{N} = 2\pi$$

が成り立つ. ここで

$$2N \sin \frac{\pi}{N} = 2\pi \frac{N}{\pi} \sin \frac{\pi}{N}$$

と書けることに注目すると

$$\lim_{N \to \infty} \frac{\sin(\pi/N)}{\pi/N} = 1$$

であることが分かる. さらに, $\pi/N = h$ とおけば

$$\lim_{h \to 0} \frac{\sin h}{h} = 1$$

を得る.

このように, 角度を弧度法により測れば, 三角関数の最も基礎的な関係である上記極限値が 1 になり便利である. 従って, 微積分に関係した三角関数の計算の場合には, 必ず弧度法が用いられる. これは指数関数において, 底にネイピア数を選んだのと同じ事情である.

次に

$$\lim_{h \to 0} \frac{\cos h - 1}{h}$$

を求める. 分子分母に $(\cos h + 1)$ を掛けて

$$\lim_{h \to 0} \frac{\cos h - 1}{h} = \lim_{h \to 0} \frac{(\cos h - 1)(\cos h + 1)}{h(\cos h + 1)}$$
$$= \lim_{h \to 0} \frac{\cos^2 h - 1}{h(\cos h + 1)} = \lim_{h \to 0} \frac{-\sin^2 h}{h(\cos h + 1)}$$
$$= - \underbrace{\left(\lim_{h \to 0} \sin h \right)}_{0} \underbrace{\left(\lim_{h \to 0} \frac{\sin h}{h} \right)}_{1} \underbrace{\left(\lim_{h \to 0} \frac{1}{\cos h + 1} \right)}_{1/2}.$$

すなわち

$$\boxed{\lim_{h \to 0} \frac{\cos h - 1}{h} = 0}$$

を得る．よって

$$D_x \sin x = \sin x \times 0 + \cos x \times 1 = \cos x.$$

同様にして，$\cos x$ の導関数は

$$
\begin{aligned}
D_x \cos x &= \lim_{\Delta x \to 0} \frac{\cos x \cos \Delta x - \sin x \sin \Delta x - \cos x}{\Delta x} \\
&= \lim_{\Delta x \to 0} \frac{\cos x (\cos \Delta x - 1) - \sin x \sin \Delta x}{\Delta x} \\
&= \cos x \times \lim_{\Delta x \to 0} \frac{\cos \Delta x - 1}{\Delta x} - \sin x \times \lim_{\Delta x \to 0} \frac{\sin \Delta x}{\Delta x}
\end{aligned}
$$

より

$$D_x \cos x = -\sin x.$$

これらの結果と商の微分法を用いて，$\tan x$ の微分は以下のようになる．

$$
\begin{aligned}
D_x \tan x = D_x \left(\frac{\sin x}{\cos x} \right) &= \frac{(D_x \sin x) \cos x - \sin x (D_x \cos x)}{(\cos x)^2} \\
&= \frac{\cos^2 x + \sin^2 x}{\cos^2 x} = \frac{1}{\cos^2 x}.
\end{aligned}
$$

以上をまとめて

$$
\boxed{D_x \sin x = \cos x, \quad D_x \cos x = -\sin x, \quad D_x \tan x = \frac{1}{\cos^2 x}}
$$

となる．

また，$\sin x$ と $\cos x$ の導関数は，互いに入れ替わるだけであるから，何回でも微分することが可能で，その n 階導関数は

$$
\boxed{(D_x)^n \sin x = \sin \left(x + \frac{n\pi}{2} \right), \quad (D_x)^n \cos x = \cos \left(x + \frac{n\pi}{2} \right)}
$$

となる．

問題 3 $y = \sin x, \cos x$ が，最も簡単な二階微分方程式：

$$\frac{d^2 y}{dx^2} = -y$$

の解であることを確かめよ．

7.8 三角関数の級数展開

三角関数をテイラー級数に展開する. 先ず, $\sin x$ の高階導関数と $x = 0$ での微分係数をまとめると

$$
\begin{aligned}
f^{(0)}(x) &= \sin x, & f^{(0)}(0) &= 0, \\
f^{(1)}(x) &= \cos x, & f^{(1)}(0) &= 1, \\
f^{(2)}(x) &= -\sin x, & f^{(2)}(0) &= 0, \\
f^{(3)}(x) &= -\cos x, & f^{(3)}(0) &= -1, \\
f^{(4)}(x) &= \sin x, & f^{(4)}(0) &= 0.
\end{aligned}
$$

四階導関数が元に戻っている. よって, 以降は繰り返しになり, 下図を得る.

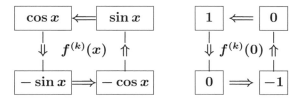

これらの結果を

$$
f(x) = \sum_{k=0}^{n} \frac{1}{k!} f^{(k)}(0) x^k + R_{n+1}
$$

に代入して

$$
\sin x = x - \frac{1}{3!} x^3 + \frac{1}{5!} x^5 - \frac{1}{7!} x^7 + \cdots + R_{n+1}.
$$

続いて, ラグランジュ型の剰余項:

$$
R_{n+1} = \frac{f^{(n+1)}(c)}{(n+1)!} x^{n+1}, \quad (0 < c < x)
$$

を用いて剰余を評価すると, $|\sin c| \leqq 1$, $|\cos c| \leqq 1$ より, 直ちに

$$
\lim_{n \to \infty} R_{n+1} = 0
$$

を得る[注10]. よって, $\sin x$ は, 以下のように展開される.

$$
\sin x = x - \frac{1}{3!} x^3 + \frac{1}{5!} x^5 - \frac{1}{7!} x^7 + \cdots.
$$

注10 指数関数の項参照.

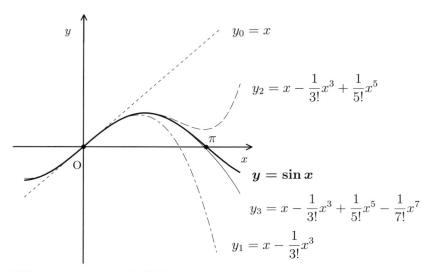

同様にして，$\cos x$ の級数展開は

$$
\begin{aligned}
f^{(0)}(x) &= \cos x, & f^{(0)}(0) &= 1, \\
f^{(1)}(x) &= -\sin x, & f^{(1)}(0) &= 0, \\
f^{(2)}(x) &= -\cos x, & f^{(2)}(0) &= -1, \\
f^{(3)}(x) &= \sin x, & f^{(3)}(0) &= 0, \\
f^{(4)}(x) &= \cos x, & f^{(4)}(0) &= 1
\end{aligned}
$$

を用いて

$$
\cos x = 1 - \frac{1}{2!}x^2 + \frac{1}{4!}x^4 - \frac{1}{6!}x^6 + \cdots
$$

となる．この場合も剰余項は 0 に収束する．

以上をまとめて

$$
\begin{aligned}
\sin x &= \sum_{n=0}^{\infty}(-1)^n \frac{x^{2n+1}}{(2n+1)!} = x - \frac{1}{3!}x^3 + \frac{1}{5!}x^5 - \frac{1}{7!}x^7 + \cdots, \\
\cos x &= \sum_{n=0}^{\infty}(-1)^n \frac{x^{2n}}{(2n)!} \quad = 1 - \frac{1}{2!}x^2 + \frac{1}{4!}x^4 - \frac{1}{6!}x^6 + \cdots.
\end{aligned}
$$

これらは，任意の実数 x に対して収束する．三角関数は，指数関数と同様に，実解析関数であり超越関数である．

また，$\tan x$ も同様の展開が可能であり，$|x| < \pi/2$ の範囲において

$$\tan x = \sum_{n=1}^{\infty} \frac{2^{2n}(2^{2n}-1)B_n}{(2n)!} x^{2n-1} = x + \frac{x^3}{3} + \frac{2x^5}{15} + \frac{17x^7}{315} + \frac{62x^9}{2835} + \frac{1382x^{11}}{155925} + \cdots$$

となる．B_n はベルヌーイ数 (**Bernoulli number**) と呼ばれ，具体的には

$$B_1 = \frac{1}{6}, \qquad B_2 = \frac{1}{30}, \quad B_3 = \frac{1}{42}, \qquad B_4 = \frac{1}{30}, \qquad B_5 = \frac{5}{66},$$

$$B_6 = \frac{691}{2730}, \quad B_7 = \frac{7}{6}, \quad B_8 = \frac{3617}{510}, \quad B_9 = \frac{43867}{798}, \quad B_{10} = \frac{174611}{330}, \cdots$$

である．また，正接係数 $T_n \equiv 2^{2n}(2^{2n}-1)B_n/(2n)$ が用いられる場合もある．

7.8.1 三角関数の性質の再確認

展開式を用いて，三角関数の持つ性質を再確認しておこう．先ず，x を $-x$ と変え，その偶奇性が確かめられる．

$$\begin{aligned}
\sin(-x) &= (-x) - \frac{1}{3!}(-x)^3 + \frac{1}{5!}(-x)^5 - \frac{1}{7!}(-x)^7 + \cdots \\
&= -\left(x - \frac{1}{3!}x^3 + \frac{1}{5!}x^5 - \frac{1}{7!}x^7 + \cdots\right) = -\sin x, \\
\cos(-x) &= 1 - \frac{1}{2!}(-x)^2 + \frac{1}{4!}(-x)^4 - \frac{1}{6!}(-x)^6 + \cdots \\
&= 1 - \frac{1}{2!}x^2 + \frac{1}{4!}x^4 - \frac{1}{6!}x^6 + \cdots = \cos x.
\end{aligned}$$

次に，$\sin x$ を x で微分する．項別微分して

$$\begin{aligned}
\mathrm{D}_x \sin x &= \mathrm{D}_x \left(x - \frac{1}{3!}x^3 + \frac{1}{5!}x^5 - \frac{1}{7!}x^7 + \cdots\right) \\
&= \mathrm{D}_x x - \frac{1}{3!}\mathrm{D}_x x^3 + \frac{1}{5!}\mathrm{D}_x x^5 - \frac{1}{7!}\mathrm{D}_x x^7 + \cdots \\
&= 1 - \frac{1}{2!}x^2 + \frac{1}{4!}x^4 - \frac{1}{6!}x^6 + \cdots = \cos x.
\end{aligned}$$

同様にして

$$\begin{aligned}
\mathrm{D}_x \cos x &= \mathrm{D}_x \left(1 - \frac{1}{2!}x^2 + \frac{1}{4!}x^4 - \frac{1}{6!}x^6 + \cdots \right) \\
&= \mathrm{D}_x 1 - \frac{1}{2!}\mathrm{D}_x x^2 + \frac{1}{4!}\mathrm{D}_x x^4 - \frac{1}{6!}\mathrm{D}_x x^6 + \cdots \\
&= -x + \frac{1}{3!}x^3 - \frac{1}{5!}x^5 + \cdots = -\sin x.
\end{aligned}$$

よって，三角関数の微分に関する性質も確かめられた．

7.8.2　極限計算への応用

先に幾何的に求めた極限：
$$\lim_{x \to 0} \frac{\sin x}{x}, \qquad \lim_{x \to 0} \frac{\cos x - 1}{x}$$
に級数展開を応用してみよう．それぞれに，展開式を代入すれば

$$\begin{aligned}
\lim_{x \to 0} \frac{\sin x}{x} &= \lim_{x \to 0} \frac{1}{x}\left(x - \frac{1}{3!}x^3 + \frac{1}{5!}x^5 - \frac{1}{7!}x^7 + \cdots \right) \\
&= \lim_{x \to 0} \left(1 - \frac{1}{3!}x^2 + \frac{1}{5!}x^4 - \frac{1}{7!}x^6 + \cdots \right) = 1,
\end{aligned}$$

$$\begin{aligned}
\lim_{x \to 0} \frac{\cos x - 1}{x} &= \lim_{x \to 0} \frac{1}{x}\left(-1 + 1 - \frac{1}{2!}x^2 + \frac{1}{4!}x^4 - \frac{1}{6!}x^6 + \cdots \right) \\
&= \lim_{x \to 0} \left(-\frac{1}{2!}x + \frac{1}{4!}x^3 - \frac{1}{6!}x^5 + \cdots \right) = 0
\end{aligned}$$

と簡単に求められる．また，この結果は，以下に示すように，与えられた関数のグラフを描いてみることによって，さらに明瞭になる．

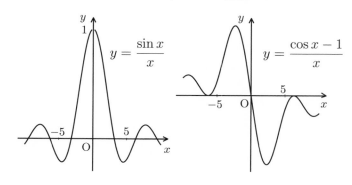

7.9 逆三角関数

7.9.1 逆三角関数の定義

　繰り返し述べてきたように，与えられた独立変数 x の値に対して，唯一つの y の値が定まるとき，その対応関係を“関数”と呼ぶ．このことに注意して，周期関数である三角関数の逆関数について考えると，グラフ上で横軸に平行に直線を引いたとき，曲線との交点が周期的に存在する．すなわち，y の値を定めても対応する x の値は無数に存在し，**唯一つの要素を対応させる**という関数の定義に従わない．よって，“任意の実数値を取る三角関数の逆関数は存在しない”．

　しかし，三角関数は基本周期を 2π とする周期関数であり，しかも偶関数，あるいは奇関数としての対称性を持つので，実際の関数形としては半周期を考えれば充分である．そこで，逆の対応関係も一対一になるように，以下のように定義域に制限を加える．

$$y = \mathrm{Sin}\, x, \quad \text{ただし，} -\pi/2 \leqq x \leqq \pi/2$$
$$y = \mathrm{Cos}\, x, \quad \text{ただし，} 0 \leqq x \leqq \pi$$
$$y = \mathrm{Tan}\, x, \quad \text{ただし，} -\pi/2 < x < \pi/2$$

定義域内で，$\mathrm{Sin}\, x$，$\mathrm{Tan}\, x$ は単調増加であり，$\mathrm{Cos}\, x$ は単調減少である――定義域に対する制限を強調するために頭文字を大文字で書く．

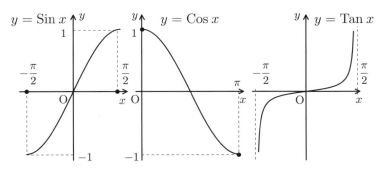

この制限の下で, 成立する三角関数の逆関数を**逆三角関数 (inverse trigono-metric function)** と呼び

$$x = \mathrm{Sin}^{-1}y, \quad x = \mathrm{Cos}^{-1}y, \quad x = \mathrm{Tan}^{-1}y$$

と書く.

> **注意**　これは "逆を表す -1" であって, 三角関数の逆比ではない. 混乱を避けるために
>
> $$x = \mathrm{Arcsin}\,y, \quad x = \mathrm{Arccos}\,y, \quad x = \mathrm{Arctan}\,y$$
>
> と書き, **アーク・サイン**,...などと読む流儀もある.　　　　　■

7.9.2　逆三角関数の微分

逆三角関数の導関数を求めよう. 先ず, 逆正弦関数について考える. 一般に, 独立変数には x, 従属変数には y を用いる習慣があるので, 今後, $y = \mathrm{Sin}^{-1}x$ と書く. すなわち

$$x = \mathrm{Sin}\,y, \, (-\pi/2 \leqq y \leqq \pi/2) \iff y = \mathrm{Sin}^{-1}x, \, (-1 \leqq x \leqq 1)$$

である.

逆関数の微分法

$$\frac{\mathrm{d}y}{\mathrm{d}x} = \frac{1}{\mathrm{d}x/\mathrm{d}y}$$

に従って

$$\frac{\mathrm{d}}{\mathrm{d}x}\mathrm{Sin}^{-1}x = \frac{1}{\mathrm{d}(\mathrm{Sin}\,y)/\mathrm{d}y} = \frac{1}{\mathrm{Cos}\,y}.$$

ここで, $\mathrm{Sin}^2y + \mathrm{Cos}^2y = 1$ より, $\mathrm{Cos}\,y = \pm\sqrt{1-x^2}$ であるが, 変域 $[-\pi/2,\,\pi/2]$ において, $\mathrm{Cos}\,y \geqq 0$ であるので複号は正を取る. よって

$$\frac{\mathrm{d}}{\mathrm{d}x}\mathrm{Sin}^{-1}x = \frac{1}{\sqrt{1-x^2}}$$

となる. 同様にして

$$\frac{\mathrm{d}}{\mathrm{d}x}\mathrm{Cos}^{-1}x = \frac{-1}{\sqrt{1-x^2}}.$$

二つの式の辺々を加えて

$$\frac{\mathrm{d}}{\mathrm{d}x}\left(\mathrm{Sin}^{-1}x + \mathrm{Cos}^{-1}x\right) = \frac{1}{\sqrt{1-x^2}} + \frac{-1}{\sqrt{1-x^2}} = 0$$

より

$$\mathrm{Sin}^{-1}x + \mathrm{Cos}^{-1}x = 定数$$

を得る. $\mathrm{Sin}^{-1}0 = 0$, $\mathrm{Cos}^{-1}0 = \pi/2$ なる関係を用いて

$$\mathrm{Sin}^{-1}x + \mathrm{Cos}^{-1}x = \frac{\pi}{2}.$$

すなわち, $\mathrm{Sin}^{-1}x$ と $\mathrm{Cos}^{-1}x$ は定数の差しかないので, 関数としての性質はどちらか一方を調べればよい.

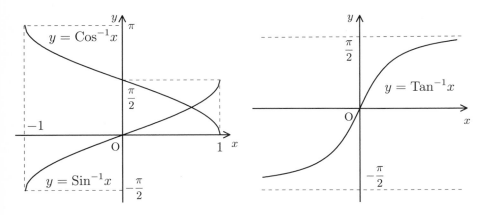

さらに, $x = \mathrm{Sin}\, y$ を用いて

$$\mathrm{Tan}\, y \equiv \frac{\mathrm{Sin}\, y}{\mathrm{Cos}\, y} = \frac{\mathrm{Sin}\, y}{\sqrt{1 - \mathrm{Sin}^2 y}} = \frac{x}{\sqrt{1-x^2}}$$

より

$$\boxed{\mathrm{Sin}^{-1}x = \mathrm{Tan}^{-1}\left(\frac{x}{\sqrt{1-x^2}}\right).}$$

結局，逆三角関数の性質は，**逆正接関数を調べれば充分である**ことが分かった．

また，有理関数の積分は，多項式と対数関数，及び逆正接関数の組み合わせにより表されることが知られている[注11]．

7.9.3　逆正接関数の級数展開

逆正接関数の導関数を求める．

$$x = \mathrm{Tan}\,y \;\;\Leftrightarrow\;\; y = \mathrm{Tan}^{-1}x,\quad (ただし，\; -\pi/2 \leqq y \leqq \pi/2)$$

より，逆関数の微分法に従って

$$\frac{\mathrm{d}}{\mathrm{d}x}\mathrm{Tan}^{-1}x = \frac{1}{\dfrac{\mathrm{d}(\mathrm{Tan}\,y)}{\mathrm{d}y}} = \frac{1}{\dfrac{1}{\mathrm{Cos}^2 y}} = \mathrm{Cos}^2 y$$

である．ここで，$\mathrm{Cos}^2 y = 1/(1 + \mathrm{Tan}^2 y) = 1/(1 + x^2)$ より

$$\boxed{\frac{\mathrm{d}}{\mathrm{d}x}\mathrm{Tan}^{-1}x = \frac{1}{1+x^2}}$$

となる．

さて，上式を用いて，$\mathrm{Tan}^{-1}x$ を冪級数に展開する．右辺の級数展開[注12]を利用し，項別積分すると

$$\begin{aligned}
\mathrm{Tan}^{-1}x &= \int_0^x \frac{\mathrm{d}t}{1+t^2} = \int_0^x (1 - t^2 + t^4 - t^6 + t^8 - \cdots)\mathrm{d}t \\
&= x - \frac{1}{3}x^3 + \frac{1}{5}x^5 - \frac{1}{7}x^7 + \frac{1}{9}x^9 - \cdots
\end{aligned}$$

[注11] 附録：「有理関数の積分」の項参照．
[注12] 第5章問題2参照．

となる．この級数は，利用した級数の収束域に従って，$|x| < 1$ において収束するが，上式に ± 1 を代入して得られる交代級数

$$\pm \left(1 - \frac{1}{3} + \frac{1}{5} - \frac{1}{7} + \frac{1}{9} - \cdots \right)$$

が収束する[注13]ことから，元の級数よりも収束する範囲が広がって，$|x| \leqq 1$ となる．すなわち

$$\mathrm{Tan}^{-1}x = x - \frac{1}{3}x^3 + \frac{1}{5}x^5 - \frac{1}{7}x^7 + \frac{1}{9}x^9 - \cdots, \quad (\text{収束域は } |x| \leqq 1).$$

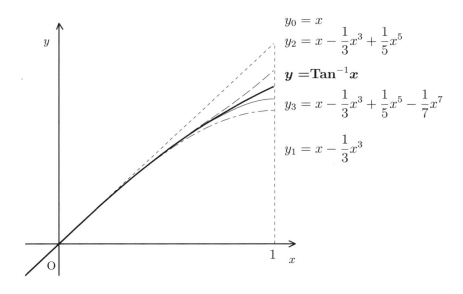

$$y_0 = x$$
$$y_2 = x - \frac{1}{3}x^3 + \frac{1}{5}x^5$$
$$\boldsymbol{y = \mathrm{Tan}^{-1}x}$$
$$y_3 = x - \frac{1}{3}x^3 + \frac{1}{5}x^5 - \frac{1}{7}x^7$$
$$y_1 = x - \frac{1}{3}x^3$$

問題 4 $\mathrm{Sin}^{-1}x$ を $x = 0$ においてテイラー展開せよ．

問題 5 以下の積分を求めよ．

$$\int_0^\infty \frac{\mathrm{d}x}{1 + x^2}$$

[注13] 第 1 章問題 9 参照．

例題 底辺の長さが $\sqrt{3}$, 高さが 1 である直角三角形の底角 θ を求める.

この場合

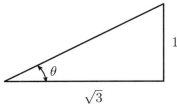

$$\mathrm{Tan}\theta = \frac{1}{\sqrt{3}} = \frac{\sqrt{3}}{3}$$

より, θ について解き

$$\theta = \mathrm{Tan}^{-1}\left(\frac{\sqrt{3}}{3}\right)$$
$$= \left(\frac{\sqrt{3}}{3}\right) - \frac{1}{3}\left(\frac{\sqrt{3}}{3}\right)^3 + \frac{1}{5}\left(\frac{\sqrt{3}}{3}\right)^5 - \frac{1}{7}\left(\frac{\sqrt{3}}{3}\right)^7 + \frac{1}{9}\left(\frac{\sqrt{3}}{3}\right)^9 - \frac{1}{11}\left(\frac{\sqrt{3}}{3}\right)^{11} + \cdots$$
$$\approx \sqrt{3}\left(\frac{1}{3} - \frac{1}{3\times3^2} + \frac{1}{5\times3^3} - \frac{1}{7\times3^4} + \frac{1}{9\times3^5} - \frac{1}{11\times3^6} + \frac{1}{13\times3^7} - \frac{1}{15\times3^8}\right)$$
$$= \sqrt{3} \times \frac{29780368}{98513415}$$
$$\approx 0.5235946(\text{ラジアン})$$

となる[注14].

この問題の答えは当然

$$\frac{\pi}{6} \approx 0.5235987$$

であるので, 例題の答は良い近似値を与えている.

7.9.4 π の値を求める

逆正接関数を用いて, 円周率の値を求めよう. $\mathrm{Tan}(\pi/4) = 1$ を逆に解くと

$$\frac{\pi}{4} = \mathrm{Tan}^{-1}1.$$

よって

[注14] 無限級数を第 8 項まで取り通分した.

$$\frac{\pi}{4} = 1 - \frac{1}{3} + \frac{1}{5} - \frac{1}{7} + \frac{1}{9} - \cdots$$

となる．これはグレゴリー (**J.Gregory,1638-1675**) の公式，あるいはライプニッツ (**G.W.Leibniz,1646-1716**) の公式と呼ばれている．ただし，この級数は収束が緩慢で実用にはならない．

そこで，以下の非常に巧妙な方法を紹介しよう．先ず

$$\mathrm{Tan}\,\alpha = \frac{1}{5}, \quad \mathrm{Tan}\,\beta = \frac{1}{239}$$

となる α, β を仮定する．これを逆に解くと

$$\alpha = \mathrm{Tan}^{-1}\frac{1}{5}, \quad \beta = \mathrm{Tan}^{-1}\frac{1}{239}$$

である．加法定理を用いて，$\mathrm{Tan}4\alpha$ を求めると

$$\mathrm{Tan}2\alpha = \frac{2\mathrm{Tan}\alpha}{1 - \mathrm{Tan}^2\alpha} = \frac{5}{12} \quad \text{より}, \quad \mathrm{Tan}4\alpha = \frac{2\mathrm{Tan}2\alpha}{1 - \mathrm{Tan}^2 2\alpha} = \frac{120}{119}$$

となる．この結果を用いて，$\mathrm{Tan}(4\alpha - \beta)$ を計算すると

$$\mathrm{Tan}(4\alpha - \beta) = \frac{\mathrm{Tan}4\alpha - \mathrm{Tan}\beta}{1 + \mathrm{Tan}4\alpha\,\mathrm{Tan}\beta} = \frac{\dfrac{120}{119} - \dfrac{1}{239}}{1 + \dfrac{120}{119}\dfrac{1}{239}} = 1.$$

さて，$1 = \mathrm{Tan}(\pi/4)$ であるので，$\mathrm{Tan}(4\alpha - \beta) = \mathrm{Tan}(\pi/4)$．すなわち

$$\frac{\pi}{4} = 4\alpha - \beta$$

となり，仮定より

$$\frac{\pi}{4} = 4\mathrm{Tan}^{-1}\frac{1}{5} - \mathrm{Tan}^{-1}\frac{1}{239}$$

を得る．これはマチン (**J.Machin,1680-1751**) の公式と呼ばれる．

級数を初めの数項で切って，π の近似値を求めよう．

$$\mathrm{Tan}^{-1}\frac{1}{5} \approx \frac{1}{5} - \frac{1}{3}\left(\frac{1}{5}\right)^3 + \frac{1}{5}\left(\frac{1}{5}\right)^5 - \frac{1}{7}\left(\frac{1}{5}\right)^7 = \frac{323852}{1640625},$$

$$\mathrm{Tan}^{-1}\frac{1}{239} \approx \frac{1}{239} - \frac{1}{3}\left(\frac{1}{239}\right)^3 = \frac{171362}{40955757}.$$

これより

$$\pi \approx 4 \times \left(4 \times \frac{323852}{1640625} - \frac{171362}{40955757}\right)$$

$$\approx 3.1583280 - 0.0167363$$

$$= 3.1415917.$$

最後の桁を四捨五入した値 3.141592 は，すべての数字が正しい．

◇◇◇◇◇◇◇◇◇◇◇◇◇◇　**参考**　◇◇◇◇◇◇◇◇◇◇◇◇◇◇

| モンテカルロ法 |

　モンテカルロと言えば，カジノと F1 モナコ・グランプリが有名である．どちらも金の使い道に困った貴族の道楽が，その発祥であるといわれている．ラプラス **(P.S.Laplace,1749-1827)** が**確率論 (probability theory)** の研究を始めたのも，賭博の必勝法を求めた知人の要請であった．ラプラスによれば，確率とは，同様に起こり得るすべての場合と，都合のよい場合の比のことである．サイコロを振れば，1 から 6 の目が均等に出る．どの目もその前に出た目とは無関係に 1/6 の確率で現れる．

　このように，全く前後の数と独立に，いわゆるデタラメに現れる数を**乱数 (random number)**，あるいは乱数列と呼ぶ．正二十面体の面に，0 から 9 までの数を，それぞれ二回ずつ書き込み転がせば，この多面体はサイコロとして，0 から 9 までの乱数を生み出す．これを**乱数サイコロ**という．

　乱数を用いて π の値を求めよう．一辺の長さが 2 である正方形の内部に丁度入る円を描く．円の半径は 1，面積は π である．この正方形の標的を目がけて，全く無作為に，ただし正方形の枠を外すことなく，一万発の銃弾を打ち込むと，円の周囲を含むその内部に命中する確率は，その占有する面積に比例すると考

えられるので

$$\frac{\text{円の面積}}{\text{正方形の面積}} = \frac{\pi}{4} \approx 0.7853981$$

より，約 7850 発程度であろう．逆に，命中した銃弾の数を数えることで，円の面積が算出できるわけである．

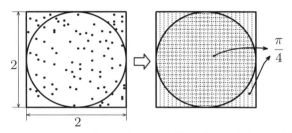

標準的なマイクロ・コンピューターの内部には，0 から 1 の間の**疑似乱数** (**pseudo-random number**) ——真の乱数ではなく，周期を持った数の列であるが，その周期の長さは初等的な問題を扱うには充分長い——を発生するプログラムが内蔵されているので，これを利用し，**計算機実験**として上の例を確かめられる．試行回数 (銃弾の数) を N で表し，結果をまとめると

$N = 10^1$個中：	5 個命中	$\Rightarrow$	$\pi \approx 2.0$
$N = 10^2$個中：	72 個命中	$\Rightarrow$	$\pi \approx 2.88$
$N = 10^3$個中：	802 個命中	$\Rightarrow$	$\pi \approx$ **3.208**
$N = 10^4$個中：	7888 個命中	$\Rightarrow$	$\pi \approx$ **3.208**
$N = 10^5$個中：	78681 個命中	$\Rightarrow$	$\pi \approx$ **3.14724**
$N = 10^6$個中：	785238 個命中	$\Rightarrow$	$\pi \approx$ **3.140952**
$N = 10^7$個中：	7854186 個命中	$\Rightarrow$	$\pi \approx$ **3.1416744**
$N = 10^8$個中：	78537843 個命中	$\Rightarrow$	$\pi \approx$ **3.14151372**
$N = 10^9$個中：	785399811 個命中	$\Rightarrow$	$\pi \approx$ **3.141599244**

となる[注15]．このように，乱数を利用して，問題を解く方法を**モンテカルロ法** (**Monte Carlo method**) という[注16]．

[注15] 試行回数を増やしても，解の精度が中々上がらないことが分かるだろう．
[注16] 附録：「ユークリッドの互除法」の項参照．

ガリレイ **(G.Galilei,1564-1642)** は，主著『新科学対話』において，フィレンツェ人の友人サルヴィアチの名を借りて，次のように述べている．

The area of
a circle is a mean
proportional between any
two regular and similar poly-
gons of which one circumscribes
it and the other is isoperimetric
with it. In addition, the area of the
circle is less than that of any circum-
scribed polygon and greater than that
of any isoperimetric polygon. And fur-
ther, of these circumscribed polygons,
the one that has the greater num-
ber of sides has a smaller area than
the one that has a lesser number;
but, on the other hand, the iso-
perimetric polygon that has
the greater number of
sides is the larger.
Galilei 1638

円の面積は，
それに外接，内接す
る二つの相似正多角形
の比例中項となる．加え
て円の面積は，外接する多
角形よりも小さく，内接する
多角形よりも大きい．さらに
外接多角形では，辺の数が多
いものが，辺の数が少ないも
のよりも面積が小さく，内
接多角形では，辺の数
が多いほど大きい．
ガリレイ1638

これは，円の面積を内外の多角形で近似する手法を，言葉で明確に示した不朽の名言としてよく引用されるものである[注17]．

本章では，円周率の値を様々な方法で求めた．

数の値は求めるものであって，意味も分からずに覚えるものではない．ましてや，その数の特徴を無視して，適当に "丸めて" よいものではない．有理数は有理数として，無理数は無理数として，近似値は近似値として，実験値は実験値として，その数に応じた適切な扱いをしなければならない．一つの数を侮ることは，学問の全体を無意味な暗記ものに貶める．数は，それを追い求める者にのみ，静かに語りかけ，その性質を明かしてくれるのである．

[注17] 原文，及び段落処理の遊びは，D.E.Knuth 著『The TEXbook』に従った．

第III部

オイラーの公式とその応用

Euler's Formula & Its Applications

We summarize with this, the most remarkable formula in mathematics:

$$e^{i\theta} = \cos\theta + i\sin\theta.$$

This is our jewel.   **R.P.Feynman**

第8章　オイラーの公式

Euler's Formula

　本章では，これまでの内容を受けて本書の目標である**オイラーの公式**を導く．オイラーの公式は，我々がその知性により勝ち得た"最も美しい数学的成果の一つ"である．第 III 部では，主にこの公式の持つ性質や応用について学ぶ．

8.1　オイラーの公式の導出

　初めに，複素数に関する演算について簡単に復習しておこう．

　二つの複素数 $Z_1 = a + bi, Z_2 = c + di$ に対して四則計算は

$$Z_1 \pm Z_2 \equiv (a \pm c) + (b \pm d)i, \quad Z_1 Z_2 \equiv (ac - bd) + (ad + bc)i,$$

$$\frac{Z_1}{Z_2} \equiv \frac{ac + bd}{c^2 + d^2} + \frac{-ad + bc}{c^2 + d^2}i$$

と定義された．計算の結果は，また一つの複素数になる．すなわち，複素数は加減乗除の演算で閉じた体系である．また，i の冪は

$$i^2 = -1, \quad i^3 = -i, \quad i^4 = 1, \dots$$

であり，次の図式が成り立つ[注1]．

[注1] 次の図内の矢印は，i を掛けることを表す．

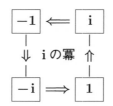

複素数は，1とiという二つの単位 (素) を持つので，平面上の点に対応させることができる．横軸に実数を取り**実軸**，縦軸にiを単位として取り**虚軸**と呼ぶ．両軸により定義される座標平面を**複素平面 (complex plane)**，あるいは**ガウス平面 (Gaussian plane)** という．

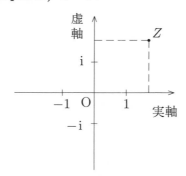

注意　虚数単位は，自分自身を四回掛けることで，1に戻るので，iを一回掛けることは複素平面上で，**反時計回り (counter-clockwise rotation)** 90度の回転に対応する．さらに，$-1(= i^2)$ を掛けることは 180 度の回転にあたるので，複素平面は

$$\boxed{\text{負の数} \times \text{負の数} = \text{正の数}}$$

という関係に視覚的な解釈を与える．　　　　　　　　　　　　　　　　■

実軸を x，虚軸を y で表せば，複素数は

$$\boxed{Z = x + iy}$$

と書ける．平面直交座標系 (x, y) と極座標系 (r, θ) は

$$x = r\cos\theta, \quad y = r\sin\theta$$

なる関係で結ばれているので，複素数を

$$Z = r(\cos\theta + \mathrm{i}\sin\theta)$$

と表せる．これを複素数の**極形式 (polar form)** という．

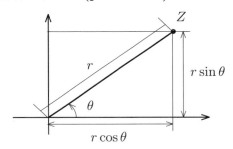

極形式の三角関数を級数展開し，整理すると

$$\cos\theta + \mathrm{i}\sin\theta$$

$$= \left(1 - \frac{1}{2!}\theta^2 + \frac{1}{4!}\theta^4 - \cdots\right) + \mathrm{i}\left(\theta - \frac{1}{3!}\theta^3 + \frac{1}{5!}\theta^5 - \cdots\right)$$

$$= 1 + \mathrm{i}\theta - \frac{1}{2!}\theta^2 - \frac{1}{3!}\mathrm{i}\theta^3 + \frac{1}{4!}\theta^4 + \frac{1}{5!}\mathrm{i}\theta^5 - \cdots$$

となる．虚数単位に注意して変形し，総和の記号を用いてまとめると

$$1 + \mathrm{i}\theta + \frac{1}{2!}(\mathrm{i}\theta)^2 + \frac{1}{3!}(\mathrm{i}\theta)^3 + \frac{1}{4!}(\mathrm{i}\theta)^4 + \frac{1}{5!}(\mathrm{i}\theta)^5 + \cdots = \sum_{n=0}^{\infty}\frac{1}{n!}(\mathrm{i}\theta)^n.$$

これは指数関数の定義式：

$$\mathrm{e}^x = \sum_{n=0}^{\infty}\frac{1}{n!}x^n = 1 + x + \frac{1}{2!}x^2 + \frac{1}{3!}x^3 + \frac{1}{4!}x^4 + \frac{1}{5!}x^5 + \cdots$$

において，形式的に $x \to \mathrm{i}\theta$ と置き換えたものに他ならない．よって

$$\mathrm{e}^{\mathrm{i}\theta} = \cos\theta + \mathrm{i}\sin\theta.$$

さらに，θ を $-\theta$ で置き換え，三角関数の偶奇性を用いて

$$\mathrm{e}^{-\mathrm{i}\theta} = \cos(-\theta) + \mathrm{i}\sin(-\theta) = \cos\theta - \mathrm{i}\sin\theta$$

を得る——上記二式を使い分けると計算が簡略化できる場合がある．

以上より，オイラーの公式 (Euler's formula)：

$$\boxed{e^{i\theta} = \cos\theta + i\sin\theta}$$

が得られた[注2]．この式を導くために，前章までに様々な概念を学び，今ようやく目的を達したわけである．オイラーの公式において，それぞれ全く独立に定義された二つの関数——単調関数である"指数関数"と周期関数である"三角関数"——が"虚数"を取り込むことにより結びついている．これは誠に驚嘆すべき結果である．この式の構成要素のすべてが数学的に重要なものであり，しかも，その係わり合いの精妙さ，大胆さにおいて他に比べるものが無い．

また，この式は，理論物理学で最も広汎に用いられるモデルである"調和振動子"に直結している点も，見逃せない特徴である．

暗記が苦手ならば，迷うことなくオイラーの公式一つに集中し，これを活用する方法を知ることが効果的である．唯それだけで，第 II 部の内容の多くを覚えたことに匹敵する．美に恵まれ，応用上も重要な類い希な公式なのである．

例えば，オイラーの公式に指数法則 $(e^{i\theta})^n = e^{in\theta}$ を適用することで，直ちにド・モアブルの定理：

$$\boxed{(\cos\theta + i\sin\theta)^n = \cos n\theta + i\sin n\theta}$$

を得る．本書表題の式は，オイラーの公式に $\theta = \pi$ を代入して

$$e^{i\pi} = \cos\pi + i\sin\pi = -1,$$

すなわち

$$e^{i\pi} = -1.$$

これは，数学において最も重要な定数であるネイピア数 e と円周率 π，さらに，虚数単位 i が見事に調和結合した極めて印象的な式である．

[注2] ただし，ここで実行したことは，右辺と左辺の関係を導いただけであって厳密な意味での証明にはなっていない．より精密な議論を行うためには複素関数論の知識を要する．

注意 右辺を移項して，$e^{i\pi}+1=0$ と書けば，さらに要素が加わって，$e, \pi, i, 1, 0$ の五大定数の関係となるので，より素晴らしいとする向きもある．確かに一理ある．しかし，この "方程式風味の表現" は，たとえ数学的には等価であっても，e の $i\pi$ 乗が整数値 (-1) に等しくなる，という不思議さが減殺されているのではないか．所詮，美意識の違いにしか過ぎないだろうが，本書ではこれを採らない．いずれにしても，$e^{i\theta} - \cos\theta - i\sin\theta = 0$ という表記にだけは，お目に掛かったことがない．なお本書では，JIS 及び ISO 規格に従い，e, π, i のように "固有名詞的" に用いる定数にはローマン書体を用いた． ∎

正と負の指数のオイラーの公式を辺々加えて，逆に解くと

$$
\begin{array}{rl}
e^{i\theta} &= \cos\theta + i\sin\theta \\
e^{-i\theta} &= \cos\theta - i\sin\theta \ (+ \\
\hline
e^{i\theta} + e^{-i\theta} &= 2\cos\theta
\end{array}
\quad \text{より，} \quad \cos\theta = \frac{e^{i\theta} + e^{-i\theta}}{2}
$$

を得る．同様にして，$\sin\theta, \tan\theta$ を $e^{\pm i\theta}$ で表し，まとめると

$$
\sin\theta = \frac{e^{i\theta} - e^{-i\theta}}{2i}, \quad \cos\theta = \frac{e^{i\theta} + e^{-i\theta}}{2}, \quad \tan\theta = \frac{e^{i\theta} - e^{-i\theta}}{i(e^{i\theta} + e^{-i\theta})}.
$$

この書き換えにより，三角関数の理論は複素平面上の指数関数に移され，指数関数の持つ良い性質——指数法則が成り立つ，微積分により関数形を変えない——を最大限に利用することが可能となった．

◇◇◇◇◇◇◇◇◇◇◇◇ **参考** ◇◇◇◇◇◇◇◇◇◇◇◇

展開を用いないオイラー公式の導出

前章では，三角関数の加法定理と指数法則を用いてド・モアブルの定理を導いた．このとき，関数：

$$
A(x) = \cos x + i\sin x
$$

が指数法則

$$
A(x)A(y) = A(x+y)
$$

を満足することから，$A(x)$ は指数関数であり，さらに，$A(x)A(x)^* = 1$ より，指数部は純虚数であることが分かる．ここで，$A(x)$ の導関数を求めると

$$\frac{\mathrm{d}A}{\mathrm{d}x} = \frac{\mathrm{d}}{\mathrm{d}x}(\cos x + \mathrm{i}\sin x) = -\sin x + \mathrm{i}\cos x = \mathrm{i}(\cos x + \mathrm{i}\sin x)$$

となり，微分方程式

$$\frac{\mathrm{d}A}{\mathrm{d}x} = \mathrm{i}A$$

を得る．この方程式を解いて，$A(x) = K\mathrm{e}^{\mathrm{i}x}$, $(K$ は定数$)$ を得る．

$$A(0) = \cos 0 + \mathrm{i}\sin 0 = 1$$

より $K = 1$ となり，オイラーの公式

$$\mathrm{e}^{\mathrm{i}x} = \cos x + \mathrm{i}\sin x$$

を得る．

◇◇◇◇◇◇◇◇◇◇◇◇◇◇◇◇◇◇◇◇◇◇◇◇◇◇◇◇◇◇◇

問題 1　複素数 $\mathrm{e}^{\mathrm{i}\pi/6}$, $\mathrm{e}^{\mathrm{i}\pi/4}$, $\mathrm{e}^{\mathrm{i}\pi/3}$ の値を具体的に求めよ．

◇◇◇◇◇◇◇◇◇◇◇◇◇　**参考**　◇◇◇◇◇◇◇◇◇◇◇◇◇

オイラーの略歴

　十八世紀の大数学者オイラーの経歴を簡単に紹介しておこう．

　オイラーは，1707 年 4 月 15 日，新教の牧師の息子としてスイスのバーゼルで生まれた．父は息子に後を継がせたいと考え，バーゼル大学に入学させ神学を勉強させた．ところが，オイラーは，当時名声の高かった**ヨハン・ベルヌーイ (Johann Bernoulli,1667-1748)** の講義に魅せられ，数学に専念するようになった．19 歳にして，パリ科学アカデミーのアカデミー賞に輝いたオイラーは，翌年，ロシアのペテルスブルク (Petersburg) へ移り住んだ．しかし，**女帝エカテリナ一世 (Ekaterina I,1684-1727)** が他界したことにより，国情が一変した．友人の多くがスイスに帰ってしまい，孤独感に襲われたオイラーは，研究に全力を傾けたものの，1735 年，過度の勉強と暖房用の薪の煙のために右目を失明した．

1741 年, ドイツのフリードリヒ大王より, ベルリン科学アカデミーへ招かれたため, "もの言えば絞首刑になる恐怖の国ロシア"から脱出することができた. ベルリンにおいては, 素晴らしい研究成果を次々に発表したので, その名は全欧州に広がり, 各国の若い数学者が彼を慕ってベルリンに集まった. 1744 年, オイラーはベルリン科学アカデミーの数学部長に就任した.

1762 年に即位したロシアのエカテリナ二世は, 自然科学の発展に大きく貢献したオイラーに帰国を要請し, 1766 年, 彼は再びロシアへ戻った. ペテルスブルクに帰ってから間もなく, 残っていた左目の視力も失ったが, その旺盛な研究意欲は衰えることがなかった. 1773 年に白内障の手術を受けたものの, 遂に光を取り戻すことはなかった. 1783 年 9 月 7 日, オイラーは, 天王星の軌道計算について, 息子の家族と食事を共にしながら語っている途中, 突然, くわえていたパイプを落とし, そのまま逝ったといわれている.

オイラーは, それまでの数学者達とは異なり, 文学や哲学とは一線を画し, 政治的な発言もせず, ひたすら数学, その応用としての物理学のみに専心したため, 宮廷のパーティなどでは好まれず, 「単に数学のみに秀でた思想的に厚みのない人物」という評価を下す者までいた. しかし, 当時の学者の中では極めて出世欲, 名誉欲に乏しく, 他人の業績を盗んだり, 意図的に軽んじたりせず, 時には自分の発見の優先権を放棄してまで, 友人の発表を促したりするその穏やかな性格は, 周囲の誰からも好まれ, 家庭人としても家族に恵まれるなど, 豊かで暖かい人生であった, といわれている.

また, 彼は基本定数を含む関係：$e^{i\pi} = -1$ を発見したのみならず, それら定数を表す記号 e, π, i そのものも, 自著の中で積極的に用いることにより, 広く一般に定着させた——関数を表す記号 $f(x)$ なども彼による. オイラーが, 計算の達人であると同時に, 表記法の達人であるといわれ, ガウスと並んで数学王と賞賛される所以である.

オイラーは, 数学, 物理学の非常に広い分野に輝かしい業績を残している. 彼の名前の附いた方程式, 数, 公式などの目立ったものだけを集めてみても, その成果の量・質に, 驚かれることであろう——実際, 文脈に無関係に, 単に"オイラーの公式"と記しただけでは, 一義に定まらないほどの多さである.

また, オイラー全集は, その量の膨大さの故に, 死後二百年以上経った今なお未完である. これは正にその業績の巨大さを示している, といえるだろう.

8.2 オイラーの公式の応用

本節では，オイラーの公式の持つ性質を調べると共に，数学の各分野でどのように応用されているかを概観する．

8.2.1 複素数の幾何学

複素数 Z は，極形式を用いて $Z = r(\cos\theta + \mathrm{i}\sin\theta)$ と書けた．ここで，右辺にオイラーの公式を適用すれば

$$\boxed{Z = r\mathrm{e}^{\mathrm{i}\theta}}$$

となる——これを複素数の極形式と呼ぶ場合がある．

オイラーの公式は一つの複素数を表すが，その絶対値——共役複素数と掛け合わせてその平方根を取る——は

$$\left|\mathrm{e}^{\mathrm{i}\theta}\right| = \sqrt{\mathrm{e}^{\mathrm{i}\theta}\mathrm{e}^{-\mathrm{i}\theta}} = \sqrt{\mathrm{e}^{\mathrm{i}0}} = 1$$

となり，$\mathrm{e}^{\mathrm{i}\theta}$ は複素平面上で単位円周上の一点を表すことが分かる．これより

$$|Z| = \left|r\mathrm{e}^{\mathrm{i}\theta}\right| = |r|\left|\mathrm{e}^{\mathrm{i}\theta}\right| = r.$$

よって，r を Z の絶対値と呼び，θ を

$$\theta = \arg Z$$

で表し，Z の**偏角 (argument)** と呼ぶ．

二つの複素数 $Z_1 = a\mathrm{e}^{\mathrm{i}\alpha}, Z_2 = b\mathrm{e}^{\mathrm{i}\beta}$ の積と商は

$$Z_1 Z_2 = a\mathrm{e}^{\mathrm{i}\alpha}b\mathrm{e}^{\mathrm{i}\beta} = ab\mathrm{e}^{\mathrm{i}(\alpha+\beta)}, \quad \frac{Z_1}{Z_2} = \frac{a\mathrm{e}^{\mathrm{i}\alpha}}{b\mathrm{e}^{\mathrm{i}\beta}} = \frac{a}{b}\mathrm{e}^{\mathrm{i}(\alpha-\beta)}$$

となる．また，$|Z_1| = a, |Z_2| = b$ より

$$|Z_1 Z_2| = |Z_1||Z_2|, \quad \left|\frac{Z_1}{Z_2}\right| = \frac{|Z_1|}{|Z_2|}.$$

さらに，$\arg Z_1 = \alpha$, $\arg Z_2 = \beta$ であるので

$$\arg(Z_1 Z_2) = \alpha + \beta, \quad \arg\left(\frac{Z_1}{Z_2}\right) = \alpha - \beta$$

となる．すなわち，極形式による複素数の乗除は，絶対値の乗除と偏角の加減により表される．一般に，複素数 Z の冪は

$$Z^n = \left(r\mathrm{e}^{\mathrm{i}\theta}\right)^n = r^n \mathrm{e}^{\mathrm{i}n\theta}$$

となるので，上の関係を用いて

$$\boxed{|Z^n| = |r|^n = |Z|^n, \quad \arg Z^n = n\theta = n \arg Z}$$

が成り立つことが分かる．

直交座標により複素数を表示する方法は，加法と減法の表示が見やすく意味も取りやすい．一方，極形式は乗法・除法が扱いやすい形式である．

8.2.2　代数方程式への応用：1 の n 乗根

これまでの議論で，$\mathrm{e}^{\mathrm{i}\theta}$ は単位円周上の一つの複素数を与えることが示された．ここで，三角関数の周期性に注目すると，任意の整数 k に対して

$$\mathrm{e}^{\mathrm{i}2k\pi} = \cos\left(2k\pi\right) + \mathrm{i}\sin\left(2k\pi\right) = 1$$

が成り立つことが分かる．そこで，n を自然数として

$$x_k = \mathrm{e}^{\mathrm{i}2k\pi/n}$$

とおくと，指数法則より

$$x_k^n = \left(\mathrm{e}^{\mathrm{i}2k\pi/n}\right)^n = \mathrm{e}^{\mathrm{i}2k\pi} = 1.$$

よって

$$x_k^n - 1 = 0$$

となる．すなわち，1 の n 乗根は，オイラーの公式を利用して

$$x_k = \mathrm{e}^{\mathrm{i}2k\pi/n} = \cos\frac{2k\pi}{n} + \mathrm{i}\sin\frac{2k\pi}{n}$$

と解ける．これを用いて，$x^n - 1$ は

$$x^n - 1 = \prod_{k=0}^{n-1}\left(x - \mathrm{e}^{\mathrm{i}2k\pi/n}\right)$$

と因数分解できる．ここで，$\prod$ は積の記号であり

$$\prod_{k=0}^{n} a_k = a_0 \times a_1 \times a_2 \times \cdots \times a_n$$

であったことを思い出そう．

$x_k = \mathrm{e}^{\mathrm{i}2k\pi/n}$ において，整数 k を 0 から $(n-1)$ まで順に動かすことにより，n 個の根：

$$x_0 = \mathrm{e}^{\mathrm{i}0} = 1, \quad x_1 = \mathrm{e}^{\mathrm{i}2\pi/n}, \quad x_2 = \mathrm{e}^{\mathrm{i}4\pi/n}, \ldots, x_{n-1} = \mathrm{e}^{\mathrm{i}2(n-1)\pi/n}$$

が定まる．また，指数法則より

$$x_k = \mathrm{e}^{\mathrm{i}2k\pi/n} = \left(\mathrm{e}^{\mathrm{i}2\pi/n}\right)^k = x_1^k$$

となるので，すべての根を x_1 の冪で表し得る．

$n = 1 \sim 4$ の場合について，具体的に求めよう．

[1] $x - 1$ の根 $(n = 1)$
   $x_0 = 1.$

[2] $x^2 - 1$ の根 $(n = 2)$
   $x_0 = 1, \quad x_1 = \mathrm{e}^{\mathrm{i}2\pi/2} = -1.$

[3] $x^3 - 1$ の根 $(n = 3)$
   $x_0 = 1, \quad x_1 = \mathrm{e}^{\mathrm{i}2\pi/3} = \dfrac{-1+\sqrt{3}\mathrm{i}}{2}, \quad x_2 = x_1^2 = \dfrac{-1-\sqrt{3}\mathrm{i}}{2}.$

[4] $x^4 - 1$ の根 $(n = 4)$
   $x_0 = 1, \quad x_1 = \mathrm{e}^{\mathrm{i}2\pi/4} = \mathrm{i}, \quad x_2 = x_1^2 = -1, \quad x_3 = x_1^3 = -\mathrm{i}.$

これらは第2章で得た結果に一致している.

> 注意 1の n 乗根の中, n 乗して初めて1になるものを, **原始 n 乗根**と呼ぶ.
> $n = 4$ の場合には
>
> $$1^1 = 1, \quad (-1)^2 = 1, \quad \mathrm{i}^4 = 1, \quad (-\mathrm{i})^4 = 1$$
>
> より, $\mathrm{i}, -\mathrm{i}$ が原始四乗根である. $x_k = \mathrm{e}^{\mathrm{i}2k\pi/n}$ において, k と n が互いに素で
> あれば, それは1の原始 n 乗根である. ■

初めに述べたように, 複素平面上で虚数単位 i を掛けることは, 反時計回り
90度の回転を惹き起こす. 一般に, $\mathrm{e}^{\mathrm{i}\phi}$ を複素数 $Z = r\mathrm{e}^{\mathrm{i}\theta}$ に掛けると

$$\mathrm{e}^{\mathrm{i}\phi} Z = r\mathrm{e}^{\mathrm{i}(\phi+\theta)}$$

となり, 元の複素数の絶対値を変えることなく, 偏角を ϕ だけ増やす. よって,
$x_1 = \mathrm{e}^{\mathrm{i}2\pi/n}$ は, 反時計回り $2\pi/n$ の回転を惹き起こし, これを順に掛けること
により, すべての根が求められるわけである.

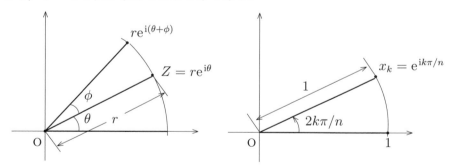

さらに, 根の絶対値が

$$|x_k| = \left| \mathrm{e}^{\mathrm{i}2k\pi/n} \right| = 1$$

であり, $x_k = x_1^k$ となることから, 各根は単位円周上に位置し, 各根の間を直
線で結べば, 正 n 角形になる. $n = 1 \sim 4$ の場合について, 図に示す.

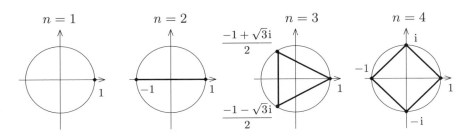

以上で，オイラーの公式を用いた 1 の n 乗根の解法と，その複素平面における幾何的な意味，すなわち

$$\boxed{\textbf{1 の } \boldsymbol{n} \textbf{ 乗根は，単位円周上に正 } \boldsymbol{n} \textbf{ 角形を構成する}}$$

が示された．

$\boxed{\text{問題 2}}$　1 の n 乗根 x_k の和：$\displaystyle\sum_{k=0}^{n-1} x_k$ を求めよ．

ところで，第 2 章において $x^5 = 1$ の根は

$$x = 1, \quad \frac{1}{4}\left(\sqrt{5} - 1 \pm \mathrm{i}\sqrt{10 + 2\sqrt{5}}\right), \quad \frac{1}{4}\left(-\sqrt{5} - 1 \pm \mathrm{i}\sqrt{10 - 2\sqrt{5}}\right)$$

と求められている．そこで，今度は逆にこの値と，オイラーの公式による解：$x_k = \mathrm{e}^{\mathrm{i}2k\pi/5}$ とを比較することにより，三角関数の値を定めることができる．

方程式 $x^5 = 1$ の根と $\mathrm{e}^{\mathrm{i}2k\pi/5}$ は

$$\begin{aligned}
x_0 &= 1, \\
x_1 &= \frac{1}{4}\left(\sqrt{5} - 1 + \mathrm{i}\sqrt{10 + 2\sqrt{5}}\right) &&= \cos\frac{2\pi}{5} + \mathrm{i}\sin\frac{2\pi}{5}, \\
x_2 &= \frac{1}{4}\left(-\sqrt{5} - 1 + \mathrm{i}\sqrt{10 - 2\sqrt{5}}\right) &&= \cos\frac{4\pi}{5} + \mathrm{i}\sin\frac{4\pi}{5}, \\
x_3 &= \frac{1}{4}\left(-\sqrt{5} - 1 - \mathrm{i}\sqrt{10 - 2\sqrt{5}}\right) &&= \cos\frac{6\pi}{5} + \mathrm{i}\sin\frac{6\pi}{5}, \\
x_4 &= \frac{1}{4}\left(\sqrt{5} - 1 - \mathrm{i}\sqrt{10 + 2\sqrt{5}}\right) &&= \cos\frac{8\pi}{5} + \mathrm{i}\sin\frac{8\pi}{5}
\end{aligned}$$

と対応する．

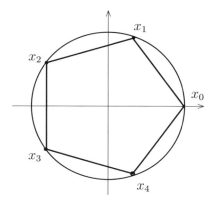

これより，三角関数の解析的な値として，新しく

$$\sin\frac{2\pi}{5} = \frac{1}{4}\sqrt{10 + 2\sqrt{5}}, \qquad \cos\frac{2\pi}{5} = \frac{\sqrt{5}-1}{4}$$

を得る．これは，前章で求めた三角関数の表には含まれないもので，この値を基にして加法定理を用いれば，三角関数の値の新しい系列を作り得る．

問題 3 上で得た値を基に，三角関数の値の新しい系列を計算せよ．

8.2.3 指数法則の利用：加法定理の導出

オイラーの公式を用いることにより，加法定理を**指数法則**に置き直して代数的に導く．

二つの実数 α, β に対して

$$e^{i\alpha} = \cos\alpha + i\sin\alpha, \quad e^{\pm i\beta} = \cos\beta \pm i\sin\beta$$

を作り，辺々の積を取ると

$$e^{i\alpha}e^{\pm i\beta} = (\cos\alpha + i\sin\alpha)(\cos\beta \pm i\sin\beta).$$

左辺は指数法則とオイラーの公式より

$$
\begin{aligned}
左辺 &= e^{i\alpha}e^{\pm i\beta} = e^{i(\alpha\pm\beta)} \\
&= \cos(\alpha\pm\beta) + i\sin(\alpha\pm\beta)
\end{aligned}
$$

となり，右辺は実部と虚部に整理して

$$右辺 = (\cos\alpha + i\sin\alpha)(\cos\beta \pm i\sin\beta)$$
$$= \cos\alpha\cos\beta \mp \sin\alpha\sin\beta + i(\sin\alpha\cos\beta \pm \cos\alpha\sin\beta)$$

となる．二つの複素数が等しいとは，実部，虚部がそれぞれ等しいことであるから，左辺＝右辺とおいて

$$\begin{array}{l} \sin(\alpha \pm \beta) = \sin\alpha\cos\beta \pm \cos\alpha\sin\beta, \\ \cos(\alpha \pm \beta) = \cos\alpha\cos\beta \mp \sin\alpha\sin\beta \end{array}$$

を得る (複号同順).

$\boxed{\text{例題}}$　三角級数の和：

$$I = \sum_{k=0}^{n} \cos k\theta = 1 + \cos\theta + \cos 2\theta + \cos 3\theta + \cdots,$$
$$J = \sum_{k=0}^{n} \sin k\theta = \sin\theta + \sin 2\theta + \sin 3\theta + \cdots$$

を求めよ．

　オイラーの公式を利用する．問題の二つの級数より $M = I + iJ$ を作ると

$$M = \sum_{k=0}^{n} \cos k\theta + i\sum_{k=0}^{n} \sin k\theta = \sum_{k=0}^{n} e^{ik\theta}$$

となるので，和 M を求め，その実部，虚部を取れば問題は解決する．$e^{ik\theta} = \left(e^{i\theta}\right)^k$ を用いて，M を書き直せば

$$M = \sum_{k=0}^{n} e^{ik\theta} = 1 + e^{i\theta} + e^{i2\theta} + e^{i3\theta} + e^{i4\theta} + \cdots$$
$$= 1 + e^{i\theta} + \left(e^{i\theta}\right)^2 + \left(e^{i\theta}\right)^3 + \left(e^{i\theta}\right)^4 + \cdots$$

より等比級数となり，その和は

$$M = \sum_{k=0}^{n} \left(e^{i\theta}\right)^k = \frac{1 - \left(e^{i\theta}\right)^{n+1}}{1 - e^{i\theta}}$$

である．さらに，右辺の分子分母を

$$\text{分母} = e^{-i\theta/2}e^{i\theta/2} - e^{i\theta/2}e^{i\theta/2} = \left(e^{-i\theta/2} - e^{i\theta/2}\right)e^{i\theta/2}$$

$$= -2ie^{i\theta/2}\sin\frac{\theta}{2},$$

$$\text{分子} = -2ie^{i(n+1)\theta/2}\sin\frac{(n+1)\theta}{2}$$

と書き換え

$$M = \frac{-e^{i(n+1)\theta/2}\sin\dfrac{(n+1)\theta}{2}}{-e^{i\theta/2}\sin\dfrac{\theta}{2}} = \frac{\sin\dfrac{(n+1)\theta}{2}}{\sin\dfrac{\theta}{2}}e^{in\theta/2}$$

を得る．よって

$$I = \operatorname{Re} M, \quad J = \operatorname{Im} M$$

より

$$\boxed{\sum_{k=0}^{n}\cos k\theta = \frac{\sin\dfrac{(n+1)\theta}{2}}{\sin\dfrac{\theta}{2}}\cos\frac{n\theta}{2}, \quad \sum_{k=0}^{n}\sin k\theta = \frac{\sin\dfrac{(n+1)\theta}{2}}{\sin\dfrac{\theta}{2}}\sin\frac{n\theta}{2}}$$

となる．

問題 4 以下の無限級数の和を求めよ．ただし，$|a| \leqq 1$ である．

$$A = \sum_{k=0}^{\infty} a^k \cos k\theta, \quad B = \sum_{k=0}^{\infty} a^k \sin k\theta$$

8.2.4　微積分に関連した話題

　指数関数は，微積分によりその関数形を変えないことが，大きな特徴であった．よって，三角関数の微積分を，オイラーの公式により指数関数に書き直せば，計算が著しく簡略化される．

　オイラーの公式の両辺を微分する．$i\theta \to \phi$ と置き換えて，合成関数の微分法を用いると

$$\frac{\mathrm{d}}{\mathrm{d}\theta}\mathrm{e}^{i\theta} = \frac{\mathrm{d}\mathrm{e}^{\phi}}{\mathrm{d}\phi}\frac{\mathrm{d}\phi}{\mathrm{d}\theta} = \mathrm{e}^{\phi} \times i = i\mathrm{e}^{i\theta}$$

となる．よって

$$\mathrm{D}_{\theta}\mathrm{e}^{i\theta} = i\mathrm{e}^{i\theta} = i(\cos\theta + i\sin\theta) = i\cos\theta - \sin\theta.$$

ところが

$$\mathrm{D}_{\theta}(\cos\theta + i\sin\theta) = \mathrm{D}_{\theta}\cos\theta + i\mathrm{D}_{\theta}\sin\theta$$

であるので

$$\boxed{\mathrm{D}_{\theta}\sin\theta = \cos\theta, \quad \mathrm{D}_{\theta}\cos\theta = -\sin\theta}$$

となる．

　続いて，$\mathrm{e}^{i\theta}$ を積分する．積分を二通りに表して，実部，虚部を等しくおく．すなわち

$$\int \mathrm{e}^{i\theta}\mathrm{d}\theta = \int \cos\theta\mathrm{d}\theta + i\int \sin\theta\mathrm{d}\theta$$

であるが，一方

$$\int \mathrm{e}^{i\theta}\mathrm{d}\theta = \frac{1}{i}\mathrm{e}^{i\theta} = -i\cos\theta + \sin\theta$$

とも計算できるので

$$\boxed{\int \cos\theta\mathrm{d}\theta = \sin\theta, \quad \int \sin\theta\mathrm{d}\theta = -\cos\theta}$$

を得る．ここで，積分定数は省略した．

三角関数はオイラーの公式を，逆に解くことにより

$$\sin\theta = \frac{e^{i\theta} - e^{-i\theta}}{2i}, \quad \cos\theta = \frac{e^{i\theta} + e^{-i\theta}}{2}, \quad \tan\theta = \frac{e^{i\theta} - e^{-i\theta}}{i(e^{i\theta} + e^{-i\theta})}$$

と表せた．微分して関数形の変わる左辺の三角関数が，関数形の変わらない指数関数の組み合わせで書き換えられる．すなわち，右辺は微積分に対して便利な形式である．

例題 $e^{in\theta}$ の一周期にわたる定積分

$$I_n = \int_{\phi}^{\phi+2\pi} e^{in\theta} d\theta$$

を求める．n は整数，ϕ は任意定数である．

先ず，$n = 0$ の場合には

$$I_0 = \int_{\phi}^{\phi+2\pi} d\theta = [\theta]_{\phi}^{\phi+2\pi} = 2\pi$$

である．

$n \neq 0$ の場合には

$$I_n = \int_{\phi}^{\phi+2\pi} e^{in\theta} d\theta = \frac{1}{in} \left[e^{in\theta} \right]_{\phi}^{\phi+2\pi} = \frac{1}{in} e^{in\phi} \left(e^{i2n\pi} - 1 \right) = 0$$

となるので

$$I_n = \int_{\phi}^{\phi+2\pi} e^{in\theta} d\theta = \begin{cases} 2\pi : & n = 0 \\ 0 : & n \text{ は 0 でない整数} \end{cases}$$

を得る．これは記憶に値する重要な定積分である．■

例えば，$\sin\theta$ の四乗を，0 から 2π まで積分する場合

$$\int_0^{2\pi} \sin^4\theta \mathrm{d}\theta = \int_0^{2\pi} \left(\frac{\mathrm{e}^{\mathrm{i}\theta} - \mathrm{e}^{-\mathrm{i}\theta}}{2\mathrm{i}}\right)^4 \mathrm{d}\theta$$

$$= \frac{1}{16}\int_0^{2\pi} \left(\mathrm{e}^{\mathrm{i}4\theta} - 4\mathrm{e}^{\mathrm{i}2\theta} + 6 - 4\mathrm{e}^{-\mathrm{i}2\theta} + \mathrm{e}^{-\mathrm{i}4\theta}\right) \mathrm{d}\theta$$

$$= \frac{1}{16}(0 - 0 + 6 \times 2\pi - 0 + 0) = \frac{3}{4}\pi$$

と簡単に求められる．

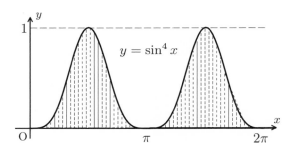

$$y = \sin^4 x$$

問題 5 　次の定積分を計算せよ．

$$[1] \quad \int_0^{2\pi} \sin^5\theta \, \mathrm{d}\theta, \qquad\qquad [2] \quad \int_0^{2\pi} \cos^6\theta \, \mathrm{d}\theta$$

◇◇◇◇◇◇◇◇◇◇◇◇◇　**参考**　◇◇◇◇◇◇◇◇◇◇◇◇◇

双曲線関数

　三角関数に密接に関係した関数として，**双曲線関数 (hyperbolic function)** がある．これは

$$\sinh x \equiv \frac{\mathrm{e}^x - \mathrm{e}^{-x}}{2}, \quad \cosh x \equiv \frac{\mathrm{e}^x + \mathrm{e}^{-x}}{2}, \quad \tanh x \equiv \frac{\mathrm{e}^x - \mathrm{e}^{-x}}{\mathrm{e}^x + \mathrm{e}^{-x}}$$

で定義され，それぞれ，**ハイパボリック・サイン，ハイパボリック・コサイン，ハイパボリック・タンジェント**，あるいは，**双曲線正弦関数，双曲線余弦関数，双曲線正接関数**と読む．形式的には，先の三角関数の表示から，虚数単位を取り去った形になっている．

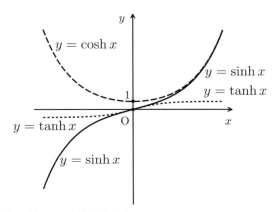

定義より直ちに以下の関係が得られる.

$$\sin(\mathrm{i}x) = \mathrm{i}\sinh x, \quad \cos(\mathrm{i}x) = \cosh x, \quad \tan(\mathrm{i}x) = \mathrm{i}\tanh x,$$

$$\cosh x \pm \sinh x = \mathrm{e}^{\pm x}, \qquad \cosh^2 x - \sinh^2 x = 1,$$

$$\sinh(-x) = -\sinh x; \text{奇関数}, \quad \cosh(-x) = \cosh x; \text{偶関数},$$

$$(\cosh x \pm \sinh x)^n = \cosh nx \pm \sinh nx,$$

$$\left.\begin{array}{l}\sinh(x \pm y) = \sinh x \cosh y \pm \cosh x \sinh y \\ \cosh(x \pm y) = \cosh x \cosh y \pm \sinh x \sinh y\end{array}\right\} \text{加法定理}$$

$$\mathrm{D}_x \sinh x = \cosh x, \qquad \mathrm{D}_x \cosh x = \sinh x,$$

$$\sinh x = \sum_{n=0}^{\infty} \frac{x^{2n+1}}{(2n+1)!} = x + \frac{1}{3!}x^3 + \frac{1}{5!}x^5 + \frac{1}{7!}x^7 + \cdots,$$

$$\cosh x = \sum_{n=0}^{\infty} \frac{x^{2n}}{(2n)!} = 1 + \frac{1}{2!}x^2 + \frac{1}{4!}x^4 + \frac{1}{6!}x^6 + \cdots.$$

◇◇◇◇◇◇◇◇◇◇◇◇◇◇◇◇◇◇◇◇◇◇◇◇◇◇◇◇◇◇◇◇

　密度一様の柔軟な紐が，両端を固定された場合，それは重力により垂れ下がる．この曲線は，紐の長さと端点の位置だけで定まり，双曲線余弦関数 $\cosh x$ で表されることが知られている．これは特に懸**垂線 (catenary)** と呼ばれている．吊り橋や胸元のネックレスの描く曲線が，その典型例である．

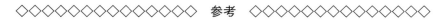

オイラーの定数

　ここで，オイラーの名前が冠せられた数を紹介しておこう．発散級数である調和級数から，対数を引き算すると，これはある一定の値に収束する．これを**オイラーの定数 (Euler's constant)** と呼び，通常 γ で表す．すなわち

$$\gamma \equiv \lim_{n\to\infty}\left(1 + \frac{1}{2} + \frac{1}{3} + \frac{1}{4} + \frac{1}{5} + \cdots + \frac{1}{n} - \ln n\right)$$

である．ここで，部分和の値の変化を調べるために，上記式の括弧内を $K(n)$ と表そう——すなわち，$n \to \infty$ のとき，$K \to \gamma$ である．

$K(1) = 1,$	$K(15) = 0.61017879,$
$K(2) = 0.80685282,$	$K(25) = 0.59708235,$
$K(3) = 0.73472105,$	$K(50) = 0.58718233,$
$K(4) = 0.69703897,$	$K(10^2) = 0.58220733,$
$K(5) = 0.67389542,$	$K(10^3) = 0.57771558,$
$K(6) = 0.65824053,$	$K(10^4) = 0.57726566,$
$K(7) = 0.64694699,$	$K(10^5) = 0.57722066,$
$K(8) = 0.63841560,$	$K(10^6) = 0.57721616,$
$K(9) = 0.63174368,$	$K(10^7) = 0.57721571,$
$K(10) = 0.62638316,$	$K(10^8) = 0.57721567.$

この値は，極限において

$$0.5772156649015328606065120900824024310421593359399 2359\cdots$$

となる (便利な近似分数は 228/395)．しかし，この数の正体は不明であり，無理数であろう，と予想されてはいるものの，それさえ未だ定かではない．

　また，以下に示す正割関数の係数 E_n は，特に**オイラー数 (Euler number)** と呼ばれている——幾つかの異なる定義があるので注意！

$$\sec x \equiv \frac{1}{\cos x} = \sum_{n=0}^{\infty}\frac{E_n}{(2n)!}x^{2n} = 1 + \frac{x^2}{2} + \frac{5x^4}{24} + \frac{61x^6}{720} + \cdots, \quad |x| < \frac{\pi}{2}$$

具体的な値は，$E_0 = 1, E_1 = 1, E_2 = 5, E_3 = 61, E_4 = 1385, E_5 = 50521,$ $E_6 = 2702765, E_7 = 199360981, E_8 = 19391512145, E_9 = 2404879675411,$ $E_{10} = 370371188237525,\dots$ である——E_n は正割係数とも呼ばれる．

◇◇◇◇◇◇◇◇◇◇◇◇◇◇◇◇◇◇◇◇◇◇◇◇◇◇◇◇◇◇◇◇◇◇◇

第9章　ベクトルと行列

Vector & Matrix

本章では，線型性を共通の性質として持つ多元的な量，ベクトルと行列について学ぶ．

先ず，ベクトルを代数的に定義し，その幾何的な性質を考察する．ついで行列を用いて，連立一次方程式を解く．最後に，複素数を行列を用いて表し，オイラーの公式の行列表現を求める．また，その応用として，回転行列と 1 の n 乗根の関係について調べる．

9.1　ベクトルの定義とその算法

9.1.1　ベクトルの定義

一次関数 $f(x) = Kx$（K は定数）を考える．α, β を任意の実数として

$$f(\alpha x_1 + \beta x_2)$$

を変形すると，仮定より

$$f(\alpha x_1 + \beta x_2) = K\alpha x_1 + K\beta x_2 = \alpha f(x_1) + \beta f(x_2)$$

となる．

一般に，与えられた関数が

$$\boxed{f(\alpha x_1 + \beta x_2) = \alpha f(x_1) + \beta f(x_2)}$$

を満足するとき——これは一次式に限られるので——f は**線型 (linear)** である
という．例えば

$$\frac{\mathrm{d}}{\mathrm{d}x}[\alpha f(x) + \beta g(x)] = \alpha \frac{\mathrm{d}f}{\mathrm{d}x} + \beta \frac{\mathrm{d}g}{\mathrm{d}x},$$
$$\int [\alpha f(x) + \beta g(x)]\mathrm{d}x = \alpha \int f(x)\mathrm{d}x + \beta \int g(x)\mathrm{d}x$$

より，微積分は線型な演算であることが分かる．

複素数の加法・減法は，実部同士，虚部同士，それぞれ加減する約束であっ
た．すなわち

$$Z_1 = a + b\mathrm{i}, \quad Z_2 = c + d\mathrm{i}$$

とするとき，その和は

$$Z_1 \pm Z_2 = (a \pm c) + (b \pm d)\mathrm{i}$$

で定義された．定数倍は，k を任意の実数として

$$kZ_1 = ka + kb\mathrm{i}.$$

まとめて

$$\alpha Z_1 \pm \beta Z_2 = (\alpha a \pm \beta c) + (\alpha b \pm \beta d)\mathrm{i}$$

と書ける——ここで，α, β は任意の実数である．

ここで，一般の複素数を $f(x, y) \equiv x + y\mathrm{i}$ で表すと，$Z_1 = f(a, b), Z_2 = f(c, d)$
となる．このとき

$$f(\alpha a + \beta c, \alpha b + \beta d)$$
$$= \alpha(a + b\mathrm{i}) + \beta(c + d\mathrm{i}) = \alpha f(a, b) + \beta f(c, d)$$

が成り立つ．これは，複素数の実部と虚部が，それぞれ線型であることを示し
ている．

n 個の要素をひとまとめにした対象

$$X = (x_1, x_2, \ldots, x_n), \quad Y = (y_1, y_2, \ldots, y_n)$$

が線型の定義：

$$(\alpha x_1 + \beta y_1, \alpha x_2 + \beta y_2, \ldots, \alpha x_n + \beta y_n)$$
$$= \alpha(x_1, x_2, \ldots, x_n) + \beta(y_1, y_2, \ldots, y_n) = \alpha X + \beta Y$$

を満足するならば，それを**数ベクトル**と呼び，その要素数 n を数ベクトルの**次元 (dimension)** という．以後，数ベクトルを単に**ベクトル (vector)** と書き，**肉太の文字 (boldface letters)** で表す[注1]．また，α, β のような単なる数値を**スカラー (scalar)** といい，細文字で表す．

9.1.2 ベクトルの幾何的性質

図に示すように，一つの複素数を表す点と原点とを直線で結べば，この直線の長さは，与えられた複素数の絶対値を表す．

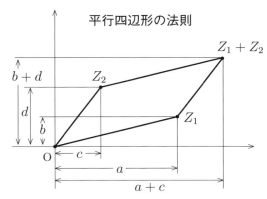

平行四辺形の法則

ここで，$Z = a + bi$ を座標表示で書けば (a, b) であるが，この表示法を用いれば複素数の加法は

$$Z_1 + Z_2 \quad \Leftrightarrow \quad (a + c, b + d)$$

[注1] よって，複素数は "二次元のベクトル" として了解できる．

と表せる. これは幾何的には, Z_1, Z_2 を二辺とする**平行四辺形 (parallelogram)** を描くことであり, 足し算の結果はその対角線に対応する. これを**平行四辺形の法則**と呼ぶ. また, 複素数の定数倍は, 元の複素数と同じ方向を持った直線の長さを, その定数倍だけ延ばしたものとなる.

以上が, 複素数を幾何的に表現した場合の性質であり, これは一般のベクトルにおいても成り立つ.

注意　何か実際に意味を持つ式は

$$\boxed{\text{ベクトル量}} = \boxed{\text{ベクトル量}} \quad \text{または,} \quad \boxed{\text{スカラー量}} = \boxed{\text{スカラー量}}$$

なる形になり, "ベクトル量＝スカラー量" が成立することはない. ベクトルの減法において, 特に

$$\mathbf{A} - \mathbf{A} = \mathbf{0}$$

であり, 右辺を**ゼロ・ベクトル (zero vector)** と呼ぶ. これは, 数値 0 とは異なり, ベクトル量であることに注意すること. ∎

注意　ベクトルを, 終点と始点, 終点と始点,...と順に結んでいき, 最後のベクトルの終点と最初のベクトルの始点が一致する (多角形になる) とき, その総和, すなわち, **合ベクトル (resultant vector)** は **0** となる.

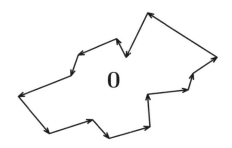

◇◇◇◇◇◇◇◇◇◇◇◇◇◇　**参考**　◇◇◇◇◇◇◇◇◇◇◇◇◇◇

$\boxed{\text{質点の力学}}$

　位置ベクトル $\mathbf{r}$ が時間 t に従って変化する場合，これを $\mathbf{r}(t)$ と書く．t に関する微分は

$$\frac{\mathrm{d}\mathbf{r}}{\mathrm{d}t} \equiv \lim_{\Delta t \to 0} \frac{\mathbf{r}(t + \Delta t) - \mathbf{r}(t)}{\Delta t}$$

で定義され，対象点の**速度 (velocity)** を表す．ベクトル $\mathbf{r}(t + \Delta t)$ とベクトル $\mathbf{r}(t)$ の差はベクトルなので，速度もベクトル量になり，通常 $\mathbf{v}$ と表す．

　同様にして，$\mathbf{r}(t)$ の二階微分もベクトルになり，点の**加速度 (acceleration)** を表す．**質量 (mass)** m の**質点 (point mass)** [注2]に対し，**運動量 (momentum)** を

$$\mathbf{p} \equiv m\frac{\mathrm{d}\mathbf{r}}{\mathrm{d}t} = m\mathbf{v}$$

で定義する．この質点に**力 (force)** $\mathbf{F}$ が作用するとき

$$\mathbf{F} = \frac{\mathrm{d}\mathbf{p}}{\mathrm{d}t}$$

が成り立つ．これをニュートンの**運動方程式 (equation of motion)** と呼ぶ——ただし，実験科学である物理学の立場上，力が本当にベクトル量として振る舞うか否かは実験による検証を要するが，我々の文明の全体がそれを非常に高い精度で肯定しているといえるだろう．

　力の働いていない質点を，**自由粒子 (free particle)** といい，$\mathbf{F} = \mathbf{0}$ より

$$\frac{\mathrm{d}\mathbf{p}}{\mathrm{d}t} = \mathbf{0}$$

が成り立つ．これは直ちに積分できて，$\mathbf{p} = $ 定ベクトル，となる．時間に関して一定である量を一般に，**保存量 (conserved quantity)** と呼ぶ．すなわち，自由粒子の運動量は保存量である．

[注2] 質量と位置以外の他の物理的属性をすべて除去した概念．

　ここで，直交座標系 S を設定し，座標軸に沿って長さが 1 となるベクトル $\mathbf{e}_x, \mathbf{e}_y$ を描く．これらを**単位ベクトル (unit vectors)**，あるいは**基底ベクトル (basic vectors)** と呼ぶ．このとき，与えられたベクトル $\mathbf{A}$ は，単位ベクトルを用いて

$$\mathbf{A} = A_x\mathbf{e}_x + A_y\mathbf{e}_y$$

と書ける．スカラー量 A_x, A_y を $\mathbf{A}$ の座標系 S における**成分 (components)** という．

　ベクトルの大きさを $|\mathbf{A}|$，または——これはスカラー量なので——対応する細文字 A で表すと，ピタゴラスの定理より

$$|\mathbf{A}| = A = \sqrt{A_x^2 + A_y^2}$$

となる．ベクトル $\mathbf{A}$ を，その大きさで割ったベクトル $\mathbf{A}/A$ は，$\mathbf{A}$ の向きを有する単位ベクトルであり，$|\mathbf{A}/A| = 1$ が成り立つ．

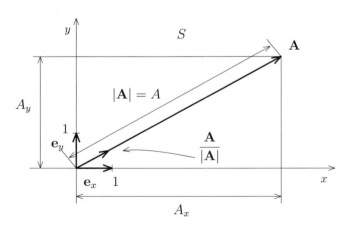

ところで，これまでの議論から明らかなように，考察する座標系の次元と，基底になる単位ベクトルの本数は一致する——ここまでは，互いに直交した単位ベクトルを基底として選び，座標系を設定した．

基底ベクトルであるためには，互いに**線型独立 (linearly independent)** であればよい．二つのベクトルが線型独立であるとは，ベクトル $\mathbf{a}$, $\mathbf{b}$ に対して

$$\boxed{\alpha\mathbf{a} + \beta\mathbf{b} = \mathbf{0}}$$

が，$\alpha = \beta = 0$ のときに限り成り立つ場合をいう．

何故ならば，$\alpha \neq 0$ かつ $\beta \neq 0$ のときに上式が成り立つと仮定すると，$\mathbf{a} = -\beta\mathbf{b}/\alpha$ となり，$\mathbf{a}$ が $\mathbf{b}$ を用いて置き換えられる．これは幾何的には二本のベクトルが平行になっていることを示している[注3]．

互いに直交していないベクトルを基底に選んだ直線座標系は，**斜交座標系 (oblique Cartesian coordinates)** と呼ばれる．また，各点での接線が互いに直交するように組み合わされた一群の曲線を，直交曲線座標という．

複素数が 0 であるのは，実部，虚部が共に 0 の場合に限るので，上の意味において，実数 1 と虚数単位 i は "線型独立" であり，複素数をベクトルと見たときの基底になっているわけである．

9.1.3 ベクトルの内積

ベクトルの和と差が定義できた．次はベクトル同士の積を考えよう．

ベクトルの "掛け算" には様々なものが定義できる．その結果に対して，考えられる可能性は

$$[\,1\,] \quad \boxed{\text{ベクトル量}} \; 掛ける \; \boxed{\text{ベクトル量}} \; \Rightarrow \; \boxed{\text{スカラー量}}$$

$$[\,2\,] \quad \boxed{\text{ベクトル量}} \; 掛ける \; \boxed{\text{ベクトル量}} \; \Rightarrow \; \boxed{\text{ベクトル量}}$$

$$[\,3\,] \quad \boxed{\text{ベクトル量}} \; 掛ける \; \boxed{\text{ベクトル量}} \; \Rightarrow \; \boxed{\text{新しい量}}$$

の三種類である．ここでは [1] の場合だけを扱う[注4]．

[注3] これを**共線**と呼ぶ．
[注4] [2]，[3] に関しては，附録：「ベクトルの外積」「ベクトルとテンソル」の項参照．

[1] の場合は，ベクトルの**内積 (inner product)**，あるいは計算結果を名前に流用して**スカラー積 (scalar product)**，または積の記号として「・」を用いるので，**ドット積 (dot product)** とも呼ばれる．内積とは

$$\mathbf{A}\cdot\mathbf{B} \equiv |\mathbf{A}||\mathbf{B}|\cos\theta$$

で定義される"掛け算"である．θ はベクトル $\mathbf{A}$ と $\mathbf{B}$ の成す角で，$0 \le \theta \le \pi$ である．$\mathbf{A},\mathbf{B}$ を入れ替えると，角の測り方が，θ から $-\theta$ へ変わるが，$\cos(-\theta) = \cos\theta$ なので

$$\mathbf{B}\cdot\mathbf{A} = |\mathbf{B}||\mathbf{A}|\cos(-\theta) = |\mathbf{B}||\mathbf{A}|\cos\theta = \mathbf{A}\cdot\mathbf{B}$$

となり，内積は交換法則：

$$\mathbf{B}\cdot\mathbf{A} = \mathbf{A}\cdot\mathbf{B}$$

を満たす．さらに，分配法則も成り立つ．

$$\mathbf{A}\cdot(\mathbf{B} + \mathbf{C}) = \mathbf{A}\cdot\mathbf{B} + \mathbf{A}\cdot\mathbf{C}$$

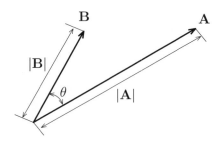

また，自分自身との間の角は 0 であるから，$\mathbf{A} = \mathbf{B}$ とおいて

$$\mathbf{A}\cdot\mathbf{A} = \mathbf{A}^2 = |\mathbf{A}||\mathbf{A}|\cos 0 = |\mathbf{A}|^2.$$

よって，ベクトルの大きさは

$$\boxed{|\mathbf{A}| = \sqrt{\mathbf{A}^2}}$$

と表される．通常，ベクトルの二乗とは，自分自身との内積の意味であり，常に $\mathbf{A}^2 \geqq 0$ である．

二本のベクトルが直交しているとき，内積は 0 になる．例えば，座標系 S の基底ベクトル，$\mathbf{e}_x, \mathbf{e}_y$ は互いに直交しているので

$$\mathbf{e}_x \cdot \mathbf{e}_y = \mathbf{e}_y \cdot \mathbf{e}_x = 0$$

である．この関係を利用して，$\mathbf{A}, \mathbf{B}$ の内積は

$$\begin{aligned}
\mathbf{A} \cdot \mathbf{B} &= (A_x \mathbf{e}_x + A_y \mathbf{e}_y) \cdot (B_x \mathbf{e}_x + B_y \mathbf{e}_y) \\
&= A_x B_x \mathbf{e}_x \cdot \mathbf{e}_x + A_x B_y \mathbf{e}_x \cdot \mathbf{e}_y + A_y B_x \mathbf{e}_y \cdot \mathbf{e}_x + A_y B_y \mathbf{e}_y \cdot \mathbf{e}_y \\
&= A_x B_x \times 1 + A_x B_y \times 0 + A_y B_x \times 0 + A_y B_y \times 1,
\end{aligned}$$

すなわち

$$\boxed{\mathbf{A} \cdot \mathbf{B} = A_x B_x + A_y B_y}$$

となる．これは内積を成分を用いて計算する方法を与えている．よって，ベクトルの間の角の cosine をその成分より求める式：

$$\boxed{\cos\theta = \frac{\mathbf{A} \cdot \mathbf{B}}{\sqrt{\mathbf{A}^2}\sqrt{\mathbf{B}^2}} = \frac{A_x B_x + A_y B_y}{\sqrt{A_x^2 + A_y^2}\sqrt{B_x^2 + B_y^2}}}$$

を得る．

問題 1 二つのベクトル：

$$\mathbf{m} = \frac{\sqrt{2}}{2}(\mathbf{e}_x + \mathbf{e}_y), \quad \mathbf{e}_x$$

の成す角を求めよ．

ベクトル $\mathbf{A}, \mathbf{B}$ がパラメータ s の関数であるとき，$\mathbf{A} \cdot \mathbf{B}$ の s に関する微分は

$$\frac{\mathrm{d}}{\mathrm{d}s}(\mathbf{A} \cdot \mathbf{B}) = \frac{\mathrm{d}\mathbf{A}}{\mathrm{d}s} \cdot \mathbf{B} + \mathbf{A} \cdot \frac{\mathrm{d}\mathbf{B}}{\mathrm{d}s}$$

となる．特に $\mathbf{A}^2 = $ 一定 の場合

$$\frac{\mathrm{d}}{\mathrm{d}s}(\mathbf{A}^2) = 2\mathbf{A} \cdot \frac{\mathrm{d}\mathbf{A}}{\mathrm{d}s}$$

となるが，定数の微分は 0 であるため

$$\mathbf{A} \cdot \frac{\mathrm{d}\mathbf{A}}{\mathrm{d}s} = 0.$$

すなわち，大きさが一定のベクトルは，常に自分自身の微分と直交する．

◇◇◇◇◇◇◇◇◇◇◇◇◇　**参考**　◇◇◇◇◇◇◇◇◇◇◇◇◇◇◇

剛体の力学

　剛体 (rigid body) とは，任意の二点間の距離が不変という条件により定義された理想物体である．剛体内の点 P の位置をベクトル $\mathbf{r}_P$ で表す．仮定より，$\mathbf{r}_P^2 = $ 一定，である．この式の両辺を時間に関して微分すると

$$\mathbf{r}_P \cdot \mathbf{v}_P = 0, \quad \left(\text{ここで，} \mathbf{v}_P \equiv \frac{\mathrm{d}\mathbf{r}_P}{\mathrm{d}t} \right)$$

となる．すなわち，剛体の任意の点における速度ベクトルは，その点を表す位置ベクトルと直交する．

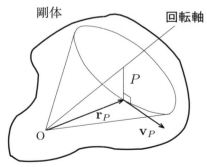

さて，内積を利用すると，与えられたベクトルの成分を

$$\mathbf{A}{\cdot}\mathbf{e}_x = (A_x\mathbf{e}_x + A_y\mathbf{e}_y){\cdot}\mathbf{e}_x = A_x,$$
$$\mathbf{A}{\cdot}\mathbf{e}_y = (A_x\mathbf{e}_x + A_y\mathbf{e}_y){\cdot}\mathbf{e}_y = A_y$$

と簡潔に表せる．これは，直交するベクトルの内積が 0 になる性質を用いた方法であり，これが直交座標系が重用される理由である．

これより，元のベクトルを

$$\boxed{\mathbf{A} = (\mathbf{A}{\cdot}\mathbf{e}_x)\mathbf{e}_x + (\mathbf{A}{\cdot}\mathbf{e}_y)\mathbf{e}_y}$$

と表す．基底ベクトル $\mathbf{e}_x, \mathbf{e}_y$ は座標系 S を代表するので，上式をベクトル **A** の座標系 S における**展開**という．

問題 2 三角形：$\mathbf{a} + \mathbf{b} + \mathbf{c} = \mathbf{0}$ より余弦定理を導け．

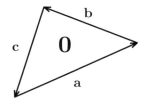

◇◇◇◇◇◇◇◇◇◇◇◇◇◇　**参考**　◇◇◇◇◇◇◇◇◇◇◇◇◇◇◇

数ベクトルと空間ベクトル

　数ベクトルは，和とスカラー倍の計算法則により定義された．これを代数的に扱う場合にも，幾何的に解釈する場合にも，背後に存在する座標系は一つの固定されたものである．

　ところで，物理の問題を考える場合，座標系の選択は全く人為的なものであり，特別の意味を持つ座標系は存在しない．従って，物理法則を記述する数学的な道具は，座標系の選択に無関係なもの，言い換えれば，一つの座標系で成立した関係が，直ちに他の任意の座標系においても成立することを保証するもの，でなければならない．

　そこで，物理学におけるベクトルの定義は，数ベクトルの定義より狭く，以下のようになる——これを**空間ベクトル**と呼ぶ．

　空間ベクトルとは，空間に存在する始点と終点を持った一つの矢印であって

> [1] 加法に関して平行四辺形の法則に従う．
> [2] 座標系の選択とは無関係に大きさと向きを持つ．

さらに，平行移動して重なる二つのベクトルは，同一のものであると約束する．逆に言えば，これは，一本のベクトルの背後に無限に多くの"大きさと向きが同じベクトル"が存在することを意味する．よって，二つのベクトルを加える場合，それぞれを平行移動させて，始点を重ねることができる．

　定義 [1] に関しては，数ベクトルと同様であるので，[2] について説明しよう．先に示したように，ベクトル **A** は座標系 S において，それぞれの座標軸に対する成分，A_x, A_y によって表される．さらに，**A** は単位ベクトル $\mathbf{e}'_x, \mathbf{e}'_y$ で定義される別の直交座標系 S' において

$$\mathbf{A} = A'_x \mathbf{e}'_x + A'_y \mathbf{e}'_y$$

と展開される．ここで，A'_x, A'_y は x' 軸，y' 軸に対する成分である．

　座標系を変えて，同じベクトルを考察する場合，変化するのはベクトルの成分だけであって，ベクトルそれ自身は不変となる．すなわち

$$\mathbf{A} = \underset{S\,\text{系}}{A_x \mathbf{e}_x + A_y \mathbf{e}_y} = \underset{S'\,\text{系}}{A'_x \mathbf{e}'_x + A'_y \mathbf{e}'_y}$$

が成り立つ.

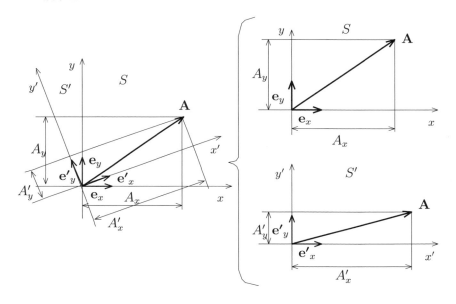

　このように，ベクトルをその成分に注目して議論すれば，用いている座標系を常に明示する必要があり不便が生じる．逆に，成分を使わずベクトルだけを用いて考察の対象が表現されるならば，その関係は如何なる座標系においても成立することになり，理論の適用範囲が飛躍的に拡大することになる[注5].

[注5] 附録：「ベクトルとテンソル」の項参照.

9.2 行列の定義とその算法

9.2.1 行列の定義

初めに，行列の定義を与えておこう．**行列 (matrix)** とは，縦横に数を配列し，括弧により一つにまとめたものである[注6]．その一般形は

$$
\begin{pmatrix}
a_{11} & a_{12} & \cdots & a_{1n} \\
a_{21} & a_{22} & \cdots & a_{2n} \\
\vdots & & & \vdots \\
\vdots & & & \vdots \\
a_{m1} & a_{m2} & \cdots & a_{mn}
\end{pmatrix}
\begin{array}{l}
\text{第一行} \\
\text{第二行} \\
\vdots \\
\vdots \\
\text{第 } m \text{ 行}
\end{array}
$$

$$
\begin{array}{cccc}
\text{第} & \text{第} & & \text{第} \\
\text{一} & \text{二} & \cdots & n \\
\text{列} & \text{列} & & \text{列}
\end{array}
$$

で与えられる．この行列は m 行 n 列，あるいは，$m \times n$ 行列であるという．ここで，添字附きのラテン文字は，任意の数 (一般には複素数) を表し，行列の**成分**，あるいは，**要素**という[注7]．

横の数の組：

$$(a_{11}\ a_{12}\ \cdots\ a_{1n}), \quad (a_{21}\ a_{22}\ \cdots\ a_{2n}), \quad (a_{31}\ a_{32}\ \cdots\ a_{3n}), \ldots$$

を**行ベクトル (row vector)**，あるいは**横ベクトル**，縦の数の組：

$$
\begin{pmatrix} a_{11} \\ a_{21} \\ \vdots \\ \vdots \\ a_{m1} \end{pmatrix},
\begin{pmatrix} a_{12} \\ a_{22} \\ \vdots \\ \vdots \\ a_{m2} \end{pmatrix},
\begin{pmatrix} a_{13} \\ a_{23} \\ \vdots \\ \vdots \\ a_{m3} \end{pmatrix}, \ldots
$$

[注6] この簡明な定義が，応用の広さにつながる.
[注7] 成分自身が一つの行列の形式を採ってもよい.

を**列ベクトル (column vector)**, あるいは**縦ベクトル**と呼ぶ (当然, 行ベクトルは $1 \times n$ 行列, 列ベクトルは $m \times 1$ 行列としての性質も併せ持つ).

逆に, $m \times n$ 行列を行ベクトル:

$$\mathbf{R}_i \equiv (a_{i1}\ a_{i2}\ \cdots\ a_{in}), \quad (ただし, i = 1, 2, \ldots, m)$$

をその成分とする列ベクトルの形式に書ける. すなわち

$$\begin{pmatrix} a_{11} & a_{12} & \cdots & a_{1n} \\ a_{21} & a_{22} & \cdots & a_{2n} \\ \vdots & & & \vdots \\ \vdots & & & \vdots \\ a_{m1} & a_{m2} & \cdots & a_{mn} \end{pmatrix} = \begin{pmatrix} \mathbf{R}_1 \\ \mathbf{R}_2 \\ \vdots \\ \vdots \\ \mathbf{R}_m \end{pmatrix}.$$

同様に, 列ベクトル:

$$\mathbf{C}_j \equiv \begin{pmatrix} a_{1j} \\ a_{2j} \\ \vdots \\ \vdots \\ a_{mj} \end{pmatrix}, \quad (ただし, j = 1, 2, \ldots, n)$$

を用いて, 以下の行ベクトルの形式に表すこともできる.

$$\begin{pmatrix} a_{11} & a_{12} & \cdots & a_{1n} \\ a_{21} & a_{22} & \cdots & a_{2n} \\ \vdots & & & \vdots \\ \vdots & & & \vdots \\ a_{m1} & a_{m2} & \cdots & a_{mn} \end{pmatrix} = (\mathbf{C}_1\ \mathbf{C}_2\ \cdots\ \mathbf{C}_n).$$

注意 行列の成分自身が一つの行列の形式を持つ場合がある. これは逆に考えれば, 行列を任意の小さな**区画 (block)** に分割して, それらをひとまとめに記述する方法である. この区画を元の行列の**小行列**と呼ぶ. 分割を一行, あるいは一列単位で行ったものが, 上述の行 (列) ベクトルによる記述である. ∎

　行列を簡潔に表すために，$\widetilde{A}$ のように文字の上に記号**チルダ (tilde)** " ～ " を附け，成分の一般形を用いて

$$\boxed{\widetilde{A} = [a_{ij}], \quad (\text{ただし}, \ i = 1, 2, \ldots, m, \ j = 1, 2, \ldots, n)}$$

と書く．$m \times n$ 行列 $\widetilde{A}$ の行と列を入れ替えて得られる $n \times m$ 行列を $\widetilde{A}$ の**転置行列 (transposed matrix)** といい，${}^t\widetilde{A}$ と表す．この記法を用いて，列ベクトルを次のように書くと紙面が節約できる．

$$\begin{pmatrix} a_{11} \\ a_{21} \\ \vdots \\ a_{m1} \end{pmatrix} \implies {}^t(a_{11} \ a_{21} \ \cdots \ a_{m1})$$

9.2.2　一般的な行列の算法

　行列の基本的な算法について説明する．

　行と列の成分数のそれぞれが一致した二つの行列：

$$\widetilde{A} = [a_{ij}], \quad \widetilde{B} = [b_{ij}]$$

が**等しい**とは，すべての成分が互いに等しいこと，すなわち，すべての i, j に対して，以下の関係が成り立つことである．

$$\boxed{\widetilde{A} = \widetilde{B} \ \Leftrightarrow \ a_{ij} = b_{ij}.}$$

　また，行列の加減は，各成分の加減により

$$\boxed{\widetilde{A} \pm \widetilde{B} \ \Leftrightarrow \ a_{ij} \pm b_{ij}}$$

と定義する．行列 $\widetilde{A}$ の k 倍とは，各成分を k 倍すること，すなわち

$$\boxed{k\widetilde{A} \ \Leftrightarrow \ ka_{ij}}$$

である．よって，行列は**線型条件**を満足する．従って，先に述べた行 (列) ベクトルは，この意味で線型性を持つ**数ベクトル**である．

行列同士の掛け算は，互いの成分数が等しい行ベクトルと列ベクトルの積，言い換えれば，$1 \times n$ 行列と $n \times 1$ 行列の積の計算規則：

$$(a_1 \; a_2 \; \cdots \; a_n) \begin{pmatrix} b_1 \\ b_2 \\ \vdots \\ b_n \end{pmatrix} = \sum_{l=1}^{n} a_l b_l = a_1 b_1 + a_2 b_2 + \cdots + a_n b_n$$

が基本を成す[注8]．すなわち，掛け算の左に位置する行列 $\widetilde{A}$ の列の成分数と，右に位置する行列 $\widetilde{B}$ の行の成分数が一致する必要がある．従って，$m \times n$ 行列と $n \times k$ 行列は掛け算ができて，結果は $m \times k$ 行列になる．

具体的に書けば

$$\widetilde{A}\widetilde{B} = m \left\{ \begin{pmatrix} a_{11} & a_{12} & \cdots & a_{1n} \\ a_{21} & a_{22} & \cdots & a_{2n} \\ \vdots & & & \vdots \\ \vdots & & & \vdots \\ a_{m1} & a_{m2} & \cdots & a_{mn} \end{pmatrix} \right. \overbrace{\begin{pmatrix} b_{11} & b_{12} & b_{13} & \cdots & b_{1k} \\ b_{21} & b_{22} & b_{23} & \cdots & b_{2k} \\ \vdots & & & & \vdots \\ b_{n1} & b_{n2} & b_{n3} & \cdots & b_{nk} \end{pmatrix}}^{k} \left. \vphantom{\begin{pmatrix} b \\ b \\ \vdots \\ b \end{pmatrix}} \right\} n$$

$$= m \left\{ \underbrace{\begin{pmatrix} c_{11} & c_{12} & c_{13} & \cdots & c_{1k} \\ c_{21} & c_{22} & c_{23} & \cdots & c_{2k} \\ \vdots & & & & \vdots \\ \vdots & & & & \vdots \\ c_{m1} & c_{m2} & c_{m3} & \cdots & c_{mk} \end{pmatrix}}_{k} \right. .$$

ここで，成分 c_{ij} は

$$c_{ij} = \sum_{l=1}^{n} a_{il} b_{lj}, \; (\text{ただし，} \; i = 1, 2, \ldots, m, \; j = 1, 2, \ldots, k)$$

[注8] この計算は，前節で考察したベクトルの内積に対応し，1×1 行列，すなわち，一つの数値を与える．

であり，書き下せば

$$
\begin{cases}
c_{11} = \displaystyle\sum_{l=1}^{n} a_{1l}b_{l1} = a_{11}b_{11} + a_{12}b_{21} + \cdots + a_{1n}b_{n1}, \\
c_{12} = \displaystyle\sum_{l=1}^{n} a_{1l}b_{l2} = a_{11}b_{12} + a_{12}b_{22} + \cdots + a_{1n}b_{n2}, \\
\quad\vdots \\
c_{1k} = \displaystyle\sum_{l=1}^{n} a_{1l}b_{lk} = a_{11}b_{1k} + a_{12}b_{2k} + \cdots + a_{1n}b_{nk}
\end{cases}
$$

$$
\vdots
$$

$$
\begin{cases}
c_{m1} = \displaystyle\sum_{l=1}^{n} a_{ml}b_{l1} = a_{m1}b_{11} + a_{m2}b_{21} + \cdots + a_{mn}b_{n1}, \\
c_{m2} = \displaystyle\sum_{l=1}^{n} a_{ml}b_{l2} = a_{m1}b_{12} + a_{m2}b_{22} + \cdots + a_{mn}b_{n2}, \\
\quad\vdots \\
c_{mk} = \displaystyle\sum_{l=1}^{n} a_{ml}b_{lk} = a_{m1}b_{1k} + a_{m2}b_{2k} + \cdots + a_{mn}b_{nk}
\end{cases}
$$

となる．

　二つの行列の掛け算に対して，計算が定義できる場合とできない場合がある．実際，上の例では $m \neq k$ の場合，逆順の掛け算 $\widetilde{B}\widetilde{A}$ は対応する行，列の成分数が異なるので定義できない．一般に，二つの行列の行と列の成分数が，以下の図のように対応する場合にのみ，逆順の掛け算が意味を持つ．

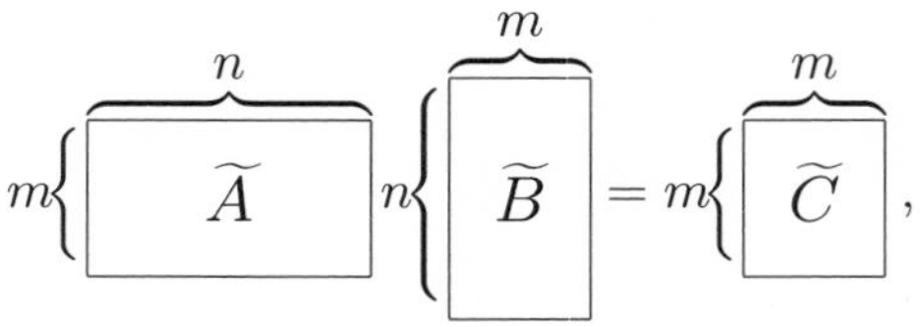

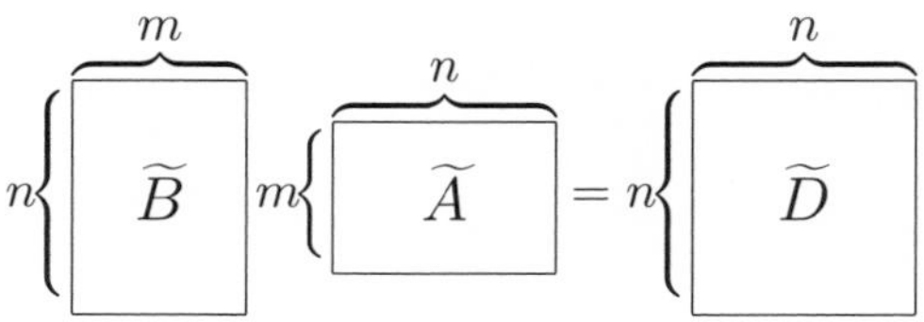

$$
m\left\{\overbrace{\boxed{\widetilde{A}}}^{n}\right. \quad n\left\{\overbrace{\boxed{\widetilde{B}}}^{m}\right. = m\left\{\overbrace{\boxed{\widetilde{C}}}^{m}\right. ,
$$

$$
n\left\{\overbrace{\boxed{\widetilde{B}}}^{m}\right. \quad m\left\{\overbrace{\boxed{\widetilde{A}}}^{n}\right. = n\left\{\overbrace{\boxed{\widetilde{D}}}^{n}\right.
$$

また，このような逆の掛け算が反復して自由に行えるためには，行と列の成分数が共に等しいことが必要である．これを**正方行列 (square matrix)** という．正方行列の行 (あるいは列) の数を行列の**次数 (order)** と呼ぶ．すなわち，$m \times m$ 行列は m 次の正方行列である．

特に，${}^t\widetilde{A}\widetilde{A} = \widetilde{A}{}^t\widetilde{A} = \widetilde{E}$ となる正方行列 $\widetilde{A}$ を**直交行列 (orthogonal matrix)** と呼ぶ――単位行列 $\widetilde{E}$ に関しては直ぐ後で説明する．

> 注意 与えられた行列の計算を円滑に実行するために，適当な大きさの小行列に分割する場合，それらが本節で示した算法 (特に，積に関して) が可能であるような区画に分割しなければ実用上の意味はない．
>
> 例えば，成分に 0 を多く含む以下の行列：
>
> $$\widetilde{A} = \begin{pmatrix} 1 & 2 & 0 & 0 \\ 3 & 4 & 0 & 0 \\ 0 & 0 & 5 & 6 \\ 0 & 0 & 7 & 8 \end{pmatrix}, \qquad \widetilde{B} = \begin{pmatrix} 5 & 6 & 0 & 0 \\ 7 & 8 & 0 & 0 \\ 0 & 0 & 1 & 2 \\ 0 & 0 & 3 & 4 \end{pmatrix}$$
>
> の積を考える場合，$\widetilde{A}, \widetilde{B}$ の内部を 2×2 の区画に分割すれば，見通し良く計算できる．

$$\left(\begin{array}{cc|cc} 1 & 2 & 0 & 0 \\ 3 & 4 & 0 & 0 \\ \hline 0 & 0 & 5 & 6 \\ 0 & 0 & 7 & 8 \end{array}\right) \left(\begin{array}{cc|cc} 5 & 6 & 0 & 0 \\ 7 & 8 & 0 & 0 \\ \hline 0 & 0 & 1 & 2 \\ 0 & 0 & 3 & 4 \end{array}\right)$$

$$= \begin{pmatrix} \begin{pmatrix} 1 & 2 \\ 3 & 4 \end{pmatrix}\begin{pmatrix} 5 & 6 \\ 7 & 8 \end{pmatrix} + \begin{pmatrix} 0 & 0 \\ 0 & 0 \end{pmatrix}\begin{pmatrix} 0 & 0 \\ 0 & 0 \end{pmatrix} & \begin{pmatrix} 1 & 2 \\ 3 & 4 \end{pmatrix}\begin{pmatrix} 0 & 0 \\ 0 & 0 \end{pmatrix} + \begin{pmatrix} 0 & 0 \\ 0 & 0 \end{pmatrix}\begin{pmatrix} 1 & 2 \\ 3 & 4 \end{pmatrix} \\ \begin{pmatrix} 0 & 0 \\ 0 & 0 \end{pmatrix}\begin{pmatrix} 5 & 6 \\ 7 & 8 \end{pmatrix} + \begin{pmatrix} 5 & 6 \\ 7 & 8 \end{pmatrix}\begin{pmatrix} 0 & 0 \\ 0 & 0 \end{pmatrix} & \begin{pmatrix} 0 & 0 \\ 0 & 0 \end{pmatrix}\begin{pmatrix} 0 & 0 \\ 0 & 0 \end{pmatrix} + \begin{pmatrix} 5 & 6 \\ 7 & 8 \end{pmatrix}\begin{pmatrix} 1 & 2 \\ 3 & 4 \end{pmatrix} \end{pmatrix}$$

$$= \begin{pmatrix} \begin{pmatrix} 1\times5+2\times7 & 1\times6+2\times8 \\ 3\times5+4\times7 & 3\times6+4\times8 \end{pmatrix} & \begin{pmatrix} 0 & 0 \\ 0 & 0 \end{pmatrix} \\ \begin{pmatrix} 0 & 0 \\ 0 & 0 \end{pmatrix} & \begin{pmatrix} 5\times1+6\times3 & 5\times2+6\times4 \\ 7\times1+8\times3 & 7\times2+8\times4 \end{pmatrix} \end{pmatrix}$$

$$= \begin{pmatrix} 19 & 22 & 0 & 0 \\ 43 & 50 & 0 & 0 \\ 0 & 0 & 23 & 34 \\ 0 & 0 & 31 & 46 \end{pmatrix}.$$

9.2.3　行列計算の法則

　一般的な行列の算法を踏まえ，2×2 行列 (二次の正方行列) を用いて，より具体的に行列計算の基本法則について考えよう．

　行列 $\widetilde{A}, \widetilde{B}, \widetilde{C}$ を

$$\widetilde{A} = \begin{pmatrix} a & b \\ c & d \end{pmatrix}, \quad \widetilde{B} = \begin{pmatrix} e & f \\ g & h \end{pmatrix}, \quad \widetilde{C} = \begin{pmatrix} i & j \\ k & l \end{pmatrix}$$

とすると，その定数倍は

$$k\widetilde{A} = k \begin{pmatrix} a & b \\ c & d \end{pmatrix} = \begin{pmatrix} ka & kb \\ kc & kd \end{pmatrix}$$

であり，二つの行列の和と差は

$$\widetilde{A} \pm \widetilde{B} = \begin{pmatrix} a & b \\ c & d \end{pmatrix} \pm \begin{pmatrix} e & f \\ g & h \end{pmatrix} = \begin{pmatrix} a \pm e & b \pm f \\ c \pm g & d \pm h \end{pmatrix}$$

となる．よって，行列の加減においては交換法則

$$\boxed{\widetilde{A} + \widetilde{B} = \widetilde{B} + \widetilde{A}}$$

が成り立つ．同様にして，結合法則

$$\boxed{\left(\widetilde{A} + \widetilde{B}\right) + \widetilde{C} = \widetilde{A} + \left(\widetilde{B} + \widetilde{C}\right)}$$

が成り立つことが分かる．

　また，$\widetilde{A}, \widetilde{B}$ は共に正方行列であるので，掛ける順序を入れ替えた二種類の積

$$[\,1\,] \quad \widetilde{A}\widetilde{B} = \begin{pmatrix} a & b \\ c & d \end{pmatrix} \begin{pmatrix} e & f \\ g & h \end{pmatrix} = \begin{pmatrix} ae+bg & af+bh \\ ce+dg & cf+dh \end{pmatrix},$$

$$[\,2\,] \quad \widetilde{B}\widetilde{A} = \begin{pmatrix} e & f \\ g & h \end{pmatrix} \begin{pmatrix} a & b \\ c & d \end{pmatrix} = \begin{pmatrix} ea+fc & eb+fd \\ ga+hc & gb+hd \end{pmatrix}$$

を考えることができる．上式より明らかに，$\widetilde{A}\widetilde{B} \neq \widetilde{B}\widetilde{A}$ である．すなわち，行列の掛け算は，一般に掛ける順序によって結果が異なり，掛け算における

交換法則が成り立たない新しい数体系である．このような体系を乗法に関して**非可換 (non-commutative)** であるといい，交換法則の成り立つ系を**可換 (commutative)** であるという．

以上の結果を総合して，行列独特の分配法則が得られる．

$$\widetilde{A}\left(\widetilde{B}+\widetilde{C}\right)=\widetilde{A}\widetilde{B}+\widetilde{A}\widetilde{C}, \qquad \left(\widetilde{A}+\widetilde{B}\right)\widetilde{C}=\widetilde{A}\widetilde{C}+\widetilde{B}\widetilde{C}$$
左分配法則 　　　　　　　　右分配法則

注意 一般に $\widetilde{A}\widetilde{B}\neq\widetilde{B}\widetilde{A}$ であるから，二項展開も

$$\left(\widetilde{A}+\widetilde{B}\right)^2=\widetilde{A}^2+\widetilde{A}\widetilde{B}+\widetilde{B}\widetilde{A}+\widetilde{B}^2$$

となり，$\widetilde{A}\widetilde{B}=\widetilde{B}\widetilde{A}$ のときのみ

$$\left(\widetilde{A}+\widetilde{B}\right)^2=\widetilde{A}^2+2\widetilde{A}\widetilde{B}+\widetilde{B}^2$$

となることに注意すること． ■

ここで，三つの行列 $\widetilde{A},\widetilde{B},\widetilde{C}$ の掛け算において，初めに実行する掛け算の組合せを変えてみよう．先ず，前の二つの行列を先に計算し，その後で残りの行列を掛けると

$$[1]\ \left(\widetilde{A}\widetilde{B}\right)\widetilde{C}=\left[\begin{pmatrix}a&b\\c&d\end{pmatrix}\begin{pmatrix}e&f\\g&h\end{pmatrix}\right]\begin{pmatrix}i&j\\k&l\end{pmatrix}=\begin{pmatrix}ae+bg&af+bh\\ce+dg&cf+dh\end{pmatrix}\begin{pmatrix}i&j\\k&l\end{pmatrix}$$

$$=\begin{pmatrix}(ae+bg)i+(af+bh)k&(ae+bg)j+(af+bh)l\\(ce+dg)i+(cf+dh)k&(ce+dg)j+(cf+dh)l\end{pmatrix}$$

$$=\begin{pmatrix}aei+bgi+afk+bhk&aej+bgj+afl+bhl\\cei+dgi+cfk+dhk&cej+dgj+cfl+dhl\end{pmatrix}$$

である．後ろの二つを先に掛ければ

$$[2]\ \widetilde{A}\left(\widetilde{B}\widetilde{C}\right)=\begin{pmatrix}a&b\\c&d\end{pmatrix}\left[\begin{pmatrix}e&f\\g&h\end{pmatrix}\begin{pmatrix}i&j\\k&l\end{pmatrix}\right]=\begin{pmatrix}a&b\\c&d\end{pmatrix}\begin{pmatrix}ei+fk&ej+fl\\gi+hk&gj+hl\end{pmatrix}$$

$$= \begin{pmatrix} a(ei+fk)+b(gi+hk) & a(ej+fl)+b(gj+hl) \\ c(ei+fk)+d(gi+hk) & c(ej+fl)+d(gj+hl) \end{pmatrix}$$

$$= \begin{pmatrix} aei+afk+bgi+bhk & aej+afl+bgj+bhl \\ cei+cfk+dgi+dhk & cej+cfl+dgj+dhl \end{pmatrix}.$$

よって，[1]=[2] が成り立ち，乗法における結合法則：

$$\boxed{\left(\tilde{A}\tilde{B}\right)\tilde{C} = \tilde{A}\left(\tilde{B}\tilde{C}\right)}$$

を得る．すなわち，二つ以上の行列の掛け算をする場合，並びの順序を変えずに，計算に便利な組合せを選んで掛けていけばよい (ただし，先の例でも分かるように，項の並び順を変えると，一般に結果は異なる).

9.2.4　ゼロ行列と単位行列

以下の特殊な行列：

$$\tilde{O} = \begin{pmatrix} 0 & 0 \\ 0 & 0 \end{pmatrix}, \quad \tilde{E} = \begin{pmatrix} 1 & 0 \\ 0 & 1 \end{pmatrix}$$

の性質について調べる．

行列 $\tilde{O}$ は，任意の行列 $\tilde{A}$ に対して

$$\tilde{A} \pm \tilde{O} = \begin{pmatrix} a & b \\ c & d \end{pmatrix} \pm \begin{pmatrix} 0 & 0 \\ 0 & 0 \end{pmatrix} = \begin{pmatrix} a & b \\ c & d \end{pmatrix} = \tilde{A}$$

となる．同様にして，$\tilde{O} \pm \tilde{A} = \pm\tilde{A}$. さらに

$$\tilde{A}\tilde{O} = \begin{pmatrix} a & b \\ c & d \end{pmatrix}\begin{pmatrix} 0 & 0 \\ 0 & 0 \end{pmatrix} = \begin{pmatrix} 0 & 0 \\ 0 & 0 \end{pmatrix} = \tilde{O}, \quad \tilde{O}\tilde{A} = \begin{pmatrix} 0 & 0 \\ 0 & 0 \end{pmatrix}\begin{pmatrix} a & b \\ c & d \end{pmatrix} = \tilde{O}$$

となるので，$\tilde{O}$ は数の計算における 0 に相当し，**ゼロ行列 (zero matrix)**，あるいは，**零行列**と呼ばれる．

次に，$\widetilde{E}$ について調べると

$$\widetilde{E}\widetilde{A} = \begin{pmatrix} 1 & 0 \\ 0 & 1 \end{pmatrix}\begin{pmatrix} a & b \\ c & d \end{pmatrix} = \begin{pmatrix} a & b \\ c & d \end{pmatrix} = \widetilde{A}, \quad \widetilde{A}\widetilde{E} = \begin{pmatrix} a & b \\ c & d \end{pmatrix}\begin{pmatrix} 1 & 0 \\ 0 & 1 \end{pmatrix} = \widetilde{A},$$

$$\widetilde{E}\widetilde{E} = \begin{pmatrix} 1 & 0 \\ 0 & 1 \end{pmatrix}\begin{pmatrix} 1 & 0 \\ 0 & 1 \end{pmatrix} = \begin{pmatrix} 1 & 0 \\ 0 & 1 \end{pmatrix} = \widetilde{E}.$$

よって，$\widetilde{E}$ は数 1 の役割を果たす．これを**単位行列 (unit matrix)** と呼ぶ[注9]．

注意　任意の 2×2 行列は

$$\begin{pmatrix} 1 & 0 \\ 0 & 0 \end{pmatrix}, \quad \begin{pmatrix} 0 & 1 \\ 0 & 0 \end{pmatrix}, \quad \begin{pmatrix} 0 & 0 \\ 1 & 0 \end{pmatrix}, \quad \begin{pmatrix} 0 & 0 \\ 0 & 1 \end{pmatrix}$$

の一次結合を用いて，以下のように表し得る．

$$\begin{pmatrix} a & b \\ c & d \end{pmatrix} = a\begin{pmatrix} 1 & 0 \\ 0 & 0 \end{pmatrix} + b\begin{pmatrix} 0 & 1 \\ 0 & 0 \end{pmatrix} + c\begin{pmatrix} 0 & 0 \\ 1 & 0 \end{pmatrix} + d\begin{pmatrix} 0 & 0 \\ 0 & 1 \end{pmatrix}$$

すなわち，これらは 2×2 行列における最も基本的な行列である．　■

問題 3　以下の問いに答えよ．

[1] 行列：

$$\widetilde{A} = \begin{pmatrix} 1 & 2 & 3 \\ 4 & 5 & 6 \end{pmatrix}, \qquad \widetilde{B} = \begin{pmatrix} a & 3 & b \\ 6 & c & 9 \end{pmatrix}$$

に対して，$3\widetilde{A} - 2\widetilde{B} = \widetilde{O}$ であるとき，a, b, c の値を求めよ．

[2] 行列：

$$\widetilde{A} = \begin{pmatrix} 1 & 2 & 3 \\ 4 & 5 & 6 \end{pmatrix}, \qquad \widetilde{B} = \begin{pmatrix} 1 & 2 & 3 & 4 \\ 2 & 3 & 4 & 5 \\ 3 & 4 & 5 & 6 \end{pmatrix}$$

に対し，積 $\widetilde{A}\widetilde{B}$ を求めよ．

[3] 行列：

$$\widetilde{A} = \begin{pmatrix} 1 & 2 & 3 \end{pmatrix}$$

に対し，積 $\widetilde{A}\,^t\widetilde{A}$, $^t\widetilde{A}\widetilde{A}$ を求めよ．

[注9] 文字 E は，単位を意味するドイツ語の女性名詞 **Einheit** の頭文字を取ったものである．

9.3　逆行列と連立一次方程式の解法

本節では，行列の初等的な応用として，連立一次方程式の解法について考える．

行列 $\tilde{A}$ に対して，掛け合わせた結果が単位行列になる，すなわち

$$\tilde{A}\tilde{X} = \tilde{X}\tilde{A} = \tilde{E}$$

となる行列 $\tilde{X}$ の条件を求めよう．

$$\tilde{A} = \begin{pmatrix} a & b \\ c & d \end{pmatrix}, \quad \tilde{X} = \begin{pmatrix} \alpha & \beta \\ \gamma & \delta \end{pmatrix}$$

とおいて

$$\tilde{A}\tilde{X} = \begin{pmatrix} a & b \\ c & d \end{pmatrix}\begin{pmatrix} \alpha & \beta \\ \gamma & \delta \end{pmatrix} = \begin{pmatrix} a\alpha + b\gamma & a\beta + b\delta \\ c\alpha + d\gamma & c\beta + d\delta \end{pmatrix} = \begin{pmatrix} 1 & 0 \\ 0 & 1 \end{pmatrix}$$

が成り立つと仮定する．先ず，$\alpha = d, \beta = -b, \gamma = -c, \delta = a$ とおくと

$$\begin{pmatrix} a & b \\ c & d \end{pmatrix}\begin{pmatrix} d & -b \\ -c & a \end{pmatrix} = \begin{pmatrix} ad - bc & 0 \\ 0 & ad - bc \end{pmatrix} = (ad - bc)\begin{pmatrix} 1 & 0 \\ 0 & 1 \end{pmatrix}.$$

よって

$$\tilde{X} = \frac{1}{ad - bc}\begin{pmatrix} d & -b \\ -c & a \end{pmatrix}$$

は条件を満たす．これを $\tilde{A}^{-1}$ と書き，行列 $\tilde{A}$ の**逆行列 (inverse matrix)** と呼ぶ．すなわち

$$\boxed{\tilde{A}^{-1} = \frac{1}{ad - bc}\begin{pmatrix} d & -b \\ -c & a \end{pmatrix}}$$

である．実際

$$\tilde{A}\tilde{A}^{-1} = \begin{pmatrix} a & b \\ c & d \end{pmatrix}\frac{1}{ad - bc}\begin{pmatrix} d & -b \\ -c & a \end{pmatrix} = \frac{1}{ad - bc}\begin{pmatrix} ad - bc & 0 \\ 0 & ad - bc \end{pmatrix} = \tilde{E},$$

$$\tilde{A}^{-1}\tilde{A} = \frac{1}{ad - bc}\begin{pmatrix} d & -b \\ -c & a \end{pmatrix}\begin{pmatrix} a & b \\ c & d \end{pmatrix} = \tilde{E}$$

となり, $\tilde{A}^{-1}$ は通常の数の計算における逆数の役割を果たす (当然, $\left(\tilde{A}^{-1}\right)^{-1} = \tilde{A}$ となる).

> 注意 直交行列の場合, その定義 ${}^t\tilde{A}\tilde{A} = \tilde{A}\,{}^t\tilde{A} = \tilde{E}$ より, 直ちに $\tilde{A}^{-1} = {}^t\tilde{A}$ となる. ∎

ところで, 逆行列の形を見れば $ad - bc = 0$ のとき, 逆行列は定義できないことが分かる. すなわち, 逆行列の存在する条件は, 正方行列であり, かつ

$$\boxed{ad - bc \neq 0}$$

が成り立つことである. 逆行列の存在する行列を**正則行列 (regular matrix)** という.

与えられた正方行列

$$\tilde{A} = \begin{pmatrix} a & b \\ c & d \end{pmatrix}$$

に対して, **行列式 (determinant)** $\det \tilde{A}$ を[注10]

$$\boxed{\det \tilde{A} \equiv ad - bc}$$

により定義する. これを

$$\left|\tilde{A}\right| = \begin{vmatrix} a & b \\ c & d \end{vmatrix} = ad - bc$$

と書くこともある[注11].

よって, 正則行列の条件を, 行列式を用いて

$$\boxed{\textbf{0 でない行列式を有する正方行列には, 逆行列が存在する}}$$

[注10] 行列はベクトルと同じ多元量であるが, 行列式は一つの数値を与えるに過ぎない. また, 行列と行列式では, 日本語として非常に紛らわしいので, 行列を**マトリクス**, 行列式を**ディターミナント**と呼ぶほうが "安全" だろう.

[注11] 附録:「行列式とスカラー三重積」の項参照.

と表せる．行列における割り算は，逆行列を掛けることにより実行されるので，与えられた行列が正則行列であれば，四則の計算が自由に行える．

問題 4　関係：$\left|\tilde{A}\right| = \left|{}^t\tilde{A}\right|$，$\left|\tilde{A}\tilde{B}\right| = \left|\tilde{A}\right|\left|\tilde{B}\right|$ が成り立つことを，2×2 行列を具体的に計算することから確かめよ．

◇◇◇◇◇◇◇◇◇◇◇◇◇　**参考**　◇◇◇◇◇◇◇◇◇◇◇◇◇

行列式の性質

行列式には以下に示す性質がある——文中の「行」を「列」と読み替えても主張はすべて成立する．

> [1] 任意の二つの行を入れ換えると，行列式の符号が変わる．
> [2] 任意の二つの行が互いに他の定数倍のとき，行列式の値は 0 となる．
> [3] 一つの行の要素がすべて 0 のとき，行列式の値は 0 となる．
> [4] 任意の行を定数倍すると，行列式の値もその定数倍となる．
> [5] ある行の定数倍を他の行に加えても，行列式の値は変わらない．

これらは，2×2 行列を具体的に計算することにより

$$[1]\quad \begin{vmatrix} a & b \\ c & d \end{vmatrix} = -\begin{vmatrix} c & d \\ a & b \end{vmatrix} = -\begin{vmatrix} b & a \\ d & c \end{vmatrix} = \begin{vmatrix} d & c \\ b & a \end{vmatrix} = ad - bc,$$

$$[2]\quad \begin{vmatrix} a & b \\ ka & kb \end{vmatrix} = \begin{vmatrix} a & ka \\ c & kc \end{vmatrix} = 0,$$

$$[3]\quad \begin{vmatrix} a & b \\ 0 & 0 \end{vmatrix} = \begin{vmatrix} 0 & 0 \\ c & d \end{vmatrix} = \begin{vmatrix} 0 & b \\ 0 & d \end{vmatrix} = \begin{vmatrix} a & 0 \\ c & 0 \end{vmatrix} = 0,$$

$$[4]\quad \begin{vmatrix} ka & kb \\ c & d \end{vmatrix} = \begin{vmatrix} a & b \\ kc & kd \end{vmatrix} = \begin{vmatrix} ka & b \\ kc & d \end{vmatrix} = \begin{vmatrix} a & kb \\ c & kd \end{vmatrix} = k\begin{vmatrix} a & b \\ c & d \end{vmatrix},$$

$$[5]\quad \begin{vmatrix} a & b \\ c+ka & d+kb \end{vmatrix} = \begin{vmatrix} a & b+ka \\ c & d+kc \end{vmatrix} = \begin{vmatrix} a & b \\ c & d \end{vmatrix}$$

と確認できる．[1]〜[5] を行列式の**行・列に関する基本変形**と呼ぶ．

◇◇◇◇◇◇◇◇◇◇◇◇◇◇◇◇◇◇◇◇◇◇◇◇◇◇◇◇◇◇◇◇

逆行列の簡単な応用として，二元連立一次方程式を行列の形式で解いてみよう．

例題 連立方程式

$$\begin{cases} 2x + y = 4, \\ x + 2y = 5 \end{cases}$$

を解く．

これは行列を用いて

$$\begin{pmatrix} 2 & 1 \\ 1 & 2 \end{pmatrix} \begin{pmatrix} x \\ y \end{pmatrix} = \begin{pmatrix} 4 \\ 5 \end{pmatrix}$$

と書ける．左辺の 2×2 行列を $\widetilde{D}$ とすると，その行列式は

$$\det \widetilde{D} = 2 \times 2 - 1 \times 1 = 3$$

であり，逆行列は

$$\widetilde{D}^{-1} = \frac{1}{3} \begin{pmatrix} 2 & -1 \\ -1 & 2 \end{pmatrix}$$

となる．行列を用いて表した与式の両辺に左から $\widetilde{D}^{-1}$ を掛けると

$$\text{左辺} = \frac{1}{3} \begin{pmatrix} 2 & -1 \\ -1 & 2 \end{pmatrix} \begin{pmatrix} 2 & 1 \\ 1 & 2 \end{pmatrix} \begin{pmatrix} x \\ y \end{pmatrix}$$

$$= \begin{pmatrix} 1 & 0 \\ 0 & 1 \end{pmatrix} \begin{pmatrix} x \\ y \end{pmatrix} = \begin{pmatrix} x \\ y \end{pmatrix}$$

であり，右辺は

$$\text{右辺} = \frac{1}{3} \begin{pmatrix} 2 & -1 \\ -1 & 2 \end{pmatrix} \begin{pmatrix} 4 \\ 5 \end{pmatrix}$$

$$= \frac{1}{3} \begin{pmatrix} 2 \times 4 + (-1) \times 5 \\ (-1) \times 4 + 2 \times 5 \end{pmatrix} = \begin{pmatrix} 1 \\ 2 \end{pmatrix}$$

となる．よって，左辺 ＝ 右辺より，解 $x = 1, y = 2$ を得る．

問題 5 次の連立方程式を解け．

$$\begin{cases} \sqrt{2}x + y = 2 + \sqrt{3}, \\ x + \sqrt{3}y = 3 + \sqrt{2} \end{cases}$$

9.4　複素数の行列表現

　本章の初めにも述べたように，複素数は線型条件を満足し，数ベクトルとしての性質を持つ．そこで，本節では，虚数の計算法則を満たす 2×2 行列を定義し，これを用いて複素数を行列で表すことを考えよう．

　先ず，行列：

$$\tilde{I} = \begin{pmatrix} 0 & -1 \\ 1 & 0 \end{pmatrix}$$

の累乗を調べると

$$\tilde{I}^2 = \tilde{I}\tilde{I} = \begin{pmatrix} 0 & -1 \\ 1 & 0 \end{pmatrix}\begin{pmatrix} 0 & -1 \\ 1 & 0 \end{pmatrix} = -\begin{pmatrix} 1 & 0 \\ 0 & 1 \end{pmatrix} = -\tilde{E},$$

$$\tilde{I}^3 = \tilde{I}\tilde{I}^2 = \tilde{I}\left(-\tilde{E}\right) = -\tilde{I}, \qquad \tilde{I}^4 = \tilde{I}\tilde{I}^3 = \tilde{I}\left(-\tilde{I}\right) = -\tilde{I}\tilde{I} = \tilde{E}$$

であるので，行列 $\tilde{I}$ は虚数単位 i の役割を果たすことが分かる．

　よって，行列 $\tilde{I}$ と単位行列 $\tilde{E}$ が，複素数の行列表現の基礎となる．ある複素数を表す行列を $\tilde{Z}$，その複素共役を $\tilde{Z}^*$ として

$$\tilde{Z} \equiv a\tilde{E} + b\tilde{I} = a\begin{pmatrix} 1 & 0 \\ 0 & 1 \end{pmatrix} + b\begin{pmatrix} 0 & -1 \\ 1 & 0 \end{pmatrix} = \begin{pmatrix} a & -b \\ b & a \end{pmatrix},$$

$$\tilde{Z}^* \equiv a\tilde{E} - b\tilde{I} = a\begin{pmatrix} 1 & 0 \\ 0 & 1 \end{pmatrix} - b\begin{pmatrix} 0 & -1 \\ 1 & 0 \end{pmatrix} = \begin{pmatrix} a & b \\ -b & a \end{pmatrix}$$

と定義する．これらの積は

$$\tilde{Z}\tilde{Z}^* = \begin{pmatrix} a & -b \\ b & a \end{pmatrix}\begin{pmatrix} a & b \\ -b & a \end{pmatrix} = \begin{pmatrix} a^2+b^2 & 0 \\ 0 & a^2+b^2 \end{pmatrix} = (a^2+b^2)\tilde{E},$$

$$\tilde{Z}^*\tilde{Z} = \begin{pmatrix} a & b \\ -b & a \end{pmatrix}\begin{pmatrix} a & -b \\ b & a \end{pmatrix} = (a^2+b^2)\tilde{E}$$

となる．

　上記二式において，虚数単位の役割を担った 2×2 行列 $\tilde{I}$ が消えている．これは**共役な複素数の積は実数になる**ことの行列による表現である．

参考

行列の持つ面白い性質

　数の計算において，$ab = 0$ ならば，a, b のうち少なくとも一方は 0 であった．ところが，行列の計算においては，ゼロ行列ではない二つの行列の積がゼロ行列になることがある．例えば

$$\begin{pmatrix} 1 & 0 \\ 0 & 0 \end{pmatrix} \begin{pmatrix} 0 & 0 \\ 1 & 0 \end{pmatrix} = \begin{pmatrix} 0 & 0 \\ 0 & 0 \end{pmatrix} = \tilde{O}.$$

すなわち，行列の計算においては，$\tilde{A}\tilde{B} = \tilde{O}$ であっても，必ずしも $\tilde{A} = \tilde{O}$ または $\tilde{B} = \tilde{O}$ であるとは言えない．また，一般に $\tilde{A}\tilde{B} = \tilde{A}\tilde{C}$ から $\tilde{B} = \tilde{C}$ は結論できない．

　さらに，数の計算において，二乗して正ならば実数，負ならば虚数であるが，行列には，二乗して $\tilde{O}$ となるものが存在する．例えば

$$\begin{pmatrix} 0 & 1 \\ 0 & 0 \end{pmatrix}^2 = \begin{pmatrix} 0 & 1 \\ 0 & 0 \end{pmatrix} \begin{pmatrix} 0 & 1 \\ 0 & 0 \end{pmatrix} = \begin{pmatrix} 0 & 0 \\ 0 & 0 \end{pmatrix} = \tilde{O}.$$

自分自身を何乗かするとゼロ行列になる行列を冪零行列 (**nilpotent matrix**) と呼ぶ．

　一般に，因数分解は係数をどのような数に制限するかによって結果が異なる．例えば，$a^2 + b^2$ は実数の範囲では因数分解できないが，係数を複素数にまで広げれば

$$a^2 + b^2 = (a + bi)(a - bi)$$

と分解できる．しかし

$$a^2 + b^2 + c^2$$

は複素数の範囲でも一次式の積の形に分解できない．

　ここで，以下の行列

$$\tilde{\sigma}_x = \begin{pmatrix} 0 & 1 \\ 1 & 0 \end{pmatrix}, \quad \tilde{\sigma}_y = \begin{pmatrix} 0 & -i \\ i & 0 \end{pmatrix}, \quad \tilde{\sigma}_z = \begin{pmatrix} 1 & 0 \\ 0 & -1 \end{pmatrix}$$

を導入しよう．これはパウリ行列 (**Pauli matrices**) と呼ばれる．

　一般に，行列の左上から右下に向かう対角線上の成分を**対角要素 (diagonal elements)** と呼び，その和を行列の**トレース (trace)** という．これを tr と略記する．

$$\widetilde{A} = \begin{pmatrix} a & b \\ c & d \end{pmatrix}$$

ならば

$$\mathrm{tr}\widetilde{A} = a + d$$

となる．パウリ行列はトレース 0 の行列である．

　$\widetilde{\sigma}_x$ の二乗は

$$\widetilde{\sigma}_x\widetilde{\sigma}_x = \begin{pmatrix} 0 & 1 \\ 1 & 0 \end{pmatrix}\begin{pmatrix} 0 & 1 \\ 1 & 0 \end{pmatrix} = \begin{pmatrix} 1 & 0 \\ 0 & 1 \end{pmatrix}$$

より単位行列となる．同様に計算して

$$\widetilde{\sigma}_x^2 = \widetilde{\sigma}_y^2 = \widetilde{\sigma}_z^2 = \widetilde{E}$$

を得る．さらに

$$\widetilde{\sigma}_x\widetilde{\sigma}_y = \begin{pmatrix} 0 & 1 \\ 1 & 0 \end{pmatrix}\begin{pmatrix} 0 & -\mathrm{i} \\ \mathrm{i} & 0 \end{pmatrix} = \mathrm{i}\begin{pmatrix} 1 & 0 \\ 0 & -1 \end{pmatrix} = \mathrm{i}\widetilde{\sigma}_z,$$

$$\widetilde{\sigma}_y\widetilde{\sigma}_x = \begin{pmatrix} 0 & -\mathrm{i} \\ \mathrm{i} & 0 \end{pmatrix}\begin{pmatrix} 0 & 1 \\ 1 & 0 \end{pmatrix} = -\mathrm{i}\begin{pmatrix} 1 & 0 \\ 0 & -1 \end{pmatrix} = -\mathrm{i}\widetilde{\sigma}_z$$

より

$$\widetilde{\sigma}_x\widetilde{\sigma}_y + \widetilde{\sigma}_y\widetilde{\sigma}_x = \widetilde{O}, \quad \widetilde{\sigma}_x\widetilde{\sigma}_y - \widetilde{\sigma}_y\widetilde{\sigma}_x = 2\mathrm{i}\widetilde{\sigma}_z.$$

他の組合せについても計算して

$$\widetilde{\sigma}_y\widetilde{\sigma}_z + \widetilde{\sigma}_z\widetilde{\sigma}_y = \widetilde{O}, \quad \widetilde{\sigma}_y\widetilde{\sigma}_z - \widetilde{\sigma}_z\widetilde{\sigma}_y = 2\mathrm{i}\widetilde{\sigma}_x,$$

$$\widetilde{\sigma}_z\widetilde{\sigma}_x + \widetilde{\sigma}_x\widetilde{\sigma}_z = \widetilde{O}, \quad \widetilde{\sigma}_z\widetilde{\sigma}_x - \widetilde{\sigma}_x\widetilde{\sigma}_z = 2\mathrm{i}\widetilde{\sigma}_y$$

を得る．

　パウリ行列を用いることにより，先の二乗和は

$$a^2 + b^2 + c^2 \Rightarrow (a^2 + b^2 + c^2)\widetilde{E}$$

と見做して，一次式の積の形：

$$\boxed{(a^2 + b^2 + c^2)\widetilde{E} = (a\widetilde{\sigma}_x + b\widetilde{\sigma}_y + c\widetilde{\sigma}_z)^2}$$

に分解できる．因数を行列形式で表せば

$$a\widetilde{\sigma}_x + b\widetilde{\sigma}_y + c\widetilde{\sigma}_z = \begin{pmatrix} c & a - b\mathrm{i} \\ a + b\mathrm{i} & -c \end{pmatrix}$$

となる．実際

$$
\begin{aligned}
(a\widetilde{\sigma}_x &+ b\widetilde{\sigma}_y + c\widetilde{\sigma}_z)^2 \\
&= (a\widetilde{\sigma}_x + b\widetilde{\sigma}_y + c\widetilde{\sigma}_z)(a\widetilde{\sigma}_x + b\widetilde{\sigma}_y + c\widetilde{\sigma}_z) \\
&= a^2\widetilde{\sigma}_x^2 + ab\widetilde{\sigma}_x\widetilde{\sigma}_y + ac\widetilde{\sigma}_x\widetilde{\sigma}_z + ba\widetilde{\sigma}_y\widetilde{\sigma}_x \\
&\quad + b^2\widetilde{\sigma}_y^2 + bc\widetilde{\sigma}_y\widetilde{\sigma}_z + ca\widetilde{\sigma}_z\widetilde{\sigma}_x + cb\widetilde{\sigma}_z\widetilde{\sigma}_y + c^2\widetilde{\sigma}_z^2 \\
&= a^2\widetilde{\sigma}_x^2 + b^2\widetilde{\sigma}_y^2 + c^2\widetilde{\sigma}_z^2 + ab(\widetilde{\sigma}_x\widetilde{\sigma}_y + \widetilde{\sigma}_y\widetilde{\sigma}_x) \\
&\quad + bc(\widetilde{\sigma}_y\widetilde{\sigma}_z + \widetilde{\sigma}_z\widetilde{\sigma}_y) + ca(\widetilde{\sigma}_z\widetilde{\sigma}_x + \widetilde{\sigma}_x\widetilde{\sigma}_z) \\
&= (a^2 + b^2 + c^2)\widetilde{E},
\end{aligned}
$$

あるいは

$$
\begin{aligned}
\begin{pmatrix} c & a - b\mathrm{i} \\ a + b\mathrm{i} & -c \end{pmatrix} &\begin{pmatrix} c & a - b\mathrm{i} \\ a + b\mathrm{i} & -c \end{pmatrix} \\
&= \begin{pmatrix} a^2 + b^2 + c^2 & 0 \\ 0 & a^2 + b^2 + c^3 \end{pmatrix} \\
&= (a^2 + b^2 + c^2)\widetilde{E}
\end{aligned}
$$

より，分解の正しさが確認できる．

9.5　オイラーの公式の行列表現

前節で議論したように，2×2 行列における二つの基本的な行列

$$\widetilde{E} = \begin{pmatrix} 1 & 0 \\ 0 & 1 \end{pmatrix}, \qquad \widetilde{I} = \begin{pmatrix} 0 & -1 \\ 1 & 0 \end{pmatrix}$$

を用いて，複素数は

$$\widetilde{Z} = a\widetilde{E} + b\widetilde{I} = a \begin{pmatrix} 1 & 0 \\ 0 & 1 \end{pmatrix} + b \begin{pmatrix} 0 & -1 \\ 1 & 0 \end{pmatrix} = \begin{pmatrix} a & -b \\ b & a \end{pmatrix}$$

と表される．

ここで，$\widetilde{I}$ が虚数単位の役割を果たす行列であることから，行列型の指数関数：

$$\mathrm{e}^{\theta\widetilde{I}} = \exp \left[\theta \begin{pmatrix} 0 & -1 \\ 1 & 0 \end{pmatrix} \right]$$

を考える．これを，指数関数の級数表現に行列を代入した形で定義する．実際に基本行列を代入して

$$\begin{aligned}
\mathrm{e}^{\theta\widetilde{I}} &\equiv \widetilde{E} + \left(\theta\widetilde{I} \right) + \frac{1}{2!} \left(\theta\widetilde{I} \right)^2 + \frac{1}{3!} \left(\theta\widetilde{I} \right)^3 + \frac{1}{4!} \left(\theta\widetilde{I} \right)^4 + \cdots \\
&= \widetilde{E} + \theta\widetilde{I} - \frac{1}{2!}\theta^2\widetilde{E} - \frac{1}{3!}\theta^3\widetilde{I} + \frac{1}{4!}\theta^4\widetilde{E} + \cdots \\
&= \widetilde{E} \left(1 - \frac{1}{2!}\theta^2 + \frac{1}{4!}\theta^4 + \cdots \right) + \widetilde{I} \left(\theta - \frac{1}{3!}\theta^3 + \cdots \right) \\
&= \widetilde{E} \cos\theta + \widetilde{I} \sin\theta
\end{aligned}$$

となる．ここで，行列 $\widetilde{I}$ の性質

$$\widetilde{I}^2 = -\widetilde{E}, \quad \widetilde{I}^3 = -\widetilde{I}, \quad \widetilde{I}^4 = \widetilde{E}, \ldots$$

と三角関数の級数展開

$$\begin{aligned}
\sin\theta &= \theta - \frac{1}{3!}\theta^3 + \frac{1}{5!}\theta^5 + \cdots, \\
\cos\theta &= 1 - \frac{1}{2!}\theta^2 + \frac{1}{4!}\theta^4 + \cdots
\end{aligned}$$

を用いて与式を変形した.

これより，オイラーの公式の行列表現として

$$e^{\theta \widetilde{I}} = \widetilde{E} \cos \theta + \widetilde{I} \sin \theta.$$

さらに，基本行列を具体的に代入して

$$e^{\theta \widetilde{I}} = \begin{pmatrix} 1 & 0 \\ 0 & 1 \end{pmatrix} \cos \theta + \begin{pmatrix} 0 & -1 \\ 1 & 0 \end{pmatrix} \sin \theta = \begin{pmatrix} \cos \theta & -\sin \theta \\ \sin \theta & \cos \theta \end{pmatrix},$$

すなわち

$$e^{\theta \widetilde{I}} = \begin{pmatrix} \cos \theta & -\sin \theta \\ \sin \theta & \cos \theta \end{pmatrix}$$

を得る．右辺は平面における回転の行列と呼ばれる.

以上をまとめて，我々は，**オイラーの公式の行列表現：**

$$e^{\theta \widetilde{I}} = \widetilde{E} \cos \theta + \widetilde{I} \sin \theta = \begin{pmatrix} \cos \theta & -\sin \theta \\ \sin \theta & \cos \theta \end{pmatrix}$$

$$e^{-\theta \widetilde{I}} = \widetilde{E} \cos \theta - \widetilde{I} \sin \theta = \begin{pmatrix} \cos \theta & \sin \theta \\ -\sin \theta & \cos \theta \end{pmatrix}$$

を得る.

上記二式の関係を調べるために，第一式の逆行列を求めよう．第一式の行列式は

$$\det e^{\theta \widetilde{I}} = \begin{vmatrix} \cos \theta & -\sin \theta \\ \sin \theta & \cos \theta \end{vmatrix} = \cos^2 \theta + \sin^2 \theta = 1$$

であるので，逆行列は

$$\begin{pmatrix} \cos \theta & \sin \theta \\ -\sin \theta & \cos \theta \end{pmatrix}$$

となる．これは第二式そのものであり，第一式と第二式は互いに逆行列の関係にあることが分かる．実際

$$e^{\theta \widetilde{I}} e^{-\theta \widetilde{I}} = \begin{pmatrix} \cos \theta & -\sin \theta \\ \sin \theta & \cos \theta \end{pmatrix} \begin{pmatrix} \cos \theta & \sin \theta \\ -\sin \theta & \cos \theta \end{pmatrix}$$

$$= \begin{pmatrix} \cos^2\theta + \sin^2\theta & \cos\theta\sin\theta - \sin\theta\cos\theta \\ \sin\theta\cos\theta - \cos\theta\sin\theta & \cos^2\theta + \sin^2\theta \end{pmatrix} = \widetilde{E},$$

$$\mathrm{e}^{-\theta\widetilde{I}}\mathrm{e}^{\theta\widetilde{I}} = \begin{pmatrix} \cos\theta & \sin\theta \\ -\sin\theta & \cos\theta \end{pmatrix}\begin{pmatrix} \cos\theta & -\sin\theta \\ \sin\theta & \cos\theta \end{pmatrix} = \widetilde{E}$$

により確認される. また

$${}^{t}\!\left(\mathrm{e}^{\theta\widetilde{I}}\right) = \begin{pmatrix} \cos\theta & \sin\theta \\ -\sin\theta & \cos\theta \end{pmatrix} = \mathrm{e}^{-\theta\widetilde{I}}$$

より $\mathrm{e}^{\theta\widetilde{I}}$ は直交行列であることが分かる.

　前章で得たオイラーの公式は, 複素平面上の点を回転させたが, 上記公式は虚数を含まない通常の平面上の点を回転させる. 次節でこれを応用する.

◇◇◇◇◇◇◇◇◇◇◇◇◇◇　**参考**　◇◇◇◇◇◇◇◇◇◇◇◇◇◇

| 行列による倍角公式の導出 |

　オイラーの公式の行列表現を二乗すると

$$\mathrm{e}^{\theta\widetilde{I}}\mathrm{e}^{\theta\widetilde{I}} = \begin{pmatrix} \cos\theta & -\sin\theta \\ \sin\theta & \cos\theta \end{pmatrix}\begin{pmatrix} \cos\theta & -\sin\theta \\ \sin\theta & \cos\theta \end{pmatrix}$$

$$= \begin{pmatrix} \cos^2\theta - \sin^2\theta & -2\sin\theta\cos\theta \\ 2\sin\theta\cos\theta & -\sin^2\theta + \cos^2\theta \end{pmatrix}.$$

ところで

$$\mathrm{e}^{\theta\widetilde{I}}\mathrm{e}^{\theta\widetilde{I}} = \mathrm{e}^{2\theta\widetilde{I}} = \begin{pmatrix} \cos 2\theta & -\sin 2\theta \\ \sin 2\theta & \cos 2\theta \end{pmatrix}$$

より

$$\begin{pmatrix} \cos 2\theta & -\sin 2\theta \\ \sin 2\theta & \cos 2\theta \end{pmatrix} = \begin{pmatrix} \cos^2\theta - \sin^2\theta & -2\sin\theta\cos\theta \\ 2\sin\theta\cos\theta & -\sin^2\theta + \cos^2\theta \end{pmatrix}$$

となる. これは三角関数の倍角の公式

$$\sin 2\theta = 2\sin\theta\cos\theta, \qquad \cos 2\theta = \cos^2\theta - \sin^2\theta$$

を表している.

◇◇◇◇◇◇◇◇◇◇◇◇◇◇◇◇◇◇◇◇◇◇◇◇◇◇◇◇◇◇◇◇◇◇◇◇

9.6 行列の n 乗を求める

本節では，一般的な 2×2 行列の冪を求め，その応用について議論する．

9.6.1 ケイリー‐ハミルトンの公式

一般的な 2×2 行列 $\tilde{A}$ に対して

$$\boxed{\tilde{A}^2 - \left(\mathrm{tr}\tilde{A}\right)\tilde{A} + \left(\det\tilde{A}\right)\tilde{E} = \tilde{O}}$$

が成り立つ．これを**ケイリー‐ハミルトンの公式 (Cayley-Hamilton's formula)** と呼ぶ．実際，行列 $\tilde{A}$ を具体的に

$$\tilde{A} = \begin{pmatrix} a & b \\ c & d \end{pmatrix}$$

とおいて

$$\begin{pmatrix} a & b \\ c & d \end{pmatrix}^2 - (a+d)\begin{pmatrix} a & b \\ c & d \end{pmatrix} + (ad-bc)\begin{pmatrix} 1 & 0 \\ 0 & 1 \end{pmatrix}$$

$$= \begin{pmatrix} a^2 + bc - (a^2+ad) + (ad-bc) & ab + bd - (ab+bd) \\ ac + cd - (ac+cd) & bc + d^2 - (ad+d^2) + (ad-bc) \end{pmatrix}$$

$$= \begin{pmatrix} 0 & 0 \\ 0 & 0 \end{pmatrix} = \tilde{O}$$

により，正しさを確認できる．

公式は行列 $\tilde{A}$ に関する二次方程式の形をしているので，数 α, β を用いて

$$\tilde{A}^2 - \left(\mathrm{tr}\tilde{A}\right)\tilde{A} + \left(\det\tilde{A}\right)\tilde{E} = \left(\tilde{A} - \alpha\tilde{E}\right)\left(\tilde{A} - \beta\tilde{E}\right)$$

と分解できると仮定しよう．右辺を展開すれば

$$\left(\tilde{A} - \alpha\tilde{E}\right)\left(\tilde{A} - \beta\tilde{E}\right) = \tilde{A}^2 - (\alpha+\beta)\tilde{A} + \alpha\beta\tilde{E}$$

となるので, 係数を比較して

$$\alpha + \beta = \mathrm{tr}\widetilde{A}, \quad \alpha\beta = \det \widetilde{A}.$$

行列 $\widetilde{A}$ を, 先のように具体的に書けば

$$\alpha + \beta = a + d, \quad \alpha\beta = ad - bc$$

である. α, β について解くと

$$\alpha = \frac{1}{2}\left[a + d + \sqrt{(a+d)^2 - 4(ad - bc)}\right],$$
$$\beta = \frac{1}{2}\left[a + d - \sqrt{(a+d)^2 - 4(ad - bc)}\right]$$

となる.

　この結果は, ケイリー - ハミルトンの公式において, 行列 $\widetilde{A}$ を形式的に未知数 x と見做した二次方程式

$$\boxed{x^2 - (a + d)x + (ad - bc) = 0}$$

の根に等しい. この方程式を行列 $\widetilde{A}$ の**固有方程式 (proper equation)**, α, β を**固有値 (propervalue, eigenvalue)** という. 特に, $\alpha = \beta$ の場合, この固有値は**縮退 (degeneracy)** しているという.

◇◇◇◇◇◇◇◇◇◇◇◇◇ **参考** ◇◇◇◇◇◇◇◇◇◇◇◇◇

固有値と固有ベクトル

　行列 $\widetilde{A}$ による列ベクトルの変換を考える．この変換がベクトルの方向を変えず，長さのみを変えるような特別な変換である場合，すなわち

$$\widetilde{A}\mathbf{v} = \lambda\mathbf{v}$$

なる関係を満足する数 λ を**固有値**，ベクトル $\mathbf{v}$ を**固有ベクトル (propervector, eigenvector)** と呼ぶ．先ず，以下のように定義する．

$$\widetilde{A} = \begin{pmatrix} a & b \\ c & d \end{pmatrix}, \quad \mathbf{v} = \begin{pmatrix} x \\ y \end{pmatrix}$$

$\mathbf{v}$ を定数 k 倍しても，$\widetilde{A}(k\mathbf{v}) = k\widetilde{A}\mathbf{v} = k\lambda\mathbf{v}$ より上記関係は満たされる．従って，$\mathbf{v}$ を唯一つに決めるためには，さらに附加的な条件 ($x^2 + y^2 = 1$ とおくなど) が必要である．

　固有値 λ が 0 でない値を取るための条件を求めよう．上式を

$$\left(\widetilde{A} - \lambda\widetilde{E}\right)\mathbf{v} = \mathbf{0}$$

と変形する．ここで，$\left(\widetilde{A} - \lambda\widetilde{E}\right)$ の逆行列が存在すると仮定する．これを $\widetilde{G}$ と書き，上式の両辺に掛けると

$$左辺 = \widetilde{G}\left(\widetilde{A} - \lambda\widetilde{E}\right)\mathbf{v} = \mathbf{v}, \quad 右辺 = \widetilde{G}\mathbf{0} = \mathbf{0}$$

となり，左辺＝右辺より，$\mathbf{v}$ はゼロ・ベクトルになってしまう．よって，$\left(\widetilde{A} - \lambda\widetilde{E}\right)$ が逆行列を持たないこと，すなわち

$$\det\left(\widetilde{A} - \lambda\widetilde{E}\right) = 0$$

がその条件になる．これは，具体的に λ の方程式として

$$\begin{vmatrix} a - \lambda & b \\ c & d - \lambda \end{vmatrix} = (a - \lambda)(d - \lambda) - bc = \lambda^2 - (a + d)\lambda + (ad - bc) = 0$$

と求められる．

　上式は，本文中に示した固有方程式そのものなので，当然固有値 λ は α, β に一致する．

行列 $\widetilde{A}$ の二乗を固有値 α, β を用いて書けば，ケイリー‐ハミルトンの公式より

$$\widetilde{A}^2 = (\alpha + \beta)\widetilde{A} - \alpha\beta\widetilde{E}$$

となる．ここで $\widetilde{A}^2$ は，より次数の低い $\widetilde{A}$ と $\widetilde{E}$ を用いて表されていることに注目しよう．後の計算の便のために上式の両辺に $(\beta - \alpha)$ を掛けて

$$(\beta - \alpha)\widetilde{A}^2 = (\beta^2 - \alpha^2)\widetilde{A} + (\alpha^2\beta - \alpha\beta^2)\widetilde{E}$$

としておく．

$\widetilde{A}$ の三乗は，さらに両辺に $\widetilde{A}$ を掛けて整理し

$$\begin{aligned}
(\beta - \alpha)\widetilde{A}^3 &= (\beta^2 - \alpha^2)\widetilde{A}^2 + (\alpha^2\beta - \alpha\beta^2)\widetilde{A} \\
&= (\beta^2 - \alpha^2)\left[(\alpha + \beta)\widetilde{A} - \alpha\beta\widetilde{E}\right] + (\alpha^2\beta - \alpha\beta^2)\widetilde{A} \\
&= (\beta^3 - \alpha^3)\widetilde{A} + (\alpha^3\beta - \alpha\beta^3)\widetilde{E}
\end{aligned}$$

より求められる．同様の計算を続けて，一般に $\widetilde{A}$ の n 乗は

$$\boxed{\widetilde{A}^n = \frac{\beta^n - \alpha^n}{\beta - \alpha}\widetilde{A} + \frac{\alpha^n\beta - \alpha\beta^n}{\beta - \alpha}\widetilde{E}}$$

となる[注12]．

問題 6   行列

$$\widetilde{A} = \begin{pmatrix} a & 0 \\ 0 & b \end{pmatrix}$$

の n 乗を求めよ．

9.6.2 行列に関する指数関数

一般的な 2×2 行列 $\widetilde{A}$ の n 乗を求める式を得たので，行列型の指数関数をその定義：

[注12] 附録：「数列の一般項と行列」の項参照.

$$\mathrm{e}^{\widetilde{A}} \equiv \widetilde{E} + \widetilde{A} + \frac{1}{2!}\widetilde{A}^2 + \frac{1}{3!}\widetilde{A}^3 + \frac{1}{4!}\widetilde{A}^4 + \cdots$$

に従って計算しよう．行列 $\widetilde{A}$ の固有値を α, β とし，両辺に $(\beta - \alpha)$ を掛けると

$$(\beta - \alpha)\mathrm{e}^{\widetilde{A}} = (\beta - \alpha)\widetilde{E} + (\beta - \alpha)\widetilde{A} + \frac{1}{2!}(\beta - \alpha)\widetilde{A}^2 + \frac{1}{3!}(\beta - \alpha)\widetilde{A}^3 + \cdots.$$

先に得た結果より

$$(\beta - \alpha)\widetilde{A}^n = (\beta^n - \alpha^n)\widetilde{A} + (\alpha^n\beta - \alpha\beta^n)\widetilde{E}$$

となるので

$$
\begin{aligned}
(\beta - \alpha)\mathrm{e}^{\widetilde{A}} &= (\beta - \alpha)\widetilde{E} + (\beta - \alpha)\widetilde{A} + \frac{1}{2!}\left[(\beta^2 - \alpha^2)\widetilde{A} + (\alpha^2\beta - \alpha\beta^2)\widetilde{E}\right] \\
&\quad + \frac{1}{3!}\left[(\beta^3 - \alpha^3)\widetilde{A} + (\alpha^3\beta - \alpha\beta^3)\widetilde{E}\right] + \cdots \\
&= \widetilde{E}\left[(\beta - \alpha) + \frac{1}{2!}(\alpha^2\beta - \alpha\beta^2) + \frac{1}{3!}(\alpha^3\beta - \alpha\beta^3) + \cdots\right] \\
&\quad + \widetilde{A}\left[(\beta - \alpha) + \frac{1}{2!}(\beta^2 - \alpha^2) + \frac{1}{3!}(\beta^3 - \alpha^3) + \cdots\right] \\
&= \widetilde{E}\left[\beta\left(1 + \alpha + \frac{1}{2!}\alpha^2 + \frac{1}{3!}\alpha^3 + \cdots\right) - \alpha\beta \right.\\
&\quad \left. -\alpha\left(1 + \beta + \frac{1}{2!}\beta^2 + \frac{1}{3!}\beta^3 + \cdots\right) + \alpha\beta\right] \\
&\quad + \widetilde{A}\left[\left(1 + \beta + \frac{1}{2!}\beta^2 + \frac{1}{3!}\beta^3 + \cdots\right) - 1 \right.\\
&\quad \left. -\left(1 + \alpha + \frac{1}{2!}\alpha^2 + \frac{1}{3!}\alpha^3 + \cdots\right) + 1\right] \\
&= \widetilde{E}\left(\beta\mathrm{e}^{\alpha} - \alpha\mathrm{e}^{\beta}\right) + \widetilde{A}\left(\mathrm{e}^{\beta} - \mathrm{e}^{\alpha}\right).
\end{aligned}
$$

よって，以下の結果が得られた．

$$\mathrm{e}^{\widetilde{A}} = \frac{\mathrm{e}^{\beta} - \mathrm{e}^{\alpha}}{\beta - \alpha}\widetilde{A} + \frac{\beta\mathrm{e}^{\alpha} - \alpha\mathrm{e}^{\beta}}{\beta - \alpha}\widetilde{E}.$$

問題 7

$$\widetilde{A} = \begin{pmatrix} a & 0 \\ 0 & b \end{pmatrix}$$

のとき, $\exp\left[\widetilde{A}\right]$ を求めよ.

例題　複素数の行列表現:

$$\widetilde{Z} = \begin{pmatrix} a & -b \\ b & a \end{pmatrix}$$

に対して $\mathrm{e}^{\widetilde{Z}}$ を求める.

　行列 $\widetilde{Z}$ の固有値は $a \pm b\mathrm{i}$ なので, これらを

$$\mathrm{e}^{\widetilde{Z}} = \frac{\mathrm{e}^{\beta} - \mathrm{e}^{\alpha}}{\beta - \alpha}\widetilde{Z} + \frac{\beta\mathrm{e}^{\alpha} - \alpha\mathrm{e}^{\beta}}{\beta - \alpha}\widetilde{E}$$

に代入・整理して

$$\mathrm{e}^{\widetilde{Z}} = \mathrm{e}^{a}\begin{pmatrix} \cos b & -\sin b \\ \sin b & \cos b \end{pmatrix}$$

を得る.

9.7　回転行列と正 n 角形

　第 8 章において，1 の n 乗根は複素平面上で正 n 角形の頂点に位置し，それはオイラーの公式によって与えられることを示した．本節では，回転行列を利用することにより，正 n 角形の頂点を順次求めていこう．

9.7.1　1 の六乗根：行列の応用

　直交座標系 S を用いて，平面上の点の位置を列ベクトルの形式：

$$\mathbf{V} = {}^t(x, y)$$

で表す．

　$n = 6$ と決めて問題を具体化しよう．この場合，正六角形の一つの頂点から次の頂点へは，点を $\pi/3$ 回転させればよい．そこで，行列形式のオイラーの公式に，$\theta = \pi/3$ を代入して，回転行列

$$\tilde{R} \equiv \mathrm{e}^{(\pi/3)\tilde{I}} = \begin{pmatrix} \cos\dfrac{\pi}{3} & -\sin\dfrac{\pi}{3} \\ \sin\dfrac{\pi}{3} & \cos\dfrac{\pi}{3} \end{pmatrix} = \frac{1}{2}\begin{pmatrix} 1 & -\sqrt{3} \\ \sqrt{3} & 1 \end{pmatrix}$$

を作る．

　先ず，第一頂点 $\mathbf{V}_1$ を

$$\mathbf{V}_1 = {}^t(1, 0)$$

と定める．このとき，第二頂点は $\tilde{R}$ を用いて

$$\mathbf{V}_2 = \tilde{R}\mathbf{V}_1 = \frac{1}{2}\begin{pmatrix} 1 & -\sqrt{3} \\ \sqrt{3} & 1 \end{pmatrix}\begin{pmatrix} 1 \\ 0 \end{pmatrix} = \begin{pmatrix} \dfrac{1}{2} \\ \dfrac{\sqrt{3}}{2} \end{pmatrix}$$

と求められる．

同様に，第三頂点 $\mathbf{V}_3$ は

$$\mathbf{V}_3 = \widetilde{R}\mathbf{V}_2 = \frac{1}{2}\begin{pmatrix} 1 & -\sqrt{3} \\ \sqrt{3} & 1 \end{pmatrix}\begin{pmatrix} \dfrac{1}{2} \\ \dfrac{\sqrt{3}}{2} \end{pmatrix} = \begin{pmatrix} -\dfrac{1}{2} \\ \dfrac{\sqrt{3}}{2} \end{pmatrix}.$$

以後，これを繰り返して

$$\mathbf{V}_4 = \widetilde{R}\mathbf{V}_3, \quad \mathbf{V}_5 = \widetilde{R}\mathbf{V}_4, \quad \mathbf{V}_6 = \widetilde{R}\mathbf{V}_5$$

により，正六角形の頂点がすべて求められる．結果は以下のようになる．

$$\mathbf{V}_1 = {}^t(1,0), \quad \mathbf{V}_2 = {}^t\left(\frac{1}{2}, \frac{\sqrt{3}}{2}\right), \quad \mathbf{V}_3 = {}^t\left(-\frac{1}{2}, \frac{\sqrt{3}}{2}\right),$$

$$\mathbf{V}_4 = {}^t(-1,0), \quad \mathbf{V}_5 = {}^t\left(-\frac{1}{2}, -\frac{\sqrt{3}}{2}\right), \quad \mathbf{V}_6 = {}^t\left(\frac{1}{2}, -\frac{\sqrt{3}}{2}\right).$$

| 注意 |　上述の結果は $\mathbf{V}_{n+1} = \widetilde{R}^n\mathbf{V}_1$, $(n = 1 \sim 5)$ と簡潔に表せる． ■

9.7.2　1の六乗根：ベクトルの応用

上で示したのは，正六角形の頂点の座標であるが，これを S 系の単位直交基底である $\mathbf{e}_x, \mathbf{e}_y$ を用いて，位置ベクトルの形に表そう．各頂点の番号に対応して

$$\mathbf{M}_1 = \mathbf{e}_x, \quad \mathbf{M}_2 = \frac{1}{2}\mathbf{e}_x + \frac{\sqrt{3}}{2}\mathbf{e}_y, \quad \mathbf{M}_3 = -\frac{1}{2}\mathbf{e}_x + \frac{\sqrt{3}}{2}\mathbf{e}_y,$$

$$\mathbf{M}_4 = -\mathbf{e}_x, \quad \mathbf{M}_5 = -\frac{1}{2}\mathbf{e}_x - \frac{\sqrt{3}}{2}\mathbf{e}_y, \quad \mathbf{M}_6 = \frac{1}{2}\mathbf{e}_x - \frac{\sqrt{3}}{2}\mathbf{e}_y$$

を作る．ベクトルの内積を使って，六つのベクトルの間の角 ϕ を調べ，$\pi/3$ 間隔になっているか確かめておこう．

それぞれのベクトルの大きさを調べるために，自分自身の二乗を求めると

$$\mathbf{M}_1^2 = \mathbf{e}_x \cdot \mathbf{e}_x = 1,$$

$$\mathbf{M}_2^2 = \left(\frac{1}{2}\mathbf{e}_x + \frac{\sqrt{3}}{2}\mathbf{e}_y\right) \cdot \left(\frac{1}{2}\mathbf{e}_x + \frac{\sqrt{3}}{2}\mathbf{e}_y\right)$$

$$= \frac{1}{2} \times \frac{1}{2}\mathbf{e}_x \cdot \mathbf{e}_x + \frac{\sqrt{3}}{2} \times \frac{\sqrt{3}}{2}\mathbf{e}_y \cdot \mathbf{e}_y = \frac{1}{4} + \frac{3}{4} = 1,$$

$$\mathbf{M}_3^2 = \left(-\frac{1}{2}\mathbf{e}_x + \frac{\sqrt{3}}{2}\mathbf{e}_y\right) \cdot \left(-\frac{1}{2}\mathbf{e}_x + \frac{\sqrt{3}}{2}\mathbf{e}_y\right) = 1,$$

$$\mathbf{M}_4^2 = (-\mathbf{e}_x) \cdot (-\mathbf{e}_x) = 1,$$

$$\mathbf{M}_5^2 = \left(-\frac{1}{2}\mathbf{e}_x - \frac{\sqrt{3}}{2}\mathbf{e}_y\right) \cdot \left(-\frac{1}{2}\mathbf{e}_x - \frac{\sqrt{3}}{2}\mathbf{e}_y\right) = 1,$$

$$\mathbf{M}_6^2 = \left(\frac{1}{2}\mathbf{e}_x - \frac{\sqrt{3}}{2}\mathbf{e}_y\right) \cdot \left(\frac{1}{2}\mathbf{e}_x - \frac{\sqrt{3}}{2}\mathbf{e}_y\right) = 1$$

となり，すべて単位ベクトルであることが示された.

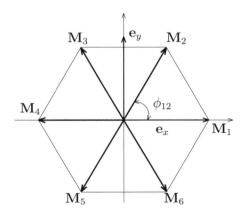

先ず，$\mathbf{M}_1$ と $\mathbf{M}_2$ の間の角から求めると

$$\mathbf{M}_1 \cdot \mathbf{M}_2 = \mathbf{e}_x \cdot \left(\frac{1}{2}\mathbf{e}_x + \frac{\sqrt{3}}{2}\mathbf{e}_y\right) = \frac{1}{2}$$

$$= |\mathbf{M}_1||\mathbf{M}_2|\cos\phi_{12} = \cos\phi_{12}$$

より，$\cos\phi_{12} = 1/2$．よって

$$\phi_{12} = \frac{\pi}{3}$$

となる．同様にして

$$\mathbf{M}_2 \cdot \mathbf{M}_3 = \left(\frac{1}{2}\mathbf{e}_x + \frac{\sqrt{3}}{2}\mathbf{e}_y\right) \cdot \left(-\frac{1}{2}\mathbf{e}_x + \frac{\sqrt{3}}{2}\mathbf{e}_y\right) = \frac{1}{2},$$

$$\mathbf{M}_3 \cdot \mathbf{M}_4 = \left(-\frac{1}{2}\mathbf{e}_x + \frac{\sqrt{3}}{2}\mathbf{e}_y\right) \cdot (-\mathbf{e}_x) = \frac{1}{2},$$

$$\mathbf{M}_4 \cdot \mathbf{M}_5 = (-\mathbf{e}_x) \cdot \left(-\frac{1}{2}\mathbf{e}_x - \frac{\sqrt{3}}{2}\mathbf{e}_y\right) = \frac{1}{2},$$

$$\mathbf{M}_5 \cdot \mathbf{M}_6 = \left(-\frac{1}{2}\mathbf{e}_x - \frac{\sqrt{3}}{2}\mathbf{e}_y\right) \cdot \left(\frac{1}{2}\mathbf{e}_x - \frac{\sqrt{3}}{2}\mathbf{e}_y\right) = \frac{1}{2},$$

$$\mathbf{M}_6 \cdot \mathbf{M}_1 = \left(\frac{1}{2}\mathbf{e}_x - \frac{\sqrt{3}}{2}\mathbf{e}_y\right) \cdot (\mathbf{e}_x) = \frac{1}{2}$$

より

$$\phi_{23} = \phi_{34} = \phi_{45} = \phi_{56} = \phi_{61} = \frac{\pi}{3}$$

となる．このように回転行列を用いた方法の正しさが，内積計算からも確かめられた．

第10章　フーリエ級数
Fourier Series

10.1　ベクトル空間

　前章では，平面のベクトルについて考察した．平面上の任意のベクトルを表現するために，基底と呼ばれる二本の線型独立なベクトルが必要である．すなわち，x, y を任意の実数として，この系のベクトルは

$$\mathbf{r} = x\mathbf{e}_x + y\mathbf{e}_y$$

の形に表される．また，二つのベクトルの内積が 0 であるとき，これらは**直交**している，と表現した．

　以上の知識を前提として，これらをより高次元の空間へ拡張しよう．我々が，生活している空間は，縦，横，高さの三つの変数を必要とする三次元の空間である．三次元空間での任意のベクトルは，二次元の場合と同様に考えて，基底となる三本の独立なベクトルの**線型結合 (linear combination)**

$$\mathbf{r} = x\mathbf{e}_x + y\mathbf{e}_y + z\mathbf{e}_z$$

で表される．ここで，$\mathbf{e}_x, \mathbf{e}_y, \mathbf{e}_z$ は単位直交基底ベクトルであり

$$\mathbf{e}_x{\cdot}\mathbf{e}_y = \mathbf{e}_y{\cdot}\mathbf{e}_z = \mathbf{e}_z{\cdot}\mathbf{e}_x = 0, \quad |\mathbf{e}_x| = |\mathbf{e}_y| = |\mathbf{e}_z| = 1$$

なる関係を持つ. また, 内積は二次元の素直な拡張

$$\mathbf{A}{\cdot}\mathbf{B} = |\mathbf{A}||\mathbf{B}|\cos\theta$$

($\mathbf{A}, \mathbf{B}$ は三次元のベクトル, θ はその成す角) により定義する.

さて, 次の準備のために, 三次元ベクトルの成分を以下のように書き直す.

$$\mathbf{r} = a_1\mathbf{e}_1 + a_2\mathbf{e}_2 + a_3\mathbf{e}_3 = \sum_{i=1}^{3} a_i\mathbf{e}_i.$$

この記法のおかげで, 単位直交基底 $\mathbf{e}_i$ の満たすべき関係は

$$\mathbf{e}_i{\cdot}\mathbf{e}_j = \delta_{ij}$$

と簡略化される. ここで, δ_{ij} は**クロネッカーのデルタ (Kronecker's delta)** と呼ばれる記号で

$$\delta_{ij} \equiv \begin{cases} i = j \text{ のとき } 1 \\ i \neq j \text{ のとき } 0 \end{cases}$$

により定義される.

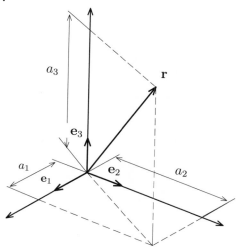

ベクトル $\mathbf{r}$ が与えられた場合，この座標系での係数 a_i は，基底ベクトルの直交性を利用して

$$\mathbf{e_1}\cdot\mathbf{r} = \mathbf{e_1}\cdot(a_1\mathbf{e_1} + a_2\mathbf{e_2} + a_3\mathbf{e_3}) = a_1,$$
$$\mathbf{e_2}\cdot\mathbf{r} = \mathbf{e_2}\cdot(a_1\mathbf{e_1} + a_2\mathbf{e_2} + a_3\mathbf{e_3}) = a_2,$$
$$\mathbf{e_3}\cdot\mathbf{r} = \mathbf{e_3}\cdot(a_1\mathbf{e_1} + a_2\mathbf{e_2} + a_3\mathbf{e_3}) = a_3$$

と求められる．これらを元のベクトルに代入して

$$\mathbf{r} = (\mathbf{e_1}\cdot\mathbf{r})\mathbf{e}_1 + (\mathbf{e_2}\cdot\mathbf{r})\mathbf{e}_2 + (\mathbf{e_3}\cdot\mathbf{r})\mathbf{e}_3 = \sum_{i=1}^{3}(\mathbf{e}_i\cdot\mathbf{r})\mathbf{e}_i$$

を得る．

以上の関係を高次元に拡張しよう．もし，五次元空間のベクトルを定義したければ

$$\mathbf{r} = \sum_{i=1}^{5}(\mathbf{e}_i\cdot\mathbf{r})\mathbf{e}_i$$

とすればよい．ここで，$\mathbf{e}_i$ は五次元の単位直交基底ベクトルで $\mathbf{e}_i\cdot\mathbf{e}_j = \delta_{ij}$ の関係を満足する．すなわち，五次元空間の原点には，五本の互いに直交する単位ベクトルが張り出している．一般に，n 次元空間の任意のベクトルは，互いに直交する n 個の単位ベクトルを用いて

$$\mathbf{r} = \sum_{i=1}^{n}(\mathbf{e}_i\cdot\mathbf{r})\mathbf{e}_i$$

と表される．

◇◇◇◇◇◇◇◇◇◇◇◇   **参考**   ◇◇◇◇◇◇◇◇◇◇◇◇

成績空間

　この章の議論では，ベクトルそのものに対する幾何的な描写が消えて，"互い
に直交する n 個の単位ベクトル"という，日常的な感覚とは遊離した概念が導
入された．この n 次元空間に対して，何やら神秘的なものを空想する必要は全
くない．数学における**次元**とは独立な変数の数を意味し，それ以上でもそれ以
下でもない．

　例えば，入学試験が，数学，社会，英語の三教科で実施されるとしよう．こ
の場合，一人の学生の"成績空間"は三次元の空間であり，成績はこの空間の
ベクトル：

$$\mathbf{P} = P_数\mathbf{e}_数 + P_社\mathbf{e}_社 + P_英\mathbf{e}_英$$

が指し示す一点で表される．ここで点数 $P_数$, $P_社$, $P_英$ は，0 から 100 まで変化
するスカラー量であり，$\mathbf{e}_数$, $\mathbf{e}_社$, $\mathbf{e}_英$ はそれぞれの教科を表す"単位ベクトル"
である．通常，これらの教科が入学試験の科目として取り上げられるのは，そ
れぞれの教科に対する能力が一応別物であると考えられているからである．す
なわち，これら三教科は"線型独立"であり，成績空間の基底になり得る．

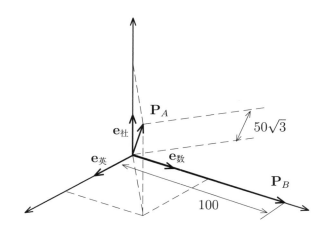

　蛇足であるが，もしこの仮定の上に立って試験を実施すれば，各教科の点数
を直接足し合わせることは，身長と体重の足し算のようなもので，意味を持ち
得ない．この場合，むしろ成績ベクトル **P** の大きさ，すなわち，各教科の二乗

和の平方根が学生の個性を見る意味では有効である．

極端な例として

$$\mathbf{P}_{\mathrm{A}} = 50\mathbf{e}_数 + 50\mathbf{e}_社 + 50\mathbf{e}_英, \quad \mathbf{P}_{\mathrm{B}} = 100\mathbf{e}_数 + 0\mathbf{e}_社 + 0\mathbf{e}_英$$

であるとき，合計点では A が 50 点も上回っているが，ベクトルの大きさは

$$|\mathbf{P}_{\mathrm{A}}| = \sqrt{(50)^2 + (50)^2 + (50)^2} = 50\sqrt{3} \approx 87,$$
$$|\mathbf{P}_{\mathrm{B}}| = \sqrt{(100)^2 + 0^2 + 0^2} = 100$$

となり，B の方が大きくなっている．この評価法では，いわゆる"一芸に秀でた者"が有利になることがわかる．

さて，話を成績空間の例へ戻そう．今度は中学生の成績について考える．この場合，主要五教科について考えると，その成績は

$$P_国\mathbf{e}_国 + P_数\mathbf{e}_数 + P_理\mathbf{e}_理 + P_社\mathbf{e}_社 + P_英\mathbf{e}_英$$

と五次元のベクトルで表される．これ以上の説明は不要であろう．加法に対して線型性が成り立つものであれば，どのように抽象的なものであっても，数学的にはベクトルに関連させて議論できる．

しかし，あまりに抽象性が著しくなると，次の飛躍のための思考の大胆さが損なわれるので，低次元での直感が高次元においても駆使できるように"直交する"というような低次元での用語を借用するわけである．より抽象化された空間では，直交という言葉には，積に対する何らかの計算規則が定義され，それが 0 であるという意味しかない．

このように，具体的なものを抽象化してその適用範囲を拡張し，今度は逆に抽象性の中に，より程度の高い具体性，あるいは普遍性を見出す．そして，慣れ親しんだ名前を附けることにより直感の働く世界へ引き戻す．この往復の過程のいずれもが重要であり，これが数学を発展させ続ける力になっているのである．

10.2　無限次元空間

　本節では，関数をベクトルの立場から再考察する．先ず，一般的な x の二次関数：$f(x) = ax^2 + bx + c$ を考えよう．変数の部分を強調するために

$$a(x^2) + b(x) + c(1)$$

と書く．(x^2), (x), (1) は，単なる定数倍では互いに他を表し得ないので，これらは "独立" であり，三次元空間の基底ベクトルと見做すことができる．基底ベクトルの線型結合により，この空間の任意のベクトルが表現できる．すなわち，関数 $f(x)$ はこの空間のベクトルである．

　このように，関数がベクトルとして扱われる空間を**関数空間**と呼ぶ．この意味で，n 次関数は $(n+1)$ 次元関数空間のベクトルと考えられる．第 5 章において，与えられた関数を無限級数に展開する一般的方法，テイラー級数：

$$f(x) = \sum_{k=0}^{\infty} \frac{1}{k!} f^{(k)}(0) x^k$$
$$= f^{(0)}(0) + f^{(1)}(0)x + \frac{1}{2!}f^{(2)}(0)x^2 + \frac{1}{3!}f^{(3)}(0)x^3 + \cdots$$

を学んだ．この式を先に述べた立場から見直せば，展開された関数 $f(x)$ は

$$(1), \quad (x), \quad (x^2), \quad (x^3), \quad (x^4), \quad (x^5), \ldots$$

を基底とする空間のベクトルである．すなわち，テイラー展開とは，関数空間の中で，与えられた関数が指し示すべき一点を，内積を利用して見出す一般的な方法である．ただし，この場合は，基底ベクトルの数が無限個存在する**無限次元関数空間**であることが今までの議論とは異なる．

　n 次元空間の一般的なベクトルを表すためには，n 本の基底ベクトルが必要である．もし，一本でも欠ければ任意のベクトルを表すことは不可能である．同じ意味で，任意の関数を展開するためには基底が無限個必要であり，一つでも抜け落ちると展開はできない．これを**完全性 (completeness)** の条件という．

10.3 フーリエ級数

関数を無限次元関数空間中の一点として表すための基底の選び方は色々あり，それぞれが長所，短所を持っている．その中の一つが，周期関数を三角関数を用いて展開する**フーリエ級数 (Fourier series)** と呼ばれる方法である．

フーリエ級数とは，$-\pi$ から π の間で定義された実関数 $f(x)$ を，三角関数の線型結合で表すものである．先ず，簡単のために，三角関数の代わりにオイラーの公式を用いて

$$\boxed{f(x) = \frac{1}{2} \sum_{m=-\infty}^{\infty} C_m \mathrm{e}^{imx}}$$

と仮定する．係数 C_m は複素定数で

$$\boxed{C_m = a_m - \mathrm{i}b_m, \quad C_{-m} = C_m{}^* = a_m + \mathrm{i}b_m, \quad b_0 = 0.}$$

ここで，a_m, b_m は実数である．基底ベクトルの役割を担う e^{imx} は複素量なので，全体を実数にするために，展開係数 C_m を上記のように選ぶわけである．実際に係数を代入してみよう．

$$
\begin{aligned}
f(x) &= \frac{1}{2} \sum_{m=-\infty}^{\infty} C_m \mathrm{e}^{imx} \\
&= \frac{1}{2} \left(\sum_{m=1}^{\infty} C_{-m} \mathrm{e}^{-imx} + C_0 + \sum_{m=1}^{\infty} C_m \mathrm{e}^{imx} \right) \\
&= \frac{1}{2} a_0 + \frac{1}{2} \sum_{m=1}^{\infty} (C_m{}^* \mathrm{e}^{-imx} + C_m \mathrm{e}^{imx}) \\
&= \frac{1}{2} a_0 + \frac{1}{2} \sum_{m=1}^{\infty} [(a_m + \mathrm{i}b_m)(\cos mx - \mathrm{i}\sin mx) \\
&\qquad + (a_m - \mathrm{i}b_m)(\cos mx + \mathrm{i}\sin mx)] \\
&= \frac{1}{2} a_0 + \sum_{m=1}^{\infty} (a_m \cos mx + b_m \sin mx).
\end{aligned}
$$

確かに右辺も実数になっていることが分かる.

基底ベクトルの性質を調べよう. 基本になるのは以下の積分である.

$$I_{mn} \equiv \int_{-\pi}^{\pi} \mathrm{e}^{-inx} \mathrm{e}^{imx} \mathrm{d}x.$$

この積分は, $m - n = k$ とおけば, 第 8 章で扱ったものと同じ形になる. よって

$$\boxed{I_{mn} = \int_{-\pi}^{\pi} \mathrm{e}^{-inx} \mathrm{e}^{imx} \mathrm{d}x = 2\pi\delta_{mn} \begin{cases} m = n \text{ のとき, } 2\pi \\ m \neq n \text{ のとき, } 0 \end{cases}}$$

積分 I_{mn} を, ベクトル e^{imx} に対する内積の定義式と見做せば, 上式は直交関係を表す. すなわち, 無限次元空間の基底 e^{imx} は, 内積を

$$\boxed{\mathrm{e}^{-inx} \text{ を掛けて, } -\pi \text{ から } \pi \text{ まで積分する}}$$

と定義することによって, 直交基底になる.

次に, 内積を利用して, 係数 C_m を決定する. 先ず

$$f(x) = \frac{1}{2} \sum_{m=-\infty}^{\infty} C_m \mathrm{e}^{imx}$$

の両辺に, e^{-inx} を掛けて $-\pi$ から π まで積分すると

$$\int_{-\pi}^{\pi} f(x) \mathrm{e}^{-inx} \mathrm{d}x$$
$$= \int_{-\pi}^{\pi} \mathrm{e}^{-inx} \left(\frac{1}{2} \sum_{m=-\infty}^{\infty} C_m \mathrm{e}^{imx} \right) \mathrm{d}x = \frac{1}{2} \sum_{m=-\infty}^{\infty} C_m \int_{-\pi}^{\pi} \mathrm{e}^{-inx} \mathrm{e}^{imx} \mathrm{d}x$$
$$= \frac{1}{2} \sum_{m=-\infty}^{\infty} C_m 2\pi\delta_{mn} = \pi C_n.$$

m がすべての整数値を動くとき, δ_{mn} が 0 でない値を取るのは, 基底の直交性から $m = n$ のところ唯一カ所だけである. よって, 他の項はすべて消えて C_n だけが残る. 両辺を π で割り, C_n について解いて

$$C_m = \frac{1}{\pi} \int_{-\pi}^{\pi} f(x) \mathrm{e}^{-\mathrm{i}mx} \mathrm{d}x$$

を得る[注1]. また, 実係数 a_m, b_m は

$$
\begin{aligned}
C_m &= a_m - \mathrm{i}b_m \\
&= \frac{1}{\pi} \int_{-\pi}^{\pi} f(x) \mathrm{e}^{-\mathrm{i}mx} \mathrm{d}x = \frac{1}{\pi} \int_{-\pi}^{\pi} f(x)(\cos mx - \mathrm{i}\sin mx)\mathrm{d}x \\
&= \frac{1}{\pi} \int_{-\pi}^{\pi} f(x) \cos mx \ \mathrm{d}x - \mathrm{i}\frac{1}{\pi} \int_{-\pi}^{\pi} f(x) \sin mx \ \mathrm{d}x
\end{aligned}
$$

より, 実部, 虚部を比較して

$$a_m = \frac{1}{\pi} \int_{-\pi}^{\pi} f(x) \cos mx \ \mathrm{d}x, \quad b_m = \frac{1}{\pi} \int_{-\pi}^{\pi} f(x) \sin mx \ \mathrm{d}x$$

となる.

よって, 周期関数を展開するフーリエ級数の二つの表現:

複素表現

$$f(x) = \frac{1}{2} \sum_{m=-\infty}^{\infty} C_m \mathrm{e}^{\mathrm{i}mx}, \quad C_m = \frac{1}{\pi} \int_{-\pi}^{\pi} f(x) \mathrm{e}^{-\mathrm{i}mx} \mathrm{d}x$$

実表現

$$
\begin{aligned}
f(x) &= \frac{1}{2} a_0 + \sum_{m=1}^{\infty} (a_m \cos mx + b_m \sin mx), \\
a_m &= \frac{1}{\pi} \int_{-\pi}^{\pi} f(x) \cos mx \ \mathrm{d}x, \quad b_m = \frac{1}{\pi} \int_{-\pi}^{\pi} f(x) \sin mx \ \mathrm{d}x
\end{aligned}
$$

が得られた. 二つの表現は全く同等であるが, それぞれに長所, 短所がある.

複素表現は, 何よりも表現が簡潔で記憶しやすい. また, 指数関数の持つ性質から微積分が容易にでき, 係数を計算するのに便利である.

[注1] 後の都合上, 番号 n を m に変えておいた.

実表現は，$f(x)$ を偶関数である cosine と奇関数である sine とに分割して表している．このことから，関数 $f(x)$ が偶関数であれば，直ちに係数 b_m は 0 であることが分かる．同様に，$f(x)$ が奇関数であれば $a_m = 0$ となる．この性質を利用すれば，見通しの良い計算ができ，間違いも少なくなる．

偶でも奇でもない一般の関数の場合は，計算の容易な複素表現を用いて係数を求め，三角関数に読み直していく，という手順が便利である．

$\boxed{\text{問題 1}}$ $\cos^3 x$ をフーリエ展開せよ．

最後に，n 次元空間のベクトルとフーリエ級数の対応関係を表の形にまとめておく．両者の比較から，より深い理解が得られるだろう．

$$\text{ベクトル}: \mathbf{r} = \sum_{m=1}^{n} a_m \mathbf{e}_m \iff f(x) = \frac{1}{2}\sum_{m=-\infty}^{\infty} C_m \mathrm{e}^{\mathrm{i}mx}$$

$$\text{展開係数}: a_m = \mathbf{r}\cdot\mathbf{e}_m \iff C_m = \frac{1}{\pi}\int_{-\pi}^{\pi} f(x)\mathrm{e}^{-\mathrm{i}mx}\mathrm{d}x$$

$$\text{直交関係}: \mathbf{e_m}\cdot\mathbf{e_n} = \delta_{mn} \iff \frac{1}{2\pi}\int_{-\pi}^{\pi} \mathrm{e}^{-\mathrm{i}nx}\mathrm{e}^{\mathrm{i}mx}\mathrm{d}x = \delta_{mn}$$

$\boxed{\text{例題}}$ 階段関数

$$f(x) \equiv \begin{cases} 1 & (0 < x < \pi) \\ 0 & (x = 0) \\ -1 & (-\pi < x < 0) \end{cases}$$

をフーリエ級数に展開せよ．

与えられた関数の性質から，積分範囲を二つに分割し，係数 C_m を決定する．

$$C_m = \frac{1}{\pi}\int_{-\pi}^{\pi} f(x)\mathrm{e}^{-\mathrm{i}mx}\mathrm{d}x = \frac{1}{\pi}\left(\int_{-\pi}^{0} f(x)\mathrm{e}^{-\mathrm{i}mx}\mathrm{d}x + \int_{0}^{\pi} f(x)\mathrm{e}^{-\mathrm{i}mx}\mathrm{d}x\right)$$

$$= \frac{1}{\pi}\left(\int_{-\pi}^{0}(-1)\mathrm{e}^{-\mathrm{i}mx}\mathrm{d}x + \int_{0}^{\pi}(1)\mathrm{e}^{-\mathrm{i}mx}\mathrm{d}x\right)$$

$$= \frac{1}{\pi}\left(-\int_{-\pi}^{0}\mathrm{e}^{-\mathrm{i}mx}\mathrm{d}x + \int_{0}^{\pi}\mathrm{e}^{-\mathrm{i}mx}\mathrm{d}x\right) = \frac{1}{\pi}\left(-\left[\frac{\mathrm{e}^{-\mathrm{i}mx}}{-\mathrm{i}m}\right]_{-\pi}^{0} + \left[\frac{\mathrm{e}^{-\mathrm{i}mx}}{-\mathrm{i}m}\right]_{0}^{\pi}\right)$$

$$= \frac{i}{m\pi} \left(-\left[e^{-imx} \right]_{-\pi}^{0} + \left[e^{-imx} \right]_{0}^{\pi} \right) = \frac{i}{m\pi} \left[-(1 - e^{im\pi}) + (e^{-im\pi} - 1) \right]$$

$$= -\frac{i}{m\pi} \left[2 - (e^{im\pi} + e^{-im\pi}) \right] = -\frac{2i}{m\pi} (1 - \cos m\pi) = -\frac{2i}{m\pi} \left[1 - (-1)^m \right].$$

よって，係数 C_m は

$$C_m = -\frac{2i}{m\pi} \left[1 - (-1)^m \right]$$

と求められた．また，$C_m = a_m - ib_m$ より，実部，虚部を比較して

$$a_m = 0, \quad b_m = \frac{2}{m\pi} \left[1 - (-1)^m \right]$$

を得る．係数 b_m は，m の偶奇によって

$$b_m = \begin{cases} 4/m\pi & (m = 1, 3, 5, \ldots) \\ 0 & (m = 2, 4, 6, \ldots) \end{cases}$$

となる．よって，与えられた関数は

$$f(x) = \sum_{m=1}^{\infty} b_m \sin mx = \frac{4}{\pi} \left(\sin x + \frac{1}{3} \sin 3x + \frac{1}{5} \sin 5x + \frac{1}{7} \sin 7x + \cdots \right),$$

すなわち

$$\boxed{f(x) = \begin{cases} 1 & (0 < x < \pi) \\ 0 & (x = 0) \\ -1 & (-\pi < x < 0) \end{cases} = \frac{4}{\pi} \sum_{m=1}^{\infty} \frac{\sin (2m-1)x}{2m-1}}$$

とフーリエ級数に展開することができた． ■

　この例が示しているように，たとえ関数に不連続な点があっても，**区分的に連続 (piecewise continuous)**——不連続な点を除いて，他の範囲では連続であること——であれば，連続関数である三角関数により表現できる．

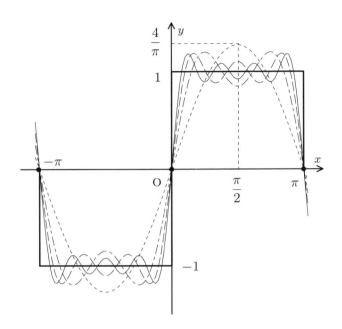

　上の展開のおかげで面白い副産物が得られるので紹介しておこう．与えられた関数は区間 $(0, \pi)$ の範囲の中で値 1 を取るので，当然 $x = \pi/2$ においても，その関数値は 1 である．よって

$$f\left(\frac{\pi}{2}\right) = 1 = \frac{4}{\pi}\left(\sin\frac{\pi}{2} + \frac{1}{3}\sin\frac{3\pi}{2} + \frac{1}{5}\sin\frac{5\pi}{2} + \cdots\right)$$
$$= \frac{4}{\pi}\left(1 - \frac{1}{3} + \frac{1}{5} - \frac{1}{7} + \frac{1}{9} - \cdots\right)$$

より

$$1 - \frac{1}{3} + \frac{1}{5} - \frac{1}{7} + \frac{1}{9} - \cdots = \frac{\pi}{4}.$$

これは第 7 章で求めた，**グレゴリーの公式**である．このように，フーリエ級数を利用して，定数項級数の値が定まる場合がある．

問題 2 　フーリエ級数を周期 $2L$ の関数に適応するように変形せよ．

10.4　フーリエ級数の応用例

　前節では，フーリエ級数の内容と計算法について説明した．しかし，既に与えられた関数を，何故わざわざ書き直す必要があるのか，どのような応用があるのか，本節ではこの点について考えよう．

　例えば，与えられた関数が，直感的には理解しやすい形であっても，不連続な点が何カ所かあって場合分けが必要であったり，微積分が難しいなど解析的に扱い難い場合がある――前節の例題などはその典型である．その点，三角関数は性質がよく調べられており，容易に微分積分できる．

　フーリエ級数はどのように応用されているのだろうか．良く知られている応用例は――音楽のあらゆる分野で使われている電子楽器――**シンセサイザー**であろう．最も原始的なシンセサイザーの原理は，まさにフーリエ級数そのものなのである．この楽器は内部に幾つかの発振器を持ち，その組合せの仕方を変化させることによって，様々の音色が出せるように組まれている．三角関数の波形を電気的に作り出すことは容易である．この波形は**サイン・ウェーブ**と呼ばれ，発振音は調弦に使われる音叉の音に近いものである．

　図では，それぞれの振動数 (音の高さを表す) の比が，整数になっている音叉の組が，箱に附けられている．先ず，基準になる音叉を一本選びそれを叩く．続いて，その音叉の三倍の振動数を持つ音叉を，先の基準音叉の振幅 (音叉の振動の幅) の1/3になるように叩く．

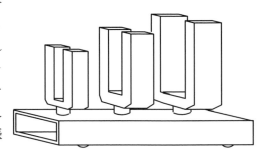

さらに，五倍の振動数の音叉を1/5の振幅で叩く．このとき，箱から聞こえて来る音は，もはや音叉の音ではなく，木管楽器に近いものである．今，作り出した音色は，先の例題の階段関数：

$$\sin x + \frac{1}{3}\sin 3x + \frac{1}{5}\sin 5x + \frac{1}{7}\sin 7x + \cdots$$

によるものである．これは**矩形波**と呼ばれ，クラリネットなどがこの関数で近似的に表される．この場合，矩形波の山と谷の大きさは一対一であるが，この比率を変えることで音色を変化させる．これは**パルス波**と呼ばれ，トランペットやオーボエなどのリード楽器の音色はこれで近似される．

口笛やフルートの音色は**三角波**と呼ばれ

$$\sin x - \frac{1}{3^2}\sin 3x + \frac{1}{5^2}\sin 5x - \frac{1}{7^2}\sin 7x + \cdots$$

で表される．三角波の波形を変形させた**ノコギリ波**

$$\sin x + \frac{1}{2}\sin 2x + \frac{1}{3}\sin 3x + \frac{1}{4}\sin 4x + \cdots$$

はチェロやバイオリンの音を近似する．この場合は基準振動数の偶数倍の音も含まれている．他の場合のように振動数に飛びがないことが，バイオリンなどの音色に豊かさを感じる理由であろう．

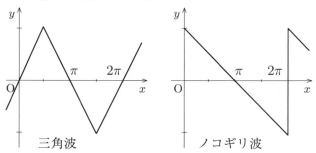

三角波　　　　　　　　ノコギリ波

楽器の音色がここで示したような単純な波形だと仮定しても，フーリエ級数による表現は無限個の三角関数の和を取ってはじめて成り立つものである．しかし，楽器の大きさの中に入る発振器の数は，当然有限個 (それもかなり小さな数) なので，近似の程度が粗くなる．これが，生の楽音と電子合成音とを識別できる理由である．

第IV部

附録

Appendix

何らかの具体的な課題を頭におかずに方法を探す人は，たいてい失敗の憂き目に会う．

ヒルベルト

附録 A

発展的話題 *Advanced topics*

A.1 ユークリッドの互除法

割り算は，割られる数 A と割る数 B，及びその結果である商 Q と余り R の四つの構成要素を持つ[注1]．これらは

$$\boxed{A = QB + R, \quad 0 \leqq R < B}$$

の関係で結ばれ，上の R の制限の下で，Q, R は唯一つ定まる．

自然数 A, B の共通の約数の内で最大のものを**最大公約数 (Greatest Common Divisor)** と呼び

$$D = (A, B)$$

で表す．D を用いて A, B を $A = Da, B = Db$ と書き換える．さらに，B, R の最大公約数を d とすると

$$B = db, \quad R = dr$$

と書けるので，これを初めの式に代入して

$$A = Qdb + dr = d(Qb + r)$$

[注1] $A > B$ とし，数の範囲は自然数に限定しておく．

より d は A の約数であることが分かる．また，d は $B = db$ より B の約数でもあるので，A, B の公約数になる．よって，$d \leqq D$ となる．

ところで，余り R を

$$R = A - QB$$

と書き換え，$A = Da, B = Db$ を代入して

$$R = Da - QDb = D(a - Qb)$$

を得る．すなわち，D は R の約数でもある．これより $D \leqq d$ であるが，先の結果 $d \leqq D$ を合わせると

$$d = D$$

となる．よって，A, B の最大公約数は B, R の最大公約数に一致し

$$\boxed{(A, B) = (B, R)}$$

を得る．

求めた B, R を再び A, B と読み替えることにより，この手続きは連続的に実行できる．すなわち，自然数 $a, b \, (a > b)$ が与えられたとき，二数の最大公約数は

$$
\begin{aligned}
a &= q_1 b + r_1, & b &> r_1, \\
b &= q_2 r_1 + r_2, & r_1 &> r_2, \\
r_1 &= q_3 r_2 + r_3, & r_2 &> r_3, \\
r_2 &= q_4 r_3 + r_4, & r_3 &> r_4, \\
&\quad\vdots \\
r_{n-2} &= q_n r_{n-1} + r_n, & r_{n-1} &> r_n, \\
r_{n-1} &= q_{n+1} r_n + r_{n+1}, & r_n &> r_{n+1} = 0
\end{aligned}
$$

から $(a, b) = r_n$ となる．ここで重要なことは

$$b > r_1 > r_2 > r_3 > r_4 > \cdots > r_{n-2} > r_{n-1} > r_n > r_{n+1} = 0$$

に従って，余り r_{n+1} が有限回で必ず 0 になることである．これを**ユークリッドの互除法 (Euclidean algorithm)**，あるいは単に**互除法 (method of mutual division)** という．

　また，共通の倍数の中で最小のものを，**最小公倍数 (Least Common Multiple)** と呼ぶ．最大公約数との間には

> 与えられた二数の積＝最大公約数×最小公倍数

なる関係があるので，互除法により最大公約数が求められれば，直ちに最小公倍数が得られる．

例題　$156, 65$ の最大公約数，最小公倍数は

$$156 = 2 \times 65 + 26,$$
$$65 = 2 \times 26 + 13,$$
$$26 = 2 \times 13,$$

$$156 \times 65 \div 13 = 780$$

より，最大公約数 13，最小公倍数 780 と求められる．　　　　■

　ユークリッドの互除法のように，計算の方法が明確に定められ，有限回の実行で結果の定まる手続きを，**アルゴリズム (algorithm)** と呼ぶ．昔はアルゴリズムといえば互除法そのものを意味したが，現在では

> 有限回の計算の後に目的を達する，あいまいさのない一連の手続き

をすべてアルゴリズムと呼んでいる．

　互除法の手続きを整理しておこう．与えられた二つの自然数 m, n に対して

$$\begin{cases} [\,1\,]\ \text{大きさを比較し，} m > n \text{ となるように設定する．}\\ [\,2\,]\ m \text{ を } n \text{ で割り，商を } q, \text{ 余りを } r \text{ とする．}\\ [\,3\,]\ \text{余り } r \text{ が } 0 \text{ ならば，そのときの } n \text{ を}\\ \qquad \text{最大公約数として終了する．}\\ [\,4\,]\ \text{余り } r \text{ が } 0 \text{ でなければ，除数 } n \text{ と余り } r \text{ とを}\\ \qquad m, n \text{ と置きなおして } [\,2\,] \text{ へ戻る．} \end{cases}$$

この操作を反復することにより，必ず [3] の状態に達し終了する．

最後に，このアルゴリズムを，パーソナル・コンピューターの言語である
BASIC を用いてプログラムの形に翻訳しておく．

```
10 input "m,n=";m,n ⏎
20 if n>m then swap n,m ⏎
30 r=m@n ⏎
40 if r=0 goto 60 ⏎
50 m=n:n=r:goto 30 ⏎
60 print "GCD=";n:end ⏎
run ⏎
m,n=?  156,65 ⏎
GCD=13
OK
```

| load " | dir "* | auto | list | run |

ここでは，ネットで無料配布されている **UBASIC** を用いた．**UBASIC** は
整数論で用いられる関数が数多く内蔵された極めて優秀な言語である．プログ
ラムのさらなる例として，第 7 章で示したモンテカルロ法を書いておく．

```
10 randomize
20 input "10^n=";n
30 for i=1 to n
40 k=0:j=0
50 for j=1 to 10^i-1
60 x=rnd:y=rnd:if x*x+y*y<=1 then k=k+1
70 next j
80 print 10^i;"点中";k;"個命中";"Pi=";4*k/j
90 next i
```

A.2　ディオファントス方程式

　ユークリッドの互除法を，逆向きにたどると面白いことが分かる．**A.1** で解いた問題を例として考えよう．

　$156, 65$ の最大公約数は

$$156 = 2 \times 65 + 26 \ \Rightarrow \ 65 = 2 \times 26 + 13 \ \Rightarrow \ 26 = 2 \times 13$$

より 13 と求められたが，この計算を逆にたどると

$$13 = 65 - 2 \times 26 = 65 - 2 \times (156 - 2 \times 65)$$
$$= 5 \times 65 - 2 \times 156$$

となる．これは方程式

$$65x + 156y = 13$$

が整数解 $x = 5, y = -2$ を持つことを示している．

　このように，整数係数の方程式の整数解を求めることを，**ディオファントス (Diophantus)** の問題，方程式：

$$\boxed{ax + by = d}$$

を**ディオファントス方程式 (Diophantine equation)** と呼ぶ．上述の議論から明らかなように，d が a と b の最大公約数 (a, b) の倍数であること，すなわち

$$d = k \times (a, b)$$

であれば，ディオファントス方程式は解を有する．

　さて，先の例題において，その解 $5, -2$ より

$$x = 5 + k_1 t, \quad y = -2 + k_2 t$$

を考え，元の方程式に代入すると

$$13 = 65 \times (5 + k_1 t) + 156 \times (-2 + k_2 t)$$
$$= 65 \times 5 + 65 k_1 t - 156 \times 2 + 156 k_2 t$$
$$= 13 + (65 k_1 + 156 k_2) t$$

となる. ここで
$$65k_1 + 156k_2 = 0$$
となる整数, 例えば $k_1 = 156, k_2 = -65$ を選べば, 任意の整数 t に対して x, y は解になる. よって, 方程式
$$65x + 156y = 13$$
の一般解は
$$x = 5 + 156t, \quad y = -2 - 65t$$
(t は任意の整数) となる. このように, 解が一つに定まらないので, 元の方程式を**不定方程式 (indeterminate equation)** とも呼ぶ.

> 注意 方程式:
> $$ax + by = d$$
> が解を有するとき, $d = k(a, b)$ なので
> $$a = a'(a, b), \quad b = b'(a, b)$$
> となる整数 a', b' が存在する. そこで全体を (a, b) で約した
> $$a'x + b'y = k$$
> を考える. このとき方程式:
> $$a'x + b'y = 1$$
> を解き, 得られた解 x_0, y_0 を k 倍すれば
> $$a(kx_0) + b(ky_0) = k(a, b)(a'x_0 + b'y_0) = d$$
> より, 元の方程式の解となることが分かる. ∎

◆ 分数を循環小数で表す ◆

　ディオファントス方程式の一つの応用として，分数を循環小数に直す方法について述べる．例として，1/91 を循環小数で表そう．91 は 7×13 と素因数分解できることに注目して

$$\frac{1}{91} = \frac{a}{7} + \frac{b}{13}$$

と分解する．右辺を通分すると

$$\frac{13a + 7b}{7 \times 13}$$

となり a, b には

$$13a + 7b = 1$$

なる関係が必要である．係数 $7, 13$ に互除法を適用すると

$$13 = 1 \times 7 + 6 \ \Rightarrow \ 7 = 1 \times 6 + 1 \ \Rightarrow \ 6 = 6 \times 1$$

より $(7, 13) = 1$．すなわち，係数は互いに素であるので，方程式は整数解を有する．そこで，上の計算を逆向きにたどって

$$1 = 7 - 1 \times 6 = 7 - 1 \times (13 - 1 \times 7)$$
$$= 2 \times 7 - 1 \times 13$$

より，整数解 $a = -1, b = 2$ を得る．よって

$$\frac{1}{91} = -\frac{1}{7} + \frac{2}{13}$$

と分解でき，巻末の表より右辺の循環小数表示を求めて

$$\frac{1}{91} = -1 \times (0.\dot{1}4285\dot{7}) + 2 \times (0.\dot{0}7692\dot{3}) = 0.\dot{0}1098\dot{9}$$

を得る[注2].

[注2] 直接 1/91 の欄を調べれば，結果の正しさを確認できる．

例題　1/4187 を循環小数で表そう.

これは

$$\frac{1}{4187} = \frac{3}{79} - \frac{2}{53}$$

と分解できるので, 表より

$$\frac{1}{4187} = 3 \times 0.\dot{0}126582278481 - 2 \times 0.\dot{0}188679245283$$
$$= 0.\dot{0}379746835443 - 0.\dot{0}377358490566 = 0.\dot{0}002388344877$$

と求められる. ■

この方法により (巻末の表には, 1/99 までの循環小数表示が与えられているので), 一万までの合成数の逆数に対する循環小数表示を“実際に計算することなく”求め得るのである.

A.3 式に対するユークリッド互除法

ユークリッドの互除法は，式に対しても成り立つ．数の場合に対応して，用語を定めておこう．

複数の多項式に共通する因子を**公約式**と呼び，その中で次数が最大のものを**最大公約式**という．公約式が定数しかない場合，それらを**互いに素な式**であるという．

例えば，多項式

$$A(x) = x^3 - 6x^2 + 11x - 6, \quad B(x) = x^2 - 7x + 12$$

に互除法を適用して

$$A(x) = (x+1)(x^2 - 7x + 12) + 6(x-3), \quad B(x) = (x-4)(x-3)$$

より最大公約式は $(x-3)$ である．下段の式を利用して，$A(x)$ は

$$\begin{aligned} A(x) &= (x+1)(x-4)(x-3) + 6(x-3) \\ &= (x-1)(x-2)(x-3) \end{aligned}$$

と因数分解できる．$A(x), B(x)$ を最大公約式 $(x-3)$ で割れば

$$a(x) \equiv (x-1)(x-2) = x^2 - 3x + 2, \quad b(x) \equiv (x-4)$$

より両式に共通する項はなくなり，$a(x), b(x)$ は互いに素となる．

上式に対して，さらに互除法を適用すると

$$x^2 - 3x + 2 = (x+1)(x-4) + 6$$

となり，数の互除法の場合と同様に，計算を逆にたどると

$$6 = (x^2 - 3x + 2) - (x+1)(x-4)$$

を得る．

一般に，二つの多項式 $A(x), B(x)$ が互いに素であれば

$$\boxed{p(x)A(x) + q(x)B(x) = \text{定数}}$$

となる多項式 $p(x), q(x)$ が存在する．

多項式 $A(x)$ が，互いに異なる定数 α_i を用いて

$$A(x) = (x - \alpha_1)(x - \alpha_2)(x - \alpha_3) \times \cdots \times (x - \alpha_n)$$

と因数分解できるとき――すなわち，代数方程式 $A(x) = 0$ が重根を持たない場合――導関数 $A^{(1)}(x)$ は積の微分法を使って

$$\begin{aligned}
A^{(1)}(x) = {}&(x - \alpha_2)(x - \alpha_3) \times \cdots \times (x - \alpha_n) \\
&+ (x - \alpha_1)(x - \alpha_3) \times \cdots \times (x - \alpha_n) \\
&\quad\vdots \\
&+ (x - \alpha_1)(x - \alpha_2) \times \cdots \times (x - \alpha_{n-1})
\end{aligned}$$

となる．上式一段目の右辺には $(x - \alpha_1)$ なる因子が欠けており，k 段目には $(x - \alpha_k)$ なる因子が欠けるので，明らかに $A(x)$ と $A^{(1)}(x)$ は互いに素である．

次に重根のある場合を考えよう．例えば

$$A(x) = (x - \alpha_1)^k a(x), \quad a(x) = (x - \alpha_2)(x - \alpha_3) \times \cdots \times (x - \alpha_n)$$

のとき，$A(x)$ の導関数は

$$\begin{aligned}
A^{(1)}(x) &= k(x - \alpha_1)^{k-1} a(x) + (x - \alpha_1)^k a^{(1)}(x) \\
&= (x - \alpha_1)^{k-1}[ka(x) + (x - \alpha_1)a^{(1)}(x)]
\end{aligned}$$

となる．これは $A(x)$ と $A^{(1)}(x)$ の最大公約式が $(x - \alpha_1)^{k-1}$ で与えられることを示している．

この結果は容易に一般化され，以下の結論を得る．

> 与えられた多項式と，その導関数が互いに素でなければ，
> 元の多項式の因数分解は，重複する項を有する．

これは因数分解の困難な高次の多項式に応用できる.

例題　$A(x) = x^4 - 2x^3 - 3x^2 + 4x + 4$ を因数分解する.

　導関数は

$$A^{(1)}(x) = 4x^3 - 6x^2 - 6x + 4 = 2(2x^3 - 3x^2 - 3x + 2)$$

となるので, $A(x)$ と $(2x^3 - 3x^2 - 3x + 2)$ に互除法を適用して最大公約式を求める.

$$x^4 - 2x^3 - 3x^2 + 4x + 4 = \left(\frac{1}{2}x - \frac{1}{4}\right)(2x^3 - 3x^2 - 3x + 2) - \frac{9}{4}(x^2 - x - 2),$$
$$2x^3 - 3x^2 - 3x + 2 = (2x - 1)(x^2 - x - 2).$$

よって, 最大公約式は

$$x^2 - x - 2$$

である. さらに, 上式で $A(x)$ を割り算すれば

$$A(x)/(x^2 - x - 2) = x^2 - x - 2$$

となり

$$A(x) = (x^2 - x - 2)^2$$

を得る. この場合, 幸運にも右辺はさらに因数分解ができて

$$A(x) = (x + 1)^2(x - 2)^2$$

となる.　　　　　　　　　　　　　　　　　　　　　　　　　　　■

　一般に, 高次多項式を因数分解することは容易ではない. しかし, ここで示したように, 項に重複するものがある場合, その項を見附け出し整理するには

> [1] 導関数を計算する
> [2] 互除法により最大公約式を求める

ことで機械的に実行できる.

A.4　等差数列

　初項 a に，次々に一定の数 d——これを**公差 (common difference)** と呼ぶ——を加えて得られる数列を**等差数列 (arithmetic sequence)** という．一般項は

$$\boxed{a_n = a + (n-1)d}$$

で与えられる．

　第 n 項までの和

$$S_n \equiv a + (a+d) + (a+2d) + \cdots + [a+(n-1)d]$$

を求めよう．同じ S_n を逆向きに並べて両者を加えれば

$$S_n = a + (a+d) + (a+2d) + \cdots + [a+(n-1)d]$$
$$S_n = [a+(n-1)d] + \cdots + (a+2d) + (a+d) + a \quad (+$$
$$\overline{2S_n = \underbrace{[2a+(n-1)d] + \cdots\cdots\cdots + [2a+(n-1)d]}_{n \text{ 個の } [2a+(n-1)d]}}$$

右辺には $[2a+(n-1)d]$ が n 個あるので，求める和は

$$\boxed{S_n = \frac{1}{2}n[2a+(n-1)d]}$$

となる．

A.5　数学的帰納法と帰謬法

A.5.1　数学的帰納法

自然数 (natural number) は 1 から始まり，$2, 3, 4, 5, \ldots$ と順に一つずつ増えて行き，最大の自然数と呼べる数はない．すなわち，自然数は無数に存在する．そこで，任意の自然数に対して成り立つ法則を証明するとき，必然的に無限に対する処理の問題に遭遇する．以下に示す**数学的帰納法 (mathematical induction)** とは，この種の問題の処理方法を与えるものである．

自然数 n に関係した問題 $A(n)$ がある．問題が以下の二条件：

> [1]　$n = 1$ に対して成立する．すなわち，$A(1)$ は正しい．
> [2]　n 以下のすべての自然数に対して，$A(n)$ が成立する
> 　　　と仮定したとき，同時に問題 $A(n + 1)$ が成立する．

を満足するとき，問題 $A(n)$ は，すべての自然数に対して成立する．すなわち，隣接した二つの自然数により番号附けされた条件が，組になって成立する場合，証明それ自身が一段階ずつ自動的に進み，すべての自然数に及ぶのである．

以下に具体的な例として，本文中に登場した幾つかの式を証明する．

例題 1　自然数の和

1 から n までの自然数の和は，初項，公差，共に 1 の等差数列なので

$$S_n = \frac{n(n + 1)}{2}$$

により与えられる．この式が，すべての自然数 n に対して成り立つことを数学的帰納法によって確かめよう．

先ず，$n = 1$ のとき，$S_1 = 1$ となり正しい結果を与えている．よって，条件 [1] は満たされた．

次に，式 $S_n = n(n+1)/2$ は正しいと仮定する．このとき，両辺に $(n+1)$ を加えると

$$S_n + (n+1) = \frac{n(n+1)}{2} + (n+1) = \frac{(n+1)(n+2)}{2}$$

となる．これは，仮定した式において，$n \Rightarrow n+1$ と置き換えたものに他ならないので，条件 [2] も満たされた．よって，和の式はすべての自然数に対して成立する．

例題 2 　二項定理

$$(a + b)^n = \sum_{k=0}^{n} {}_n\mathrm{C}_k a^{n-k} b^k$$

がすべての自然数 n に対して成立することを示す．

先ず，$n = 1$ のときは

$$左辺 = a + b,$$
$$右辺 = \sum_{k=0}^{1} {}_1\mathrm{C}_k a^{1-k} b^k = {}_1\mathrm{C}_0 a^1 b^0 + {}_1\mathrm{C}_1 a^0 b^1 = a + b$$

となるので，条件 [1] は満たされた．

次に条件 [2] を示す．問題の式の両辺に $(a+b)$ を掛けて

$$(a+b)^{n+1} = (a+b)(a+b)^n = (a+b) \sum_{k=0}^{n} {}_n\mathrm{C}_k a^{n-k} b^k$$

$$= \sum_{k=0}^{n} {}_n\mathrm{C}_k (a^{n+1-k} b^k + a^{n-k} b^{k+1}) \qquad (\clubsuit)$$

$$= {}_n\mathrm{C}_0 a^{n+1} b^0 + \sum_{k=1}^{n} {}_n\mathrm{C}_k a^{n+1-k} b^k$$

$$+ \sum_{k=0}^{n-1} {}_n\mathrm{C}_k a^{n-k} b^{k+1} + {}_n\mathrm{C}_n a^0 b^{n+1}$$

$$= a^{n+1} + \sum_{k=1}^{n} {}_n\mathrm{C}_k a^{n+1-k} b^k + \sum_{k=1}^{n} {}_n\mathrm{C}_{k-1} a^{n-(k-1)} b^k + b^{n+1}$$

$$= a^{n+1} + \sum_{k=1}^{n} ({}_n\mathrm{C}_k + {}_n\mathrm{C}_{k-1}) a^{n-(k-1)} b^k + b^{n+1}$$

$$= {}_{n+1}\mathrm{C}_0 a^{n+1} b^0 + \sum_{k=1}^{n} {}_{n+1}\mathrm{C}_k a^{n+1-k} b^k + {}_{n+1}\mathrm{C}_{n+1} a^0 b^{n+1}$$

$$= \sum_{k=0}^{n+1} {}_{n+1}\mathrm{C}_k a^{n+1-k} b^k$$

を得るが，これは最初の式において，$n \Rightarrow n+1$ の置き換えを行ったものに他ならないので，条件 [2] も満足する．よって，二項定理はすべての自然数に対して成立する．

例題 3 ライプニッツの公式

関数 f, g の積の高階微分について成り立つ，ライプニッツの公式：

$$(fg)^{(n)} = \sum_{k=0}^{n} {}_n\mathrm{C}_k f^{(n-k)} g^{(k)}$$

を証明する．

先ず，$n = 1$ のとき，上式は積の微分法則そのものである．さらに，上式がすべての自然数について成り立つと仮定する．[2] の手続きは

$$(fg)^{(n+1)} = \left(\sum_{k=0}^{n} {}_n\mathrm{C}_k f^{(n-k)} g^{(k)} \right)^{(1)}$$

$$= \sum_{k=0}^{n} {}_n\mathrm{C}_k \left(f^{(n+1-k)} g^{(k)} + f^{(n-k)} g^{(k+1)} \right).$$

これは，**例題 2** における (♣) 式と，全く同じ形式なので，直ちに

$$(fg)^{(n+1)} = \sum_{k=0}^{n+1} {}_{n+1}\mathrm{C}_k f^{(n+1-k)} g^{(k)}$$

を得る．よって，公式はすべての自然数に対して証明された．

例題 4　行列の n 乗

固有値 α, β を持つ行列 $\widetilde{A}$ の n 乗は

$$\widetilde{A}^n = \frac{\beta^n - \alpha^n}{\beta - \alpha}\widetilde{A} + \frac{\alpha^n \beta - \alpha \beta^n}{\beta - \alpha}\widetilde{E}$$

で与えられることを証明する.

先ず, $n = 1$ の場合は自明である. $n = 2$ の場合は

$$\widetilde{A}^2 = (\alpha + \beta)\widetilde{A} - \alpha\beta\widetilde{E}$$

となり, これはケイリー‐ハミルトンの公式により正しい.

次に, すべての自然数において, 与えられた式が成り立つと仮定し, 両辺に $(\beta - \alpha)\widetilde{A}$ を掛けて整理すると

$$
\begin{aligned}
(\beta - \alpha)\widetilde{A}^n\widetilde{A} &= (\beta^n - \alpha^n)\widetilde{A}^2 + (\alpha^n\beta - \alpha\beta^n)\widetilde{A} \\
&= (\beta^n - \alpha^n)\left[(\alpha + \beta)\widetilde{A} - \alpha\beta\widetilde{E}\right] + (\alpha^n\beta - \alpha\beta^n)\widetilde{A} \\
&= \left[(\beta^n - \alpha^n)(\alpha + \beta) + \alpha^n\beta - \alpha\beta^n\right]\widetilde{A} - \alpha\beta(\beta^n - \alpha^n)\widetilde{E} \\
&= (\beta^{n+1} - \alpha^{n+1})\widetilde{A} + (\alpha^{n+1}\beta - \alpha\beta^{n+1})\widetilde{E}
\end{aligned}
$$

となる. これは, 与えられた式において, $n \Rightarrow n+1$ と置き換えたものに他ならない. よって, 与式はすべての自然数に対して成立する.

A.5.2　帰謬法とその例

一般に, ある問題について証明を要する場合, 論理を順に積み上げることにより最終的に証明していく方法を**直接法**と呼ぶ.

もう一つの方法として, 証明したい事柄の反対のことを仮定し, その仮定が最後には矛盾を導かざる得ないことを示して証明する**間接法**, いわゆる**帰謬法**(reductive absurdity)[注3]がある.

[注3] **背理法**ともいう.

例題

$$\left(\frac{1}{2}\right) + \left(\frac{1}{2}\right)^2 + \left(\frac{1}{2}\right)^3 + \cdots + \left(\frac{1}{2}\right)^{n-1} + \left(\frac{1}{2}\right)^n$$

は整数にならないことを帰謬法を用いて証明する.

　上式は整数値 N を取ると仮定し, 全体に 2^{n-1} を掛ける. $2^{n-1}N$ は仮定により整数である. ところが

$$2^{n-1}\left[\left(\frac{1}{2}\right) + \left(\frac{1}{2}\right)^2 + \left(\frac{1}{2}\right)^3 + \cdots + \left(\frac{1}{2}\right)^{n-1} + \left(\frac{1}{2}\right)^n\right]$$

$$= 2^{n-2} + 2^{n-3} + 2^{n-4} + \cdots + 2^0 + \frac{1}{2}$$

$$= 整数 + \frac{1}{2}$$

より, 整数 $=$ 整数 $+ 1/2$ となる. これは矛盾である. よって, この和は整数にならないことが証明された.

A.6　整数論の基本定理

　自然数は 1 と素数と合成数とに分かれる．合成数は素数の積に分解でき，その分解の仕方は唯一通りである[注4]．1 を素数としない理由はこの一意性を保証するためである．実際 1 を素数として合成数の分解の中に入れてしまうと $6 = 1 \times 2 \times 3 = 1^2 \times 2 \times 3 = \cdots$ と何通りもの分解が可能となる．

　素因数分解は，整数論における最も基本的な定理であり，次の二つのことを述べている．順に証明しよう．

> 定理 [1]　素因数分解の可能性
>
> 定理 [2]　素因数分解の一意性

◆ 定理 [1]——数学的帰納法を用いる

　最小の合成数は 4 であるが，これは $4 = 2 \times 2$ と素因数分解できる．

　続いて，ある合成数を C とし，C より小さい合成数は，すべて素因数分解できると仮定する．C は合成数であるので約数を持ち，$C = A \times B$ と書ける（A, B は $1 < A < C, 1 < B < C$ の範囲にある自然数である）．もし，A, B が素数であれば C は素因数分解されたことになる．

　しかし，これらが素数でない場合でも，先の条件より，A, B は共に C より小さいので，仮定により素因数分解ができ，両者の積である C も素因数分解できる．よって，1 を除く任意の合成数は，素数の積に分解できることが示された．

> 注意　具体的に数値を入れて上の証明を復習しておこう．
> 　最小の合成数 4 が素因数分解できることは最初に示した．
> 　その次の合成数は 6 であるが，これは約数として 2 を持ち，2×3 と書ける．しかも，$2, 3$ は共に素数なので 6 は素因数分解できた．これで 6 以下の合成数は素因数に分解できることが分かった．次の合成数 8 も約数 2 を持ち，2×4 と

[注4] 素数を掛ける順番は考慮しない．

書けるが，4 は既に 2×2 と分解されているので，結局 $8 = 2^3$ と素因数分解ができる．以後はこれを繰り返し，分解は全自然数に及ぶ． ∎

◆ 定理 [2]──帰謬法を用いる

素因数分解が二通りできることを仮定し，それが矛盾することから一意性を導く．

先ず，[1] の場合と同様に最小の合成数 4 に注目する．これは 2×2 と素因数分解できる．よって，最小合成数に対して一意性は証明された．

続いて，C より小さい合成数はすべて一意性を満足し，C が二通りの分解：

$$C = \alpha\beta\gamma \times \cdots \times \delta = \alpha'\beta'\gamma' \times \cdots \times \delta'$$

を持つと仮定する (ギリシャ文字はすべて素数を表す)．もし，$\alpha = \alpha'$ ならば全体を α で割って

$$C/\alpha = \beta\gamma \times \cdots \times \delta = \beta'\gamma' \times \cdots \times \delta'$$

となる．素数 α は正数であるから $C/\alpha < C$ である．C より小さい合成数はすべて一意性を満足すると仮定しているので，$\beta\gamma \times \cdots \times \delta = \beta'\gamma' \times \cdots \times \delta'$ が成立し，$\alpha = \alpha'$ より二つの分解は一致してしまう．

そこで，$\alpha > \alpha'$ とし，C の定義式の両辺から $\alpha'\beta\gamma \times \cdots \times \delta$ を引き，それを C' とする．このとき $C' < C$ であるから，C' には分解の一意性が成り立つはずである．

左辺 $= (\alpha\beta\gamma \times \cdots \times \delta) - (\alpha'\beta\gamma \times \cdots \times \delta) = (\alpha - \alpha')\beta\gamma \times \cdots \times \delta,$
右辺 $= (\alpha'\beta'\gamma' \times \cdots \times \delta') - (\alpha'\beta\gamma \times \cdots \times \delta) = \alpha'(\beta'\gamma' \cdots - \beta\gamma \cdots).$

素数 α' は，式中のどの数とも異なるので，α' は $(\alpha - \alpha')$ の約数でなければ，この両辺は一致しない．これは α' が α の約数でなければ満たされない．ところが，α, α' は異なる素数であるから，これはあり得ない．従って，C' は二通りに分解されてしまい，これは仮定に反する．

よって，素因数分解は──素数を掛ける順序を問わないとき──唯一通りに表されることが証明された．

A.6.1　素数に関する定理

第 1 章において，素数を具体的に求めるために用いた

エラトステネスの篩

を理論的に保証する定理：

> **自然数 N は，$\sqrt{N}$ を越えない最大の整数を n と書くとき，n 以下のどの素数でも割り切れなければ素数である**

を証明する．

　自然数 N が，n より大きい素数 q で割り切れると仮定する．このときの商を p と書くと，$N = qp$ となる．これらの数の大小関係に注目しよう．

$$1 < p \leqq n < q < N.$$

ここで，p が合成数であれば，割り算の計算過程が p に至る前に，p の素因数で既に割り切れているはずである．もし，p が素数であっても，$p \leqq n$ であるので，n までの割り算を行えばよく，いずれの場合も定理が成立する．

　次に

素数は無数に存在する

ことを証明する．素数は，有限個しか存在せず，その中に最大の素数 P があると仮定し，P 以下の素数をすべて用いて

$$Q = 2 \times 3 \times 5 \times 7 \times \cdots \times P + 1$$

を作る．明らかに $P < Q$ である．もし，Q が素数であれば，P より大きい素数が存在することになり仮定に反する．

　また，Q が合成数ならば，少なくとも一つの素因数を持つはずである．しかし，Q は $(2, 3, 5, 7, \ldots, P)$ のどの素数で割っても 1 余るので，所望の素因数は

P より大きい素数になる．いずれの場合も仮定は成立しない．よって，素数は無数に存在し，"最大の素数" は存在しないことが示された．

A.6.2 素数の分布

素数の分布に関して，次の重要な関係が知られている．

自然数 x 以下の素数の個数を，記号 $\pi(x)$ で表すとき

$$\lim_{x \to \infty} \frac{\pi(x) \ln x}{x} = 1$$

が成り立つ．これを**素数定理 (prime number theorem)** という．これは大きな x に対して，$\pi(x)$ が

$$\pi(x) \sim \frac{x}{\ln x}$$

で近似できることを示している．実際に素数の分布を調べて，以下の表を得る．

x	$\pi(x)$	$P(x) = x/\ln x$	$\pi(x)/P(x)$
10^1	4	4.3	0.930
10^2	25	21.7	1.152
10^3	168	144.8	1.160
10^4	1229	1085.7	1.132
10^5	9592	8685.9	1.104
10^6	78498	72382.4	1.084
10^7	664579	620420.7	1.071
10^8	5761455	5428681.0	1.061
10^9	50847534	48254942.4	1.054
10^{10}	455052511	434294481.9	1.048

x が大きくなるに従って，近似の程度が良くなっていることが分かる．

A.7   順列と組合せ

アルファベット 26 文字：

$$a, b, c, d, e, f, g, h, i, j, k, l, m, n, o, p, q, r, s, t, u, v, w, x, y, z$$

のすべての文字を，それぞれ一回だけ使って，一列に並べて見よう．

　最初の文字の選び方には 26 通りある．その次は，残った文字の数が 25 個なので 25 通り，次は 24 通り,... となる．文字を置く場所を [ ] で表すと

$$
\begin{array}{cccccc}
26\,通り & 25\,通り & 24\,通り & 23\,通り & \cdots & 2\,通り & 1\,通り \\
[\,1\,] & [\,2\,] & [\,3\,] & [\,4\,] & \cdots & \mathbf{[25]} & \mathbf{[26]}
\end{array}
$$

となる．並べる順番にも意味があると考えると，並べ方の総数は

$$26 \times 25 \times 24 \times \cdots \times 2 \times 1 = 26!$$

である．このように，幾つかのものを一列に順に並べた配列のことを**順列 (permutation)** と呼ぶ．

　一般に，相異なる n 個の要素の中から，r 個の要素を取り出して順に並べる場合，上の例と同様にして

$$
\begin{array}{ccccc}
n\,通り & (n-1)\,通り & (n-2)\,通り & (n-3)\,通り & \cdots & [n-(r-1)]\,通り \\
[\,1\,] & [\,2\,] & [\,3\,] & [\,4\,] & \cdots & [\,\mathsf{r}\,]
\end{array}
$$

となるので，その総数は

$$n \times (n-1) \times (n-2) \times (n-3) \times \cdots \times [n-(r-1)].$$

これを **Permutation** の頭文字を取って $_n\mathrm{P}_r$ と書く．ところで

$$
\begin{aligned}
n! &= n \times (n-1) \times (n-2) \times \cdots \times [n-(r-1)] \times (n-r) \times \cdots \times 2 \times 1 \\
&= {}_n\mathrm{P}_r \times (n-r)!
\end{aligned}
$$

であるので，順列の数は

$$_n\mathrm{P}_r = \frac{n!}{(n-r)!}$$

と表せる.

　並べ方の順番には意味がなく, 単にその選ばれた要素の組合せの数だけが問題である場合, 例えば, 三つの文字 a, b, c から, 二つを選んでできる順列の数は

$$_3\mathrm{P}_2 = \frac{3!}{(3-2)!} = 6.$$

具体的には

$$a, b, \quad b, a, \quad b, c, \quad c, b, \quad c, a, \quad a, c$$

であるが, これらを構成要素で分類すれば, 以下に示す三種類になる.

$$ab, \ ba \ \Rightarrow \ \text{構成要素は } a \text{ と } b,$$
$$bc, \ cb \ \Rightarrow \ \text{構成要素は } b \text{ と } c,$$
$$ca, \ ac \ \Rightarrow \ \text{構成要素は } c \text{ と } a.$$

初めに示したように, r 個の要素を選んだ場合, 取り出された要素には $r!$ 個の異なる順列が考えられるが, これらをすべて**同一視 (identification)** し, 一つと数える. このように, 構成要素別に分類したその総数が組合せの数である. よって, 相異なる n 個の要素の中から, r 個の要素を取り出す組合せの数は, 対応する順列の数を $r!$ で割ることにより与えられる. これを $_n\mathrm{C}_r$ と書くと

$$_n\mathrm{C}_r = \frac{_n\mathrm{P}_r}{r!} = \frac{n!}{r!(n-r)!}$$

となる.

A.8　二次方程式と確率

　教科書・参考書などにおいて，二次方程式は，実根を持つもの，虚根を持つもの，それぞれがバランスよく登場する．

　それでは，二次方程式の各係数を，全くランダム (random) に選んだ場合，その方程式は実根を持つ確率が高いのであろうか，あるいは虚根を持つ確率が高いのであろうか，これは興味ある問題である．

　簡単のために最高次の係数を 1 にした二次方程式

$$x^2 + bx + c = 0$$

を考える．この方程式の根は，判別式 $D = b^2 - 4c$ の正負によって，実根，あるいは虚根と分類され，$D = 0$ はその分かれ目となる．

　そこで縦軸に c，横軸に b をとる座標系を考えれば

$$D = b^2 - 4c = 0 \quad \text{より，} \quad c = \frac{1}{4}b^2 \text{ (放物線)}$$

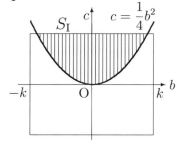

となるので，実根と虚根の境目は，上式の放物線の**外側**と**内側**という形で視覚化される．

　この座標系において，原点を中心とする，一辺の長さ $2k \,(\geqq 8)$ である正方形を描く．この正方形の内部に議論を限定すると，係数の変域は

$$-k \leqq b \leqq k, \quad -k \leqq c \leqq k$$

であり，放物線と正方形の交点は

$$k = \frac{1}{4}b^2 \quad \text{より，} \quad b = \pm 2\sqrt{k}$$

となる．この放物線と正方形によって囲まれた部分の面積 S_I は[注5]

$$S_\mathrm{I} = \frac{8}{3}k\sqrt{k}$$

であり，この領域は，元の 二次方程式が虚根を持つ係数の範囲を示す．また，これより外側の正方形の内部は，実根を持つ係数の範囲を表す．

よって，面積 S_I を正方形の面積 $4k^2$ で割った

$$P_\mathrm{I} = \frac{S_\mathrm{I}}{4k^2} = \frac{2}{3\sqrt{k}}$$

がこの範囲における虚根が現れる確率を表す．

例えば，$k = 4$ とすると

$$P_\mathrm{I} = \frac{1}{3}$$

である．これは係数 b, c を -4 から 4 の範囲で，全くランダムに選んだ場合に，三つに一つの割合で虚根を持つ二次方程式が現れることを示している．

正方形の大きさを決める定数 k を大きくすれば，確率 P_I は小さくなる．k を無限に大きくしたとき，すなわち，係数 b, c を任意の実数の中からランダムに選ぶ場合には，元の二次方程式が虚根を持つ確率は限りなく 0 に近づく．逆に言えば

> 係数を適当に選んだ二次方程式は，実根を持つ確率が高い

ことが分かったわけである．

[注5] 積分計算より．

A.9　連分数

　二つの自然数 a, b により，有理数 a/b $(a > b)$ が与えられたとき，ユークリッドの互除法を利用して，与えられた数を以下の形に変形する．先に示した商と余りの関係を代入して

$$\frac{a}{b} = \frac{q_1 b + r_1}{b} = q_1 + \frac{r_1}{b} = q_1 + \frac{1}{\dfrac{b}{r_1}} = q_1 + \frac{1}{\dfrac{q_2 r_1 + r_2}{r_1}}$$

$$= q_1 + \frac{1}{q_2 + \dfrac{r_2}{r_1}} = q_1 + \frac{1}{q_2 + \dfrac{1}{\dfrac{r_1}{r_2}}} = q_1 + \frac{1}{q_2 + \dfrac{1}{\dfrac{q_3 r_2 + r_3}{r_2}}}$$

$$= q_1 + \frac{1}{q_2 + \dfrac{1}{q_3 + \dfrac{r_3}{r_2}}} = q_1 + \frac{1}{q_2 + \dfrac{1}{q_3 + \ddots}}$$

となる．これを**連分数 (continued fraction)** と呼ぶ．この展開を，紙面の節約のために，以下のように書く——右辺第二項以降の符号の位置に注意せよ．

$$\boxed{\frac{a}{b} = q_1 + \frac{1}{q_2 +} \ \frac{1}{q_3 +} \ \frac{1}{q_4 +} \ \cdots \ \frac{1}{+ q_n}}$$

互除法が有限回で終了することに対応して，有理数の連分数による表示は，有限の展開で終わり，特に**有限連分数 (finite continued fraction)** と呼ばれる．

　部分和について考えよう．与えられた有理数を $x_n = a/b$，部分和を

$$x_1 = q_1, \quad x_2 = q_1 + \frac{1}{q_2}, \quad x_3 = q_1 + \frac{1}{q_2 +} \ \frac{1}{q_3}, \cdots$$

で表し，大小関係を調べると

$$x_1 < x_3 < x_5 < \cdots x_n \cdots < x_6 < x_4 < x_2$$

となり，大小を繰り返しながら，中央に位置する真値に近づいていく．

例えば，7/4 を連分数に展開し，部分和を求めると以下のようになる．

$$\frac{7}{4} = 1 + \cfrac{1}{1 + \cfrac{1}{3}}, \qquad \begin{cases} x_1 = 1, \ x_2 = 2, \ x_3 = \dfrac{7}{4}, \\ x_1 < x_3 < x_2. \end{cases}$$

一方，無理数を連分数に展開すると，互除法は終了しないので，項は無限に続き**無限連分数 (infinite continued fraction)** を形成する．この場合，無限連分数の部分和の極限が，ある値に収束し一つの無理数を表す．すなわち

$$\boxed{\lim_{k \to \infty} x_k = 無理数}$$

である．従って，有限連分数は有理数であり，無限連分数は無理数を表す．

無限連分数を途中で打ち切ることにより，無理数を任意の精度で近似する近似分数を作り得る．

例題 $\sqrt{2}$ を連分数の形に展開しよう．

1 と $\sqrt{2}$ に対してユークリッドの互除法を適用する．先ず

$$\sqrt{2} = 1 \times 1 + \left(\sqrt{2} - 1\right)$$

であるが，上式の括弧内は

$$\sqrt{2} - 1 = \frac{\left(\sqrt{2} - 1\right)\left(\sqrt{2} + 1\right)}{\sqrt{2} + 1} = \frac{1}{\sqrt{2} + 1}$$

と変形できるので

$$\sqrt{2} = 1 \times 1 + \frac{1}{\sqrt{2} + 1}$$

と書ける．さらに，互除法を適用していくと

$$1 = 2 \times \frac{1}{\sqrt{2} + 1} + \frac{1}{\left(\sqrt{2} + 1\right)^2},$$

$$\frac{1}{\sqrt{2} + 1} = 2 \times \frac{1}{\left(\sqrt{2} + 1\right)^2} + \frac{1}{\left(\sqrt{2} + 1\right)^3},$$

$$\frac{1}{\left(\sqrt{2} + 1\right)^2} = 2 \times \frac{1}{\left(\sqrt{2} + 1\right)^3} + \frac{1}{\left(\sqrt{2} + 1\right)^4}$$

となる．よって，$\sqrt{2}$ は**循環連分数** (recurring continued fraction)

$$\sqrt{2} = 1 + \cfrac{1}{2} + \cfrac{1}{2} + \cfrac{1}{2} + \cfrac{1}{2} + \cdots$$

に展開できる．　　　　　　　　　　　　　　　　　　　　　　■

　一般に，整数係数を持つ二次方程式の根を，**二次の無理数** (quadratic irrational) と呼ぶ．二次の無理数は，循環連分数に展開できる．

A.9.1　行列を用いて部分和を求める

　連分数の第 n 項までの和を

$$q_1 + \cfrac{1}{q_2} + \cfrac{1}{q_3} + \cfrac{1}{q_4} + \cdots + \cfrac{1}{q_n} = \frac{Q_n}{P_n}$$

とおき，行列を用いて書き換えると

$$\begin{pmatrix} Q_n & Q_{n-1} \\ P_n & P_{n-1} \end{pmatrix} = \begin{pmatrix} q_1 & 1 \\ 1 & 0 \end{pmatrix} \begin{pmatrix} q_2 & 1 \\ 1 & 0 \end{pmatrix} \begin{pmatrix} q_3 & 1 \\ 1 & 0 \end{pmatrix} \times \cdots \times \begin{pmatrix} q_{n-1} & 1 \\ 1 & 0 \end{pmatrix} \begin{pmatrix} q_n & 1 \\ 1 & 0 \end{pmatrix}$$

となる．この方法により，部分和の繁雑な計算を機械的に行える．

> **例題 1**　$\sqrt{2}$ の場合

　$\sqrt{2}$ は，初項を 1，それ以降のすべての項を 2 とする循環連分数なので，以下に示すように計算できる．

$$\begin{pmatrix} Q_2 & Q_1 \\ P_2 & P_1 \end{pmatrix} = \begin{pmatrix} 1 & 1 \\ 1 & 0 \end{pmatrix} \begin{pmatrix} 2 & 1 \\ 1 & 0 \end{pmatrix} = \begin{pmatrix} 3 & 1 \\ 2 & 1 \end{pmatrix},$$

$$\begin{pmatrix} Q_3 & Q_2 \\ P_3 & P_2 \end{pmatrix} = \begin{pmatrix} 3 & 1 \\ 2 & 1 \end{pmatrix} \begin{pmatrix} 2 & 1 \\ 1 & 0 \end{pmatrix} = \begin{pmatrix} 7 & 3 \\ 5 & 2 \end{pmatrix},$$

$$\begin{pmatrix} Q_4 & Q_3 \\ P_4 & P_3 \end{pmatrix} = \begin{pmatrix} 7 & 3 \\ 5 & 2 \end{pmatrix} \begin{pmatrix} 2 & 1 \\ 1 & 0 \end{pmatrix} = \begin{pmatrix} 17 & 7 \\ 12 & 5 \end{pmatrix},$$

$$\begin{pmatrix} Q_5 & Q_4 \\ P_5 & P_4 \end{pmatrix} = \begin{pmatrix} 17 & 7 \\ 12 & 5 \end{pmatrix} \begin{pmatrix} 2 & 1 \\ 1 & 0 \end{pmatrix} = \begin{pmatrix} 41 & 17 \\ 29 & 12 \end{pmatrix}$$

結果をまとめて，第 n 部分和を x_n で表す．$x_1 = 1$ として，以降

$$x_2 = \frac{3}{2}, \quad x_3 = \frac{7}{5}, \quad x_4 = \frac{17}{12}, \quad x_5 = \frac{41}{29}, \quad x_6 = \frac{99}{70},$$

$$x_7 = \frac{239}{169}, \quad x_8 = \frac{577}{408}, \quad x_9 = \frac{1393}{985}, \quad x_{10} = \frac{3363}{2378}, \quad x_{11} = \frac{8119}{5741}.$$

となる．第 11 部分和 x_{11} は，第 2 章において求めた近似分数 (右下) と比べて，同じ桁の精度を得るのに，二桁少ない数値の組でできている．

$$x_{11} = \frac{8119}{5741} = 1.4142135\cdots, \qquad \frac{665857}{470832} = 1.4142135\cdots$$

| 例題 2 | 円周率 π の場合 |

円周率を連分数に展開する．$\pi = 3.1415926535897932384\cdots$ と 1 との間に互除法を適用して各係数を求める．

$$\pi = 3 \times 1 + \underbrace{(\pi - 3)}_{0.141592653},$$

$$1 = 7 \times (\pi - 3) + \underbrace{(22 - 7\pi)}_{0.008851424},$$

$$\pi - 3 = 15 \times (22 - 7\pi) + \underbrace{(106\pi - 333)}_{0.008821281},$$

$$22 - 7\pi = 1 \times (106\pi - 333) + \underbrace{(355 - 113\pi)}_{0.000030144}.$$

これを繰り返して

$$\pi = 3 + \frac{1}{7} + \frac{1}{15} + \frac{1}{1} + \frac{1}{292} + \frac{1}{1} + \frac{1}{1} + \frac{1}{1} + \frac{1}{2} + \frac{1}{1} + \frac{1}{3} + \cdots$$

を得る．これは二次無理数とは異なり，循環しない連分数になっている．部分和を計算して，近似の程度を調べよう．

$$\begin{pmatrix} Q_2 & Q_1 \\ P_2 & P_1 \end{pmatrix} = \begin{pmatrix} 3 & 1 \\ 1 & 0 \end{pmatrix}\begin{pmatrix} 7 & 1 \\ 1 & 0 \end{pmatrix} = \begin{pmatrix} 22 & 3 \\ 7 & 1 \end{pmatrix},$$

$$\begin{pmatrix} Q_3 & Q_2 \\ P_3 & P_2 \end{pmatrix} = \begin{pmatrix} 22 & 3 \\ 7 & 1 \end{pmatrix}\begin{pmatrix} 15 & 1 \\ 1 & 0 \end{pmatrix} = \begin{pmatrix} 333 & 22 \\ 106 & 7 \end{pmatrix},$$

$$\begin{pmatrix} Q_4 & Q_3 \\ P_4 & P_3 \end{pmatrix} = \begin{pmatrix} 333 & 22 \\ 106 & 7 \end{pmatrix}\begin{pmatrix} 1 & 1 \\ 1 & 0 \end{pmatrix} = \begin{pmatrix} 355 & 333 \\ 113 & 106 \end{pmatrix},$$

$$\begin{pmatrix} Q_5 & Q_4 \\ P_5 & P_4 \end{pmatrix} = \begin{pmatrix} 355 & 333 \\ 113 & 106 \end{pmatrix}\begin{pmatrix} 292 & 1 \\ 1 & 0 \end{pmatrix} = \begin{pmatrix} 103993 & 355 \\ 33102 & 113 \end{pmatrix}.$$

$x_1 = 3$ として，第 13 部分和 x_{13} まで求め，整理すると

$$x_2 = \frac{22}{7}, \qquad x_3 = \frac{333}{106}, \qquad x_4 = \frac{355}{113}, \qquad x_5 = \frac{103993}{33102},$$

$$x_6 = \frac{104348}{33215}, \quad x_7 = \frac{208341}{66317}, \quad x_8 = \frac{312689}{99532}, \quad x_9 = \frac{833719}{265381},$$

$$x_{10} = \frac{1146408}{364913}, \quad x_{11} = \frac{4272943}{1360120}, \quad x_{12} = \frac{5419351}{1725033}, \quad x_{13} = \frac{80143857}{25510582}.$$

最後の第 13 部分和は

$$x_{13} = \frac{80143857}{25510582} = 3.141592653589793\cdots$$

となり，8 桁の数の割り算で，π の値を 16 桁まで正しく表している．

このように，ユークリッドの互除法を用いて求めた連分数の部分和は，分母がそれより小さい分数の中では，最も近似の程度が良い**最良近似**となることが知られている．

|例題 3| **ネイピア数 e の場合**

循環しない連分数になるもう一つの例として，ネイピア数がある．

$$\mathrm{e} = 2 + \frac{1}{1+}\ \frac{1}{2+}\ \frac{1}{1+}\ \frac{1}{1+}\ \frac{1}{4+}\ \frac{1}{1+}\ \frac{1}{1+}\ \frac{1}{6+}\ \cdots$$

部分和を計算すると，以下のようになる．

$$x_1 = 2, \quad x_2 = 3, \quad x_3 = \frac{8}{3}, \quad x_4 = \frac{11}{4}, \quad x_5 = \frac{19}{7},$$

$$x_6 = \frac{87}{32}, \quad x_7 = \frac{106}{39}, \quad x_8 = \frac{193}{71}, \quad x_9 = \frac{1264}{465}$$

より印象的なネイピア数の連分数表現として，次式が知られている．

$$e = 2 + \cfrac{1}{1 + \cfrac{1}{2 + \cfrac{2}{3 + \cfrac{3}{4 + \cfrac{4}{\ddots}}}}}$$

A.9.2　黄金数

黄金数 (**golden number**) ϕ を定める二次方程式, $x^2 - x - 1 = 0$ を

$$x = 1 + \frac{1}{x}$$

と変形し, これを基礎に無理数の連分数表現について考えよう.

上の式変形は, x について解いた形になっていないので, 解を与えるとはいえない. 左辺の x を解として見ても, 右辺にも x が入り込み, また全体と同じ形を持つ. これは限りなく繰り返され

$$x = 1 + \cfrac{1}{1 + \cfrac{1}{x}} = 1 + \cfrac{1}{1 + \cfrac{1}{1 + \cfrac{1}{\ddots}}}$$

$$= 1 + \cfrac{1}{1+} \cfrac{1}{1+} \cfrac{1}{1+} \cfrac{1}{1+} \cfrac{1}{1+} \cdots$$

となる. 黄金数は二次の無理数なので, 循環連分数になるわけである.

一般的な連分数において, 係数は循環せず様々な数が現れる. この場合は, 非常に大きな数が現れたとき——その逆数は小さな数になるので——そこで展開を打ち切っても, その次の項まで取った場合と近似の程度はあまり変わらないと考えられる.

しかし, 循環連分数は次々に同じ数が現れるため, 打ち切るべき特定の項がない. さらに上の場合, 各係数が 1 であることから, 近似される無理数は, 最も有理数で近似することが難しい数であることが分かる.

部分和について，少し詳しく計算して見よう．

$$x_1 = 1, \qquad x_2 = 2, \qquad x_3 = \frac{3}{2}, \qquad x_4 = \frac{5}{3}, \qquad x_5 = \frac{8}{5},$$

$$x_6 = \frac{13}{8}, \qquad x_7 = \frac{21}{13}, \qquad x_8 = \frac{34}{21}, \qquad x_9 = \frac{55}{34}, \qquad x_{10} = \frac{89}{55},$$

$$x_{11} = \frac{144}{89}, \quad x_{12} = \frac{233}{144}, \quad x_{13} = \frac{377}{233}, \quad x_{14} = \frac{610}{377}, \quad x_{15} = \frac{987}{610},$$

$$x_{16} = \frac{1597}{987}, \quad x_{17} = \frac{2584}{1597}, \quad x_{18} = \frac{4181}{2584}, \quad x_{19} = \frac{6765}{4181}, \quad x_{20} = \frac{10946}{6765}.$$

さらに続けて，第 37 部分和は

$$x_{37} = \frac{38609069}{23861717} = 1.6180339\cdots$$

であるが，これは確かに黄金数

$$\boxed{\phi = \frac{1 + \sqrt{5}}{2} = 1.6180339\cdots}$$

の近似分数を与えている．先の 2 の平方根の場合と比べると，近似の進行が大変遅いことが分かる．

ラマヌジャンは，黄金数 ϕ，円周率 π，ネイピア数 e，を連分数によりつないだ．見れば見るほど不思議なその式を紹介しよう．

$$\cfrac{1}{1 + \cfrac{e^{-2\pi}}{1 + \cfrac{e^{-4\pi}}{1 + \cfrac{e^{-6\pi}}{1 + \cfrac{e^{-8\pi}}{\ddots}}}}} = \left(\sqrt{2 + \phi} - \phi\right) e^{2\pi/5}$$

パスカルの三角形からフィボナッチ数列へ，フィボナッチ数列から黄金数へ，黄金数から円周率，ネイピア数へ，そしてオイラーの公式を通して虚数へ，と一つの橋が架けられた．数学的に重要な定数は，互いに暗渠で道を通じている，としか他に形容のしようがない見事さである．

A.10　無理数であることの証明

与えられた数が無理数であることを帰謬法によって証明する.

$\boxed{\text{例題 1}}$　$\sqrt{2}$ の場合

　二次方程式 $x^2 = 2$ の正の解が $\sqrt{2}$ であるが, これが整数でも分数でもないことを証明する. 先ず, $\sqrt{2}$ の近似値は $1.414\cdots$ なので整数ではない. そこで, 互いに素 (relatively prime) な——共通の約数を持たない——自然数 m, n の商の形 $x = m/n$ に書けると仮定する[注6]. さらに, m, n を以下のように素因数分解しておく.

$$m = \alpha_1 \alpha_2 \cdots \alpha_i, \quad n = \beta_1 \beta_2 \cdots \beta_j.$$

互いに素であると仮定しているので, 素数 $\alpha_1, \alpha_2, \ldots, \alpha_i$ と $\beta_1, \beta_2, \ldots, \beta_j$ は異なる. よって, m/n が既約分数であれば, $(m/n)^2$ も既約分数である. ところが

$$x^2 = \left(\frac{m}{n}\right)^2 = \left(\frac{\alpha_1 \alpha_2 \cdots \alpha_i}{\beta_1 \beta_2 \cdots \beta_j}\right)^2 = \frac{\alpha_1^2 \alpha_2^2 \cdots \alpha_i^2}{\beta_1^2 \beta_2^2 \cdots \beta_j^2}$$

であり, これが約分されて 2 になることは, 既約分数であることに矛盾する. よって, $\sqrt{2}$ は分数の形にも書けない, すなわち無理数である.

$\boxed{\text{例題 2}}$　$\log_{10} 2$ の場合

　前問の場合と同様に, $\log_{10} 2$ が整数でも分数でも書けないことを示す. 先ず, 近似値が $0.3010\cdots$ であるので $\log_{10} 2$ は整数ではない. そこで, $\log_{10} 2 = m/n$ と仮定する. m, n は互いに素な自然数である. 常用対数 (底は 10) は

$$10^{m/n} = 2$$

の逆の関係を意味する. 両辺を n 乗して

$$\text{左辺} = 10^m = (2 \times 5)^m = 2^m 5^m, \quad \text{右辺} = 2^n$$

[注6] これを**既約分数** (irreducible fraction) と呼ぶ.

となる．これは，一つの自然数が二通りに素因数分解できることを示しており，整数論の基本定理に反している．よって，$\log_{10} 2$ は分数の形にも書けない，すなわち無理数である．

> **例題 3** ネイピア数 e の場合

ネイピア数は，指数関数の級数展開式において，引数に 1 を代入して

$$\mathrm{e} = \sum_{k=0}^{\infty} \frac{1}{k!} = 1 + 1 + \frac{1}{2!} + \frac{1}{3!} + \frac{1}{4!} + \cdots = 2.7182818284590452\cdots$$

と求められる．これは整数ではないので，既約分数 m/n で表せると仮定する．$\mathrm{e} = m/n$ の両辺に $n!$ を掛けると

$$n!\,\mathrm{e} = n!\,\frac{m}{n} = (n-1)!\,m$$

となり，その値は整数となる．

一方，展開式に $n!$ を掛け，番号 k が n までの部分と，それより上の部分の二つに分けると

$$n!\,\mathrm{e} = n! \left[1 + 1 + \frac{1}{2!} + \frac{1}{3!} + \cdots + \frac{1}{n!} \right]$$
$$+ n! \left[\frac{1}{(n+1)!} + \frac{1}{(n+2)!} + \frac{1}{(n+3)!} + \cdots \right].$$

右辺第一項は

$$n! + n! + \frac{n!}{2!} + \frac{n!}{3!} + \cdots + 1$$

より，和は整数である．

第二項は，等比級数の式を用いて

$$\frac{n!}{(n+1)!} + \frac{n!}{(n+2)!} + \frac{n!}{(n+3)!} + \cdots$$
$$= \frac{1}{n+1} + \frac{1}{(n+1)(n+2)} + \frac{1}{(n+1)(n+2)(n+3)} + \cdots$$
$$\leqq \frac{1}{n+1} + \frac{1}{(n+1)^2} + \frac{1}{(n+1)^3} + \cdots$$

$$= \frac{1}{1 - \dfrac{1}{n+1}} - 1 = \frac{1}{n} < 1$$

と評価できる．第二項は 1 以下の大きさとなるので整数ではない．

全体をまとめると

整数 = 非整数

となり矛盾する．これは e が既約分数で表せると仮定したことに原因がある．よって，ネイピア数 e は無理数であることが証明された．

例題 4 | 円周率 π の場合

円周率 π とは "$\sin \pi = 0,\ \cos \pi = -1$ を満足する数である" とだけ仮定し，これ以外の性質を用いないで議論する．

先ず，$2n$ 次の x の関数：

$$f(x) \equiv \frac{1}{n!} p^n x^n (\pi - x)^n, \quad (n, p \text{ は自然数})$$

を定義し，その性質を調べる．上式において，変換 $x \Rightarrow (\pi - x)$ を考えると

$$f(\pi - x) = \frac{1}{n!} p^n (\pi - x)^n [\pi - (\pi - x)]^n = \frac{1}{n!} p^n x^n (\pi - x)^n.$$

すなわち，この関数は $f(x) = f(\pi - x)$ なる性質を持つ．この式を用いて，$f(x)$ の高階導関数を求めると

$$f^{(1)}(x) = (-1) f^{(1)}(\pi - x), \quad f^{(2)}(x) = (-1)^2 f^{(2)}(\pi - x), \dots$$
$$f^{(i)}(x) = (-1)^i f^{(i)}(\pi - x), \dots$$

となる[注7]．上式に $x = \pi$ を代入して

$$f^{(i)}(\pi) = (-1)^i f^{(i)}(0)$$

[注7] $f(x)$ は $2n$ 次の関数なので，$f^{(2n+1)}(x) = 0$.

を得る.

　次に積分:

$$I = \int_0^\pi f(x) \sin x \, \mathrm{d}x$$

を考え, その大きさを, 以下に示す二種類の異なった方法で, 評価しよう.

◆[1] $0 < x < \pi$ のとき, $0 < x(\pi - x) < \pi^2$ であるが, 全体を n 乗して, 正数 $p^n/n!$ を掛けても不等号の向きは変化しない. すなわち

$$0 < \frac{1}{n!} p^n x^n (\pi - x)^n = f(x) < \frac{1}{n!} p^n \pi^{2n}.$$

この x の範囲において, $0 < \sin x < 1$ であるので, I の被積分関数に対する不等式

$$0 < f(x) \sin x < \frac{1}{n!} p^n \pi^{2n}$$

を得る. 全体を, 0 から π まで x で積分して

$$0 < I < \int_0^\pi \frac{1}{n!} p^n \pi^{2n} \mathrm{d}x = \frac{(p\pi^2)^n}{n!} \pi.$$

　ところで, 第 1 章で示したように, 任意の実数 C に対して

$$\lim_{n \to \infty} \frac{C^n}{n!} = 0$$

となるので, 最右辺の値は, 適当な n を選ぶことにより, 1 より小さくできる. よって, 以下の結論を得る.

$$\boxed{0 < I < 1.}$$

◆[2] 積分 I を, 部分積分法により求めよう.

$$\begin{aligned}
I &= [-f(x) \cos x]_0^\pi - \int_0^\pi f^{(1)}(x)(-\cos x) \mathrm{d}x \\
&= -f(\pi) \cos \pi + f(0) \cos 0 + \int_0^\pi f^{(1)}(x) \cos x \, \mathrm{d}x \\
&= f(0) + f(\pi) + \int_0^\pi f^{(1)}(x) \cos x \, \mathrm{d}x.
\end{aligned}$$

さらに，右辺第三項を部分積分して

$$I = f(0) + f(\pi) - \int_0^\pi f^{(2)}(x) \sin x \, \mathrm{d}x$$

を得る．同様の計算を連続して実行すれば

$$\int_0^\pi f^{(2)}(x) \sin x \, \mathrm{d}x = f^{(2)}(0) + f^{(2)}(\pi) - \int_0^\pi f^{(4)}(x) \sin x \, \mathrm{d}x,$$

$$\int_0^\pi f^{(4)}(x) \sin x \, \mathrm{d}x = f^{(4)}(0) + f^{(4)}(\pi) - \int_0^\pi f^{(6)}(x) \sin x \, \mathrm{d}x,$$

$$\vdots$$

より，求める積分は

$$I = f(0) + f(\pi) - \left[f^{(2)}(0) + f^{(2)}(\pi) - \left[f^{(4)}(0) + f^{(4)}(\pi) - \left[\cdots \right. \right. \right.$$

$$= \sum_{k=0}^n (-1)^k \left[f^{(2k)}(\pi) + f^{(2k)}(0) \right] = 2 \sum_{k=0}^n (-1)^k f^{(2k)}(0)$$

となる[注8]．

具体的に $f^{(i)}(0)$ の値を調べるために，$f(x)$ を二項展開すると

$$f(x) = \frac{1}{n!} p^n x^n (\pi - x)^n = \frac{1}{n!} p^n \sum_{k=0}^n (-1)^k {}_n\mathrm{C}_k \pi^{n-k} x^{n+k}$$

となる．上式を用いて $f(x)$ の高階微分を計算すれば容易に

$$f(0) = f^{(1)}(0) = f^{(2)}(0) = \cdots = f^{(n-1)}(0) = 0,$$

$$f^{(n+k)}(0) = (-1)^k \frac{1}{n!} {}_n\mathrm{C}_k (n+k)! p^n \pi^{n-k}$$

を得る．ここで，数 π は有理数であり，自然数 q, m を用いて，$\pi = q/m$ と仮定する．関数 $f(x)$ における助変数 p は任意なので，m に等しく取ると

$$m^n \pi^{n-k} = m^n (q/m)^{n-k} = m^k q^{n-k}$$

となる．これは自然数なので，結局 $f^{(n+k)}(0)$ は，すべて整数値を取ることになり，以下の結果を得る．

[注8] $f^{(i)}(\pi) = (-1)^i f^{(i)}(0)$ を用いて，項をまとめた．

$$I = \text{整数値}.$$

これは，先に求めたこの積分の評価が，0 と 1 の間の値を取ることと矛盾する．この矛盾の原因は，π を有理数としたことにある．よって，円周率 π は無理数である．

◇◇◇◇◇◇◇◇◇◇◇◇◇◇　**参考**　◇◇◇◇◇◇◇◇◇◇◇◇◇◇

超越数

係数 $a_i(i = 0, 1, 2, \ldots, n)$ が，すべて整数である n 次の代数方程式の根になる数を，**代数的数 (algebraic number)** といい，そうでない数を**超越数 (transcendental number)** という．

例えば，$\sqrt{2}$ は $x^2 - 2 = 0$ の根であり，黄金数 $\phi = (1+\sqrt{5})/2$ は $x^2 - x - 1 = 0$ の根なので，共に代数的数である．特に，$a_0 = 1$ の方程式の根になる数は**代数的整数 (algebraic integer)** と呼ばれる．これと区別するために，通常の整数を**有理整数 (rational integer)** と呼ぶことがある．1844 年，リウヴィル **(J.Liouville,1809-1882)** は，実際に超越数が存在することを

$$\sum_{n=1}^{\infty} \frac{1}{10^{n!}} = \frac{1}{10^{1!}} + \frac{1}{10^{2!}} + \frac{1}{10^{3!}} + \frac{1}{10^{4!}} + \frac{1}{10^{5!}} + \frac{1}{10^{6!}} + \cdots$$
$$= \frac{1}{10} + \frac{1}{10^2} + \frac{1}{10^6} + \frac{1}{10^{24}} + \frac{1}{10^{120}} + \frac{1}{10^{720}} + \cdots$$
$$= 0.11000100000000000000000010000000000000000000000 \cdots$$

などの具体例を示すことによって初めて明らかにした．その後，1873 年にエルミート **(C.Hermite,1822-1901)** により，ネイピア数 e が超越数であることが証明され，続いて 1882 年，リンデマン **(K.L.F.Lindemann,1852-1939)** は，π も超越数であることを等式 $e^{i\pi} = -1$ を用いて示した．その他，一般的な角に対する三角関数の値や，対数の値なども超越数であることが分かっている．

超越数は，先に示した定義より，何乗しても，またそれらを如何に巧みに組み合わせても，有理数にすることができない．さらに興味深いことに，超越数である e, π を組み合わせた e + π や e × π が超越数であるかどうか，現在もなお解明されていないのである．

◇◇◇◇◇◇◇◇◇◇◇◇◇◇◇◇◇◇◇◇◇◇◇◇◇◇◇◇◇◇◇◇◇◇

A.11 ピタゴラス数の一般解

ピタゴラス数とは
$$a^2 + b^2 = c^2$$
を満足する自然数の組のことであり，幾何的には直角三角形の三辺の長さがすべて自然数で与えられる場合である．これを (a, b, c) と書くとき，$(3, 4, 5), (5, 12, 13)$ などがピタゴラス数であることは良く知られている．

ピタゴラス数の一般的な解を求めよう．先ず，直角三角形の斜辺を c，底辺を a，隣辺を b とする．そして斜辺と底辺の間の角を θ とするとき
$$\tan \frac{\theta}{2} = t$$
なる変換を考える[注9]．tangent の加法定理を用いて
$$\tan \theta = \frac{\tan \dfrac{\theta}{2} + \tan \dfrac{\theta}{2}}{1 - \left(\tan \dfrac{\theta}{2}\right)\left(\tan \dfrac{\theta}{2}\right)} = \frac{2t}{1 - t^2} = \frac{b}{a}.$$
また
$$\cos^2 \theta = \frac{1}{1 + \tan^2 \theta} = \frac{1}{1 + \left(\dfrac{2t}{1 - t^2}\right)^2} = \left(\frac{1 - t^2}{1 + t^2}\right)^2$$
である．$0 < \theta < \pi/2$ の範囲で，$\cos\theta, \sin\theta$ は共に正であること[注10]を考慮して
$$\cos \theta = \frac{1 - t^2}{1 + t^2} = \frac{a}{c}, \qquad \sin \theta = \frac{2t}{1 + t^2} = \frac{b}{c}.$$
さて，このままでは辺の比しか決まらず，長さの基準がないので，$c = 1 + t^2$ とすると，$a = 1 - t^2, b = 2t$ となる．これより，ピタゴラスの定理は
$$(1 - t^2)^2 + (2t)^2 = (1 + t^2)^2$$

[注9] 直角三角形を考えているので $0 < \theta < \pi/2$ より，t は $0 < t < 1$ に制限される．
[注10] この変換は，三角関数を含む積分計算でもよく用いられる．

と書き直される. これは単なる恒等式にすぎないので, 任意の t に対して成立する. しかし, 我々は自然数の解のみを求めているので, $t = n/m$ とおく. ここで, t の範囲より, m, n は $0 < n < m$ となる互いに素な自然数であり, $m - n$ は奇数とする. これを先の式に代入, 整理して

$$(m^2 - n^2)^2 + (2mn)^2 = (m^2 + n^2)^2$$

を得る. これより**ピタゴラス数の一般解**は

$$(a, b, c) = (m^2 - n^2,\ 2mn,\ m^2 + n^2).$$

で与えられることが分かった. また, ピタゴラス数 (a, b, c) のすべての要素を d 倍すると, $(ad)^2 + (bd)^2 = (a^2 + b^2)d^2 = (cd)^2$ より, $(ad,\ bd,\ cd)$ も解となる. これは幾何的には相似三角形を考えていることになる. m, n を適当に与えることによって, 具体的に以下のピタゴラス数が求められる.

$$3^2 + 4^2 = 5^2, \quad 5^2 + 12^2 = 13^2, \quad 7^2 + 24^2 = 25^2,$$
$$8^2 + 15^2 = 17^2, \quad 9^2 + 40^2 = 41^2, \ldots$$

さて, ピタゴラスの定理を拡張して

$$\boxed{a^n + b^n = c^n, \quad (n\ \text{は}\ n \geqq 3\ \text{である自然数})}$$

を考えるとき, これを満足する自然数 (a, b, c) の組は存在しない, と**フェルマー (P.Fermat,1601-1665)** は**予想 (conjecture)** し, 自らの愛読書ディオファントスの本の余白に「問題の真に驚くべき証明を発見したが, それを書くにはこの余白は狭すぎる」とだけ書き残している. 彼の証明が如何なるものであったか, 我々は知る由もないが, 実質的な証明がないまま予想は時を経て, **フェルマーの最終定理 (Fermat's last theorem)**, あるいは**フェルマーの大定理**と呼ばれてきた. この問題は, 実際的な価値よりも, その設定の単純さと反比例する問題の奥深さにより, 多くの数学者を挑発しつづけ世界的な懸賞問題となり, 整数論を非常に豊かなものにした.

そして 1993 年 6 月 23 日，英国の**ワイルズ (A.Wiles,1953-)** は，問題の解決を静かに宣した．世界的な大喧噪の中，彼は証明に残されていた欠陥をも克服し，遂にフェルマー予想を肯定的に解決した．斯くして，三百五十年間多くの数学者を魅了し続けたこの問題は静かにその役割を終え，文字通りの意味の一つの定理，「**フェルマー－ワイルズの定理**」となったわけである．

フェルマーの問題が如何に微妙な問題であったかは，他の類題を調べると良く理解できる．オイラーは，$x^3 + y^3 = z^3$ には自然数の解がないことを証明し，これに関連して

$$x^4 + y^4 + z^4 = u^4, \ldots, \ x_1^n + x_2^n + \cdots + x_{n-1}^n = x_n^n$$

にも自然数解がないと予想した．実際

$$3^3 + 4^3 + 5^3 = 6^3,$$
$$4^4 + 6^4 + 8^4 + 9^4 + 14^4 = 15^4,$$
$$30^4 + 120^4 + 272^4 + 315^4 = 353^4,$$
$$4^5 + 5^5 + 6^5 + 7^5 + 9^5 + 11^5 = 12^5$$

などの面白い関係は見出されたが，**反例 (counter example)** はなかなか見附からなかった．しかし，上記したオイラーの予想の中，四個の自然数の五乗の和は五乗数にならない，という問題は，1966 年計算機を用いて

$$27^5 + 84^5 + 110^5 + 133^5 = 144^5$$

という反例が見出され否定された．その後

$$95800^4 + 217519^4 + 414560^4 = 422481^4,$$

$$2682440^4 + 15365639^4 + 18796760^4 = 20615673^4$$

など四乗数の和に関する問題の反例も計算機により発見された．かなり大きな数になってから予想が覆る点が，整数論の問題の特徴である．

A.12　数列の一般項と行列

　数列の一般項を，行列を利用して求めよう．先ず

$$x_{n+1} = ax_n + by_n, \qquad y_{n+1} = cx_n + dy_n$$

により定義される座標平面上の点の列を考える．上式を行列を使って書くと

$$\begin{pmatrix} x_{n+1} \\ y_{n+1} \end{pmatrix} = \begin{pmatrix} a & b \\ c & d \end{pmatrix} \begin{pmatrix} x_n \\ y_n \end{pmatrix}$$

である．初めの値 (x_1, y_1) を与えれば

$$\begin{pmatrix} x_2 \\ y_2 \end{pmatrix} = \begin{pmatrix} a & b \\ c & d \end{pmatrix} \begin{pmatrix} x_1 \\ y_1 \end{pmatrix},$$

$$\begin{pmatrix} x_3 \\ y_3 \end{pmatrix} = \begin{pmatrix} a & b \\ c & d \end{pmatrix} \begin{pmatrix} x_2 \\ y_2 \end{pmatrix} = \begin{pmatrix} a & b \\ c & d \end{pmatrix}^2 \begin{pmatrix} x_1 \\ y_1 \end{pmatrix},$$

$$\vdots$$

と順次計算できる．これより第 n 項は

$$\boxed{\begin{pmatrix} x_n \\ y_n \end{pmatrix} = \begin{pmatrix} a & b \\ c & d \end{pmatrix}^{n-1} \begin{pmatrix} x_1 \\ y_1 \end{pmatrix}.}$$

　次に，前の二項により次項が定義される数列

$$\boxed{x_{n+2} = px_{n+1} + qx_n}$$

の第 n 項を求めよう．先の場合と同様に

$$\begin{pmatrix} x_{n+2} \\ x_{n+1} \end{pmatrix} = \begin{pmatrix} p & q \\ 1 & 0 \end{pmatrix} \begin{pmatrix} x_{n+1} \\ x_n \end{pmatrix}$$

と行列を用いて書く．初めの値 (x_1, x_2) が決まれば

$$\begin{pmatrix} x_3 \\ x_2 \end{pmatrix} = \begin{pmatrix} p & q \\ 1 & 0 \end{pmatrix} \begin{pmatrix} x_2 \\ x_1 \end{pmatrix}, \quad \begin{pmatrix} x_4 \\ x_3 \end{pmatrix} = \begin{pmatrix} p & q \\ 1 & 0 \end{pmatrix}^2 \begin{pmatrix} x_2 \\ x_1 \end{pmatrix}, \cdots$$

となる．これより，第 n 項は

$$\boxed{\begin{pmatrix} x_n \\ x_{n-1} \end{pmatrix} = \begin{pmatrix} p & q \\ 1 & 0 \end{pmatrix}^{n-2} \begin{pmatrix} x_2 \\ x_1 \end{pmatrix}}$$

により定まる．

| 例題 | フィボナッチ数列の第 n 項を求める

これは上式において，$p = q = 1$, $x_1 = x_2 = 1$ とした場合である．すなわち

$$\begin{pmatrix} x_n \\ x_{n-1} \end{pmatrix} = \begin{pmatrix} 1 & 1 \\ 1 & 0 \end{pmatrix}^{n-2} \begin{pmatrix} 1 \\ 1 \end{pmatrix}$$

の右辺を計算すればよい．このとき，右辺の行列の固有方程式は

$$x^2 - x - 1 = 0$$

となり，この方程式を解いて固有値

$$\alpha = \frac{1 + \sqrt{5}}{2}, \quad \beta = \frac{1 - \sqrt{5}}{2}$$

を得る．固有値 α, β を持つ行列 $\tilde{A}$ の n 乗は

$$\tilde{A}^n = \frac{\beta^n - \alpha^n}{\beta - \alpha} \tilde{A} + \frac{\alpha^n \beta - \alpha \beta^n}{\beta - \alpha} \tilde{E}$$

より計算できるので

$$\begin{pmatrix} x_n \\ x_{n-1} \end{pmatrix} = \left[\frac{\beta^{n-2} - \alpha^{n-2}}{\beta - \alpha} \begin{pmatrix} 1 & 1 \\ 1 & 0 \end{pmatrix} + \frac{\alpha^{n-2} \beta - \alpha \beta^{n-2}}{\beta - \alpha} \begin{pmatrix} 1 & 0 \\ 0 & 1 \end{pmatrix} \right] \begin{pmatrix} 1 \\ 1 \end{pmatrix}$$

となる．これより一般項：

$$x_n = \frac{1}{\beta - \alpha} \left[(\beta^{n-2} - \alpha^{n-2}) + (\alpha^{n-2} \beta - \alpha \beta^{n-2}) + (\beta^{n-2} - \alpha^{n-2}) \right]$$

$$= \frac{1}{\beta - \alpha} \left[\beta^{n-2}(2 - \alpha) - \alpha^{n-2}(2 - \beta) \right]$$

を得る．固有値 α, β には

$$2 - \alpha = 1 + \beta = \beta^2, \quad 2 - \beta = 1 + \alpha = \alpha^2,$$
$$\beta - \alpha = -\sqrt{5}, \quad \alpha\beta = -1$$

なる関係があるので，これらを代入して，フィボナッチ数列の第 n 項を求める
ビネの公式：

$$x_n = \frac{1}{\sqrt{5}}\left[\left(\frac{1+\sqrt{5}}{2}\right)^n - \left(\frac{1-\sqrt{5}}{2}\right)^n\right]$$

を得る．■

フィボナッチ数列の第 n 項は，三角関数を用いて

$$x_n = \prod_{k=1}^{[(n-1)/2]}\left(1 + 4\cos^2\frac{k\pi}{n}\right)$$

と書ける[注11]．この面白い関係は，物理学に応用されている[注12]．初めの数項を
具体的に書けば

$$x_3 = 1 + 4\cos^2\frac{\pi}{3} = 2,$$

$$x_4 = 1 + 4\cos^2\frac{\pi}{4} = 3,$$

$$x_5 = \left(1 + 4\cos^2\frac{\pi}{5}\right)\left(1 + 4\cos^2\frac{2\pi}{5}\right) = 5,$$

$$x_6 = \left(1 + 4\cos^2\frac{\pi}{6}\right)\left(1 + 4\cos^2\frac{\pi}{3}\right) = 8,$$

$$x_7 = \left(1 + 4\cos^2\frac{\pi}{7}\right)\left(1 + 4\cos^2\frac{2\pi}{7}\right)\left(1 + 4\cos^2\frac{3\pi}{7}\right) = 13,$$

$$x_8 = \left(1 + 4\cos^2\frac{\pi}{8}\right)\left(1 + 4\cos^2\frac{2\pi}{8}\right)\left(1 + 4\cos^2\frac{3\pi}{8}\right) = 21$$

である．

[注11] ここで $[\cdot]$ はガウスの記号である．
[注12] 格子上の統計力学において用いられている．

A.13 代数方程式の代数的解法

　未知数の冪による多項式の形で与えられた方程式を，代数方程式と呼ぶ．ガウスは，n 次代数方程式は，複素数の範囲に n 個の根を持つこと——**代数学の基本定理**——を証明した．

　しかし，この定理は存在定理であり，実際に解を"代数的"に求められるかどうかは別問題である．ここで代数的解法とは，係数の四則算法と，**冪根 (power root)** を取る計算だけで答えを得ることをいう．

　代数的解法が，五次以上の方程式には存在しないことを，1826 年，**アーベル**が確定的に証明した．すなわち，我々は四次方程式までしか代数的に解くことができないのである．

> 注意　"代数的解法"と"単なる"解法，"一般的な代数方程式"と"特殊なもの"を混同しないよう注意すること．計算機を用いた数値解であれば，何次方程式であっても解き得る．また，本文中に記したように，1 の n 乗根は，任意の n に対して代数的に解ける．　■

　一般的な x の n 次代数方程式 $(a_0 \neq 0)$

$$a_0 x^n + a_1 x^{n-1} + a_2 x^{n-2} + \cdots + a_n = 0$$

に対して，一般性を失わずに——元の方程式を再現できる範囲で——できる簡略化を以下に示す[注13]．

　方程式の全体を係数 a_0 で割って

$$x^n + \frac{a_1}{a_0} x^{n-1} + \frac{a_2}{a_0} x^{n-2} + \cdots + \frac{a_n}{a_0} = 0.$$

未知数を

$$x = y - \frac{a_1}{n a_0}$$

[注13] 以後，取り扱う方程式の最高次の係数は 0 でないとする．

と置き換えると

$$x^n = \left(y - \frac{a_1}{na_0}\right)^n = y^n - \frac{a_1}{a_0}y^{n-1} + \cdots,$$

$$x^{n-1} = \left(y - \frac{a_1}{na_0}\right)^{n-1} = y^{n-1} - \frac{a_1}{a_0}y^{n-2} + \cdots,$$

$$\vdots$$

となる．これらを用いて

$$x^n + \frac{a_1}{a_0}x^{n-1} + \frac{a_2}{a_0}x^{n-2} + \cdots + \frac{a_n}{a_0}$$

$$= \left(y - \frac{a_1}{na_0}\right)^n + \frac{a_1}{a_0}\left(y - \frac{a_1}{na_0}\right)^{n-1} + \cdots + \frac{a_n}{a_0}$$

$$= \left(y^n - \frac{a_1}{a_0}y^{n-1} + \cdots\right) + \frac{a_1}{a_0}\left(y^{n-1} - \frac{a_1}{a_0}y^{n-2} + \cdots\right) + \cdots + \frac{a_n}{a_0}.$$

係数を適当にまとめて，$(n-1)$ 次の項が消去された方程式

$$\boxed{y^n + b_2 y^{n-2} + b_3 y^{n-3} + \cdots + b_n = 0}$$

を得る．一般性を失わずにできる変形は，ここまでである．以下に，四次までの一般的な方程式に対する代数的解法について述べる．

A.13.1   一次方程式の解法

最も簡単な x の代数方程式は一次方程式：

$$\boxed{ax + b = 0}$$

である．両辺を a で割り，未知数を

$$x = y - \frac{b}{a}$$

と置き換えると

$$0 = \left(y - \frac{b}{a}\right) + \frac{b}{a} = y.$$

未知数を元に戻して，**一次方程式の根の公式**

$$x = -\frac{b}{a}$$

を得る．

A.13.2　二次方程式の解法

x の二次方程式：

$$\boxed{ax^2 + bx + c = 0}$$

の解法について考える．与式の両辺を a で割り，未知数を

$$x = y - \frac{b}{2a}$$

と置き換えると

$$0 = x^2 + \frac{b}{a}x + \frac{c}{a} = \left(y - \frac{b}{2a}\right)^2 + \frac{b}{a}\left(y - \frac{b}{2a}\right) + \frac{c}{a}$$

$$= y^2 - \frac{b^2}{4a^2} + \frac{c}{a}.$$

これより

$$y^2 = \frac{1}{4a^2}(b^2 - 4ac)$$

を得る．両辺を開平し，未知数を元へ戻して，**二次方程式の根の公式**

$$x = \frac{-b \pm \sqrt{b^2 - 4ac}}{2a}$$

を得る．根 α, β と係数の間には

$$\alpha + \beta = -\frac{b}{a}, \quad \alpha\beta = \frac{c}{a}$$

が成り立ち，**根と係数の関係**と呼ばれる．

二つの根の差の二乗から

$$\boxed{D \equiv a^2(\alpha - \beta)^2}$$

を定義し，**根の判別式**と呼ぶ．根と係数の関係を用いて書き直すと

$$\boxed{D = b^2 - 4ac}$$

となる．二次方程式の根は，D の正，0，負に対応して

> $D > 0$：根は異なる二つの実数 …… **二実根**
>
> $D = 0$：根は重複した実数 ………… **重根**
>
> $D < 0$：根は共役な二つの虚数 …… **二虚根**

の三種類に分かれる．

A.13.3　三次方程式の解法

◆ 三次方程式の根と係数の関係 ◆

x の三次方程式：

$$\boxed{ax^3 + bx^2 + cx + d = 0}$$

について考える．

方程式の根を α, β, γ と書くと

$$0 = (x - \alpha)(x - \beta)(x - \gamma)$$
$$= x^3 - (\alpha + \beta + \gamma)x^2 + (\alpha\beta + \beta\gamma + \gamma\alpha)x - \alpha\beta\gamma$$

である．元の方程式と比較して

$$\alpha + \beta + \gamma = -\frac{b}{a}, \quad \alpha\beta + \beta\gamma + \gamma\alpha = \frac{c}{a}, \quad \alpha\beta\gamma = -\frac{d}{a}$$

を得る．これは，三次方程式の根と係数の関係である．

◆ 根の判別式の一般理論 ◆

根の判別式の一般的な理論について述べておこう．根の判別式とは，方程式が実根を持つのか，虚根を持つのか，すべての根が異なるのか，重なった根を含むのか，を判別するものである．実係数を有する n 次代数方程式

$$a_0 x^n + a_1 x^{n-1} + a_2 x^{n-2} + \cdots + a_n = 0$$

が n 個の根 $\alpha_1, \alpha_2, \alpha_3, \ldots, \alpha_n$ を持つとき，根の差の積：

$$
\begin{aligned}
P = {} & (\alpha_1 - \alpha_2)(\alpha_1 - \alpha_3)(\alpha_1 - \alpha_4)(\alpha_1 - \alpha_5) \times \cdots \times (\alpha_1 - \alpha_n) \\
& \times (\alpha_2 - \alpha_3)(\alpha_2 - \alpha_4)(\alpha_2 - \alpha_5) \times \cdots \times (\alpha_2 - \alpha_n) \\
& \times (\alpha_3 - \alpha_4)(\alpha_3 - \alpha_5) \times \cdots \times (\alpha_3 - \alpha_n) \\
& \vdots \\
& \times (\alpha_{n-1} - \alpha_n)
\end{aligned}
$$

を作る．さらに，上式より

$$\boxed{D \equiv a_0{}^{2(n-1)} P^2}$$

を定義し，根の判別式と称する[注14]．定義より，直ちに以下の性質

$$
\begin{aligned}
&D > 0：重根を含まない，\\
&D = 0：少なくとも一組の重根がある，\\
&D < 0：共役な虚根を含む
\end{aligned}
$$

が分かる．

実際には，判別式を (根と係数の関係を用いて) 方程式の係数で書き換えておかないと不便である．

[注14] 係数 $a_0{}^{2(n-1)}$ は，後の記述が整うように導入したもので，本質的な意味はない．

◆ 三次方程式の根の判別式 ◆

三次方程式：

$$ax^3 + bx^2 + cx + d = 0$$

の根を α, β, γ とし，判別式の定義より

$$\boxed{D \equiv a^4(\alpha - \beta)^2(\beta - \gamma)^2(\gamma - \alpha)^2}$$

を得る．これより，根は，以下の如く判別される．

$$\boxed{\begin{aligned}
&D > 0 : \text{異なる三つの実根,} \\
&D = 0 : \text{重複した実根,} \\
&D < 0 : \text{一つの実根と共役な虚根}
\end{aligned}}$$

判別式を，方程式の係数で書き直そう．根と係数の関係を用いて

$$\begin{aligned}
a(\alpha - \beta)(\alpha - \gamma) &= 3a\alpha^2 + 2b\alpha + c, \\
a(\beta - \gamma)(\beta - \alpha) &= 3a\beta^2 + 2b\beta + c, \\
a(\gamma - \alpha)(\gamma - \beta) &= 3a\gamma^2 + 2b\gamma + c
\end{aligned}$$

を得る．辺々を掛け合わすと

$$\begin{aligned}
D &= a^4(\alpha - \beta)^2(\beta - \gamma)^2(\gamma - \alpha)^2 \\
&= -a(3a\alpha^2 + 2b\alpha + c)(3a\beta^2 + 2b\beta + c)(3a\gamma^2 + 2b\gamma + c) \\
&= -\big[27a^4\alpha^2\beta^2\gamma^2 + 18a^3 b\alpha\beta\gamma(\alpha\beta + \beta\gamma + \gamma\alpha) \\
&\quad + 9a^3 c(\alpha^2\beta^2 + \beta^2\gamma^2 + \gamma^2\alpha^2) + 12a^2 b^2\alpha\beta\gamma(\alpha + \beta + \gamma) \\
&\quad + 6a^2 bc(\alpha(\beta^2 + \gamma^2) + \beta(\gamma^2 + \alpha^2) + \gamma(\alpha^2 + \beta^2)) \\
&\quad + 3a^2 c^2(\alpha^2 + \beta^2 + \gamma^2) + 4ab^2 c(\alpha\beta + \beta\gamma + \gamma\alpha) \\
&\quad + 2abc^2(\alpha + \beta + \gamma) + 8ab^3\alpha\beta\gamma + ac^3 \big]
\end{aligned}$$

となる．根と係数の関係から定まる部分を整理して

$$\begin{aligned}
D = -\big\{ &27a^2 d^2 - 18abcd + 4b^3 d + 2b^2 c^2 + ac^3 \\
&+ 3a^2 c^2(\alpha^2 + \beta^2 + \gamma^2) + 9a^3 c(\alpha^2\beta^2 + \beta^2\gamma^2 + \gamma^2\alpha^2) \\
&+ 6a^2 bc[\alpha(\beta^2 + \gamma^2) + \beta(\gamma^2 + \alpha^2) + \gamma(\alpha^2 + \beta^2)] \big\}.
\end{aligned}$$

さらに，根と係数の関係

$$(b/a)^2 = (\alpha + \beta + \gamma)^2 = \alpha^2 + \beta^2 + \gamma^2 + 2c/a$$

から

$$\alpha^2 + \beta^2 + \gamma^2 = b^2/a^2 - 2c/a$$

を作る．同様に

$$(c/a)^2 = (\alpha\beta + \beta\gamma + \gamma\alpha)^2$$
$$= \alpha^2\beta^2 + \beta^2\gamma^2 + \gamma^2\alpha^2 + 2bd/a^2$$

より

$$\alpha^2\beta^2 + \beta^2\gamma^2 + \gamma^2\alpha^2 = c^2/a^2 - 2bd/a^2$$

を得る．最後に

$$-bc/a^2 = (\alpha + \beta + \gamma)(\alpha\beta + \beta\gamma + \gamma\alpha)$$
$$= \alpha(\beta^2 + \gamma^2) + \beta(\gamma^2 + \alpha^2) + \gamma(\alpha^2 + \beta^2) - 3d/a$$

より

$$\alpha(\beta^2 + \gamma^2) + \beta(\gamma^2 + \alpha^2) + \gamma(\alpha^2 + \beta^2) = -bc/a^2 + 3d/a.$$

これらを代入して，判別式の係数による表現：

$$\boxed{D = -4ac^3 - 27a^2d^2 - 4b^3d + b^2c^2 + 18abcd}$$

を得る．

◆ タルタリア - カルダノによる解法 ◆

三次方程式：$ax^3 + bx^2 + cx + d = 0$ において，全体を係数 a で割り，未知数を

$$\boxed{x = y - \frac{b}{3a}}$$

と置き換えると

$$x^3 = \left(y - \frac{b}{3a}\right)^3 = y^3 - \frac{b}{a}y^2 + \frac{b^2}{3a^2}y - \frac{b^3}{27a^3},$$

$$x^2 = \left(y - \frac{b}{3a}\right)^2 = y^2 - \frac{2b}{3a}y + \frac{b^2}{9a^2}$$

より

$$x^3 + \frac{b}{a}x^2 + \frac{c}{a}x + \frac{d}{a} = y^3 + \left(\frac{c}{a} - \frac{b^2}{3a^2}\right)y + \left(\frac{2b^3}{27a^3} - \frac{bc}{3a^2} + \frac{d}{a}\right).$$

ここで

$$p = \frac{c}{a} - \frac{b^2}{3a^2}, \qquad q = \frac{2b^3}{27a^3} - \frac{bc}{3a^2} + \frac{d}{a}$$

と定数を置き換えると，二次の項が消し合って，簡約された三次方程式

$$\boxed{y^3 + py + q = 0}$$

を得る．一般的な三次方程式を解くには，係数を上記のように書き換えて，この方程式を解けばよい．すなわち

$$ax^3 + bx^2 + cx + d = 0 \quad \Leftrightarrow \quad y^3 + py + q = 0$$

となる．この場合，係数表現による判別式は，以下のように簡単になる．

$$\boxed{D = -(4p^3 + 27q^2)}$$

　準備として，$p = 0$, $q = -1$ の場合を扱う．これは $y^3 = 1$ を解くことであり，根は 1 の三乗根である．判別式は $D = -27 < 0$ となるので，方程式は，実根 $y_1 = 1$ と，共役な虚根

$$y_2 = \frac{-1 + \sqrt{3}\mathrm{i}}{2}, \quad y_3 = \frac{-1 - \sqrt{3}\mathrm{i}}{2}$$

を持つ．ここで $y_2 = \omega$ とおくと

$$\omega^2 = y_3, \quad \omega^2 + \omega + 1 = 0, \quad \omega^3 = 1$$

が成り立つ. すなわち, ω と ω^2 は共役である[注15]. ω を用いて, 任意の実数 A の三乗根は

$$y_1 = \sqrt[3]{A}, \quad y_2 = \omega\sqrt[3]{A}, \quad y_3 = \omega^2\sqrt[3]{A}$$

と求められる. A が負の数の場合は, $\sqrt[3]{-A} = -\sqrt[3]{A}$ と約束する (一般に, A の奇数乗根はこのように扱う).

準備が整ったので, 三次方程式

$$y^3 + py + q = 0$$

を解く. ここで, $y = u + v$ とおくと

$$0 = (u + v)^3 + p(u + v) + q = u^3 + v^3 + q + (3uv + p)(u + v)$$

である. このとき

$$u^3 + v^3 + q = 0, \quad (3uv + p)(u + v) = 0$$

が成り立つ, すなわち

$$u^3 + v^3 = -q, \quad uv = -\frac{p}{3}$$

を満たす u, v が求められれば, $u + v$ は解となる. 第二式の両辺を三乗して

$$u^3 + v^3 = -q, \quad u^3 v^3 = -\frac{p^3}{27}.$$

上式と二次方程式の根と係数の関係を比べて, u^3, v^3 を根とする二次方程式

$$\boxed{t^2 + qt - \frac{p^3}{27} = 0}$$

を得る. これを三次方程式の**分解方程式 (resolvent equation)** という. これを解いて

$$t = \frac{1}{2}\left(-q \pm \sqrt{q^2 + 4 \times \frac{p^3}{27}}\right) = -\frac{q}{2} \pm \frac{1}{6}\sqrt{-\frac{D}{3}}.$$

[注15] 第 8 章の知識より, $\omega = \mathrm{e}^{\mathrm{i}2\pi/3}$, $\omega^2 = \mathrm{e}^{-\mathrm{i}2\pi/3}$ と書ける.

よって

$$u^3 = -\frac{q}{2} + \frac{1}{6}\sqrt{-\frac{D}{3}}, \qquad v^3 = -\frac{q}{2} - \frac{1}{6}\sqrt{-\frac{D}{3}}$$

となる. u, v は三乗根を開いて求めるので,その値は各々三つある.しかし,$uv = -p/3$ によって,一方が定まれば,他はこれにより制限されるので,可能な組合せは三種類になる.u, v の実根を

$$u_1 = \sqrt[3]{-\frac{q}{2} + \frac{1}{6}\sqrt{-\frac{D}{3}}}, \qquad v_1 = \sqrt[3]{-\frac{q}{2} - \frac{1}{6}\sqrt{-\frac{D}{3}}}$$

と表すと,先に得た知識より,u^3 の根を,$u_1,\ u_2 = \omega u_1,\ u_3 = \omega^2 u_1$ と書ける.対応する v^3 の根は,$v = -p/3u$ に上記根を代入して

u_2 に対しては,$-\dfrac{p}{3\omega u_1} = \omega^2 v_1$,　　u_3 に対しては,$-\dfrac{p}{3\omega^2 u_1} = \omega v_1$.

よって

$$v_1, \quad v_2 = \omega^2 v_1, \quad v_3 = \omega v_1$$

と求められる.以上をまとめて,簡約された三次方程式の根は

$$\boxed{\begin{aligned}
y_1 &= u_1 + v_1, \\
y_2 &= u_2 + v_2 = \omega u_1 + \omega^2 v_1, \\
y_3 &= u_3 + v_3 = \omega^2 u_1 + \omega v_1
\end{aligned}}$$

となる.$x = y - b/3a$ により変数を元へ戻せば,求めるべき方程式の根が得られる.これを三次方程式の**タルタリア‐カルダノの解法**という.

　根を吟味する.D が正のとき,分解方程式は共役な二虚根を有する.すなわち,u^3, v^3 は共役なので,u, v も共役になる.よって,共役な虚数の和である y_1 は実数になる.また,ω, ω^2 も互いに共役であるので,y_2, y_3 も実数となる.

　ここで注目すべきことは,タルタリア‐カルダノの解法によって三次方程式を解く場合,たとえ根がすべて実数であっても,このように一度は,虚数を用いなければ根が得られないことである.この事実により,虚数は "虚なる存在" ではなく,必要不可欠なものであることが,当時の人々に認識されたのである.

A.13.4 四次方程式の解法

代数的に扱える最後の方程式，x の四次方程式：

$$\boxed{ax^4 + bx^3 + cx^2 + dx + e = 0}$$

を解く．この場合も，三次の項を消去するために未知数を

$$\boxed{x = y - \frac{b}{4a}}$$

と置き換える．先ず

$$x^2 = \left(y - \frac{b}{4a}\right)^2 = y^2 - \frac{b}{2a}y + \frac{b^2}{16a^2},$$

$$x^3 = \left(y - \frac{b}{4a}\right)^3 = y^3 - \frac{3b}{4a}y^2 + \frac{3b^2}{16a^2}y - \frac{b^3}{64a^3},$$

$$x^4 = \left(y - \frac{b}{4a}\right)^4 = y^4 - \frac{b}{a}y^3 + \frac{3b^2}{8a^2}y^2 - \frac{b^3}{16a^3}y + \frac{b^4}{256a^4}$$

を代入整理して

$$ax^4 + bx^3 + cx^2 + dx + e$$
$$= ay^4 + \left(c - \frac{3b^2}{8a}\right)y^2 + \left(\frac{b^3}{8a^2} - \frac{bc}{2a} + d\right)y - \frac{3b^4}{256a^3} + \frac{b^2c}{16a^2} - \frac{bd}{4a} + e$$

となる．さらに

$$p = \frac{c}{a} - \frac{3b^2}{8a^2}, \quad q = \frac{b^3}{8a^3} - \frac{bc}{2a^2} + \frac{d}{a},$$

$$r = -\frac{3b^4}{256a^4} + \frac{b^2c}{16a^3} - \frac{bd}{4a^2} + \frac{e}{a}$$

とおくと

$$\boxed{y^4 + py^2 + qy + r = 0.}$$

この方程式が解ければよい. 移項して

$$y^4 = -py^2 - qy - r.$$

ここで, 両辺に $zy^2 + z^2/4$ を加えて

$$左辺 = y^4 + zy^2 + \frac{z^2}{4} = \left(y^2 + \frac{z}{2}\right)^2,$$

$$右辺 = -py^2 - qy - r + zy^2 + \frac{z^2}{4} = (z - p)\left(y^2 - \frac{q}{z-p}y + \frac{z^2/4 - r}{z-p}\right).$$

このとき

$$\left[\frac{q}{2(z-p)}\right]^2 = \frac{z^2/4 - r}{z - p}$$

が成り立てば, 右辺は完全平方式になる. そこで, 上式を z について整理した方程式

$$\boxed{z^3 - pz^2 - 4rz + (4pr - q^2) = 0}$$

を解く[注16]. この方程式の一つの根を $z = \Omega$ とすると

$$\left(y^2 + \frac{\Omega}{2}\right)^2 = (\Omega - p)\left[y - \frac{q}{2(\Omega - p)}\right]^2$$

となる. 両辺を開平, 移項整理して

$$\begin{cases} y^2 - \sqrt{\Omega - p}\,y + \dfrac{\Omega}{2} + \dfrac{q}{2\sqrt{\Omega - p}} = 0, \\ y^2 + \sqrt{\Omega - p}\,y + \dfrac{\Omega}{2} - \dfrac{q}{2\sqrt{\Omega - p}} = 0. \end{cases}$$

これらの方程式を解いて四つの根を得る. この解法は, カルダノの弟子, フェラーリ **(L.Ferrari,1522-1565)** により見出された.

[注16] これを元の方程式の**三次分解方程式**という.

A.14 導関数を用いた判別式の表現

判別式を導関数により定義する．先ず，n 次方程式を，根を用いて因数分解し

$$f(x) \equiv a_0(x - \alpha_1)(x - \alpha_2)(x - \alpha_3) \times \cdots \times (x - \alpha_n)$$

とおく．$f(x)$ の導関数は，因子 $(x - \alpha_1)$ に注目して微分すれば

$$
\begin{aligned}
\frac{\mathrm{d}f}{\mathrm{d}x} &= a_0 \left[\frac{\mathrm{d}}{\mathrm{d}x}(x - \alpha_1) \right] (x - \alpha_2)(x - \alpha_3) \times \cdots \times (x - \alpha_n) \\
&\quad + a_0(x - \alpha_1) \frac{\mathrm{d}}{\mathrm{d}x} [(x - \alpha_2)(x - \alpha_3) \times \cdots \times (x - \alpha_n)] \\
&= a_0(x - \alpha_2)(x - \alpha_3) \times \cdots \times (x - \alpha_n) \\
&\quad + a_0(x - \alpha_1) \frac{\mathrm{d}}{\mathrm{d}x} [(x - \alpha_2)(x - \alpha_3) \times \cdots \times (x - \alpha_n)].
\end{aligned}
$$

α_1 における微分係数を考えれば，第二項は因子 $(x - \alpha_1)$ があるので消え

$$f'(\alpha_1) = a_0(\alpha_1 - \alpha_2)(\alpha_1 - \alpha_3)(\alpha_1 - \alpha_4) \times \cdots \times (\alpha_1 - \alpha_n)$$

となる——プライムは x に関する微分を表す．全く同様にして

$$
\begin{aligned}
f'(\alpha_2) &= a_0(\alpha_2 - \alpha_1)(\alpha_2 - \alpha_3)(\alpha_2 - \alpha_4) \times \cdots \times (\alpha_2 - \alpha_n), \\
f'(\alpha_3) &= a_0(\alpha_3 - \alpha_1)(\alpha_3 - \alpha_2)(\alpha_3 - \alpha_4) \times \cdots \times (\alpha_3 - \alpha_n), \\
&\quad\vdots \\
f'(\alpha_n) &= a_0(\alpha_n - \alpha_1)(\alpha_n - \alpha_2)(\alpha_n - \alpha_4) \times \cdots \times (\alpha_n - \alpha_{n-1})
\end{aligned}
$$

を得る．ここで，上式のすべての積：

$$
\begin{array}{c}
a_0(\alpha_1 - \alpha_2)(\alpha_1 - \alpha_3)(\alpha_1 - \alpha_4) \times \cdots \times (\alpha_1 - \alpha_n) \\
\times \\
a_0(\alpha_2 - \alpha_1)(\alpha_2 - \alpha_3)(\alpha_2 - \alpha_4) \times \cdots \times (\alpha_2 - \alpha_n) \\
\times \\
a_0(\alpha_3 - \alpha_1)(\alpha_3 - \alpha_2)(\alpha_3 - \alpha_4) \times \cdots \times (\alpha_3 - \alpha_n) \\
\times \\
\vdots \\
\times \\
a_0(\alpha_n - \alpha_1)(\alpha_n - \alpha_2)(\alpha_n - \alpha_4) \times \cdots \times (\alpha_n - \alpha_{n-1})
\end{array}
$$

を考える．上記一段目の因子 $(\alpha_1 - \alpha_2)$ は，二段目において文字が入れ替わっている．同様に，一段目の因子 $(\alpha_1 - \alpha_3)$ は，三段目では入れ替わっている．そこで，各段の文字の順番を入れ替えて，一段目の形式：

$$a_0(\alpha_1 - \alpha_2)(\alpha_1 - \alpha_3)(\alpha_1 - \alpha_4)(\alpha_1 - \alpha_5) \times \cdots \times (\alpha_1 - \alpha_n)$$

に揃えると，全体で $(n-1)$ 個の負号が出る．同様に，二段目の因子 $(\alpha_2 - \alpha_3)$ の形に全体を統一すれば，$(n-2)$ 個の負号が出る．結局，すべての因子において，添字の小さい文字を左側にくるように整理すれば，負号を

$$(n-1) + (n-2) + (n-3) + \cdots + 2 + 1 = \frac{n(n-1)}{2}$$

だけ必要とし，全体で各因子を二回掛け算することになる．よって

$$\begin{aligned}
f'(\alpha_1)f'(\alpha_2)&f'(\alpha_3) \times \cdots \times f'(\alpha_n) \\
&= (-1)^{n(n-1)/2}a_0^n(\alpha_1 - \alpha_2)^2(\alpha_1 - \alpha_3)^2 \times \cdots \times (\alpha_1 - \alpha_n)^2 \\
&\qquad \times (\alpha_2 - \alpha_3)^2(\alpha_2 - \alpha_4)^2 \times \cdots \times (\alpha_2 - \alpha_n)^2 \\
&\qquad\qquad \vdots \\
&\qquad \times (\alpha_{n-1} - \alpha_n)^2
\end{aligned}$$

となる．すなわち，判別式は導関数を利用して

$$D = a_0{}^{2(n-1)}P^2 = (-1)^{n(n-1)/2}a_0{}^{n-2}f'(\alpha_1)f'(\alpha_2) \times \cdots \times f'(\alpha_n)$$

となる．これを積の略記法を用いて簡潔に書くと

$$\boxed{D = (-1)^{n(n-1)/2}a_0{}^{n-2}\prod_{k=1}^{n} f'(\alpha_k).}$$

　具体的に n を定め，判別式を求めよう．

◆ $n = 2$ の場合 ◆

　二次方程式 $ax^2 + bx + c = 0$ より

$$f(x) = ax^2 + bx + c$$

を定義すると，導関数は

$$f'(x) = 2ax + b$$

であり，根 α, β に対して

$$f'(\alpha) = 2a\alpha + b, \quad f'(\beta) = 2a\beta + b$$

となる．よって，判別式は

$$D = (-1)^1 a^2 (2a\alpha + b)(2a\beta + b) = -\left[4a^2\alpha\beta + 2ab(\alpha + \beta) + b^2\right].$$

根と係数の関係

$$\alpha + \beta = -\frac{b}{a}, \quad \alpha\beta = \frac{c}{a}$$

を代入して

$$\boxed{D = b^2 - 4ac}$$

を得る．

◆ $n = 3$ の場合 ◆

簡約化した三次方程式 $x^3 + px + q = 0$ の判別式を求める．

$$f(x) = x^3 + px + q, \quad f'(x) = 3x^2 + p.$$

根 α, β, γ を代入して

$$
\begin{aligned}
D &= (-1)^3 (1)^1 (3\alpha^2 + p)(3\beta^2 + p)(3\gamma^2 + p) \\
&= -\left[27\alpha^2\beta^2\gamma^2 + 9p(\alpha\beta + \beta\gamma + \gamma\alpha) - 6p^2(\alpha\beta + \beta\gamma + \gamma\alpha)\right. \\
&\quad \left. -18p\alpha\beta\gamma(\alpha + \beta + \gamma) + 3p^2(\alpha + \beta + \gamma)^2 + p^3\right].
\end{aligned}
$$

根と係数の関係より

$$\alpha + \beta + \gamma = 0, \quad \alpha\beta + \beta\gamma + \gamma\alpha = p, \quad \alpha\beta\gamma = -q$$

であるので

$$\boxed{D = -(4p^3 + 27q^2)}$$

を得る．

A.15　高次方程式の例題を解く

これまでに得た結果を利用して，代数的に解ける高次方程式 (三次・四次方程式) の具体的な問題を解いていこう．

◆ 例題 1：$x^3 - 6x^2 + 12x - 8 = 0$

係数は $a = 1$, $b = -6$, $c = 12$, $d = -8$ である．判別式の値は

$$
\begin{aligned}
D &= -4ac^3 - 27a^2d^2 - 4b^3d + b^2c^2 + 18abcd \\
  &= -4 \times 12^3 - 27 \times (-8)^2 - 4 \times (-6)^3 \times (-8) + (-6)^2 \times 12^2 \\
  &\quad + 18 \times (-6) \times 12 \times (-8) = 0.
\end{aligned}
$$

よって，この方程式は重根を持つ．方程式を簡約するための係数を求めると

$$
p = \frac{c}{a} - \frac{b^2}{3a^2} = 12 - \frac{1}{3} \times (-6)^2 = 0,
$$

$$
q = \frac{2b^3}{27a^3} - \frac{bc}{3a^2} + \frac{d}{a} = \frac{2}{27} \times (-6)^3 - \frac{1}{3} \times (-6) \times 12 - 8 = 0
$$

より，簡約された方程式は，$y^3 = 0$ となる．
この方程式の根は，$y = 0$ (三重根) であり，元
の方程式の根は

$$
\frac{b}{3a} = \frac{1}{3} \times (-6) = -2
$$

を引いて

$$
\boxed{x = 2 \quad (\text{三重根})}
$$

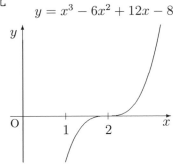

$y = x^3 - 6x^2 + 12x - 8$

となる (右図参照)．

◆ 例題 2：$x^3 - 4x^2 + 5x - 2 = 0$

係数は $a = 1$, $b = -4$, $c = 5$, $d = -2$ である．判別式の値は

$$
D = -4ac^3 - 27a^2d^2 - 4b^3d + b^2c^2 + 18abcd
$$

$$= -4 \times 5^3 - 27 \times (-2)^2 - 4 \times (-4)^3 \times (-2)$$
$$+ (-4)^2 \times 5^2 + 18 \times (-4) \times 5 \times (-2) = 0.$$

よって，この方程式も重根を持つ．方程式を簡約するための係数を求めると

$$p = \frac{c}{a} - \frac{b^2}{3a^2} = 5 - \frac{1}{3} \times (-4)^2 = -\frac{1}{3},$$
$$q = \frac{2b^3}{27a^3} - \frac{bc}{3a^2} + \frac{d}{a} = \frac{2}{27} \times (-4)^3 - \frac{1}{3} \times (-4) \times 5 - 2 = -\frac{2}{27}$$

となり，簡約された方程式

$$y^3 - \frac{1}{3}y - \frac{2}{27} = 0$$

を得る．これより

$$u^3 = -\frac{q}{2} + \frac{1}{6}\sqrt{-\frac{D}{3}} = \frac{1}{27}, \quad v^3 = -\frac{q}{2} - \frac{1}{6}\sqrt{-\frac{D}{3}} = \frac{1}{27},$$

すなわち，$u_1 = v_1 = 1/3$ を得る．よって

$$y_1 = \frac{1}{3} + \frac{1}{3} = \frac{2}{3},$$
$$y_2 = \frac{1}{3}\omega + \frac{1}{3}\omega^2 = \frac{1}{3}\left(\frac{-1 + \sqrt{3}\mathrm{i}}{2} + \frac{-1 - \sqrt{3}\mathrm{i}}{2}\right) = -\frac{1}{3},$$
$$y_3 = \frac{1}{3}\omega^2 + \frac{1}{3}\omega = -\frac{1}{3}.$$

元の方程式の根は

$$\frac{b}{3a} = \frac{1}{3} \times (-4) = -\frac{4}{3}$$

を引いて

$$\boxed{x = 1, \quad 1, \quad 2}$$

となる (右図参照).

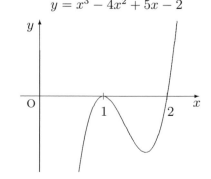

$$y = x^3 - 4x^2 + 5x - 2$$

◆ **例題 3**：$x^3 - x^2 + x - 1 = 0$

係数は $a = 1$, $b = -1$, $c = 1$, $d = -1$ である．判別式の値は

$$D = -4ac^3 - 27a^2d^2 - 4b^3d + b^2c^2 + 18abcd$$
$$= -4 - 27 - 4 + 1 + 18 = -16 \; (= -4^2).$$

よって，この方程式は，一実根と共役な二虚根を持つ．

方程式を簡約するための係数を求めると

$$p = \frac{c}{a} - \frac{b^2}{3a^2} = 1 - \frac{1}{3} = \frac{2}{3},$$
$$q = \frac{2b^3}{27a^3} - \frac{bc}{3a^2} + \frac{d}{a} = \frac{2}{27} \times (-1)^3 - \frac{1}{3} \times (-1) - 1 = -\frac{20}{27}$$

となり，簡約された方程式

$$y^3 + \frac{2}{3}y - \frac{20}{27} = 0$$

を得る．これより

$$u^3 = -\frac{q}{2} + \frac{1}{6}\sqrt{-\frac{D}{3}} = \frac{10 + 6\sqrt{3}}{27}, \quad v^3 = -\frac{q}{2} - \frac{1}{6}\sqrt{-\frac{D}{3}} = \frac{-10 + 6\sqrt{3}}{27}.$$

ここで，$\left(1 \pm \sqrt{3}\right)^3 = 10 \pm 6\sqrt{3}$ を用いて

$$u_1 = \frac{1 + \sqrt{3}}{3}, \quad v_1 = -\frac{1 + \sqrt{3}}{3}$$

を得る．よって

$$y_1 = \frac{1 + \sqrt{3}}{3} - \frac{\sqrt{3} - 1}{3} = \frac{2}{3},$$
$$y_2 = \left(\frac{-1 + \sqrt{3}i}{2}\right)u_1 + \left(\frac{-1 - \sqrt{3}i}{2}\right)v_1$$
$$= \frac{1}{3}\left(\frac{-1 + \sqrt{3}i}{2} + \frac{-1 - \sqrt{3}i}{2}\right) + \frac{\sqrt{3}}{3}\left(\frac{-1 + \sqrt{3}i}{2} + \frac{-1 - \sqrt{3}i}{2}\right)$$
$$= -\frac{1}{3} + i,$$
$$y_3 = \left(\frac{-1 - \sqrt{3}i}{2}\right)u_1 + \left(\frac{-1 + \sqrt{3}i}{2}\right)v_1 = -\frac{1}{3} - i$$

元の方程式の根は

$$\frac{b}{3a} = \frac{1}{3} \times (-1) = -\frac{1}{3}$$

を引いて

$$\boxed{x = 1, \quad \mathrm{i}, \quad -\mathrm{i}}$$

となる (右図参照).

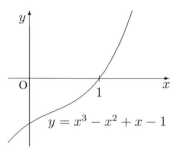

$$y = x^3 - x^2 + x - 1$$

◆ **例題 4 : $x^3 + 3x^2 - 2 - \sqrt{2} = 0$**

係数は $a = 1$, $b = 3$, $c = 0$, $d = -2 - \sqrt{2}$ である. 判別式の値は

$$D = -27 \times \left(-2 - \sqrt{2}\right)^2 - 4 \times (3)^3 \times \left(-2 - \sqrt{2}\right) = 54 \quad (= 2 \times 3^3).$$

よって, この方程式は三実根を持つ.

係数を求めると

$$p = \frac{c}{a} - \frac{b^2}{3a^2} = -\frac{1}{3} \times 3^2 = -3,$$

$$q = \frac{2b^3}{27a^3} - \frac{bc}{3a^2} + \frac{d}{a} = \frac{2}{27} \times 3^3 - 2 - \sqrt{2} = -\sqrt{2}$$

となり, 簡約された方程式

$$y^3 - 3y - \sqrt{2} = 0$$

を得る. これより

$$u^3 = -\frac{-\sqrt{2}}{2} + \frac{1}{6}\sqrt{-\frac{1}{3} \times 54} = \frac{\sqrt{2}}{2} + \frac{\sqrt{2}}{2}\mathrm{i},$$

$$v^3 = \frac{\sqrt{2}}{2} - \frac{\sqrt{2}}{2}\mathrm{i}.$$

ここで

$$\frac{\sqrt{2}}{2} + \frac{\sqrt{2}}{2}\mathrm{i} = \cos\theta + \mathrm{i}\sin\theta = e^{\mathrm{i}\theta}$$

とおくと $\theta = \pi/4$, すなわち, $u^3 = \mathrm{e}^{\mathrm{i}\pi/4}$. 同様にして $v^3 = \mathrm{e}^{-\mathrm{i}\pi/4}$ を得る. よって, $u_1 = \mathrm{e}^{\mathrm{i}\pi/12}$, $v_1 = \mathrm{e}^{-\mathrm{i}\pi/12}$ より

$$y_1 = \mathrm{e}^{\mathrm{i}\pi/12} + \mathrm{e}^{-\mathrm{i}\pi/12} = 2\cos\frac{\pi}{12} = \frac{\sqrt{6}+\sqrt{2}}{2},$$

$$y_2 = \omega\mathrm{e}^{\mathrm{i}\pi/12} + \omega^2\mathrm{e}^{-\mathrm{i}\pi/12} = \mathrm{e}^{\mathrm{i}2\pi/3}\mathrm{e}^{\mathrm{i}\pi/12} + \mathrm{e}^{-\mathrm{i}2\pi/3}\mathrm{e}^{-\mathrm{i}\pi/12}$$
$$= 2\cos\left(\frac{2\pi}{3}+\frac{\pi}{12}\right) = 2\cos\left(\frac{9\pi}{12}\right) = -\sqrt{2},$$

$$y_3 = \omega^2\mathrm{e}^{\mathrm{i}\pi/12} + \omega\mathrm{e}^{-\mathrm{i}\pi/12} = \mathrm{e}^{-\mathrm{i}2\pi/3}\mathrm{e}^{\mathrm{i}\pi/12} + \mathrm{e}^{\mathrm{i}2\pi/3}\mathrm{e}^{-\mathrm{i}\pi/12}$$
$$= 2\cos\left(\frac{4\pi}{3}+\frac{\pi}{12}\right) = -2\cos\left(\frac{5\pi}{12}\right) = -\frac{\sqrt{6}-\sqrt{2}}{2}.$$

元の方程式の根は

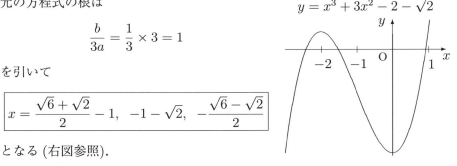

$$\frac{b}{3a} = \frac{1}{3}\times 3 = 1$$

を引いて

$$\boxed{x = \frac{\sqrt{6}+\sqrt{2}}{2}-1, \quad -1-\sqrt{2}, \quad -\frac{\sqrt{6}-\sqrt{2}}{2}}$$

$y = x^3 + 3x^2 - 2 - \sqrt{2}$

となる (右図参照).

◆ 例題 5：$x^3 + x^2 - 4x + 1 = 0$

係数は $a = 1$, $b = 1$, $c = -4$, $d = 1$ である. 判別式の値は

$$D = -4\times(-4)^3 - 27 - 4 + (-4)^2 + 18\times(-4) = 169 \quad (= 13^2).$$

よって, この方程式は三実根を持つ. 係数は

$$p = -4 - \frac{1}{3} = -\frac{13}{3}, \quad q = \frac{2}{27} - \frac{(-4)}{3} + 1 = \frac{65}{27}.$$

簡約された方程式は

$$x^3 - \frac{13}{3}x + \frac{65}{27} = 0$$

となる．これより

$$u^3 = -\frac{65}{54} + \frac{13}{18}\sqrt{3}\mathrm{i}, \quad v^3 = -\frac{65}{54} - \frac{13}{18}\sqrt{3}\mathrm{i}.$$

u^3, v^3 の絶対値を求めると

$$\left| -\frac{65}{54} \pm \frac{13}{18}\sqrt{3}\mathrm{i} \right| = \left(\frac{\sqrt{13}}{3} \right)^3$$

となる．これをくくり出して

$$u^3 = \left(\frac{\sqrt{13}}{3} \right)^3 \left(-\frac{5}{2\sqrt{13}} + \frac{3\sqrt{3}}{2\sqrt{13}}\mathrm{i} \right) = r(\cos\theta + \mathrm{i}\sin\theta)$$

とおくと，$\tan\theta$ が以下のように定まる．

$$r = \left(\frac{\sqrt{13}}{3} \right)^3, \ \cos\theta = -\frac{5}{2\sqrt{13}}, \ \sin\theta = \frac{3\sqrt{3}}{2\sqrt{13}} \quad \Rightarrow \quad \tan\theta = -\frac{3\sqrt{3}}{5}.$$

上式を，逆正接関数を用いて，θ について解く．ただし，このままでは収束が遅いので，変数を $\theta = 3\pi/4 - \phi$ に置き換えると

$$\tan\theta = \tan\left(\frac{3\pi}{4} - \phi \right) = -\frac{1 + \tan\phi}{1 - \tan\phi} = -\frac{3\sqrt{3}}{5}.$$

$\tan\phi$ について解いて

$$\tan\phi = 26 - 15\sqrt{3} \quad \left(= \frac{1}{26 + 15\sqrt{3}} \approx 0.0192378 \right)$$

を得る．$\tan\phi$ の展開公式の三乗の項まで取って

$$\begin{aligned} \phi &\approx \left(26 - 15\sqrt{3} \right) - \frac{1}{3}\left(26 - 15\sqrt{3} \right)^3 \\ &= \frac{4}{3}\left(-17537 + 10125\sqrt{3} \right) \\ &= \frac{2024}{3\left(17537 + 10125\sqrt{3} \right)} \approx 0.0192355. \end{aligned}$$

この値を用いて，$\cos(\theta/3)$, $\sin(\theta/3)$ を求める．展開公式の三乗以上を無視する近似で計算する．

$$
\begin{aligned}
\cos\frac{\theta}{3} &= \cos\left(\frac{\pi}{4} - \frac{\phi}{3}\right) = \frac{\sqrt{2}}{2}\left(\cos\frac{\phi}{3} + \sin\frac{\phi}{3}\right) \\
&\approx \frac{\sqrt{2}}{2}\left\{\left[1 - \frac{1}{2}\left(\frac{\phi}{3}\right)^2\right] + \frac{\phi}{3}\right\} \\
&= \frac{\sqrt{2}}{2}\left\{\left[1 - \frac{1}{2}\left(\frac{0.0192355}{3}\right)^2\right] + \frac{0.0192355}{3}\right\} \approx 0.7116261, \\
\sin\frac{\theta}{3} &= \sin\left(\frac{\pi}{4} - \frac{\phi}{3}\right) = \frac{\sqrt{2}}{2}\left(\cos\frac{\phi}{3} - \sin\frac{\phi}{3}\right) \\
&\approx \frac{\sqrt{2}}{2}\left\{\left[1 - \frac{1}{2}\left(\frac{\phi}{3}\right)^2\right] - \frac{\phi}{3}\right\} \\
&= \frac{\sqrt{2}}{2}\left\{\left[1 - \frac{1}{2}\left(\frac{0.0192355}{3}\right)^2\right] - \frac{0.0192355}{3}\right\} \approx 0.7025584.
\end{aligned}
$$

さらに

$$
\begin{aligned}
\cos\frac{2\pi + \theta}{3} &= -\frac{1}{2}\left(\cos\frac{\theta}{3} + \sqrt{3}\sin\frac{\theta}{3}\right) \\
&= -\frac{1}{2}\left(0.7116261 + \sqrt{3}\times 0.7025584\right) \approx -0.9642464, \\
\cos\frac{4\pi + \theta}{3} &= \frac{1}{2}\left(-\cos\frac{\theta}{3} + \sqrt{3}\sin\frac{\theta}{3}\right) \\
&= \frac{1}{2}\left(-0.7116261 + \sqrt{3}\times 0.7025584\right) \approx 0.2526203.
\end{aligned}
$$

これらを代入して

$$
\begin{aligned}
y_1 &= 2 \times \frac{\sqrt{13}}{3} \times \cos\frac{\theta}{3} \approx 1.7105362, \\
y_2 &= 2 \times \frac{\sqrt{13}}{3} \times \cos\left(\frac{2\theta}{3} + \frac{\theta}{3}\right) \approx -2.3177598, \\
y_3 &= 2 \times \frac{\sqrt{13}}{3} \times \cos\left(\frac{4\theta}{3} + \frac{\theta}{3}\right) \approx 0.6072236
\end{aligned}
$$

を得る. 元の方程式の根は

$$\frac{b}{3a} = \frac{1}{3}$$

を引いて

$$\boxed{x = 1.3772029, \quad -2.6510931, \quad 0.2738903}$$

となる (右図参照).

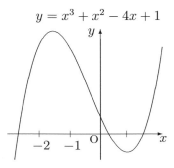

$$y = x^3 + x^2 - 4x + 1$$

◆ **例題 6 : $x^4 - 10x^3 + 35x^2 - 50x + 24 = 0$**

係数は $a = 1$, $b = -10$, $c = 35$, $d = -50$, $e = 24$ である. よって

$$p = \frac{c}{a} - \frac{3b^2}{8a^2} = \frac{35}{1} - \frac{3 \times (-10)^2}{8 \times 1} = -\frac{5}{2},$$

$$q = \frac{b^3}{8a^3} - \frac{bc}{2a^2} + \frac{d}{a} = \frac{(-10)^3}{8 \times 1^3} - \frac{(-10) \times 35}{2 \times 1^2} + \frac{(-50)}{1} = 0,$$

$$r = -\frac{3b^4}{256a^4} + \frac{b^2c}{16a^3} - \frac{bd}{4a^2} + \frac{e}{a}$$

$$= -\frac{3 \times (-10)^4}{256 \times 1^4} + \frac{(-10)^2 \times 35}{16 \times 1^3} - \frac{(-10) \times (-50)}{4 \times 1^2} + \frac{24}{1} = \frac{9}{16}$$

より, 三次分解方程式 $z^3 - pz^2 - 4rz + (4pr - q^2) = 0$ は

$$z^3 + \frac{5}{2}z^2 - \frac{9}{4}z - \frac{45}{8} = 0$$

となる. この方程式を解いて

$$z = \pm\frac{3}{2}, \quad -\frac{5}{2}$$

を得る. 分解方程式の一つの根を Ω とおき, $(\Omega - p)$ を求める. $\Omega = 3/2$[注17]と

[注17] 根 $-5/2$ は $(\Omega - p)$ を 0 にするので避ける.

おくと，二次方程式

$$y^2 \pm 2y + \frac{3}{4} = 0$$

が定まり，これを解いて

$$y = \pm\frac{1}{2}, \quad \pm\frac{3}{2}$$

を得る．

よって，元の四次方程式の根は

$$\frac{b}{4a} = \frac{-10}{4 \times 1} = -\frac{5}{2}$$

を引いて

$$\boxed{x = 1, \quad 2, \quad 3, \quad 4}$$

となる (右図参照)．

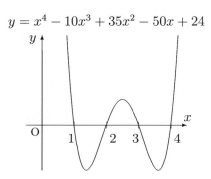

$y = x^4 - 10x^3 + 35x^2 - 50x + 24$

A.16 部分分数分解

有理式 $f(x) = P(x)/Q(x)$ を部分分数に分解する.

A.16.1 分母に重根のない場合

分母が n 個の実定数 a_i を用いて

$$Q(x) = x^n + a_1 x^{n-1} + a_2 x^{n-2} + \cdots + a_{n-1} x + a_n$$

で与えられたとき,n 次代数方程式 $Q(x) = 0$ は,複素数の範囲に n 個の根:$\alpha_i\ (i = 1, 2, \ldots, n)$ を持ち

$$(x - \alpha_1)(x - \alpha_2) \times \cdots \times (x - \alpha_{n-1})(x - \alpha_n) = 0$$

と一次式の積の形に分解できる.

上式を用いて,与えられた有理式を n 個の分数の和として書き直すと

$$f(x) = \frac{c_1}{x - \alpha_1} + \frac{c_2}{x - \alpha_2} + \cdots + \frac{c_{n-1}}{x - \alpha_{n-1}} + \frac{c_n}{x - \alpha_n}$$

となる."$P(x)$ の次数 $< Q(x)$ の次数"と仮定すると,$c_i\ (i = 1, 2, \ldots, n)$ は定数となる.

> 注意 $P(x)$ の次数が $Q(x)$ より高い場合には,割り算することにより
>
> $$\frac{P(x)}{Q(x)} = 多項式 + \frac{R(x)}{Q(x)},$$
>
> ただし,$R(x)$ は "$R(x)$ の次数 $< Q(x)$ の次数"と変形できるので,初めから
>
> $$P(x) の次数 < Q(x) の次数$$
>
> であり,両式は "互いに素"であると仮定する. ■

係数 c_i を決定する．上式の両辺に $(x - \alpha_i)$ を掛けて

$$(x - \alpha_i)f(x) = \frac{c_1(x - \alpha_i)}{x - \alpha_1} + \cdots + \frac{c_i(x - \alpha_i)}{x - \alpha_i} + \cdots + \frac{c_n(x - \alpha_i)}{x - \alpha_n}$$

$$= \frac{c_1(x - \alpha_i)}{x - \alpha_1} + \cdots + c_i + \cdots + \frac{c_n(x - \alpha_i)}{x - \alpha_n}.$$

右辺の x に α_i を代入すると，係数 c_i 以外の項は消える．

すなわち，係数は

$$\boxed{c_i = \lim_{x \to \alpha_i}(x - \alpha_i)f(x) = \lim_{x \to \alpha_i}\frac{(x - \alpha_i)P(x)}{Q(x)}}$$

により定まる．

右辺の極限は $0/0$ の不定形であるので，**ド・ロピタルの定理**より，分子・分母を別々に x で微分して

$$\lim_{x \to \alpha_i}\frac{(x - \alpha_i)P(x)}{Q(x)} = \lim_{x \to \alpha_i}\frac{P(x) + (x - \alpha_i)P^{(1)}(x)}{Q^{(1)}(x)} = \frac{P(\alpha_i)}{Q^{(1)}(\alpha_i)}$$

となる．よって，係数は

$$\boxed{c_i = \frac{P(\alpha_i)}{Q^{(1)}(\alpha_i)}}$$

として求めることもできる．

ところで，$f(x)$ は実数値を取るので，部分分数の虚根を有する部分は，二項ずつ複素共役になっている．そこで改めて，実根を α_i，対応する実係数を A_i で表し，虚根を β_i，その複素係数を K_i と書くと

$$f(x) = \frac{A_1}{x - \alpha_1} + \frac{A_2}{x - \alpha_2} + \cdots + \frac{A_i}{x - \alpha_i}$$
$$+ \frac{K_1}{x - \beta_1} + \frac{K_1^*}{x - \beta_1^*} + \cdots + \frac{K_m}{x - \beta_m} + \frac{K_m^*}{x - \beta_m^*}$$

と表せる．第 j 番目の共役項を通分すると

$$\frac{K_j}{x - \beta_j} + \frac{K_j^*}{x - \beta_j^*} = \frac{(K_j + K_j^*)x - (K_j\beta_j^* + K_j^*\beta_j)}{x^2 - (\beta_j + \beta_j^*)x + \beta_j\beta_j^*}.$$

上式の係数を

$$B_j \equiv -(\beta_j + \beta_j^*), \quad C_j \equiv \beta_j\beta_j^*, \quad D_j \equiv K_j + K_j^*$$

$$E_j \equiv -(K_j\beta_j^* + K_j^*\beta_j)$$

とおくと，これらはすべて実数である．

よって，有理式は

$$\boxed{\begin{aligned}\frac{P(x)}{Q(x)} = {} & \frac{A_1}{x - \alpha_1} + \frac{A_2}{x - \alpha_2} + \cdots + \frac{A_l}{x - \alpha_l} \\ & + \frac{D_1 x + E_1}{x^2 + B_1 x + C_1} + \cdots + \frac{D_m x + E_m}{x^2 + B_m x + C_m}\end{aligned}}$$

の形に分解できる．

A.16.2 分母に重根のある場合

$Q(x) = 0$ が k 重に重複した根 α を持つ場合，すなわち

$$\boxed{Q(x) = (x - \alpha)^k \phi(x)}$$

を考える．ただし

$$\phi(x) \equiv (x - \alpha_1)(x - \alpha_2) \times \cdots \times (x - \alpha_{n-k})$$

である．明らかに，$(x - \alpha)^k$ と $\phi(x)$ は互いに素であるから

$$(x - \alpha)^k L(x) + \phi(x)M(x) = 1$$

となる多項式 $L(x), M(x)$ が存在し

$$\frac{P(x)}{Q(x)} = \frac{P(x)}{(x - \alpha)^k \phi(x)} = \frac{P(x)M(x)}{(x - \alpha)^k} + \frac{P(x)L(x)}{\phi(x)}$$

と分解できる．右辺第二項の分母に重複する根はなく，先の議論がそのまま適用できるので，分解は第一項の処理について考えれば十分である．

そこで，$P(x)M(x)$ を $(x - \alpha)$ の冪の多項式

$$P(x)M(x) = A_1 + A_2(x - \alpha) + A_3(x - \alpha)^2 + \cdots + A_k(x - \alpha)^{k-1}$$

に展開すると

$$\frac{P(x)M(x)}{(x - \alpha)^k} = \frac{A_1 + A_2(x - \alpha) + \cdots + A_k(x - \alpha)^{k-1}}{(x - \alpha)^k}$$
$$= \frac{A_1}{(x - \alpha)^k} + \frac{A_2}{(x - \alpha)^{k-1}} + \cdots + \frac{A_k}{x - \alpha}$$

となる．

ここで改めて，有理式を

$$F(x) = \frac{P(x)M(x)}{(x - \alpha)^k} + G(x)$$
$$= \frac{A_1}{(x - \alpha)^k} + \frac{A_2}{(x - \alpha)^{k-1}} + \cdots + \frac{A_k}{x - \alpha} + G(x)$$

と書く．$G(x)$ は分母に $(x - \alpha)$ を含まない部分である．

定数 A_i を決定しよう．両辺に $(x - \alpha)^k$ を掛けて分母を払うと

$$(x - \alpha)^k F(x) = A_1 + A_2(x - \alpha) + \cdots + A_k(x - \alpha)^{k-1} + (x - \alpha)^k G(x).$$

これより

$$A_1 = \lim_{x \to \alpha} (x - \alpha)^k F(x)$$

を得る．さらに展開式を微分して

$$\mathrm{D}_x\left[(x - \alpha)^k F(x)\right] = A_2 + 2A_3(x - \alpha) + \cdots + (k-1)A_k(x - \alpha)^{k-2}$$

より係数 A_2 は

$$A_2 = \lim_{x \to \alpha} \mathrm{D}_x\left[(x - \alpha)^k F(x)\right].$$

結局，係数 A_i は

$$A_i = \frac{1}{(k-i)!} \lim_{x \to \alpha} (\mathrm{D}_x)^{(k-i)} \left[(x-\alpha)^k F(x) \right]$$

により定まる.

全く同様に，虚根が重複して存在する場合には

$$Q(x) = (x^2 + Bx + C)^k \phi(x)$$

として

$$\frac{D_1 x + E_1}{(x^2 + Bx + C)^k} + \frac{D_2 x + E_2}{(x^2 + Bx + C)^{k-1}} + \cdots + \frac{D_k x + E_k}{x^2 + Bx + C}$$

の形の展開が成り立つ.

すなわち，有理式の部分分数分解は

$$ax^m, \quad \frac{A}{(x-\alpha)^m}, \quad \frac{Dx + E}{(x^2 + Bx + C)^m}$$

なる三種類の項の和である (係数はすべて実数である).

A.17　有理関数の積分

有理関数の積分を考える．有理関数は，部分分数分解により三種類の項に分類される．これらの積分を順に求めることにより，任意の有理関数を積分するための準備が整う．以後，簡単のために，積分定数は省略する．

◆ x の冪関数の積分は

$$\int x^m \mathrm{d}x = \frac{1}{m+1}x^{m+1}$$

である．

◆ $(x-\alpha)^m$ を分母に含む積分は，m の値により，二つに分かれる．

$$\int \frac{\mathrm{d}x}{(x-\alpha)^m} = \begin{cases} \ln|x-\alpha|, & (m=1) \\ -\dfrac{1}{(m-1)(x-\alpha)^{m-1}}, & (m \neq 1) \end{cases}$$

◆ $(x^2+Bx+C)^m$ を分母に含む積分を求める．

計算の便のために分母を

$$(x^2+Bx+C)^m \Rightarrow \left[(x-b)^2+c^2\right]^m$$

と変形し，分子を

$$Dx+E \Rightarrow D(x-b)+(Db+E)$$

とする．すなわち

$$\frac{Dx+E}{(x^2+Bx+C)^m} = \frac{D(x-b)}{[(x-b)^2+c^2]^m} + \frac{Db+E}{[(x-b)^2+c^2]^m}$$

と置き換え，変数を $x-b=t$ とおくことにより，求めるべき積分は

$$I_m = \int \frac{t}{(t^2+c^2)^m}\mathrm{d}t, \quad J_m = \int \frac{\mathrm{d}t}{(t^2+c^2)^m}$$

の和の形になる.

先ず, I_1 の分子を分母の導関数の形に変形して

$$I_1 = \frac{1}{2} \int \frac{2t}{t^2 + c^2} \mathrm{d}t = \frac{1}{2} \ln (t^2 + c^2).$$

ここで, $t^2 + c^2 > 0$ より絶対値記号は省略した.

一般の m に対しては, $t^2 + c^2 = X$ と置くことにより

$$I_m = \int \frac{t}{(t^2 + c^2)^m} \mathrm{d}t = \frac{1}{2} \int \frac{1}{X^m} \mathrm{d}X = \frac{1}{2(1-m)X^{m-1}},$$

すなわち

$$I_m = \int \frac{t}{(t^2 + c^2)^m} \mathrm{d}t = \frac{1}{2(1-m)(t^2 + c^2)^{m-1}}$$

となる.

J_1 は逆正接関数を用いて

$$J_1 = \int \frac{\mathrm{d}t}{t^2 + c^2} = \frac{1}{c} \operatorname{Tan}^{-1} \frac{t}{c}$$

と求められる. 一般の m に対しては

$$
\begin{aligned}
J_m &= \int \frac{\mathrm{d}t}{(t^2 + c^2)^m} = \frac{1}{c^2} \int \frac{(t^2 + c^2) - t^2}{(t^2 + c^2)^m} \mathrm{d}t \\
&= \frac{1}{c^2} \left[\int \frac{1}{(t^2 + c^2)^{m-1}} \mathrm{d}t - \int \frac{t}{(t^2 + c^2)^m} t \mathrm{d}t \right] \\
&= \frac{1}{c^2} \left[J_{m-1} - \left(I_m t - \frac{1}{2(1-m)} J_{m-1} \right) \right] \\
&= \frac{1}{c^2} \left[-I_m t + \frac{3-2m}{2(1-m)} J_{m-1} \right]
\end{aligned}
$$

より

$$J_m = \int \frac{\mathrm{d}t}{(t^2 + c^2)^m} = \frac{1}{c^2}\left[\frac{t}{2(1-m)(t^2+c^2)^{m-1}} + \frac{2m-3}{2(m-1)}J_{m-1}\right]$$

と求められる.

結果をまとめて, 以下の結論を得る.

> 有理関数は積分可能であり, それは有理関数,
> 対数関数, 逆正接関数を用いて表される.

注意　三角関数の有理関数は $\tan(x/2) = t$ と置くことにより

$$\sin x = \frac{2t}{1+t^2}, \qquad \cos x = \frac{1-t^2}{1+t^2}, \qquad \frac{\mathrm{d}x}{\mathrm{d}t} = \frac{2}{1+t^2}$$

となるので, t の有理関数として積分可能となる.　■

A.18 一階線型微分方程式の解の公式

未知関数 $x(t)$ に関して線型な**一階微分方程式** (**differential equation of the first order**)：

$$\boxed{\frac{\mathrm{d}x(t)}{\mathrm{d}t} = P(t)x(t) + Q(t)}$$

の解を求める.

◆ $Q(t) = 0$ の場合 ◆

$P(t)$ が定数 k ならば，方程式は最も簡単な形

$$\frac{\mathrm{d}x}{\mathrm{d}t} = kx$$

であり，その解は

$$x(t) = Ce^{kt}$$

となる．ここで C は積分定数である.

$P(t)$ が関数の場合には，合成関数の微分法を用いて，以下の解を得る.

$$x(t) = C \exp\left[\int_0^t P(q)\mathrm{d}q\right].$$

◆ $Q(t) \neq 0$ の場合 ◆

上式における定数 C を未知関数 $f(t)$ と見て，解を

$$x(t) = f(t) \exp\left[\int_0^t P(q)\mathrm{d}q\right]$$

と仮定する．両辺を t で微分すれば

$$\begin{aligned}
\frac{\mathrm{d}x}{\mathrm{d}t} &= \frac{\mathrm{d}f}{\mathrm{d}t} \exp\left[\int_0^t P(q)\mathrm{d}q\right] + f(t)\, P(t) \exp\left[\int_0^t P(q)\mathrm{d}q\right] \\
&= \frac{\mathrm{d}f}{\mathrm{d}t} \exp\left[\int_0^t P(q)\mathrm{d}q\right] + P(t)x
\end{aligned}$$

となる．これより
$$Q(t) = \frac{\mathrm{d}f}{\mathrm{d}t} \exp\left[\int_0^t P(q)\mathrm{d}q\right]$$
を得る．$f(t)$ の導関数について解いて
$$\frac{\mathrm{d}f}{\mathrm{d}t} = Q(t) \exp\left[-\int_0^t P(q)\mathrm{d}q\right].$$
両辺を積分して
$$f(t) = \int_0^t Q(r) \exp\left[-\int_0^r P(q)\mathrm{d}q\right]\mathrm{d}r + 積分定数$$
となる．

以上をまとめて，一階線型微分方程式の解の公式：

$$\boxed{x(t) = \left(C + \int_0^t Q(r) \exp\left[-\int_0^r P(q)\mathrm{d}q\right]\mathrm{d}r\right) \exp\left[\int_0^t P(q)\mathrm{d}q\right]}$$

を得る．ここで C は積分定数である．微分方程式において，このような一般的な解の公式が存在するのは，一階線型微分方程式だけである．

注意　特に，$P(t) = K$ (定数) の場合，指数部が積分できて

$$x(t) = \left(C + \int_0^t Q(r)\mathrm{e}^{-Kr}\mathrm{d}r\right) \mathrm{e}^{Kt} = C\mathrm{e}^{Kt} + \int_0^t Q(r)\mathrm{e}^{K(t-r)}\mathrm{d}r$$

と簡単になる．　　　　　　　　　　　　　　　　　　　　　■

例題　任意関数 $f(x)$ を含む x に関する非線型微分方程式：

$$\frac{\mathrm{d}f(x)}{\mathrm{d}x}\frac{\mathrm{d}x}{\mathrm{d}t} + f(x)P(t) = Q(t)$$

は新しい変数 $z = f(x)$ を導入することにより，z に関して線型化される．

$$\frac{\mathrm{d}z}{\mathrm{d}t} + P(t)z = Q(t).$$

例えば，**ベルヌーイの微分方程式**：

$$\boxed{\frac{\mathrm{d}x}{\mathrm{d}t} + P(t)x = Q(t)x^n, \quad (n \neq 0, 1)}$$

は両辺を x^n で割ると

$$x^{-n}\frac{\mathrm{d}x}{\mathrm{d}t} + x^{1-n}P(t) = Q(t)$$

となり，先の条件を満たす．そこで $z = x^{1-n}$ と置き

$$\frac{\mathrm{d}z}{\mathrm{d}t} = (1-n)x^{-n}\frac{\mathrm{d}x}{\mathrm{d}t}$$

より，z に関する線型微分方程式：

$$\frac{\mathrm{d}z}{\mathrm{d}t} + (1-n)P(t)z = (1-n)Q(t)$$

として解き得る．

A.19　行列形式による微分方程式の解法

前節の結果を利用して，二階の微分方程式[注18]

$$\frac{\mathrm{d}^2 x}{\mathrm{d}t^2} = -\omega^2 x, \quad (\omega \text{ は実定数})$$

の解 $x(t)$ を求めよう

先ず，新しく

$$v(t) \equiv \frac{\mathrm{d}x}{\mathrm{d}t}$$

を定義すると，与えられた微分方程式を連立一階微分方程式

$$\frac{\mathrm{d}x}{\mathrm{d}t} = v, \quad \frac{\mathrm{d}v}{\mathrm{d}t} = -\omega^2 x$$

の形に書ける．しかし，このままでは微分の階数を下げる代償に方程式の数が倍になっただけである．そこで，上式を行列形式で考える．先ず，二式を縦に並べ，以下のように書く．

$$\begin{pmatrix} \dfrac{\mathrm{d}x}{\mathrm{d}t} \\ \dfrac{\mathrm{d}v}{\mathrm{d}t} \end{pmatrix} = \begin{pmatrix} v \\ -\omega^2 x \end{pmatrix}$$

左辺の微分演算子を形式的にくくりだす．また，右辺は 2×2 行列を用いて

$$\text{左辺} = \frac{\mathrm{d}}{\mathrm{d}t} \begin{pmatrix} x \\ v \end{pmatrix}, \quad \text{右辺} = \begin{pmatrix} v \\ -\omega^2 x \end{pmatrix} = \begin{pmatrix} 0 & 1 \\ -\omega^2 & 0 \end{pmatrix} \begin{pmatrix} x \\ v \end{pmatrix}$$

と書くと，与式は

$$\frac{\mathrm{d}}{\mathrm{d}t} \begin{pmatrix} x \\ v \end{pmatrix} = \begin{pmatrix} 0 & 1 \\ -\omega^2 & 0 \end{pmatrix} \begin{pmatrix} x \\ v \end{pmatrix}$$

となる．さらに

[注18] この方程式で表される系を物理では**調和振動子 (harmonic oscillator)** と呼ぶ.

$$\widetilde{A} \equiv \begin{pmatrix} 0 & 1 \\ -\omega^2 & 0 \end{pmatrix}, \quad \mathbf{X}(t) \equiv \begin{pmatrix} x(t) \\ v(t) \end{pmatrix}$$

を定義すると，$\mathbf{X}(t)$ に関して線型な一階微分方程式：

$$\boxed{\frac{\mathrm{d}\mathbf{X}}{\mathrm{d}t} = \widetilde{A}\mathbf{X}}$$

を得る．この方程式の解は，明らかに指数関数であり

$$\boxed{\mathbf{X}(t) = \mathrm{e}^{t\widetilde{A}}\,\mathbf{X}_0.}$$

ここで $\mathbf{X}_0$ は $t = 0$ での条件[注19]から定まる定ベクトルである．

$$\mathbf{X}_0 \equiv \begin{pmatrix} x_0 \\ v_0 \end{pmatrix}, \quad (x_0 \equiv x(0),\ v_0 \equiv v(0) \text{ は定数})$$

次に，解の具体的な形を求めよう．固有値 α, β を持つ行列 $\widetilde{M}$ の指数関数は

$$\mathrm{e}^{\widetilde{M}} = \frac{\mathrm{e}^\beta - \mathrm{e}^\alpha}{\beta - \alpha}\widetilde{M} + \frac{\beta\mathrm{e}^\alpha - \alpha\mathrm{e}^\beta}{\beta - \alpha}\widetilde{E}$$

と計算できる．先ず，$t\widetilde{A}$ の固有値を，$0 = \left| t\widetilde{A} - \lambda\widetilde{E} \right| = \lambda^2 + \omega^2 t^2$ より求め $\lambda = \pm\mathrm{i}\omega t$ を得る．よって

$$\begin{aligned}
\mathrm{e}^{t\widetilde{A}} &= \left[\left(\frac{\mathrm{e}^{\mathrm{i}\omega t} - \mathrm{e}^{-\mathrm{i}\omega t}}{2\mathrm{i}\omega t} \right) \begin{pmatrix} 0 & t \\ -\omega^2 t & 0 \end{pmatrix} + \left(\frac{\mathrm{e}^{\mathrm{i}\omega t} + \mathrm{e}^{-\mathrm{i}\omega t}}{2} \right) \begin{pmatrix} 1 & 0 \\ 0 & 1 \end{pmatrix} \right] \\
&= \left[\begin{pmatrix} 0 & \dfrac{1}{\omega} \\ -\omega & 0 \end{pmatrix} \sin\omega t + \begin{pmatrix} 1 & 0 \\ 0 & 1 \end{pmatrix} \cos\omega t \right] \\
&= \begin{pmatrix} \cos\omega t & \dfrac{1}{\omega}\sin\omega t \\ -\omega\sin\omega t & \cos\omega t \end{pmatrix}
\end{aligned}$$

となる．これより

[注19] t を時間と考えるとき，これを**初期条件 (initial condition)** と呼ぶ．

$$\mathbf{X}(t) = e^{t\widetilde{A}}\mathbf{X}_0 = \begin{pmatrix} \cos\omega t & \dfrac{1}{\omega}\sin\omega t \\ -\omega\sin\omega t & \cos\omega t \end{pmatrix}\begin{pmatrix} x_0 \\ v_0 \end{pmatrix} = \begin{pmatrix} x_0\cos\omega t + \dfrac{v_0}{\omega}\sin\omega t \\ -x_0\omega\sin\omega t + v_0\cos\omega t \end{pmatrix},$$

すなわち

$$x(t) = x_0\cos\omega t + \frac{v_0}{\omega}\sin\omega t, \quad v(t) = -x_0\omega\sin\omega t + v_0\cos\omega t$$

を得る (下左図参照).

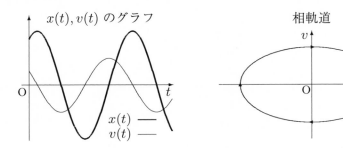

変数の組 (x, v) を**相空間 (phase space)** と呼ぶ. ベクトル $\mathbf{X}(t)$ は相空間内に**相軌道 (trajectory)** を描く. $\mathbf{X}_0$ はその出発点である (上右図参照).

今, 解より $E \equiv v^2 + \omega^2 x^2$ を作ると

$$\begin{aligned} E(t) &= v^2(t) + \omega^2 x^2(t) \\ &= (-x_0\omega\sin\omega t + v_0\cos\omega)^2 + \omega^2\left(x_0\cos\omega t + \frac{v_0}{\omega}\sin\omega t\right)^2 \\ &= v_0^2 + \omega^2 x_0^2 = E_0\ (\text{定数}) \end{aligned}$$

となる. すなわち, E は t の変動に無関係に一定値 E_0 をとり, 軌道は x, v を直交軸とする平面 (相空間) 上の楕円 (閉曲線):

$$\frac{x^2}{\left(\sqrt{E_0}/\omega\right)^2} + \frac{v^2}{\left(\sqrt{E_0}\right)^2} = 1$$

になる. これは, この系が周期性を持つことを示している.

一般に, 行列型の一階線型微分方程式

$$\boxed{\frac{\mathrm{d}\mathbf{X}(t)}{\mathrm{d}t} = \widetilde{P}(t)\mathbf{X}(t) + \mathbf{Q}(t)}$$

に対して解の公式

$$\boxed{\mathbf{X}(t) = \exp\left[\int_0^t \widetilde{P}(q)\mathrm{d}q\right]\left(\mathbf{C} + \int_0^t \exp\left[-\int_0^r \widetilde{P}(q)\mathrm{d}q\right]\mathbf{Q}(r)\mathrm{d}r\right)}$$

が成り立つ. ここで $\mathbf{C}$ は定数ベクトルである.

注意 特に, $\widetilde{P}(t)$ が定数行列 $\widetilde{K}$ の場合には指数部が積分できて

$$\mathbf{X}(t) = \mathrm{e}^{t\widetilde{K}}\mathbf{C} + \int_0^t \mathrm{e}^{(t-r)\widetilde{K}}\mathbf{Q}(r)\mathrm{d}r$$

となる. ■

例題 1 $\dfrac{\mathrm{d}^2 x}{\mathrm{d}t^2} = -g$, ($g$ は定数) を行列形式で解く[20].

先ず

$$\frac{\mathrm{d}}{\mathrm{d}t}\begin{pmatrix} x \\ v \end{pmatrix} = \begin{pmatrix} 0 & 1 \\ 0 & 0 \end{pmatrix}\begin{pmatrix} x \\ v \end{pmatrix} + \begin{pmatrix} 0 \\ -g \end{pmatrix}$$

より, 与えられた微分方程式は

$$\frac{\mathrm{d}\mathbf{X}(t)}{\mathrm{d}t} = \widetilde{F}\mathbf{X}(t) + \mathbf{G}$$

となる. ここで

$$\widetilde{F} = \begin{pmatrix} 0 & 1 \\ 0 & 0 \end{pmatrix}, \quad \mathbf{G} = \begin{pmatrix} 0 \\ -g \end{pmatrix}.$$

よって, 求める解は

$$\mathbf{X}(t) = \mathrm{e}^{t\widetilde{F}}\mathbf{X}_0 + \int_0^t \mathrm{e}^{(t-q)\widetilde{F}}\mathbf{G}\mathrm{d}q.$$

ところで, $\widetilde{F}$ は

$$\widetilde{F}^2 = \widetilde{O}$$

---

[20] この方程式で表される系を**自由落下 (free fall)** と呼ぶ. 特に $g = 0$ の場合, 方程式は**自由粒子 (free particle)** を表す.

より冪零行列であるので，指数関数の展開は第二項で切れ

$$
\begin{aligned}
\mathrm{e}^{t\widetilde{F}} &= \widetilde{E} + t\widetilde{F} \\
&= \begin{pmatrix} 1 & 0 \\ 0 & 1 \end{pmatrix} + t \begin{pmatrix} 0 & 1 \\ 0 & 0 \end{pmatrix} = \begin{pmatrix} 1 & t \\ 0 & 1 \end{pmatrix}, \\
\mathrm{e}^{(t-q)\widetilde{F}} &= \widetilde{E} + (t-q)\widetilde{F} \\
&= \begin{pmatrix} 1 & 0 \\ 0 & 1 \end{pmatrix} + (t-q) \begin{pmatrix} 0 & 1 \\ 0 & 0 \end{pmatrix} = \begin{pmatrix} 1 & t-q \\ 0 & 1 \end{pmatrix}
\end{aligned}
$$

となる．よって

$$
\begin{aligned}
\mathbf{X}(t) &= \begin{pmatrix} 1 & t \\ 0 & 1 \end{pmatrix} \begin{pmatrix} x_0 \\ v_0 \end{pmatrix} + \int_0^t \begin{pmatrix} 1 & t-q \\ 0 & 1 \end{pmatrix} \begin{pmatrix} 0 \\ -g \end{pmatrix} \mathrm{d}q \\
&= \begin{pmatrix} x_0 + v_0 t \\ v_0 \end{pmatrix} - g \int_0^t \begin{pmatrix} t-q \\ 1 \end{pmatrix} \mathrm{d}q \\
&= \begin{pmatrix} x_0 + v_0 t \\ v_0 \end{pmatrix} - g \begin{pmatrix} \dfrac{1}{2} t^2 \\ t \end{pmatrix}.
\end{aligned}
$$

すなわち

$$
\boxed{x(t) = x_0 + v_0 t - \frac{1}{2} g t^2, \quad v(t) = v_0 - g t}
$$

を得る (下図参照).

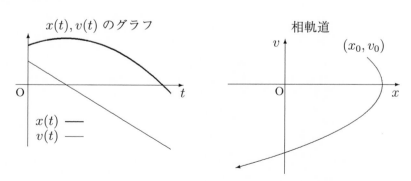

$x(t), v(t)$ のグラフ 　　　　　相軌道

例題 2 $\dfrac{\mathrm{d}^2 x}{\mathrm{d}t^2} = -\omega_0^2 x + f \cos \omega t, \ (\omega_0, \omega, f \text{ は実定数})^{注21}$.

与えられた方程式は

$$\frac{\mathrm{d}}{\mathrm{d}t} \begin{pmatrix} x \\ v \end{pmatrix} = \begin{pmatrix} 0 & 1 \\ -\omega_0^2 & 0 \end{pmatrix} \begin{pmatrix} x \\ v \end{pmatrix} + \begin{pmatrix} 0 \\ f \cos \omega t \end{pmatrix}$$

であるので, $\widetilde{A}_0, \mathbf{Q}(t)$ を以下のように定義して

$$\frac{\mathrm{d}\mathbf{X}(t)}{\mathrm{d}t} = \widetilde{A}_0 \mathbf{X}(t) + \mathbf{Q}(t), \quad \text{ただし, } \widetilde{A}_0 \equiv \begin{pmatrix} 0 & 1 \\ -\omega_0^2 & 0 \end{pmatrix}, \mathbf{Q}(t) \equiv \begin{pmatrix} 0 \\ f \cos \omega t \end{pmatrix}$$

と書き換えられる. よって, 方程式の解は直ちに

$$\mathbf{X}(t) = \mathrm{e}^{t\widetilde{A}_0} \mathbf{X}_0 + \int_0^t \mathrm{e}^{(t-q)\widetilde{A}_0} \mathbf{Q}(q) \mathrm{d}q.$$

$t\widetilde{A}_0$ の指数関数は

$$\mathrm{e}^{t\widetilde{A}_0} = \begin{pmatrix} \cos \omega_0 t & \dfrac{1}{\omega_0} \sin \omega_0 t \\ -\omega_0 \sin \omega_0 t & \cos \omega_0 t \end{pmatrix}$$

であり, 被積分関数は

$$\mathrm{e}^{(t-q)\widetilde{A}_0} \mathbf{Q}(q) = \begin{pmatrix} \cos(\omega_0 t - \omega_0 q) & \dfrac{1}{\omega_0} \sin(\omega_0 t - \omega_0 q) \\ -\omega_0 \sin(\omega_0 t - \omega_0 q) & \cos(\omega_0 t - \omega_0 q) \end{pmatrix} \begin{pmatrix} 0 \\ f \cos \omega q \end{pmatrix}$$

$$= f \begin{pmatrix} \dfrac{1}{\omega_0} \sin(\omega_0 t - \omega_0 q) \cos \omega q \\ \cos(\omega_0 t - \omega_0 q) \cos \omega q \end{pmatrix}$$

となる. 部分積分法を用いて積分を実行し, 解の具体的な形

$$\mathbf{X}(t) = \begin{pmatrix} \cos \omega_0 t & \dfrac{1}{\omega_0} \sin \omega_0 t \\ -\omega_0 \sin \omega_0 t & \cos \omega_0 t \end{pmatrix} \begin{pmatrix} x_0 \\ v_0 \end{pmatrix} + \frac{f}{\omega_0^2 - \omega^2} \begin{pmatrix} \cos \omega t - \cos \omega_0 t \\ -\omega \sin \omega t + \omega_0 \sin \omega_0 t \end{pmatrix},$$

すなわち

注21 この方程式で表される系を**強制調和振動子 (forced harmonic oscillator)** と呼ぶ.

$$x(t) = x_0 \cos \omega_0 t + \frac{v_0}{\omega_0} \sin \omega_0 t + \frac{f}{\omega_0^2 - \omega^2}(\cos \omega t - \cos \omega_0 t),$$

$$v(t) = -x_0 \omega_0 \sin \omega_0 t + v_0 \cos \omega_0 t + \frac{f}{\omega_0^2 - \omega^2}(-\omega \sin \omega t + \omega_0 \sin \omega_0 t)$$

を得る (下左図参照).

ここで, $x(t)$ の第三項に注目し

$$x_f(t) \equiv \frac{f}{\omega_0^2 - \omega^2}(\cos \omega t - \cos \omega_0 t)$$

とおく. このとき, 上式の $\omega \to \omega_0$ の極限は $0/0$ の不定形となる. そこで, x_f を ω の関数と見て, **ド・ロピタルの定理**を用いると

$$\lim_{\omega \to \omega_0} x_f = \lim_{\omega \to \omega_0} \frac{\dfrac{\mathrm{d}}{\mathrm{d}\omega} f(\cos \omega t - \cos \omega_0 t)}{\dfrac{\mathrm{d}}{\mathrm{d}\omega}(\omega_0^2 - \omega^2)} = \lim_{\omega \to \omega_0} \frac{-ft \sin \omega t}{-2\omega} = \frac{f}{2\omega_0} t \sin \omega_0 t$$

を得る. よって

$$x(t) = x_0 \cos \omega_0 t + \frac{v_0}{\omega_0} \sin \omega_0 t + \frac{f}{2\omega_0} t \sin \omega_0 t$$

となる. この場合 $x_f(t)$ は t の増加に伴って増加し, その結果, 解 $x(t)$ は周期性を失う. これを**共振 (resonance)** と呼ぶ (下右図参照).

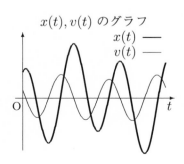

$x(t), v(t)$ のグラフ
$x(t)$ ——
$v(t)$ ——

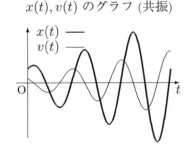

$x(t), v(t)$ のグラフ (共振)
$x(t)$ ——
$v(t)$ ——

$\boxed{\text{例題 3}}$ $\dfrac{\mathrm{d}^2 x}{\mathrm{d}t^2} + 2\gamma \dfrac{\mathrm{d}x}{\mathrm{d}t} + \omega_0^2 x = 0,\ (\gamma,\ \omega_0\ \text{は実定数})^{注22}$

一階微分の項が附加された上記方程式は，行列

$$\widetilde{B} = \begin{pmatrix} 0 & 1 \\ -\omega_0^2 & -2\gamma \end{pmatrix}$$

を定義することにより，一階線型微分方程式となり，直ちに解 $\mathbf{X}(t)$：

$$\frac{\mathrm{d}\mathbf{X}}{\mathrm{d}t} = \widetilde{B}\mathbf{X}, \qquad \mathbf{X}(t) = \mathrm{e}^{t\widetilde{B}}\mathbf{X}_0$$

を得る．$t\widetilde{B}$ の固有値は

$$0 = |t\widetilde{B} - \lambda\widetilde{E}| = \begin{vmatrix} -\lambda & t \\ -\omega_0^2 t & -2\gamma t - \lambda \end{vmatrix}$$
$$= \lambda^2 + 2\gamma t\lambda + \omega_0^2 t^2$$

より

$$\lambda = (-\gamma \pm \Omega)t.$$

ここで，$\Omega \equiv \sqrt{\gamma^2 - \Omega_0^2}$ である．この場合，解は γ, Ω_0 の大小に関連して三種類に分かれる．

◆ [1] $\gamma > \Omega_0$ の場合^{注23}，上記固有値を代入して

$$\mathrm{e}^{t\widetilde{B}}\mathbf{X}_0 = \frac{\mathrm{e}^{-\gamma t}}{\Omega}\left[\frac{\mathrm{e}^{\Omega t} - \mathrm{e}^{-\Omega t}}{2}\widetilde{B} + \left(\gamma\frac{\mathrm{e}^{\Omega t} - \mathrm{e}^{-\Omega t}}{2} + \Omega\frac{\mathrm{e}^{\Omega t} + \mathrm{e}^{-\Omega t}}{2}\right)\widetilde{E}\right]\begin{pmatrix} x_0 \\ v_0 \end{pmatrix}$$

$$= \frac{\mathrm{e}^{-\gamma t}}{\Omega}\left[\sinh\Omega t\begin{pmatrix} 0 & 1 \\ -\Omega_0^2 & -2\gamma \end{pmatrix} + (\gamma\sinh\Omega t + \Omega\cosh\Omega t)\begin{pmatrix} 1 & 0 \\ 0 & 1 \end{pmatrix}\right]\begin{pmatrix} x_0 \\ v_0 \end{pmatrix}$$

$$= \frac{\mathrm{e}^{-\gamma t}}{\Omega}\begin{pmatrix} \Omega\cosh\Omega t + \gamma\sinh\Omega t & \sinh\Omega t \\ -\Omega_0^2\sinh\Omega t & \Omega\cosh\Omega t - \gamma\sinh\Omega t \end{pmatrix}\begin{pmatrix} x_0 \\ v_0 \end{pmatrix}$$

となり，以下の解：

---

^{注22} この方程式で表される系を**減衰調和振動子 (damped harmonic oscillator)** と呼ぶ．
^{注23} **過減衰 (over damping)** と呼ばれる．

$$x(t) = \mathrm{e}^{-\gamma t}\left(x_0 \cosh \Omega t + \frac{v_0 + \gamma x_0}{\Omega} \sinh \Omega t\right),$$

$$v(t) = \mathrm{e}^{-\gamma t}\left(v_0 \cosh \Omega t - \frac{\Omega_0^2 x_0 + \gamma v_0}{\Omega} \sinh \Omega t\right)$$

を得る (下図参照).

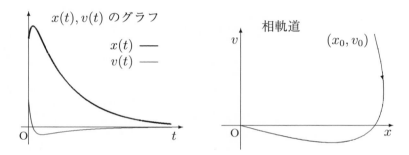

◆ [2] $\gamma < \Omega_0$ の場合[注24], Ω は虚数になるので, $\Omega \Rightarrow \mathrm{i}\Omega$ と置き換える. このとき, 三角関数と双曲線関数の関係:

$$\sinh(\mathrm{i}\Omega t) = \mathrm{i}\sin \Omega t, \quad \cosh(\mathrm{i}\Omega t) = \cos \Omega t$$

を [1] の結果に代入して, 解:

$$x(t) = \mathrm{e}^{-\gamma t}\left(x_0 \cos \Omega t + \frac{v_0 + \gamma x_0}{\Omega} \sin \Omega t\right),$$

$$v(t) = \mathrm{e}^{-\gamma t}\left(v_0 \cos \Omega t - \frac{\Omega_0^2 x_0 + \gamma v_0}{\Omega} \sin \Omega t\right)$$

を得る (次頁図参照).

[注24] **減衰振動 (damped oscillation)** と呼ばれる.

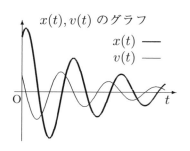

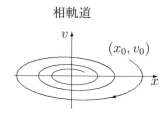

◆ [3] $\gamma = \Omega_0$ の場合[注25]，[2] において $\Omega \to 0$ とすると

$$\lim_{\Omega \to 0} \cos \Omega t = 1, \qquad \lim_{\Omega \to 0} \frac{\sin \Omega t}{\Omega t} = 1$$

より，以下の解：

$$x(t) = e^{-\gamma t} \left[x_0 + (v_0 + \gamma x_0)t \right],$$
$$v(t) = e^{-\gamma t} \left[v_0 - (\Omega_0^2 x_0 + \gamma v_0)t \right]$$

を見出す (下図参照).

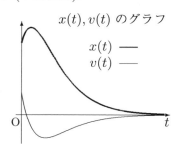

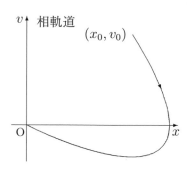

上記 [1][2][3]，いずれの場合も，解は長時間の経過後には

$$\lim_{t \to \infty} x(t) = 0, \quad \lim_{t \to \infty} v(t) = 0$$

となる性質を持っている.

[注25] **臨界減衰 (critically damping)** と呼ばれる.

A.20　三次元のベクトル

A.20.1　ベクトルの外積

　一般に最もよく用いられる座標系は直交座標系であり，その基底となる単位直交ベクトル $(\mathbf{e}_x, \mathbf{e}_y, \mathbf{e}_z)$ は以下の関係：

$$|\mathbf{e}_x| = |\mathbf{e}_y| = |\mathbf{e}_z| = 1, \quad \mathbf{e}_x \cdot \mathbf{e}_y = \mathbf{e}_y \cdot \mathbf{e}_z = \mathbf{e}_z \cdot \mathbf{e}_x = 0,$$
$$\mathbf{e}_x \times \mathbf{e}_y = \mathbf{e}_z, \quad \mathbf{e}_y \times \mathbf{e}_z = \mathbf{e}_x, \quad \mathbf{e}_z \times \mathbf{e}_x = \mathbf{e}_y$$

を満足する．これらと原点 O を合わせて，$S(\mathrm{O}; \mathbf{e}_x, \mathbf{e}_y, \mathbf{e}_z)$ と略記し，**三次元直交座標系 (three-dimensional orthogonal coordinate system)**，あるいは**直交カーテシアン座標系 (rectangular Cartesian coordinate system)** と呼ぶ．また，この系を**右手系 (right-hand system)** であるという（$\mathbf{e}_z \Rightarrow -\mathbf{e}_z$ による変換により，上記座標系は**左手系**になる）．

◇◇◇◇◇◇◇◇◇◇◇◇◇　**参考**　◇◇◇◇◇◇◇◇◇◇◇◇◇◇◇

　静止座標と動座標

　　緊急発進した航空機が現在どの位置にあるか，あるいは任務を終えた機が何分程度で帰還できるかを考える場合，基準になるのは地図上の座標である．これを静止座標と呼ぶ（ここで，地球が動いていることは無視する）．

　　一方，パイロットが機体に異常を発見した場合，機体自体に附着した座標系を用いて，右主翼中央部に異常振動発生，などと報告する．我々が新幹線に乗ったとき，ビュッフェでコーヒーを飲んだ，と言うことはあっても，走っている新幹線の位置を考慮して，何時何分ごろ大阪と京都の中間地点，高槻附近でコーヒーを飲んだ，と言わないのと同じ事情である．

　　このように，運動する物体に附着した座標系を**動座標系 (moving coordinate system)** と呼ぶ．動座標の概念を導入することにより，物体の運動を，静止座標系と動座標系の間の関係として簡潔に記述できる．機体に附着した動座標系においては，機体がどのような曲技飛行を行おうとも，パイロットは一定の位置にあり動かない．しかしながら，機の飛行状況に応じた**みかけの力**（遠心力，コ

リオリ力など) が機体を襲い，彼は自身が動いていることを認識するのである.

　右図に示した航空機に附着した三次元座標系において，z 軸を中心とした回転を**ロール (roll)**，x 軸を中心とした回転を**ピッチ (pitch)**，y 軸を中心とした回転を**ヨー (yaw)** といい，それぞれ，主翼端部の**補助翼 (aileron)**，水平尾翼の**昇降舵 (elevator)**，垂直尾翼の**方向舵 (rudder)** を用いて制御する.

　具体的には，操縦桿を左右に動かすことで補助翼を，前後に動かすことで昇降舵を，フットペダルを踏むことにより方向舵を動かして操縦する.

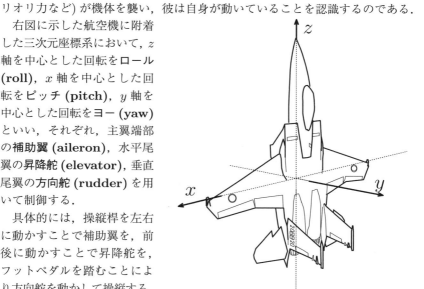

◇◇◇◇◇◇◇◇◇◇◇◇◇◇◇◇◇◇◇◇◇◇◇◇◇◇◇◇◇◇◇◇◇◇◇◇

ここで，外積と呼ばれる新しいベクトルの演算を定義しよう.

外積 (outerproduct) とは
$$\mathbf{A} \times \mathbf{B} \equiv |\mathbf{A}||\mathbf{B}| \sin\theta\, \mathbf{k}$$
で定義されるベクトルの掛け算である. ここで θ は，ベクトル $\mathbf{A}$ から $\mathbf{B}$ へ測った $\mathbf{A}, \mathbf{B}$ の間の角である. また，ベクトル $\mathbf{k}$ は単位ベクトルであり，その向きはベクトル $\mathbf{A}, \mathbf{B}$ の作る平面に垂直で，$\mathbf{A}$ から $\mathbf{B}$ の方向へ右ネジを回転させたときに，ネジの進む向きである.

外積は，計算結果がベクトル量となることから**ベクトル積 (vector product)**，また記号 × を用いることから**クロス積 (cross product)** とも呼ばれる.

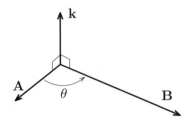

A, B を交換すると，角の測り方が θ から $-\theta$ へ変わり，$\sin(-\theta) = -\sin\theta$ より

$$\mathbf{B} \times \mathbf{A} = |\mathbf{B}||\mathbf{A}| \sin(-\theta)\, \mathbf{k} = -\mathbf{A} \times \mathbf{B}$$

となる．すなわち，外積に対しては交換法則が成り立たない[注26]．分配法則

$$\mathbf{A} \times (\mathbf{B} + \mathbf{C}) = \mathbf{A} \times \mathbf{B} + \mathbf{A} \times \mathbf{C}$$

は成り立つ．また，自分自身との間の角は 0 であるから

$$\mathbf{A} \times \mathbf{A} = |\mathbf{A}||\mathbf{A}| \sin 0\, \mathbf{k} = \mathbf{0}$$

が恒等的に成り立つ[注27]．ベクトル A, B が共に s の関数であるとき，ベクトル積 $\mathbf{A}(s) \times \mathbf{B}(s)$ を s で微分すると，以下のようになる．

$$\frac{\mathrm{d}}{\mathrm{d}s}(\mathbf{A} \times \mathbf{B}) = \frac{\mathrm{d}\mathbf{A}}{\mathrm{d}s} \times \mathbf{B} + \mathbf{A} \times \frac{\mathrm{d}\mathbf{B}}{\mathrm{d}s}.$$

三つのベクトルの積では，次の二種類のものが特に重要である．

$$\mathbf{A} \cdot (\mathbf{B} \times \mathbf{C}) = \mathbf{B} \cdot (\mathbf{C} \times \mathbf{A}) = \mathbf{C} \cdot (\mathbf{A} \times \mathbf{B}),$$
$$\mathbf{A} \times (\mathbf{B} \times \mathbf{C}) = (\mathbf{A} \cdot \mathbf{C})\mathbf{B} - (\mathbf{A} \cdot \mathbf{B})\mathbf{C}.$$

それぞれ，結果を名前に借用して，**スカラー三重積 (scalar triple product)**，**ベクトル三重積 (vector triple product)** と呼ばれる（後で示すように，$\mathbf{A} \cdot (\mathbf{B} \times \mathbf{C})$ は厳密にはスカラーではない）．

[注26] 上記関係を反交換法則と呼ぶことがある．
[注27] ただし，A が微分演算子を含む場合にはこの限りではない．

例題 　外積を含む指数演算子 $\exp[\varphi\mathbf{k}\times]$ を

$$\exp[\varphi\mathbf{k}\times]\mathbf{A} \equiv \mathbf{A}+(\varphi\mathbf{k}\times\mathbf{A})+\frac{1}{2!}\varphi\mathbf{k}\times(\varphi\mathbf{k}\times\mathbf{A})+\frac{1}{3!}\varphi\mathbf{k}\times(\varphi\mathbf{k}\times(\varphi\mathbf{k}\times\mathbf{A}))+\cdots$$

により定義する．ここで，$\mathbf{A}$ は任意のベクトル，$\mathbf{k}$ は $\mathbf{k}\cdot\mathbf{A}=0$ を満たす単位ベクトルである．右辺を計算整理し，その意味を調べよう．

先ず，スカラー φ をまとめて

$$\exp[\varphi\mathbf{k}\times]\mathbf{A} = \mathbf{A}+\varphi\mathbf{k}\times\mathbf{A}+\frac{1}{2!}\varphi^2\mathbf{k}\times(\mathbf{k}\times\mathbf{A})+\frac{1}{3!}\varphi^3\mathbf{k}\times(\mathbf{k}\times(\mathbf{k}\times\mathbf{A}))+\cdots.$$

ここで，ベクトル三重積の式，及び，条件 $\mathbf{k}\cdot\mathbf{A}=0, \mathbf{k}\cdot\mathbf{k}=1$ を用いて

$$\mathbf{k}\times(\mathbf{k}\times\mathbf{A}) = (\mathbf{k}\cdot\mathbf{A})\mathbf{k}-(\mathbf{k}\cdot\mathbf{k})\mathbf{A} = -\mathbf{A},$$
$$\mathbf{k}\times(\mathbf{k}\times(\mathbf{k}\times\mathbf{A})) = -\mathbf{k}\times\mathbf{A},$$
$$\mathbf{k}\times(\mathbf{k}\times(\mathbf{k}\times(\mathbf{k}\times\mathbf{A}))) = \mathbf{k}\times(-\mathbf{k}\times\mathbf{A}) = \mathbf{A}.$$

以後は繰り返しである．これらを定義式に代入して

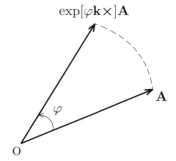

$$\exp[\varphi\mathbf{k}\times]\mathbf{A} = \mathbf{A}+\varphi\mathbf{k}\times\mathbf{A}+\frac{1}{2!}\varphi^2(-\mathbf{A})+\frac{1}{3!}\varphi^3(-\mathbf{k}\times\mathbf{A})$$
$$+\frac{1}{4!}\varphi^4(\mathbf{A})+\frac{1}{5!}\varphi^5(\mathbf{k}\times\mathbf{A})+\cdots$$
$$= \left(1-\frac{1}{2!}\varphi^2+\frac{1}{4!}\varphi^4+\cdots\right)\mathbf{A}+\left(\varphi-\frac{1}{3!}\varphi^3+\frac{1}{5!}\varphi^5+\cdots\right)\mathbf{k}\times\mathbf{A}$$
$$= \mathbf{A}\cos\varphi+\mathbf{k}\times\mathbf{A}\sin\varphi$$

となる．すなわち

$$\boxed{\exp[\varphi \mathbf{k}\times]\mathbf{A} = \mathbf{A}\cos\varphi + \mathbf{k}\times\mathbf{A}\sin\varphi}$$

より $\exp[\varphi\mathbf{k}\times]$ は，与えられたベクトルを角 φ だけ回転させる演算子として，$\mathbf{A}$ に作用することが示された．これは，ベクトルの外積によるオイラーの公式と見ることができる．

◇◇◇◇◇◇◇◇◇◇◇◇◇　**参考**　◇◇◇◇◇◇◇◇◇◇◇◇◇◇

角運動量

　位置ベクトル $\mathbf{r}$，運動量 $\mathbf{p}$ を持つ質点 m は**角運動量 (angular momentum)**

$$\mathbf{L} = \mathbf{r}\times\mathbf{p}$$

を有する．角運動量を t に関して微分すると

$$\frac{d\mathbf{L}}{dt} = \frac{d\mathbf{r}}{dt}\times\mathbf{p} + \mathbf{r}\times\frac{d\mathbf{p}}{dt}.$$

運動量の定義式 $\mathbf{p} = m d\mathbf{r}/dt$ より

$$\frac{d\mathbf{r}}{dt}\times\mathbf{p} = m\frac{d\mathbf{r}}{dt}\times\frac{d\mathbf{r}}{dt} = \mathbf{0}.$$

さらに，運動方程式 $\mathbf{F} = d\mathbf{p}/dt$ を用いて

$$\frac{d\mathbf{L}}{dt} = \mathbf{N}, \quad (\text{ここで}, \mathbf{N} \equiv \mathbf{r}\times\mathbf{F})$$

を得る．ベクトル $\mathbf{N}$ を**トルク (torque)** と呼ぶ．$\mathbf{F}$ が $\mathbf{r}$ に平行なベクトルであるときには

$$\frac{d\mathbf{L}}{dt} = \mathbf{0}$$

となり，$\mathbf{L}$ は保存ベクトルになる (このような力 $\mathbf{F}$ を**中心力 (central force)** と呼ぶ).

　剛体内における点 P の速度ベクトルを，$\mathbf{v}_P = \boldsymbol{\omega}_P\times\mathbf{r}_P$ なる形に仮定すると，スカラー三重積の知識より，任意の $\boldsymbol{\omega}_P$ に対して

$$\mathbf{r}_P\cdot\mathbf{v}_P = 0$$

が成り立つ. さらに, 任意の二点間の距離

$$(\mathbf{r}_P - \mathbf{r}_Q)^2 = \mathbf{r}_P^2 + \mathbf{r}_Q^2 - 2\mathbf{r}_P \cdot \mathbf{r}_Q$$

が不変であることより

$$\mathbf{r}_P \cdot \mathbf{r}_Q = 一定$$

であるが, 上式を時間で微分して, 変形すると

$$0 = \mathbf{v}_P \cdot \mathbf{r}_Q + \mathbf{r}_P \cdot \mathbf{v}_Q = (\boldsymbol{\omega}_P \times \mathbf{r}_P) \cdot \mathbf{r}_Q + \mathbf{r}_P \cdot (\boldsymbol{\omega}_Q \times \mathbf{r}_Q)$$
$$= (\boldsymbol{\omega}_P - \boldsymbol{\omega}_Q) \cdot (\mathbf{r}_P \times \mathbf{r}_Q)$$

となる. 一般に, $\mathbf{r}_P \times \mathbf{r}_Q$ は $\mathbf{0}$ ではないので

$$\boldsymbol{\omega} \equiv \boldsymbol{\omega}_P = \boldsymbol{\omega}_Q.$$

ベクトル $\boldsymbol{\omega}$ を**角速度ベクトル (angular velocity vector)** と呼ぶ. よって, 剛体の任意の点 $\mathbf{r}$ の速度は, 添字なしで

$$\mathbf{v} = \boldsymbol{\omega} \times \mathbf{r}$$

と書ける. ここで, $\mathbf{r} = K\boldsymbol{\omega}$ (K は定数) とおくと, $\mathbf{v} = \boldsymbol{\omega} \times (K\boldsymbol{\omega}) = \mathbf{0}$ となることから, $\boldsymbol{\omega}$ は剛体における速度 0 の点の集まり, すなわち, 剛体の回転軸を表していることが分かる.

A.20.2 和の約束

位置ベクトル $\mathbf{r}$ と基底ベクトルの内積を**座標 (coordinate)** と呼び

$$x \equiv \mathbf{r} \cdot \mathbf{e}_x, \quad y \equiv \mathbf{r} \cdot \mathbf{e}_y, \quad z \equiv \mathbf{r} \cdot \mathbf{e}_z$$

などと表す. 座標の組 (x, y, z) は点の位置を一意に表す. これより, $\mathbf{r}$ を

$$\mathbf{r} = (\mathbf{r} \cdot \mathbf{e}_x)\mathbf{e}_x + (\mathbf{r} \cdot \mathbf{e}_y)\mathbf{e}_y + (\mathbf{r} \cdot \mathbf{e}_z)\mathbf{e}_z = x\mathbf{e}_x + y\mathbf{e}_y + z\mathbf{e}_z$$

と表すことができる. これをベクトルの三次元直交座標系における展開, あるいは座標を用いた表現という.

一般のベクトル **A** の展開は

$$\mathbf{A} = (\mathbf{A}{\cdot}\mathbf{e}_x)\mathbf{e}_x + (\mathbf{A}{\cdot}\mathbf{e}_y)\mathbf{e}_y + (\mathbf{A}{\cdot}\mathbf{e}_z)\mathbf{e}_z = A_x\mathbf{e}_x + A_y\mathbf{e}_y + A_z\mathbf{e}_z$$

などと表され，A_x, A_y, A_z を **A** の三次元直交座標系における**成分 (components)** という．また，(A_x, A_y, A_z) をベクトルの成分表示と呼ぶ．

添字 x, y, z を $1, 2, 3$ と書き換えることにより，基底ベクトルの関係は

$$\mathbf{e}_i{\cdot}\mathbf{e}_j = \delta_{ij}, \quad \mathbf{e}_i{\times}\mathbf{e}_j = \varepsilon_{ijk}\mathbf{e}_k, \quad (i, j, k = 1, 2, 3)$$

と簡潔に書ける．ここで $\delta_{ij}, \varepsilon_{ijk}$ は，それぞれ，**クロネッカーのデルタ (Kronecker's delta)**，**レビ・チビタの記号 (Levi-Civita symbol)** と呼ばれる定数で，以下のような性質を持っている．

$$\delta_{ij} = \begin{cases} 1 : i = j \quad (\delta_{11} = \delta_{22} = \delta_{33} = 1) \\ 0 : i \neq j \quad (\delta_{12} = \delta_{21} = \delta_{31} = \cdots = 0) \end{cases}$$

$$\varepsilon_{ijk} = \begin{cases} 1 : i, j, k \text{ が } 1, 2, 3 \text{ の偶置換} \quad (\varepsilon_{123} = \varepsilon_{231} = \varepsilon_{312} = 1) \\ -1 : i, j, k \text{ が } 1, 2, 3 \text{ の奇置換} \quad (\varepsilon_{321} = \varepsilon_{213} = \varepsilon_{132} = -1) \\ 0 : \text{他の場合} \quad (\varepsilon_{111} = \varepsilon_{112} = \cdots = 0) \end{cases}$$

ここで，添字を $1 \to 2 \to 3 \to 1 \to \cdots$ の順に動かすことを**輪環の順**という．**偶置換**[注28]は輪環の正順であり，**奇置換**[注29]は逆順である．

$$\begin{matrix} & 1 & \\ \nearrow & {+} & \searrow \\ 3 & \leftarrow & 2 \end{matrix} \quad \begin{cases} [\,1\,]\ 1 \to 2 \to 3, \\ [\,2\,]\ 2 \to 3 \to 1, \\ [\,3\,]\ 3 \to 1 \to 2 \end{cases} \qquad \begin{matrix} & 1 & \\ \swarrow & {-} & \searrow \\ 3 & \to & 2 \end{matrix} \quad \begin{cases} [\,1\,]\ 3 \to 2 \to 1, \\ [\,2\,]\ 2 \to 1 \to 3, \\ [\,3\,]\ 1 \to 3 \to 2 \end{cases}$$

注意　逆に，定数 $\delta_{ij}, \varepsilon_{ijk}$ は直交座標系の基底を用いることにより

$$\delta_{ij} \equiv \mathbf{e}_i{\cdot}\mathbf{e}_j, \quad \varepsilon_{ijk} \equiv (\mathbf{e}_i{\times}\mathbf{e}_j){\cdot}\mathbf{e}_k$$

と表せる．∎

[注28] 添字の入れ換えを偶数回行う．
[注29] 添字の入れ換えを奇数回行う．

　この表記法を用いると，一般のベクトルの展開を

$$\mathbf{A} = \sum_{i=1}^{3} (\mathbf{A} \cdot \mathbf{e}_i) \mathbf{e}_i = \sum_{i=1}^{3} A_i \mathbf{e}_i$$

と簡略化できる．さらに，同じ添字が，一つの項の中に二度現れたときには，すべての和 (この場合 $1, 2, 3$) を取ると約束すれば，和の記号 $\sum$ を省略することができ

$$\boxed{\mathbf{A} = (\mathbf{A} \cdot \mathbf{e}_i) \mathbf{e}_i = A_i \mathbf{e}_i}$$

と書ける．この便利な記法は**アインシュタインの和の約束 (Einstein's summation convention)** と呼ばれる．二度現れる添字は無効添字であり，どのような文字を用いても，結果は変わらない．例えば

$$A_i \mathbf{e}_i = A_j \mathbf{e}_j = A_k \mathbf{e}_k$$

などである．

注意　レビ・チビタの記号の各添字について和をとると

$$\varepsilon_{ijk} \varepsilon_{ilm} = \delta_{jl} \delta_{km} - \delta_{jm} \delta_{kl}, \quad \varepsilon_{ijk} \varepsilon_{ijm} = 2\delta_{km}, \quad \varepsilon_{ijk} \varepsilon_{ijk} = 6$$

となる (和の約束を用いている)．　■

　さて，三次元の直交座標系 $S(\mathrm{O}; \mathbf{e}_1, \mathbf{e}_2, \mathbf{e}_3)$ を一つ固定し，この系における成分を用いたベクトルの表現を求めよう．以後，特別に断らない限り，和の約束を用い簡潔に記す．

　先ず，一般のベクトル $\mathbf{A}$ は

$$\mathbf{A} = A_i \mathbf{e}_i, \quad A_i = \mathbf{A} \cdot \mathbf{e}_i$$

と表されることは先に述べた．これより，二つのベクトル $\mathbf{A}, \mathbf{B}$ の内積は

$$\mathbf{A} \cdot \mathbf{B} = (A_i \mathbf{e}_i) \cdot (B_j \mathbf{e}_j) = A_i B_j \delta_{ij} = A_i B_i$$

となる．よって，$\mathbf{A}$ の大きさは

$$A = \sqrt{\mathbf{A}^2} = \sqrt{A_i A_i}$$

と求められる．具体的に書き下せば

$$\mathbf{A}{\cdot}\mathbf{B} = A_1 B_1 + A_2 B_2 + A_3 B_3, \quad A = \sqrt{A_1^2 + A_2^2 + A_3^2}$$

である．

また，先の内積の定義を思い出して，$\mathbf{A}, \mathbf{B}$ の間の角の cosine は

$$\cos\theta = \frac{A_1 B_1 + A_2 B_2 + A_3 B_3}{\sqrt{A_1^2 + A_2^2 + A_3^2}\sqrt{B_1^2 + B_2^2 + B_3^2}}$$

より求められる．

同様に，外積は成分を用いて

$$\mathbf{A}{\times}\mathbf{B} = (A_i \mathbf{e}_i){\times}(B_j \mathbf{e}_j) = \varepsilon_{ijk} A_i B_j \mathbf{e}_k.$$

書き下せば

$$\mathbf{A}{\times}\mathbf{B} = (A_2 B_3 - A_3 B_2)\mathbf{e}_1 + (A_3 B_1 - A_1 B_3)\mathbf{e}_2 + (A_1 B_2 - A_2 B_1)\mathbf{e}_3$$

となる．

この記法を用いて，スカラー三重積は

$$\begin{aligned}
\mathbf{A}{\cdot}(\mathbf{B}{\times}\mathbf{C}) &= A_i(\mathbf{B}{\times}\mathbf{C})_i = A_i(\varepsilon_{ijk} B_j C_k) \\
&= \varepsilon_{ijk} A_i B_j C_k \\
&= \mathbf{B}{\cdot}(\mathbf{C}{\times}\mathbf{A}) = \mathbf{C}{\cdot}(\mathbf{A}{\times}\mathbf{B})
\end{aligned}$$

と証明される．同様に，ベクトル三重積は

$$\begin{aligned}
\mathbf{A}{\times}(\mathbf{B}{\times}\mathbf{C}) &= \varepsilon_{ijk} A_i(\mathbf{B}{\times}\mathbf{C})_j \mathbf{e}_k = \varepsilon_{ijk} A_i(\varepsilon_{jlm} B_l C_m)\mathbf{e}_k \\
&= \varepsilon_{jki}\varepsilon_{jlm} A_i B_l C_m \mathbf{e}_k = (\delta_{kl}\delta_{im} - \delta_{km}\delta_{il}) A_i B_l C_m \mathbf{e}_k \\
&= (A_i B_k C_i - A_i B_i C_k)\mathbf{e}_k \\
&= (A_i C_i) B_k \mathbf{e}_k - (A_i B_i) C_k \mathbf{e}_k \\
&= (\mathbf{A}{\cdot}\mathbf{C})\mathbf{B} - (\mathbf{A}{\cdot}\mathbf{B})\mathbf{C}
\end{aligned}$$

となる．

A.20.3　ベクトルとテンソル

　本節では，スカラー，ベクトルの定義について再考し，最後にベクトルを拡張した量テンソル (**tensor**) を定義する．

　本文でも述べたように，自然の法則は，我々がどの様な観察の仕方をしようとも，それに無関係に成立する．従って，物理を記述するための道具もまた，そのような観察者の立場の違いを超越したものでなければならない．もしそうでなければ，基本法則を観察者別に書き直す必要が生じ，それはもはや基本法則とは成り得ない．

　ベクトルは幾つかの要素をひとまとめに扱うことだけに，その利便性があるわけではない．その定義のところで強調したように，表記が座標系の選び方に依らない点にその本質がある．物理の法則をベクトルを用いて記述することができれば，その法則はあらゆる座標系で成立する一般的なものとなり，そのことに関して特別な証明を要しない．この点こそが，我々がベクトル記法を必要とする理由である．

　初めに，位置ベクトル $\mathbf{r}$ が座標系の選択に拘わらず，空間内の特定の点を示すためには成分間にどのような条件が必要となるかを考えよう．

　平行移動したベクトルは同一のものとする約束であるから，原点を共有する座標系だけを考察の対象としても一般性を失わない．そこで，二つの直交座標系 $S(\mathrm{O}; \mathbf{e}_i), S'(\mathrm{O}; \mathbf{e}_i')$ を考え，相互の回転だけを問題にする．

　先ず，S' 系の基底ベクトル $\mathbf{e}_i'$ を S 系の基底ベクトル $\mathbf{e}_i$ で展開する．

$$\mathbf{e}_i' = (\mathbf{e}_i' \cdot \mathbf{e}_j)\mathbf{e}_j.$$

展開の係数を

$$\lambda_{ij} \equiv (\mathbf{e}_i' \cdot \mathbf{e}_j) = \cos \varphi_{ij}$$

で表すと

$$\mathbf{e}_i' = \lambda_{ij}\mathbf{e}_j$$

となる．ここで φ_{ij} は $\mathbf{e}'_i, \mathbf{e}_j$ の間の角であり，$\cos\varphi_{ij}$ を**方向余弦 (direction-cosine)** と呼ぶ．上式と $\mathbf{e}'_k$ との内積をとると

$$\text{左辺} = \mathbf{e}'_i{\cdot}\mathbf{e}'_k = \delta_{ik}, \quad \text{右辺} = \mathbf{e}'_k{\cdot}(\lambda_{ij}\mathbf{e}_j) = \lambda_{ij}\lambda_{kj}.$$

よって

$$\boxed{\lambda_{ij}\lambda_{kj} = \delta_{ik}}$$

となる．同様にして $\mathbf{e}_i = (\mathbf{e}_i{\cdot}\mathbf{e}'_j)\mathbf{e}'_j = \lambda_{ji}\mathbf{e}'_j$ より

$$\boxed{\lambda_{ji}\lambda_{jk} = \delta_{ik}}$$

を得る．これらが展開の係数が満たすべき条件である．

さて，位置ベクトルが，座標系の選択に因らずに，空間内の定まった位置を指示するためには，S, S' 両系における $\mathbf{r}$ の展開が一致することが必要である．従って

$$\mathbf{r} = x_i\mathbf{e}_i = x'_i\mathbf{e}'_i.$$

さらに，上式と $\mathbf{e}'_i$ との内積をとることにより，座標 x_i, x'_i の関係

$$x'_i = \lambda_{ij}x_j$$

が陽になる．これがベクトルの成分が満たすべき変換の法則である．以上の議論より，与えられた量の変換性を基に，ベクトルを再定義できる．すなわち

> 一般に，座標変換：$x'_i = \lambda_{ij}x_j$ の下で
> $$A'_i = \lambda_{ij}A_j$$
> に従って，その成分が変換する量を
> **ベクトル**という．

また，上記座標変換の下で変化しない量がスカラーである．実際

$$A'_i = \lambda_{ij}A_j, \quad B'_i = \lambda_{ij}B_j$$

と変換されるベクトル $\mathbf{A}, \mathbf{B}$ の内積は

$$A_i' B_i' = (\lambda_{ij} A_j)(\lambda_{ik} B_k) = \delta_{jk} A_j B_k$$
$$= A_k B_k$$

となり，S, S' の両系において同一の値を取る．これは $\mathbf{A} \cdot \mathbf{B}$ が，正にスカラーの定義に従う量であることを示している．

注意　右手系 $S_R(\mathrm{O}; \mathbf{e}_1, \mathbf{e}_2, \mathbf{e}_3)$ から左手系 $S_L(\mathrm{O}; \mathbf{e}_1, \mathbf{e}_2, -\mathbf{e}_3)$ への変換に対して，ベクトル積 $\mathbf{A} \times \mathbf{B}$ は

$$S_R : \mathbf{A} \times \mathbf{B} \quad \Rightarrow \quad S_L : -\mathbf{A} \times \mathbf{B}$$

と符号が変わる．このようなベクトルを**軸性ベクトル (axial vector)**，あるいは**擬ベクトル (pseudo vector)** と呼ぶ．位置ベクトルのように，$S_R \Rightarrow S_L$ の変換に対し，符号を変えないものを**極性ベクトル (polar vector)**，あるいは単にベクトルという．二つの極性ベクトルの外積は軸性ベクトルになる．

三つの極性ベクトルのスカラー三重積は

$$S_R : \mathbf{C} \cdot (\mathbf{A} \times \mathbf{B}) \quad \Rightarrow \quad S_L : -\mathbf{C} \cdot (\mathbf{A} \times \mathbf{B})$$

と変換し，座標変換により符号を変えるので，真のスカラー量とはいえない．この種の量を**擬スカラー (pseudo scalar)** と呼ぶ．　∎

さて，二つのベクトル $\mathbf{D}, \mathbf{E}$ より

$$\tilde{T} \equiv \mathbf{D} \otimes \mathbf{E}$$

を定義する．これをベクトルの**テンソル積 (tensor product)** といい，$\tilde{T}$ を二階のテンソルと呼ぶ．成分表示では

$$T_{ij} = D_i E_j$$

であり，それぞれのベクトルの成分の積のように変換する．

$$T_{ij}' = D_i' E_j' = \lambda_{il} \lambda_{jm} D_l E_m = \lambda_{il} \lambda_{jm} T_{lm}.$$

すなわち

> **二階のテンソル**とは，座標変換：$x'_i = \lambda_{ij} x_j$の下で
> $$T'_{ij} = \lambda_{il} \lambda_{jm} T_{lm}$$
> に従って，その成分が変換する量をいう．

同様にして，三階以上の高階テンソルを定義できる．また，通常のベクトルを**一階のテンソル**，スカラーを**零階のテンソル**ということがある．

二階のテンソルとベクトルとの積 $\widetilde{\boldsymbol{T}}\mathbf{A}$ はベクトルとして変換する．実際

$$T'_{ij} A'_j = \lambda_{il} \lambda_{jm} T_{lm} (\lambda_{jk} A_k) = \lambda_{il} \delta_{mk} T_{lm} A_k$$
$$= \lambda_{il} (T_{lk} A_k)$$

となる．上式は二階のテンソルが，与えられたベクトルを全く異なる (大きさも，向きも) 別のベクトルに作り替える演算子として作用することを示している．

クロネッカーのデルタを $\delta_{ij} = \mathbf{e}_i \cdot \mathbf{e}_j$ と見ると，これは二階のテンソルとして変換することが分かる[注30]．同様に，$\varepsilon_{ijk} = (\mathbf{e}_i \times \mathbf{e}_j) \cdot \mathbf{e}_k$ は三階のテンソルとして変換する．

[注30] δ_{ij} をテンソルとして扱う場合には $\widetilde{\boldsymbol{E}}$ などと書き，単位テンソルと呼ぶ．

◇◇◇◇◇◇◇◇◇◇◇◇◇　**参考**　◇◇◇◇◇◇◇◇◇◇◇◇◇

慣性テンソル

n 個の質点が剛体として結び附いているとき，その角運動量は

$$\mathbf{L} = \sum_{k=1}^{n} \mathbf{r}_k \times \mathbf{p}_k = \sum_{k=1}^{n} \mathbf{r}_k \times (m_k \mathbf{v}_k)$$
$$= \sum_{k=1}^{n} m_k \mathbf{r}_k \times (\boldsymbol{\omega} \times \mathbf{r}_k)$$

で表される．ここで m_k, $\mathbf{r}_k$ は，質点 k の質量と位置ベクトルである．すなわち，$\mathbf{L}$ は質点の分布のみで定まり，$\boldsymbol{\omega}$ に因らないので，$\boldsymbol{\omega}$ を取り除いた記述法があれば便利である．そこで

$$\mathbf{r} \times (\boldsymbol{\omega} \times \mathbf{r}) = \varepsilon_{ijk} \varepsilon_{klm} x_j x_m \omega_l \mathbf{e}_i$$

より

$$\varepsilon_{ijk} \varepsilon_{jlm} x_j x_m = \delta_{il} x_m x_m - x_i x_l$$

を考えると，これは明らかに二階のテンソルとして変換する．従って

$$\boxed{\widetilde{\boldsymbol{I}} \equiv \sum_{k=1}^{n} m_k \left((\mathbf{r}_k \cdot \mathbf{r}_k) \widetilde{\boldsymbol{E}} - \mathbf{r}_k \otimes \mathbf{r}_k \right)}$$

は二階のテンソルであり，**慣性テンソル (tensor of inertia)** と呼ばれる．これより角運動量は

$$\mathbf{L} = \widetilde{\boldsymbol{I}} \boldsymbol{\omega}$$

の形に分解できる．$\widetilde{\boldsymbol{I}}$ は質点の分布により定まる剛体固有の物理量である．

◇◇◇◇◇◇◇◇◇◇◇◇◇◇◇◇◇◇◇◇◇◇◇◇◇◇◇◇◇◇◇◇

A.21　三次の正方行列

A.21.1　行列式とスカラー三重積

　m 次の正方行列に対して，行列式と呼ばれる固有の数値が存在する．ここでは，先に学んだベクトルのスカラー三重積を利用して，3×3 行列の行列式の持つ性質を調べるが，導かれる結果は任意次数の行列式に対して成り立つ一般的なものである．

　実用上重要な意味を持つ 3×3 行列 (三次の正方行列)

$$\widetilde{M} = \begin{pmatrix} A_1 & A_2 & A_3 \\ B_1 & B_2 & B_3 \\ C_1 & C_2 & C_3 \end{pmatrix}$$

の行列式 $\det \widetilde{M} \left(= \left| \widetilde{M} \right| \right)$ は，三次元の直交基底 $\mathbf{e}_i, (i = 1, 2, 3)$ を用い

$$\begin{cases} \mathbf{A} \equiv A_1 \mathbf{e}_1 + A_2 \mathbf{e}_2 + A_3 \mathbf{e}_3, \\ \mathbf{B} \equiv B_1 \mathbf{e}_1 + B_2 \mathbf{e}_2 + B_3 \mathbf{e}_3, \\ \mathbf{C} \equiv C_1 \mathbf{e}_1 + C_2 \mathbf{e}_2 + C_3 \mathbf{e}_3 \end{cases}$$

を定義することにより，スカラー三重積を用いて

$$\boxed{\det \widetilde{M} = \mathbf{A} \cdot (\mathbf{B} \times \mathbf{C})}$$

と表せる．成分で書くと

$$\begin{aligned} \det \widetilde{M} &= \varepsilon_{ijk} A_i B_j C_k \\ &= A_1 B_2 C_3 + A_2 B_3 C_1 + A_3 B_1 C_2 - A_3 B_2 C_1 - A_2 B_1 C_3 - A_1 B_3 C_2 \end{aligned}$$

となる．

| 例題 | 次の行列式：

$$\begin{vmatrix} 3 & 305 & 444 \\ 6 & 2 & 5 \\ 90 & 12 & 33 \end{vmatrix}$$

の値を求めよ．

展開式に従って，以下の値を得る．

$$\begin{aligned}
与式 &= 3 \times 2 \times 33 + 305 \times 5 \times 90 + 444 \times 6 \times 12 \\
&\quad -444 \times 2 \times 90 - 305 \times 6 \times 33 - 3 \times 5 \times 12 \\
&= 28926.
\end{aligned}$$

■

　容易に分かるように，与えられた行列とその転置行列の行列式の値は等しい．また，単位行列の行列式の値は 1 である．

$$\begin{vmatrix} A_1 & A_2 & A_3 \\ B_1 & B_2 & B_3 \\ C_1 & C_2 & C_3 \end{vmatrix} = \begin{vmatrix} A_1 & B_1 & C_1 \\ A_2 & B_2 & C_2 \\ A_3 & B_3 & C_3 \end{vmatrix}, \qquad \widetilde{E} = \begin{pmatrix} 1 & 0 & 0 \\ 0 & 1 & 0 \\ 0 & 0 & 1 \end{pmatrix}, \quad \left| \widetilde{E} \right| = 1$$

さて，スカラー三重積の持つ以下の性質：

　[1] $\mathbf{A}\cdot(\mathbf{B}\times\mathbf{C}) = -\mathbf{A}\cdot(\mathbf{C}\times\mathbf{B})$,
　[2] $\mathbf{B} = k\mathbf{A}$ ならば $\mathbf{A}\cdot(k\mathbf{A}\times\mathbf{C}) = k(\mathbf{A}\times\mathbf{A})\cdot\mathbf{C} = 0$,
　[3] $\mathbf{A}\cdot(\mathbf{B}\times\mathbf{0}) = 0$,
　[4] $\mathbf{A}\cdot((k\mathbf{B})\times\mathbf{C}) = k\mathbf{A}\cdot(\mathbf{B}\times\mathbf{C})$,
　[5] $(\mathbf{A} + k\mathbf{B})\cdot(\mathbf{B}\times\mathbf{C}) = \mathbf{A}\cdot(\mathbf{B}\times\mathbf{C}) + k\mathbf{B}\cdot(\mathbf{B}\times\mathbf{C}) = \mathbf{A}\cdot(\mathbf{B}\times\mathbf{C})$

(k はスカラー定数) を行列の言葉を用いて読み替えることにより，行列式の持つ重要な性質を理解できる．すなわち

---

[1] 任意の二つの行を入れ換えると，行列式の符号が変わる．
[2] 任意の二つの行が互いに他の定数倍のとき，行列式の値は 0 となる．
[3] 一つの行の要素がすべて 0 のとき，行列式の値は 0 となる．
[4] 任意の行を定数倍すると，行列式の値もその定数倍となる．
[5] ある行の定数倍を他の行に加えても，行列式の値は変わらない．

　先に示したように，$\left| \widetilde{M} \right| = \left| {}^t\widetilde{M} \right|$ であるので，上述した行に関する行列式の性質は列に対しても成り立つ．また，この内容は m 次の行列式一般に成り立つ基本的な性質であり，**行・列に関する基本変形**と呼ばれる．

例題　次の行列の行列式の値を二種類の方法で求めよ.

$$\widetilde{C} = \begin{pmatrix} 3 & 4 & 5 \\ 1 & 2 & 3 \\ 2 & -5 & 4 \end{pmatrix}.$$

先ず, 展開式に従って, 以下の値を得る.

$$\begin{aligned} \left|\widetilde{C}\right| &= 3 \times 2 \times 4 + 4 \times 3 \times 2 + 5 \times 1 \times (-5) \\ &\quad -5 \times 2 \times 2 - 4 \times 1 \times 4 - 3 \times 3 \times (-5) = 32. \end{aligned}$$

次に, 先に述べた行・列に関する基本変形に従って, その値を求めると

第一行と第二行　　　第一行の (-3) 倍　　　第一行の (-2) 倍
を入れ換えて　　　　を第二行に加えて　　　を第三行に加えて

$$\left|\widetilde{C}\right| = -\begin{vmatrix} 1 & 2 & 3 \\ 3 & 4 & 5 \\ 2 & -5 & 4 \end{vmatrix} = -\begin{vmatrix} 1 & 2 & 3 \\ 0 & -2 & -4 \\ 2 & -5 & 4 \end{vmatrix} = -\begin{vmatrix} 1 & 2 & 3 \\ 0 & -2 & -4 \\ 0 & -9 & -2 \end{vmatrix}$$

第二行の共通因数　　　第一列の (-2) 倍　　　第一列の (-3) 倍
-2 を括り出して　　　を第二列に加えて　　　を第三列に加えて

$$= 2\begin{vmatrix} 1 & 2 & 3 \\ 0 & 1 & 2 \\ 0 & -9 & -2 \end{vmatrix} = 2\begin{vmatrix} 1 & 0 & 3 \\ 0 & 1 & 2 \\ 0 & -9 & -2 \end{vmatrix} = 2\begin{vmatrix} 1 & 0 & 0 \\ 0 & 1 & 2 \\ 0 & -9 & -2 \end{vmatrix}$$

第二列の (-2) 倍　　　第二行の 9 倍を
を第三列に加えて　　　第三行に加えて　　　　16 を括り出して

$$= 2\begin{vmatrix} 1 & 0 & 0 \\ 0 & 1 & 0 \\ 0 & -9 & 16 \end{vmatrix} = 2\begin{vmatrix} 1 & 0 & 0 \\ 0 & 1 & 0 \\ 0 & 0 & 16 \end{vmatrix} = 2 \times 16 \begin{vmatrix} 1 & 0 & 0 \\ 0 & 1 & 0 \\ 0 & 0 & 1 \end{vmatrix} = 32.$$

A.21.2　余因子行列と逆行列

行と列の対称性を明瞭にするために, 以後, 要素を以下のように表す.

$$\widetilde{M} \equiv \begin{pmatrix} a_{11} & a_{12} & a_{13} \\ a_{21} & a_{22} & a_{23} \\ a_{31} & a_{32} & a_{33} \end{pmatrix}$$

従って，行列式は次のようになる．

$$\left|\widetilde{M}\right| = a_{11}a_{22}a_{33} + a_{12}a_{23}a_{31} + a_{13}a_{21}a_{32} - a_{13}a_{22}a_{31} - a_{12}a_{21}a_{33} - a_{11}a_{23}a_{32}$$

ここで，行列 $\widetilde{M}$ の第一行の成分 a_{11}, a_{12}, a_{13} に注目して展開式を変形すると

$$\left|\widetilde{M}\right| = a_{11}(a_{22}a_{33} - a_{23}a_{32}) - a_{12}(a_{21}a_{33} - a_{23}a_{31}) + a_{13}(a_{21}a_{32} - a_{22}a_{31}).$$

ところで，上式の括弧内は 2×2 行列の行列式の形に書ける．すなわち

$$\left|\widetilde{M}\right| = a_{11}\begin{vmatrix} a_{22} & a_{23} \\ a_{32} & a_{33} \end{vmatrix} - a_{12}\begin{vmatrix} a_{21} & a_{23} \\ a_{31} & a_{33} \end{vmatrix} + a_{13}\begin{vmatrix} a_{21} & a_{22} \\ a_{31} & a_{32} \end{vmatrix}$$

である (右辺第二項の負号は，成分の位置を——元の行列と比較して——逆転させないためである)．同様に第二行，第三行に注目して変形して

$$\left|\widetilde{M}\right| = -a_{21}\begin{vmatrix} a_{12} & a_{13} \\ a_{32} & a_{33} \end{vmatrix} + a_{22}\begin{vmatrix} a_{11} & a_{13} \\ a_{31} & a_{33} \end{vmatrix} - a_{23}\begin{vmatrix} a_{11} & a_{12} \\ a_{31} & a_{32} \end{vmatrix}$$

$$= a_{31}\begin{vmatrix} a_{12} & a_{13} \\ a_{22} & a_{23} \end{vmatrix} - a_{32}\begin{vmatrix} a_{11} & a_{13} \\ a_{21} & a_{23} \end{vmatrix} + a_{33}\begin{vmatrix} a_{11} & a_{12} \\ a_{21} & a_{22} \end{vmatrix}.$$

　列に関しても同様の記述が成り立つ——第一列，二列，三列に注目して

$$\left|\widetilde{M}\right| = a_{11}\begin{vmatrix} a_{22} & a_{23} \\ a_{32} & a_{33} \end{vmatrix} - a_{21}\begin{vmatrix} a_{12} & a_{13} \\ a_{32} & a_{33} \end{vmatrix} + a_{31}\begin{vmatrix} a_{12} & a_{13} \\ a_{22} & a_{23} \end{vmatrix}$$

$$= -a_{12}\begin{vmatrix} a_{21} & a_{23} \\ a_{31} & a_{33} \end{vmatrix} + a_{22}\begin{vmatrix} a_{11} & a_{13} \\ a_{31} & a_{33} \end{vmatrix} - a_{32}\begin{vmatrix} a_{11} & a_{13} \\ a_{21} & a_{23} \end{vmatrix}$$

$$= a_{13}\begin{vmatrix} a_{21} & a_{22} \\ a_{31} & a_{32} \end{vmatrix} - a_{23}\begin{vmatrix} a_{11} & a_{12} \\ a_{31} & a_{32} \end{vmatrix} + a_{33}\begin{vmatrix} a_{11} & a_{12} \\ a_{21} & a_{22} \end{vmatrix}.$$

　m 次正方行列 $\widetilde{M} = [a_{ij}]$ において，第 i 行と第 j 列を削除して得られる $(m-1)$ 次小行列を $\widetilde{\mathcal{M}}_{ij}$ で表す．このとき，行列式 $\left|\widetilde{\mathcal{M}}_{ij}\right|$ を成分 a_{ij} の**小行列式** (**minor**)，符号附きの小行列式を a_{ij} の**余因子** (**cofactor**) という．すなわち

$$\boxed{\text{小行列式：} \left|\widetilde{\mathcal{M}}_{ij}\right|, \quad \text{余因子：} A_{ij} \equiv (-1)^{i+j}\left|\widetilde{\mathcal{M}}_{ij}\right|.}$$

　具体的に，三次の正方行列 $\widetilde{M}$ の各成分に対して，余因子を求めよう．先ず，成分 a_{11} に対しては，a_{11} の属する第一行，第一列を削除して小行列式を求め，符号は成分の添字が 11 であることから $(-1)^{1+1}=1$，すなわち

$$\begin{pmatrix} \boxed{a_{11}} & a_{12} & a_{13} \\ a_{21} & a_{22} & a_{23} \\ a_{31} & a_{32} & a_{33} \end{pmatrix} \quad\Rightarrow\quad A_{11}=(-1)^{1+1}\overbrace{\underbrace{\begin{vmatrix} a_{22} & a_{23} \\ a_{32} & a_{33} \end{vmatrix}}_{\text{小行列式}}}^{\text{余因子}}=+\begin{vmatrix} a_{22} & a_{23} \\ a_{32} & a_{33} \end{vmatrix}.$$

以下，全く同様にして，各成分に対する余因子は

$$\begin{pmatrix} a_{11} & \boxed{a_{12}} & a_{13} \\ a_{21} & a_{22} & a_{23} \\ a_{31} & a_{32} & a_{33} \end{pmatrix} \quad\Rightarrow\quad A_{12}=(-1)^{1+2}\begin{vmatrix} a_{21} & a_{23} \\ a_{31} & a_{33} \end{vmatrix}=-\begin{vmatrix} a_{21} & a_{23} \\ a_{31} & a_{33} \end{vmatrix},$$

$$\begin{pmatrix} a_{11} & a_{12} & \boxed{a_{13}} \\ a_{21} & a_{22} & a_{23} \\ a_{31} & a_{32} & a_{33} \end{pmatrix} \quad\Rightarrow\quad A_{13}=(-1)^{1+3}\begin{vmatrix} a_{21} & a_{22} \\ a_{31} & a_{32} \end{vmatrix}=+\begin{vmatrix} a_{21} & a_{22} \\ a_{31} & a_{32} \end{vmatrix},$$

$$\begin{pmatrix} a_{11} & a_{12} & a_{13} \\ \boxed{a_{21}} & a_{22} & a_{23} \\ a_{31} & a_{32} & a_{33} \end{pmatrix} \quad\Rightarrow\quad A_{21}=(-1)^{2+1}\begin{vmatrix} a_{12} & a_{13} \\ a_{32} & a_{33} \end{vmatrix}=-\begin{vmatrix} a_{12} & a_{13} \\ a_{32} & a_{33} \end{vmatrix},$$

$$\begin{pmatrix} a_{11} & a_{12} & a_{13} \\ a_{21} & \boxed{a_{22}} & a_{23} \\ a_{31} & a_{32} & a_{33} \end{pmatrix} \quad\Rightarrow\quad A_{22}=(-1)^{2+2}\begin{vmatrix} a_{11} & a_{13} \\ a_{31} & a_{33} \end{vmatrix}=+\begin{vmatrix} a_{11} & a_{13} \\ a_{31} & a_{33} \end{vmatrix},$$

$$\begin{pmatrix} a_{11} & a_{12} & a_{13} \\ a_{21} & a_{22} & \boxed{a_{23}} \\ a_{31} & a_{32} & a_{33} \end{pmatrix} \quad\Rightarrow\quad A_{23}=(-1)^{2+3}\begin{vmatrix} a_{11} & a_{12} \\ a_{31} & a_{32} \end{vmatrix}=-\begin{vmatrix} a_{11} & a_{12} \\ a_{31} & a_{32} \end{vmatrix},$$

$$\begin{pmatrix} a_{11} & a_{12} & a_{13} \\ a_{21} & a_{22} & a_{23} \\ \boxed{a_{31}} & a_{32} & a_{33} \end{pmatrix} \quad\Rightarrow\quad A_{31}=(-1)^{3+1}\begin{vmatrix} a_{12} & a_{13} \\ a_{22} & a_{23} \end{vmatrix}=+\begin{vmatrix} a_{12} & a_{13} \\ a_{22} & a_{23} \end{vmatrix},$$

$$\begin{pmatrix} a_{11} & a_{12} & a_{13} \\ a_{21} & a_{22} & a_{23} \\ a_{31} & \boxed{a_{32}} & a_{33} \end{pmatrix} \quad\Rightarrow\quad A_{32}=(-1)^{3+2}\begin{vmatrix} a_{11} & a_{13} \\ a_{21} & a_{23} \end{vmatrix}=-\begin{vmatrix} a_{11} & a_{13} \\ a_{21} & a_{23} \end{vmatrix},$$

$$\begin{pmatrix} a_{11} & a_{12} & a_{13} \\ a_{21} & a_{22} & a_{23} \\ a_{31} & a_{32} & \boxed{a_{33}} \end{pmatrix} \quad\Rightarrow\quad A_{33}=(-1)^{3+3}\begin{vmatrix} a_{11} & a_{12} \\ a_{21} & a_{22} \end{vmatrix}=+\begin{vmatrix} a_{11} & a_{12} \\ a_{21} & a_{22} \end{vmatrix}$$

と求められる．よって，余因子を成分とする行列 $\widetilde{A}$ は，以下のように定まる．

$$\widetilde{A} = \begin{pmatrix} A_{11} & A_{12} & A_{13} \\ A_{21} & A_{22} & A_{23} \\ A_{31} & A_{32} & A_{33} \end{pmatrix} = \begin{pmatrix} + \begin{vmatrix} a_{22} & a_{23} \\ a_{32} & a_{33} \end{vmatrix} & - \begin{vmatrix} a_{21} & a_{23} \\ a_{31} & a_{33} \end{vmatrix} & + \begin{vmatrix} a_{21} & a_{22} \\ a_{31} & a_{32} \end{vmatrix} \\ - \begin{vmatrix} a_{12} & a_{13} \\ a_{32} & a_{33} \end{vmatrix} & + \begin{vmatrix} a_{11} & a_{13} \\ a_{31} & a_{33} \end{vmatrix} & - \begin{vmatrix} a_{11} & a_{12} \\ a_{31} & a_{32} \end{vmatrix} \\ + \begin{vmatrix} a_{12} & a_{13} \\ a_{22} & a_{23} \end{vmatrix} & - \begin{vmatrix} a_{11} & a_{13} \\ a_{21} & a_{23} \end{vmatrix} & + \begin{vmatrix} a_{11} & a_{12} \\ a_{21} & a_{22} \end{vmatrix} \end{pmatrix}$$

注意 　以上の結果から，余因子の符号のみに着目して，その対応する成分の位置に記すと，次のような "市松模様" となることが分かる．

$$\begin{pmatrix} + & - & + \\ - & + & - \\ + & - & + \end{pmatrix} \iff \begin{pmatrix} \blacksquare & \square & \blacksquare \\ \square & \blacksquare & \square \\ \blacksquare & \square & \blacksquare \end{pmatrix}$$

　さて，ここで先の行列式 $\left|\widetilde{M}\right|$ の各行，各列に対する展開式を余因子を用いて書き直すと

$$\left|\widetilde{M}\right| = a_{11} \begin{vmatrix} a_{22} & a_{23} \\ a_{32} & a_{33} \end{vmatrix} - a_{12} \begin{vmatrix} a_{21} & a_{23} \\ a_{31} & a_{33} \end{vmatrix} + a_{13} \begin{vmatrix} a_{21} & a_{22} \\ a_{31} & a_{32} \end{vmatrix}$$
$$= a_{11}A_{11} + a_{12}A_{12} + a_{13}A_{13} \quad \text{（第一行に関する展開）.}$$

同様にして

$$\left|\widetilde{M}\right| = a_{21}A_{21} + a_{22}A_{22} + a_{23}A_{23} \quad \text{（第二行に関する展開）}$$
$$= a_{31}A_{31} + a_{32}A_{32} + a_{33}A_{33} \quad \text{（第三行に関する展開）}$$
$$= a_{11}A_{11} + a_{21}A_{21} + a_{31}A_{31} \quad \text{（第一列に関する展開）}$$
$$= a_{12}A_{12} + a_{22}A_{22} + a_{32}A_{32} \quad \text{（第二列に関する展開）}$$
$$= a_{13}A_{13} + a_{23}A_{23} + a_{33}A_{33} \quad \text{（第三列に関する展開）.}$$

以上を行列式の余因子を用いた展開，あるいは**ラプラス展開 (Laplace expansion)** という．これは，実際に行列式を求める場合，より多くの 0 を含む行，あるいは列に関して展開すれば，手数の上で有利になることを示している．

例題　ラプラス展開により，次の行列式の値を求めよ．

$$\begin{vmatrix} 1 & 2 & 3 & 4 \\ 0 & 0 & 5 & 6 \\ 0 & 0 & 7 & 8 \\ 0 & 9 & 1 & 2 \end{vmatrix}.$$

第一列が最も多く 0 を含むので，第一列に関して展開する．

$$与式 = 1 \times (-1)^{1+1} \begin{vmatrix} 0 & 5 & 6 \\ 0 & 7 & 8 \\ 9 & 1 & 2 \end{vmatrix} = 1 \times \left(9 \times (-1)^{3+1} \begin{vmatrix} 5 & 6 \\ 7 & 8 \end{vmatrix} \right)$$

$$= 9 \times (5 \times 8 - 6 \times 7) = -18.$$

注意　行列 $\widetilde{A}$ の，少なくとも一つの r 次の小行列式の値が 0 でなく，かつ $(r+1)$ 次の小行列式の値がすべて 0 であるとき，行列 $\widetilde{A}$ は**階数 (rank)** r を持つといい，$r = \operatorname{rank} A$ と表す（$\widetilde{O}$ 行列の階数は 0 とする）．　■

与えられた行列 $\widetilde{M}$ に対して，各成分の余因子からなる行列 $\widetilde{A}$ の転置行列 $^t\widetilde{A}$ を $\operatorname{adj} \widetilde{M}$ と書き，**余因子行列 (cofactor matrix)** と呼ぶ[注31]．すなわち

$$\operatorname{adj} \widetilde{M} \equiv {}^t\widetilde{A} = \begin{pmatrix} A_{11} & A_{21} & A_{31} \\ A_{12} & A_{22} & A_{32} \\ A_{13} & A_{23} & A_{33} \end{pmatrix} = \begin{pmatrix} +\begin{vmatrix} a_{22} & a_{23} \\ a_{32} & a_{33} \end{vmatrix} & -\begin{vmatrix} a_{12} & a_{13} \\ a_{32} & a_{33} \end{vmatrix} & +\begin{vmatrix} a_{12} & a_{13} \\ a_{22} & a_{23} \end{vmatrix} \\ -\begin{vmatrix} a_{21} & a_{23} \\ a_{31} & a_{33} \end{vmatrix} & +\begin{vmatrix} a_{11} & a_{13} \\ a_{31} & a_{33} \end{vmatrix} & -\begin{vmatrix} a_{11} & a_{13} \\ a_{21} & a_{23} \end{vmatrix} \\ +\begin{vmatrix} a_{21} & a_{22} \\ a_{31} & a_{32} \end{vmatrix} & -\begin{vmatrix} a_{11} & a_{12} \\ a_{31} & a_{32} \end{vmatrix} & +\begin{vmatrix} a_{11} & a_{12} \\ a_{21} & a_{22} \end{vmatrix} \end{pmatrix}$$

である．ここで，行列式のラプラス展開を用いて

$$\widetilde{M} \left(\operatorname{adj} \widetilde{M} \right) = \begin{pmatrix} a_{11} & a_{12} & a_{13} \\ a_{21} & a_{22} & a_{23} \\ a_{31} & a_{32} & a_{33} \end{pmatrix} \begin{pmatrix} A_{11} & A_{21} & A_{31} \\ A_{12} & A_{22} & A_{32} \\ A_{13} & A_{23} & A_{33} \end{pmatrix} = \left| \widetilde{M} \right| \begin{pmatrix} 1 & 0 & 0 \\ 0 & 1 & 0 \\ 0 & 0 & 1 \end{pmatrix} = \left| \widetilde{M} \right| \widetilde{E}$$

を得る．同様にして

$$\left(\operatorname{adj} \widetilde{M} \right) \widetilde{M} = \left| \widetilde{M} \right| \widetilde{E}$$

[注31] adj は adjoint の略である．

となるので，$\widetilde{M}$ の逆行列は，次式で与えられることが分かる．

$$\widetilde{M}^{-1} = \frac{\operatorname{adj} \widetilde{M}}{\det \widetilde{M}}.$$

ここで述べた逆行列を求める方法は，m 次の正方行列に対して成り立つ一般的なものであることを附け加えておく．

例題 次の 3×3 行列の逆行列を求めよ．

$$\widetilde{C} = \begin{pmatrix} 3 & 4 & 5 \\ 1 & 2 & 3 \\ 2 & -5 & 4 \end{pmatrix}.$$

解法に従って，$\widetilde{C}^{-1} = \operatorname{adj} \widetilde{C}/\det \widetilde{C}$ を計算して

$$\widetilde{C}^{-1} = \frac{1}{32} \begin{pmatrix} +\begin{vmatrix} 2 & 3 \\ -5 & 4 \end{vmatrix} & -\begin{vmatrix} 4 & 5 \\ -5 & 4 \end{vmatrix} & +\begin{vmatrix} 4 & 5 \\ 2 & 3 \end{vmatrix} \\ -\begin{vmatrix} 1 & 3 \\ 2 & 4 \end{vmatrix} & +\begin{vmatrix} 3 & 5 \\ 2 & 4 \end{vmatrix} & -\begin{vmatrix} 3 & 5 \\ 1 & 3 \end{vmatrix} \\ +\begin{vmatrix} 1 & 2 \\ 2 & -5 \end{vmatrix} & -\begin{vmatrix} 3 & 4 \\ 2 & -5 \end{vmatrix} & +\begin{vmatrix} 3 & 4 \\ 1 & 2 \end{vmatrix} \end{pmatrix} = \frac{1}{32} \begin{pmatrix} 23 & -41 & 2 \\ 2 & 2 & -4 \\ -9 & 23 & 2 \end{pmatrix}.$$

注意 最も簡単な例として，二次の正方行列の行列式と逆行列を，上述の論法により求めておけば，より理解が深まるであろう．

$$\widetilde{M} = \begin{pmatrix} a_{11} & a_{12} \\ a_{21} & a_{22} \end{pmatrix}, \quad \widetilde{M}^{-1} = \frac{1}{a_{11}a_{22} - a_{12}a_{21}} \begin{pmatrix} a_{22} & -a_{12} \\ -a_{21} & a_{11} \end{pmatrix}.$$

例題 次の 4×4 行列の逆行列を求めよ．

$$\widetilde{A} = \begin{pmatrix} 1 & 2 & 3 & 5 \\ 7 & 11 & 13 & 17 \\ 19 & 23 & 29 & 31 \\ 37 & 41 & 43 & 47 \end{pmatrix}.$$

先ず，$\widetilde{A}$ の行列式の値を求めよう．第一行に関して展開すると

$$|\widetilde{A}| = 1 \times (-1)^{1+1} \begin{vmatrix} 11 & 13 & 17 \\ 23 & 29 & 31 \\ 41 & 43 & 47 \end{vmatrix} + 2 \times (-1)^{1+2} \begin{vmatrix} 7 & 13 & 17 \\ 19 & 29 & 31 \\ 37 & 43 & 47 \end{vmatrix}$$

$$+ 3 \times (-1)^{1+3} \begin{vmatrix} 7 & 11 & 17 \\ 19 & 23 & 31 \\ 37 & 41 & 47 \end{vmatrix} + 5 \times (-1)^{1+4} \begin{vmatrix} 7 & 11 & 13 \\ 19 & 23 & 29 \\ 37 & 41 & 43 \end{vmatrix}$$

$$= 1 \times (-600) - 2 \times (-840) + 3 \times (240) - 5 \times (480) = -600.$$

次に余因子行列を注意して作ると

$$\begin{pmatrix}
+\begin{vmatrix} 11 & 13 & 17 \\ 23 & 29 & 31 \\ 41 & 43 & 47 \end{vmatrix} & -\begin{vmatrix} 2 & 3 & 5 \\ 23 & 29 & 31 \\ 41 & 43 & 47 \end{vmatrix} & +\begin{vmatrix} 2 & 3 & 5 \\ 11 & 13 & 17 \\ 41 & 43 & 47 \end{vmatrix} & -\begin{vmatrix} 2 & 3 & 5 \\ 11 & 13 & 17 \\ 23 & 29 & 31 \end{vmatrix} \\
-\begin{vmatrix} 7 & 13 & 17 \\ 19 & 29 & 31 \\ 37 & 43 & 47 \end{vmatrix} & +\begin{vmatrix} 1 & 3 & 5 \\ 19 & 29 & 31 \\ 37 & 43 & 47 \end{vmatrix} & -\begin{vmatrix} 1 & 3 & 5 \\ 7 & 13 & 17 \\ 37 & 43 & 47 \end{vmatrix} & +\begin{vmatrix} 1 & 3 & 5 \\ 7 & 13 & 17 \\ 19 & 29 & 31 \end{vmatrix} \\
+\begin{vmatrix} 7 & 11 & 17 \\ 19 & 23 & 31 \\ 37 & 41 & 47 \end{vmatrix} & -\begin{vmatrix} 1 & 2 & 5 \\ 19 & 23 & 31 \\ 37 & 41 & 47 \end{vmatrix} & +\begin{vmatrix} 1 & 2 & 5 \\ 7 & 11 & 17 \\ 37 & 41 & 47 \end{vmatrix} & -\begin{vmatrix} 1 & 2 & 5 \\ 7 & 11 & 17 \\ 19 & 23 & 31 \end{vmatrix} \\
-\begin{vmatrix} 7 & 11 & 13 \\ 19 & 23 & 29 \\ 37 & 41 & 43 \end{vmatrix} & +\begin{vmatrix} 1 & 2 & 3 \\ 19 & 23 & 29 \\ 37 & 41 & 43 \end{vmatrix} & -\begin{vmatrix} 1 & 2 & 3 \\ 7 & 11 & 13 \\ 37 & 41 & 43 \end{vmatrix} & +\begin{vmatrix} 1 & 2 & 3 \\ 7 & 11 & 13 \\ 19 & 23 & 29 \end{vmatrix}
\end{pmatrix}$$

$$= \begin{pmatrix} -600 & 370 & 0 & -70 \\ 840 & -488 & 120 & 8 \\ 240 & 42 & -180 & 78 \\ -480 & 96 & 60 & -36 \end{pmatrix}$$

となる．これより，以下の逆行列が得られる．

$$\widetilde{A}^{-1} = \frac{1}{-600} \begin{pmatrix} -600 & 370 & 0 & -70 \\ 840 & -488 & 120 & 8 \\ 240 & 42 & -180 & 78 \\ -480 & 96 & 60 & -36 \end{pmatrix} = \begin{pmatrix} 1 & -\dfrac{37}{60} & 0 & \dfrac{7}{60} \\ -\dfrac{7}{5} & \dfrac{61}{75} & -\dfrac{1}{5} & -\dfrac{1}{75} \\ -\dfrac{2}{5} & -\dfrac{7}{100} & \dfrac{3}{10} & -\dfrac{13}{100} \\ \dfrac{4}{5} & -\dfrac{4}{25} & -\dfrac{1}{10} & \dfrac{3}{50} \end{pmatrix}.$$

A.22 ラプラス変換

初めに，未知関数 $y(t)$ に関して線型な以下の微分方程式：

$$a\mathrm{D}_t^2\, y + b\mathrm{D}_t\, y + cy = 0, \quad (a, b, c は定数)$$

の解法について考えよう．ここで，$\mathrm{D}_t \equiv \mathrm{d}/\mathrm{d}t$ である．

先ず，この方程式の解を

$$y(t) = \mathrm{e}^{Kt}$$

と仮定して，方程式に代入すると

$$(aK^2 + bK + c)\mathrm{e}^{Kt} = 0$$

となる．すなわち，定数 K に関する二次方程式の解：

$$K = \frac{-b \pm \sqrt{b^2 - 4ac}}{2a}$$

より

$$y(t) = A \exp\left[\frac{-b + \sqrt{b^2 - 4ac}}{2a}t\right] + B \exp\left[\frac{-b - \sqrt{b^2 - 4ac}}{2a}t\right]$$

が求めるべき微分方程式の最も一般的な解である（A, B は方程式の附加的な条件より定まる定数であり，方程式の線型性を利用して上記解を得る）．

今，示した解法を全く形式的に考えると

$$\left(a\mathrm{D}_t^2 + b\mathrm{D}_t + c\right)y = 0 \quad \Leftrightarrow \quad (aK^2 + bK + c)y = 0$$

より

$$\mathrm{D}_t \quad \Leftrightarrow \quad K$$

なる対応関係を考えることができ，D_t を K で置き換えることにより，微分方程式を代数方程式として扱い得る．このような形式的な対応関係だけを考えて，微分方程式を解く方法を**演算子法**と呼ぶ．

演算子法の利点は，関数を微分する行為が，単なる定数の掛け算と見做せるところにある．そこで，この種の方法をさらに広範囲の問題に適応させるように考えられたものが，以下に示す**ラプラス変換 (Laplace transformation)** である．

ラプラス変換とは，実変数の世界における微分・積分を，考察する変数を複素数に拡張することにより，単なる代数計算に置き換えるものである．すなわち，この変換により微分方程式は代数方程式になる．この代数方程式を解き，逆変換することにより元の実変数の世界に呼び戻し，所望の解を得るわけである．

> |注意| ただし，この逆変換には複素関数の知識を要し，実際の計算にはかなりの困難を伴うため，代表的な関数のラプラス変換，及び逆変換をまとめた表や本が存在する．これは，因数分解よりは式の展開が，また，積分よりは微分が易しいのと同じ事情である． ■

A.22.1 基本的なラプラス変換

初めに，ラプラス変換の定義を与えておこう．ラプラス変換とは実変数 t の関数 $f(t)$ に対して

$$\boxed{F(s) \equiv \int_0^\infty \mathrm{e}^{-st} f(t) \mathrm{d}t}$$

により複素変数 s を持つ関数 $F(s)$ を定義することである．象徴的に

$$\boxed{F(s) = \mathcal{L}f(t)}$$

と書く．ここで，e^{-st} の大きさは，$s = a + b\mathrm{i}$ とおいて

$$\left|\mathrm{e}^{-st}\right| = \left|\mathrm{e}^{-(a+b\mathrm{i})t}\right| = \left|\mathrm{e}^{-at}\right|\left|\mathrm{e}^{-b\mathrm{i}t}\right|$$
$$= \mathrm{e}^{-at}\sqrt{\mathrm{e}^{-b\mathrm{i}t}\mathrm{e}^{b\mathrm{i}t}} = \mathrm{e}^{-at}.$$

よって，$a = \mathrm{Re}(s) > 0$ であれば，上記広義積分が存在する．

逆に $F(s)$ より $f(t)$ を求めることを**逆ラプラス変換**といい

$$\boxed{f(t) = \mathcal{L}^{-1}F(s)}$$

と表す.

ラプラス変換は線型性を持つ. すなわち, a, b を定数として, 以下の式

$$\begin{aligned}
\mathcal{L}(af(t) + bg(t)) &= \int_0^\infty \mathrm{e}^{-st}(af(t) + bg(t))\mathrm{d}t \\
&= a\int_0^\infty \mathrm{e}^{-st}f(t)\mathrm{d}t + b\int_0^\infty \mathrm{e}^{-st}g(t)\mathrm{d}t \\
&= a\mathcal{L}f(t) + b\mathcal{L}g(t)
\end{aligned}$$

が成り立つ.

以下に簡単な関数のラプラス変換を具体的に求めておく.

◆ $f(t) = 1$ の場合 ◆

定義に従って

$$\begin{aligned}
F(s) &= \int_0^\infty 1 \cdot \mathrm{e}^{-st}\mathrm{d}t = \left[-\frac{1}{s}\mathrm{e}^{-st}\right]_0^\infty \\
&= -\frac{1}{s}\mathrm{e}^{-\infty} + \frac{1}{s}\mathrm{e}^{-0} = \frac{1}{s}.
\end{aligned}$$

よって

$$\boxed{\mathcal{L}1 = \frac{1}{s}}$$

となる.

◆ $f(t) = t$ の場合 ◆

部分積分法を用いて

$$F(s) = \int_0^\infty t \cdot \mathrm{e}^{-st}\mathrm{d}t$$

$$= \left[t \left(-\frac{e^{-st}}{s} \right) \right]_0^\infty + \frac{1}{s} \int_0^\infty e^{-st} dt$$

$$= \frac{1}{s} \left[-\frac{1}{s} e^{-st} \right]_0^\infty = \frac{1}{s^2}.$$

よって

$$\boxed{\mathcal{L}t = \frac{1}{s^2}}$$

となる. 部分積分を繰り返して, t^n のラプラス変換:

$$\boxed{\mathcal{L}t^n = \frac{n!}{s^{n+1}}}$$

を求め得る.

◆ $f(t) = e^{at}$, (a は定数) の場合 ◆

$$\mathcal{L}e^{at} = \int_0^\infty e^{-st} e^{at} dt = \int_0^\infty e^{(a-s)t} dt$$

$$= \left[\frac{1}{a-s} e^{(a-s)t} \right]_0^\infty = -\frac{1}{a-s}$$

より

$$\boxed{\mathcal{L}e^{at} = \frac{1}{s-a}}$$

を得る.

特に, $a = i\omega$ の場合には

$$\mathcal{L}e^{i\omega t} = \frac{1}{s - i\omega} = \frac{1}{s - i\omega} \times \frac{s + i\omega}{s + i\omega}$$

$$= \frac{s}{s^2 + \omega^2} + i\frac{\omega}{s^2 + \omega^2}.$$

ここで, オイラーの公式より

$$\mathcal{L}e^{i\omega t} = \mathcal{L}(\cos\omega t + i\sin\omega t) = \mathcal{L}\cos\omega t + i\mathcal{L}\sin\omega t$$

となるので，ただちに

$$\mathcal{L}\cos\omega t = \frac{s}{s^2 + \omega^2}, \quad \mathcal{L}\sin\omega t = \frac{\omega}{s^2 + \omega^2}$$

を得る．

◆ 一階導関数 $\mathrm{d}f/\mathrm{d}t$ の場合 ◆

部分積分法を用いて

$$\mathcal{L}\left(\frac{\mathrm{d}f}{\mathrm{d}t}\right) = \int_0^\infty \mathrm{e}^{-st}\frac{\mathrm{d}f}{\mathrm{d}t}\mathrm{d}t = [f\mathrm{e}^{-st}]_0^\infty - \int_0^\infty f(-s\mathrm{e}^{-st})\mathrm{d}t$$
$$= -f(0) + s\int_0^\infty f\mathrm{e}^{-st}\mathrm{d}t$$
$$= -f(0) + sF(s).$$

よって

$$\mathcal{L}\left(\frac{\mathrm{d}f}{\mathrm{d}t}\right) = -f(0) + sF(s)$$

となる．

◆ 二階導関数 $\mathrm{d}^2 f/\mathrm{d}t^2$ の場合 ◆

部分積分を繰り返して

$$\mathcal{L}\left(\frac{\mathrm{d}^2 f}{\mathrm{d}t^2}\right) = \int_0^\infty \mathrm{e}^{-st}\frac{\mathrm{d}^2 f}{\mathrm{d}t^2}\mathrm{d}t = \left[\frac{\mathrm{d}f}{\mathrm{d}t}\mathrm{e}^{-st}\right]_0^\infty - \int_0^\infty \frac{\mathrm{d}f}{\mathrm{d}t}(-s\mathrm{e}^{-st})\mathrm{d}t$$
$$= -\left.\frac{\mathrm{d}f}{\mathrm{d}t}\right|_{t=0} + s\int_0^\infty \frac{\mathrm{d}f}{\mathrm{d}t}\mathrm{e}^{-st}\mathrm{d}t$$
$$= -\left.\frac{\mathrm{d}f}{\mathrm{d}t}\right|_{t=0} + s(-f(0) + sF(s))$$
$$= -\left.\frac{\mathrm{d}f}{\mathrm{d}t}\right|_{t=0} - sf(0) + s^2 F(s)$$

よって

$$\mathcal{L}\left(\frac{\mathrm{d}^2 f}{\mathrm{d}t^2}\right) = -\left.\frac{\mathrm{d}f}{\mathrm{d}t}\right|_{t=0} - sf(0) + s^2 F(s)$$

を得る．同様に，部分積分法を繰り返し適用することにより，三階以上の高階
導関数のラプラス変換を求め得る．

> 注意　以上，簡単な関数のラプラス変換を求めたわけであるが，これらを逆に
> 読むことにより，幾つかの逆変換を見出し得る．また，逆変換するべき関数が
> s の有理関数の形になり，これらを部分分数に分解することで解決できる場合
> も多い．先に示したような初等的な関数のラプラス変換さえ確実に実行できれ
> ば，それらを逆に読み替えるだけで解ける問題が意外と多いので，本書では直
> 接的な逆変換の手法については扱わない．　　　　　　　　　　　　　　　　■

　関数 $f(t)$ における変数 t を時間と見做した場合，$f(0)$ は初期時刻 $t = 0$ にお
ける関数値を表す．初期時刻における値，すなわち，初期条件を与えて微分方
程式を解く問題を**初期値問題**という[注32]．

　ラプラス変換法を用いて微分方程式を解く場合，上に示したように，導関数
のラプラス変換には

$$f(0), \quad \left.\frac{\mathrm{d}f}{\mathrm{d}t}\right|_{t=0}, \cdots$$

など，初期時刻における関数値が自然に入ってくる．そこで，この段階で初期
値を代入することにより，微分方程式の一般解を経ることなく，その問題に特
有の解を直接求め得る．これが，初期値問題にラプラス変換が用いられる理由
である．

[注32] 応用上，ラプラス変換の主たる目的は，微分方程式の初期値問題を解くことにある．

A.22.2　微分方程式の初期値問題を解く

例題 1　初期値問題：

$$\frac{\mathrm{d}^2 x}{\mathrm{d}t^2} = -g, \quad x(0) = x_0, \ \left.\frac{\mathrm{d}x}{\mathrm{d}t}\right|_{t=0} = v_0$$

(ただし，g, x_0, v_0 は定数) をラプラス変換を用いて解く．

　与えられた微分方程式の両辺をラプラス変換する．ここで，$\mathcal{L}x(t) = X(s)$
とおくと

$$\begin{aligned}
\text{左辺} &= \mathcal{L}\left(\frac{\mathrm{d}^2 x}{\mathrm{d}t^2}\right) = -\left.\frac{\mathrm{d}x}{\mathrm{d}t}\right|_{t=0} - sx(0) + s^2 X(s) \\
&= -v_0 - sx_0 + s^2 X(s).
\end{aligned}$$

一方

$$\text{右辺} = \mathcal{L}(-g) = -\frac{g}{s}$$

となるので，左辺＝右辺より

$$-v_0 - sx_0 + s^2 X(s) = -\frac{g}{s}$$

を得る．$X(s)$ について解いて

$$X(s) = \frac{x_0}{s} + \frac{v_0}{s^2} - \frac{g}{s^3}.$$

上式の両辺を逆ラプラス変換して——ラプラス変換の結果を逆に読み替えて

$$\begin{aligned}
\mathcal{L}^{-1}X(s) = x(t) &= \mathcal{L}^{-1}\left(\frac{x_0}{s} + \frac{v_0}{s^2} - \frac{g}{s^3}\right) \\
&= \mathcal{L}^{-1}\left(\frac{x_0}{s}\right) + \mathcal{L}^{-1}\left(\frac{v_0}{s^2}\right) + \mathcal{L}^{-1}\left(-\frac{g}{s^3}\right) = x_0 + v_0 t - \frac{1}{2}gt^2.
\end{aligned}$$

よって，以下の初期値問題の解を得る．

$$x(t) = x_0 + v_0 t - \frac{1}{2}gt^2.$$

例題 2　初期値問題：

$$\frac{\mathrm{d}^2 x}{\mathrm{d}t^2} = -\omega^2 x, \qquad x(0) = x_0, \qquad \left. \frac{\mathrm{d}x}{\mathrm{d}t} \right|_{t=0} = v_0,$$

(ただし，ω, x_0, v_0 は定数) をラプラス変換を用いて解く．

与えられた微分方程式の両辺をラプラス変換する．$\mathcal{L}x(t) = X(s)$ とおいて

$$左辺 = \mathcal{L}\left(\frac{\mathrm{d}^2 x}{\mathrm{d}t^2}\right) = -\left. \frac{\mathrm{d}x}{\mathrm{d}t} \right|_{t=0} - sx(0) + s^2 X(s)$$
$$= -v_0 - sx_0 + s^2 X(s).$$

一方

$$右辺 = \mathcal{L}(-\omega^2 x) = -\omega^2 X(s)$$

となるので，左辺＝右辺より

$$-v_0 - sx_0 + s^2 X(s) = -\omega^2 X(s)$$

を得る．$X(s)$ について解いて

$$X(s) = \frac{x_0 s + v_0}{s^2 + \omega^2}$$

となる．両辺を逆変換して

$$\mathcal{L}^{-1} X(s) = x(t) = \mathcal{L}^{-1}\left(\frac{x_0 s + v_0}{s^2 + \omega^2}\right)$$
$$= x_0 \mathcal{L}^{-1}\left(\frac{s}{s^2 + \omega^2}\right) + \frac{v_0}{\omega} \mathcal{L}^{-1}\left(\frac{\omega}{s^2 + \omega^2}\right)$$
$$= x_0 \cos \omega t + \frac{v_0}{\omega} \sin \omega t.$$

よって，初期値問題の解：

$$x(t) = x_0 \cos \omega t + \frac{v_0}{\omega} \sin \omega t$$

を得る．

附録 B

各種数表　　　　　*Numerical tables*

B.1　10000 までの素数表

2	3	5	7	11	13	17	19	23	29	31	37	41	43	47
53	59	61	67	71	73	79	83	89	97	101	103	107	109	113
127	131	137	139	149	151	157	163	167	173	179	181	191	193	197
199	211	223	227	229	233	239	241	251	257	263	269	271	277	281
283	293	307	311	313	317	331	337	347	349	353	359	367	373	379
383	389	397	401	409	419	421	431	433	439	443	449	457	461	463
467	479	487	491	499	503	509	521	523	541	547	557	563	569	571
577	587	593	599	601	607	613	617	619	631	641	643	647	653	659
661	673	677	683	691	701	709	719	727	733	739	743	751	757	761
769	773	787	797	809	811	821	823	827	829	839	853	857	859	863
877	881	883	887	907	911	919	929	937	941	947	953	967	971	977
983	991	997	1009	1013	1019	1021	1031	1033	1039	1049	1051	1061	1063	1069
1087	1091	1093	1097	1103	1109	1117	1123	1129	1151	1153	1163	1171	1181	1187
1193	1201	1213	1217	1223	1229	1231	1237	1249	1259	1277	1279	1283	1289	1291
1297	1301	1303	1307	1319	1321	1327	1361	1367	1373	1381	1399	1409	1423	1427
1429	1433	1439	1447	1451	1453	1459	1471	1481	1483	1487	1489	1493	1499	1511
1523	1531	1543	1549	1553	1559	1567	1571	1579	1583	1597	1601	1607	1609	1613
1619	1621	1627	1637	1657	1663	1667	1669	1693	1697	1699	1709	1721	1723	1733
1741	1747	1753	1759	1777	1783	1787	1789	1801	1811	1823	1831	1847	1861	1867
1871	1873	1877	1879	1889	1901	1907	1913	1931	1933	1949	1951	1973	1979	1987
1993	1997	1999	2003	2011	2017	2027	2029	2039	2053	2063	2069	2081	2083	2087
2089	2099	2111	2113	2129	2131	2137	2141	2143	2153	2161	2179	2203	2207	2213
2221	2237	2239	2243	2251	2267	2269	2273	2281	2287	2293	2297	2309	2311	2333
2339	2341	2347	2351	2357	2371	2377	2381	2383	2389	2393	2399	2411	2417	2423
2437	2441	2447	2459	2467	2473	2477	2503	2521	2531	2539	2543	2549	2551	2557
2579	2591	2593	2609	2617	2621	2633	2647	2657	2659	2663	2671	2677	2683	2687
2689	2693	2699	2707	2711	2713	2719	2729	2731	2741	2749	2753	2767	2777	2789
2791	2797	2801	2803	2819	2833	2837	2843	2851	2857	2861	2879	2887	2897	2903
2909	2917	2927	2939	2953	2957	2963	2969	2971	2999	3001	3011	3019	3023	3037
3041	3049	3061	3067	3079	3083	3089	3109	3119	3121	3137	3163	3167	3169	3181
3187	3191	3203	3209	3217	3221	3229	3251	3253	3257	3259	3271	3299	3301	3307

3313	3319	3323	3329	3331	3343	3347	3359	3361	3371	3373	3389	3391	3407	3413
3433	3449	3457	3461	3463	3467	3469	3491	3499	3511	3517	3527	3529	3533	3539
3541	3547	3557	3559	3571	3581	3583	3593	3607	3613	3617	3623	3631	3637	3643
3659	3671	3673	3677	3691	3697	3701	3709	3719	3727	3733	3739	3761	3767	3769
3779	3793	3797	3803	3821	3823	3833	3847	3851	3853	3863	3877	3881	3889	3907
3911	3917	3919	3923	3929	3931	3943	3947	3967	3989	4001	4003	4007	4013	4019
4021	4027	4049	4051	4057	4073	4079	4091	4093	4099	4111	4127	4129	4133	4139
4153	4157	4159	4177	4201	4211	4217	4219	4229	4231	4241	4243	4253	4259	4261
4271	4273	4283	4289	4297	4327	4337	4339	4349	4357	4363	4373	4391	4397	4409
4421	4423	4441	4447	4451	4457	4463	4481	4483	4493	4507	4513	4517	4519	4523
4547	4549	4561	4567	4583	4591	4597	4603	4621	4637	4639	4643	4649	4651	4657
4663	4673	4679	4691	4703	4721	4723	4729	4733	4751	4759	4783	4787	4789	4793
4799	4801	4813	4817	4831	4861	4871	4877	4889	4903	4909	4919	4931	4933	4937
4943	4951	4957	4967	4969	4973	4987	4993	4999	5003	5009	5011	5021	5023	5039
5051	5059	5077	5081	5087	5099	5101	5107	5113	5119	5147	5153	5167	5171	5179
5189	5197	5209	5227	5231	5233	5237	5261	5273	5279	5281	5297	5303	5309	5323
5333	5347	5351	5381	5387	5393	5399	5407	5413	5417	5419	5431	5437	5441	5443
5449	5471	5477	5479	5483	5501	5503	5507	5519	5521	5527	5531	5557	5563	5569
5573	5581	5591	5623	5639	5641	5647	5651	5653	5657	5659	5669	5683	5689	5693
5701	5711	5717	5737	5741	5743	5749	5779	5783	5791	5801	5807	5813	5821	5827
5839	5843	5849	5851	5857	5861	5867	5869	5879	5881	5897	5903	5923	5927	5939
5953	5981	5987	6007	6011	6029	6037	6043	6047	6053	6067	6073	6079	6089	6091
6101	6113	6121	6131	6133	6143	6151	6163	6173	6197	6199	6203	6211	6217	6221
6229	6247	6257	6263	6269	6271	6277	6287	6299	6301	6311	6317	6323	6329	6337
6343	6353	6359	6361	6367	6373	6379	6389	6397	6421	6427	6449	6451	6469	6473
6481	6491	6521	6529	6547	6551	6553	6563	6569	6571	6577	6581	6599	6607	6619
6637	6653	6659	6661	6673	6679	6689	6691	6701	6703	6709	6719	6733	6737	6761
6763	6779	6781	6791	6793	6803	6823	6827	6829	6833	6841	6857	6863	6869	6871
6883	6899	6907	6911	6917	6947	6949	6959	6961	6967	6971	6977	6983	6991	6997
7001	7013	7019	7027	7039	7043	7057	7069	7079	7103	7109	7121	7127	7129	7151
7159	7177	7187	7193	7207	7211	7213	7219	7229	7237	7243	7247	7253	7283	7297
7307	7309	7321	7331	7333	7349	7351	7369	7393	7411	7417	7433	7451	7457	7459
7477	7481	7487	7489	7499	7507	7517	7523	7529	7537	7541	7547	7549	7559	7561
7573	7577	7583	7589	7591	7603	7607	7621	7639	7643	7649	7669	7673	7681	7687
7691	7699	7703	7717	7723	7727	7741	7753	7757	7759	7789	7793	7817	7823	7829
7841	7853	7867	7873	7877	7879	7883	7901	7907	7919	7927	7933	7937	7949	7951
7963	7993	8009	8011	8017	8039	8053	8059	8069	8081	8087	8089	8093	8101	8111
8117	8123	8147	8161	8167	8171	8179	8191	8209	8219	8221	8231	8233	8237	8243
8263	8269	8273	8287	8291	8293	8297	8311	8317	8329	8353	8363	8369	8377	8387
8389	8419	8423	8429	8431	8443	8447	8461	8467	8501	8513	8521	8527	8537	8539
8543	8563	8573	8581	8597	8599	8609	8623	8627	8629	8641	8647	8663	8669	8677
8681	8689	8693	8699	8707	8713	8719	8731	8737	8741	8747	8753	8761	8779	8783
8803	8807	8819	8821	8831	8837	8839	8849	8861	8863	8867	8887	8893	8923	8929
8933	8941	8951	8963	8969	8971	8999	9001	9007	9011	9013	9029	9041	9043	9049
9059	9067	9091	9103	9109	9127	9133	9137	9151	9157	9161	9173	9181	9187	9199
9203	9209	9221	9227	9239	9241	9257	9277	9281	9283	9293	9311	9319	9323	9337
9341	9343	9349	9371	9377	9391	9397	9403	9413	9419	9421	9431	9433	9437	9439
9461	9463	9467	9473	9479	9491	9497	9511	9521	9533	9539	9547	9551	9587	9601
9613	9619	9623	9629	9631	9643	9649	9661	9677	9679	9689	9697	9719	9721	9733
9739	9743	9749	9767	9769	9781	9787	9791	9803	9811	9817	9829	9833	9839	9851
9857	9859	9871	9883	9887	9901	9907	9923	9929	9931	9941	9949	9967	9973	

B.2   **99** までの自然数の逆数

──●印は分母が素数，◎印は分母が合成数の場合を表す──

● $1/2 = 0.5$

● $1/3 = 0.\dot{3}$

◎ $1/4 = 0.25$

● $1/5 = 0.2$

◎ $1/6 = 0.1\dot{6}$

● $1/7 = 0.\dot{1}4285\dot{7}$

◎ $1/8 = 0.125$

◎ $1/9 = 0.\dot{1}$

◎ $1/10 = 0.1$

● $1/11 = 0.\dot{0}\dot{9}$

◎ $1/12 = 0.08\dot{3}$

● $1/13 = 0.\dot{0}7692\dot{3}$

◎ $1/14 = 0.0\dot{7}1428\dot{5}$

◎ $1/15 = 0.06\dot{6}$

◎ $1/16 = 0.0625$

● $1/17 = 0.\dot{0}58823529411764\dot{7}$

◎ $1/18 = 0.05\dot{5}$

● $1/19 = 0.\dot{0}5263157894736842\dot{1}$

◎ $1/20 = 0.05$

◎ $1/21 = 0.\dot{0}4761\dot{9}$

◎ $1/22 = 0.04\dot{5}$

● $1/23 = 0.\dot{0}434782608695652173913\dot{3}$

◎ $1/24 = 0.041\dot{6}$

◎ $1/25 = 0.04$

◎ $1/26 = 0.03\dot{8}4615\dot{5}$

◎ $1/27 = 0.\dot{0}3\dot{7}$

◎ $1/28 = 0.03\dot{5}7142\dot{8}$

● $1/29 = 0.\dot{0}344827586206896551724137931\dot{1}$

◎ $1/30 = 0.03\dot{3}$

● $1/31 = 0.\dot{0}32258064516129\dot{9}$

◎ $1/32 = 0.03125$

◎ $1/33 = 0.0\dot{3}\dot{3}$

◎ $1/34 = 0.02\dot{9}411764705882\dot{5}$

◎ $1/35 = 0.02\dot{8}5714\dot{4}$

◎ $1/36 = 0.027\dot{7}$

● $1/37 = 0.\dot{0}2\dot{7}$

◎ $1/38 = 0.02\dot{6}31578947368421052\dot{5}$

◎ $1/39 = 0.\dot{0}2564\dot{1}$

◎ $1/40 = 0.025$

● $1/41 = 0.\dot{0}2439\dot{9}$

◎ $1/42 = 0.0\dot{2}3809\dot{5}$

● $1/43 = 0.\dot{0}2325581395348837209\dot{3}$

◎ $1/44 = 0.022\dot{7}$

◎ $1/45 = 0.02\dot{2}$

◎ $1/46 = 0.02\dot{1}7391304347826086\\9565\dot{5}$

● $1/47 = 0.\dot{0}2127659574468085106\\38297872340425531914\\89361\dot{7}$

◎ $1/48 = 0.0208\dot{3}$

◎ $1/49 = 0.\dot{0}2040816326530612244\\8979591836734693877551\dot{1}$

◎ $1/50 = 0.02$

◎ $1/51 = 0.\dot{0}196078431372549\dot{9}$

◎ $1/52 = 0.019\dot{2}30769\dot{9}$

● $1/53 = 0.\dot{0}188679245283\dot{3}$

◎ $1/54 = 0.0\dot{1}8\dot{5}$

◎ $1/55 = 0.0\dot{1}\dot{8}$

◎ $1/56 = 0.01\dot{7}85714\dot{2}$

◎ $1/57 = 0.\dot{0}1754385964912280\dot{7}$

◎ $1/58 = 0.01\dot{7}24137931034482758620689655\dot{5}$

● $1/59 = 0.\dot{0}16949152542372881355932203389830508474576\allowbreak2711864406779966\dot{1}$

◎ $1/60 = 0.01\dot{6}$

● $1/61 = 0.\dot{0}163934426229508196721311475409836065573770\allowbreak49180327868852459\dot{9}$

◎ $1/62 = 0.01\dot{6}129032258064\dot{5}$

◎ $1/63 = 0.\dot{0}1587\dot{3}$

◎ $1/64 = 0.015625$

◎ $1/65 = 0.01\dot{5}3846\dot{6}$

◎ $1/66 = 0.01\dot{5}$

● $1/67 = 0.\dot{0}1492537313432835820895522388059\dot{7}$

◎ $1/68 = 0.014\dot{7}05882352941176\dot{6}$

◎ $1/69 = 0.\dot{0}14492753623188405797\dot{1}$

◎ $1/70 = 0.01\dot{4}2857\dot{7}$

● $1/71 = 0.\dot{0}14084507042253521126760563380281\dot{6}9\dot{9}$

◎ $1/72 = 0.013\dot{8}$

● $1/73 = 0.\dot{0}13698\dot{6}\dot{3}$

◎ $1/74 = 0.01\dot{3}\dot{5}$

◎ $1/75 = 0.013\dot{3}$

◎ $1/76 = 0.013\dot{1}5789473684210526\dot{3}$

◎ $1/77 = 0.\dot{0}1298\dot{7}$

◎ $1/78 = 0.01\dot{2}820\dot{5}$

● $1/79 = 0.\dot{0}126582278481\dot{1}$

◎ $1/80 = 0.0125$

◎ $1/81 = 0.\dot{0}1234567\dot{9}$

◎ $1/82 = 0.01\dot{2}219\dot{5}$

● $1/83 = 0.\dot{0}120481927710843373493975903614457831325\dot{3}$

◎ $1/84 = 0.011\dot{9}0476\dot{6}$

◎ $1/85 = 0.01\dot{1}76470588235294\dot{4}$

◎ $1/86 = 0.01\dot{1}627906976744186046\dot{5}$

◎ $1/87 = 0.\dot{0}11494252873563218390\allowbreak804597\dot{7}$

◎ $1/88 = 0.0113\dot{6}$

● $1/89 = 0.\dot{0}11235955056179775280\allowbreak8988764044943820224\allowbreak719\dot{1}$

◎ $1/90 = 0.01\dot{1}$

◎ $1/91 = 0.\dot{0}1098\dot{9}$

◎ $1/92 = 0.010\dot{8}6956521739130434\allowbreak782\dot{6}$

◎ $1/93 = 0.\dot{0}1075268817204\dot{3}$

◎ $1/94 = 0.01\dot{0}638297872340425531\allowbreak91489361702127659574\allowbreak4680\dot{5}$

◎ $1/95 = 0.01\dot{0}5263157894736842\dot{1}$

◎ $1/96 = 0.01041\dot{6}$

● $1/97 = 0.\dot{0}10309278350515463917\allowbreak52577319587628865979\underline{3}\allowbreak81443298969072164948\underline{4}\allowbreak53608247422680412371\underline{1}\allowbreak340206185567$

◎ $1/98 = 0.01\dot{0}204081632653061224\allowbreak48979591836734693\allowbreak8\allowbreak7755\dot{5}$

◎ $1/99 = 0.\dot{0}\dot{1}$

B.3　10 までの自然数の階乗とその逆数

$1! = 1$　　　　　　　$1/1! = 1$
$2! = 2$　　　　　　　$1/2! = 0.5$
$3! = 6$　　　　　　　$1/3! = 0.1\dot{6}$
$4! = 24$　　　　　　$1/4! = 0.041\dot{6}$
$5! = 120$　　　　　$1/5! = 0.008\dot{3}$
$6! = 720$　　　　　$1/6! = 0.00138\dot{8}$
$7! = 5040$　　　　$1/7! = 0.000198412\dot{6}$
$8! = 40320$　　　$1/8! = 0.0000248015873\dot{}$
$9! = 362880$　　$1/9! = 0.0000027\dot{5}57319223985890652\dot{}$
$10! = 3628800$　$1/10! = 0.00000027\dot{5}57319223985890652\dot{}$

B.4　20 までの整数の !!

$0!! = 1$　　　　$6!! = 48$　　　　$12!! = 46080$　　　$18!! = 185794560$
$1!! = 1$　　　　$7!! = 105$　　　$13!! = 135135$　　　$19!! = 654729075$
$2!! = 2$　　　　$8!! = 384$　　　$14!! = 645120$　　　$20!! = 3715891200$
$3!! = 3$　　　　$9!! = 945$　　　$15!! = 2027025$
$4!! = 8$　　　　$10!! = 3840$　　$16!! = 10321920$
$5!! = 15$　　　$11!! = 10395$　$17!! = 34459425$

B.5　素数に対する自然対数のより詳しい値

$\ln 2 = 0.693147180$　　$\ln 29 = 3.367295830$　　$\ln 67 = 4.204692619$
$\ln 3 = 1.098612289$　　$\ln 31 = 3.433987204$　　$\ln 71 = 4.262679877$
$\ln 5 = 1.609437912$　　$\ln 37 = 3.610917913$　　$\ln 73 = 4.290459441$
$\ln 7 = 1.945910149$　　$\ln 41 = 3.713572067$　　$\ln 79 = 4.369447852$
$\ln 11 = 2.397895273$　$\ln 43 = 3.761200116$　　$\ln 83 = 4.418840608$
$\ln 13 = 2.564949357$　$\ln 47 = 3.850147602$　　$\ln 89 = 4.488636370$
$\ln 17 = 2.833213344$　$\ln 53 = 3.970291914$　　$\ln 97 = 4.574710979$
$\ln 19 = 2.944438979$　$\ln 59 = 4.077537444$
$\ln 23 = 3.135494216$　$\ln 61 = 4.110873864$

B.6　自然対数の表

$\ln 1 = \mathbf{0}$
$\ln 2 = \mathbf{0.693147}$
$\ln 3 = \mathbf{1.09861}$
$\ln 4 = 2\ln 2$
$\ln 5 = \mathbf{1.60944}$
$\ln 6 = \ln 2 + \ln 3$
$\ln 7 = \mathbf{1.94591}$
$\ln 8 = 3\ln 2$
$\ln 9 = 2\ln 3$
$\ln 10 = \ln 2 + \ln 5$
$\ln 11 = \mathbf{2.39790}$
$\ln 12 = 2\ln 2 + \ln 3$
$\ln 13 = \mathbf{2.56495}$
$\ln 14 = \ln 2 + \ln 7$
$\ln 15 = \ln 3 + \ln 5$
$\ln 16 = 4\ln 2$
$\ln 17 = \mathbf{2.83321}$
$\ln 18 = \ln 2 + 2\ln 3$
$\ln 19 = \mathbf{2.94444}$
$\ln 20 = 2\ln 2 + \ln 5$
$\ln 21 = \ln 3 + \ln 7$
$\ln 22 = \ln 2 + \ln 11$
$\ln 23 = \mathbf{3.13549}$
$\ln 24 = 3\ln 2 + \ln 3$
$\ln 25 = 2\ln 5$
$\ln 26 = \ln 2 + \ln 13$
$\ln 27 = 3\ln 3$
$\ln 28 = 2\ln 2 + \ln 7$
$\ln 29 = 3.36730$
$\ln 30 = \ln 2 + \ln 3 + \ln 5$
$\ln 31 = \mathbf{3.43399}$
$\ln 32 = 5\ln 2$
$\ln 33 = \ln 3 + \ln 11$

$\ln 34 = \ln 2 + \ln 17$
$\ln 35 = \ln 5 + \ln 7$
$\ln 36 = 2\ln 2 + 2\ln 3$
$\ln 37 = \mathbf{3.61092}$
$\ln 38 = \ln 2 + \ln 19$
$\ln 39 = \ln 3 + \ln 13$
$\ln 40 = 3\ln 2 + \ln 5$
$\ln 41 = \mathbf{3.71357}$
$\ln 42 = \ln 2 + \ln 3 + \ln 7$
$\ln 43 = \mathbf{3.76120}$
$\ln 44 = 2\ln 2 + \ln 11$
$\ln 45 = 2\ln 3 + \ln 5$
$\ln 46 = \ln 2 + \ln 23$
$\ln 47 = \mathbf{3.85015}$
$\ln 48 = 4\ln 2 + \ln 3$
$\ln 49 = 2\ln 7$
$\ln 50 = \ln 2 + 2\ln 5$
$\ln 51 = \ln 3 + \ln 17$
$\ln 52 = 2\ln 2 + \ln 13$
$\ln 53 = \mathbf{3.97029}$
$\ln 54 = \ln 2 + 3\ln 3$
$\ln 55 = \ln 5 + \ln 11$
$\ln 56 = 3\ln 2 + \ln 7$
$\ln 57 = \ln 3 + \ln 19$
$\ln 58 = \ln 2 + \ln 29$
$\ln 59 = \mathbf{4.07754}$
$\ln 60 = \ln 2 + \ln 3 + \ln 5$
$\ln 61 = \mathbf{4.11087}$
$\ln 62 = \ln 2 + \ln 31$
$\ln 63 = 2\ln 3 + \ln 7$
$\ln 64 = 6\ln 2$
$\ln 65 = \ln 5 + \ln 13$
$\ln 66 = \ln 2 + \ln 3 + \ln 11$

$\ln 67 = \mathbf{4.20469}$
$\ln 68 = 2\ln 2 + \ln 17$
$\ln 69 = \ln 3 + \ln 23$
$\ln 70 = \ln 2 + \ln 5 + \ln 7$
$\ln 71 = \mathbf{4.26268}$
$\ln 72 = 3\ln 2 + 2\ln 3$
$\ln 73 = \mathbf{4.29046}$
$\ln 74 = \ln 2 + \ln 37$
$\ln 75 = \ln 3 + 2\ln 5$
$\ln 76 = 2\ln 2 + \ln 19$
$\ln 77 = \ln 7 + \ln 11$
$\ln 78 = \ln 2 + \ln 3 + \ln 13$
$\ln 79 = \mathbf{4.36945}$
$\ln 80 = 4\ln 2 + \ln 5$
$\ln 81 = 4\ln 3$
$\ln 82 = \ln 2 + \ln 41$
$\ln 83 = \mathbf{4.41884}$
$\ln 84 = 2\ln 2 + \ln 3 + \ln 7$
$\ln 85 = \ln 5 + \ln 17$
$\ln 86 = \ln 2 + \ln 43$
$\ln 87 = \ln 3 + \ln 29$
$\ln 88 = 3\ln 2 + \ln 11$
$\ln 89 = \mathbf{4.48864}$
$\ln 90 = \ln 2 + 2\ln 3 + \ln 5$
$\ln 91 = \ln 7 + \ln 13$
$\ln 92 = 2\ln 2 + \ln 23$
$\ln 93 = \ln 3 + \ln 31$
$\ln 94 = \ln 2 + \ln 47$
$\ln 95 = \ln 5 + \ln 19$
$\ln 96 = 5\ln 2 + \ln 3$
$\ln 97 = \mathbf{4.57471}$
$\ln 98 = \ln 2 + 2\ln 7$
$\ln 99 = 2\ln 3 + \ln 11$

B.7 2 の平方根の値 (4000 桁)

```
1.4142135623730950488016887242096980785696718753769480731766797379907324784621070388503875343276415727350138462309122970249248360558507372126441214970999358314132226659275055927557999505011527820605714701095599716059702745345968620147285174186408891986095523292304843087143214508397626036279952514079896872533965463318088296406206152583523950547457502877599617298355752203375318570113543746034084988471603868999706990048150305440277903164542478230684929369186215805784631115966687130130156185689872372352885092648612494977154218334204285686060146824720771435854874155657069677653720226485447015858801620758474922657226002085584466521458398893944370926591800311388246468157082630100594858704003184680342194897278290641045072636881313137398552561173220402450912270022694112757362728049573810896750401836986836845072579936472906076299694138047565482372899718032680247442062926912485905218100445984215059112024944134172853147810508036033710773091828693147101711116839165817268894197587165821521282295184884720896946336328912915628827659526351405422676532396946175112916024087155101315150455381287560052631468017127402653969470240300517495318862925631385188163478001569369176881852378684052287837629389214300655869568685964595155501644724509836896036887323114389415576651040883914292338113206052433629485317049915771756228549741438999188021762430965206566421182731672625753959471725593463723863226148274262220867115583959992652117625269891754098815934864008345708518147223181420407042650905653233398436457865796796519267292399875366617215982578860263363617827495994219403777753681426217738799194551397231274066898329989895386728822856378697749662519966583525776198939322845344735694794962952168891485492538904755828834526096524909654288939453866466257449275563819644103169798330618520193793849400571563337205480685405758679996701213722394758214263065851322174088323829472876173936474678374319600015921888073478576172522118674904249773669292073110963697216089337086611567345853348332925465785164471075784860246360083444911481585765555428645512331421992631133251797060843655970435285641008791850076036100915946567067668836055717400767569050961367194013249360552401859991050621081635977264313806054670102935699710424251057817495310572559349844511269227803449135066375687477602831628296055324224269575345290288387684462917328277088831808702533985233812274999081237189254072647536785030482159180188616710897286922920119759988070381854333253646021108229927929307287178079988809917674177410898306080032631181642798823117154363869661702999934161614878680618045505539869131151860103863753250045581860448040750241195184305674533683613674597374423988553528517930896037389891517319587413442881784212502191695187559344438739618931454999990610758704909026088351763622474975785885836803745793115733980209998662218694992259591327642361941059210032802614987456659968887406795616739185957288864247346358588686449682238600690683163165613913942557649091062065186021647242630333629750750697870606060685649816009271870929215313236828135698893709741650447459096605374729652447709409924123871061447054398674364733847745481910087288622214958952959118789214917983398108378827815306556231581036064867587303601450227320882935134138722768417667843690529428698490838455744579409598626074249954916802853077398938296036213353987532050919993607513906444495768456990934712763645071632791547015977335483893942325727754003826027478567417258095141630715959784981800944356037939098559016827215403458158152100493666295344882710729239660232163823826661262683050257278116945103537937156882336593229782319298606467978986409208560955814261436363100461559433255047449397593399912541952323009321753044765339647066276116617535187546462096763455873861648801988484974792640450654448969100407942118169257968575563784881498986416854994916357614484047021033989215342377037233353115645944389703635316672194904935188290580630740134686264167247011065346343939164071462855679801779338144240452691370666097776387848662380033923243704741153318725319060191659964553811578
```

B.8　常用対数 $\log_{10} 2$ の値 (4000 桁)

0.3010299956639811952137388947244930267681898814621085413104274611271081892744 2450
9486927252118186172040684477191430995379094767881133523505999692333704695575 0645
0296425419340266181973431160294350118390289817858261715443953186192904635388 4699
5202393108496124625404002633125946214788458473182826726839823261965427935076 3131
7548350927138964946917785768918050790007599548087815459714585031964877626122 4922
9082911819095149899717161986047767650006782051791255732862866834200040292050 9837
0845722248954942975621497072446597086136896092219094827612143914965282351678 2649
2314804027746243244416331153873825930388303938063321613023905188058213191568 54616
9290530150513192698537848841871832006575356946839297174213201090589689850585 624
6409872183968766485398562351612773026389278782608498366810303084314155608139 4361
7674548856663424538123733932422469594349060212044504296827460688478546115684 7684
1064379795004659699177456575408640184640794565295443410774082939997454007372 1701
6801948890554856910694003754116899634157592972180644303810281520339238808563 3198
6854539873935485606578428968489826139442608466327829526028766212762304341922 0262
8912112083612600558368625489999909279487843197474433888686291177131574131432 2282
4169072995854725266157016837865324843772484501494231070981057547644239111166 9469
1455465315821308754571485915526406466945939738727466262648155637313532726933 7959
6968024623637358037017027865278713823682667495198288846233675574623064477933 6477
6980371470683133258881873131213864740296038784183570677840989672932230922836 3640
9020167703716182733692845408721808014477176262550695347616088679696249376657 5320
4434486879532892939252535111468317252267269027574480678023278617553483740570 438218
1223225333167896207975599032293059759674720866648423041739237925998625349797 8309
3955793905853103797525214306877880559061734489219110902602582677330757355925 7888
4228777929210367534078634908553047948919541274191849959984720028965124825229 0074
7644463233588420890650395459959585584910351150484927218240498074544155997149 894778
8737868250072879592234300982294231924966949141757391254082349869553976533413 869724
2030941736753841966178670995783389702727870046399748722409347530172628277603 7837
0041738228863589377924969862382325875180463298232538546590341884426607227746 4479
3627247990376912933346554600009355169558242485853202891805973612538480182323 3442
3821035976788241310392166413263640902369295610973062958422300127016178923908 3304
9660856580781673692318563832584839462208652330228807179187192362489933183015 0773
1107074568912179691465936726313589320801125976235437730408406869123712852592 12760
2234280043794828764051250569133038261264030105305442735224587553894262824035 1420
2977818574552152384456959363447034603700075088301735463847438537626403813454 1014
3839715861887851093305552262124388956858593145459817893987880958130977032944 18454
9975396755846885215199289800784394778527499406936832962603376469695142819164 5710
1134848280981159903891701632260198003335883343845347382837025678023183868186 51305
0622079614064961651719744198336260525124943546233347420768218516919591009545 367
7941078159203609739366163742491199746375814073889591278156675227953643315544 0442
0540179775764574548045169358698557713498962599996338712463484916662006552612 4431
2925027309770576156436333148097939758638210163915387628139622167865270162185 1872
3293274551990843599643701922298501630953167136002074959228209169265494064620 1564
8516454839158198784522132330450566129638573974937494273361127741513842401000 6295
6295219150126142172376508747523934926870995431099140733984637964862354120587 7052
5821570019401210882650538624209468296713563221915139541374517386591685150964 415
3119575878656498662100238893693108780943450508524843821773434578890293981333
5503517477700871082129235684867862053935357202765455417905378725305027107010 62170
7150889105268879599039105302789008688196841740035504908018523633465341508425 9867
8778631295494256020297770671776332263485962082088292747404563727797014727556 387
8819078440097645687000845788370026681301192320619633387821584604073344926350 3651

B.9 ネイピア数 e の値 (4000 桁)

2.71828182845904523536028747135266249775724709369995957496696762772407663035354759
45713821785251664274274663919320030599218174135966290435729003342952605956307381
32328627943490763233829880753195251019011573834187930702154089149934884167509244
76146066808226480016847741185374234544243710753907774499206955170276183860626133
13845830007520449338265602976067371132007093287091274437470472306969772093101416
92836819025515108657463772112523897844250569536967707854499699679468644545490598 7
93163688923009879312773617821542499922957635148220826989519366803318252886939849
64651058209392398294887933203625099443117301238197068416140397019837679320683282 3
76464804295311802328782509819455815301756717361332069811250996181881593041690351
59888851934580727386673858942287922849989208680582574927961048419844436346324496
84875602336248270419786232090021609902353043699418491463140934317381436405462531
52096183690888707016768396424378140592714563549061303107208510383750510115747704
17189861068739696552126715468895703503540212340784981933432106817012100562788023
51930332247450158539047304199577770935036604169973297250886876966403555707162268
44716256079882651787134195124665201030592123667719432527867539855894489697096409
75459185659563802363701621120477427228364896134225164450781824423529486363721417 4
02388934412479635743702637552944483379980161254922750925778256209262264832627 79
33386566481627725164019105900491644998289315056604725802778631864155195653244258
69829469593080191529872117255634754639644791014590409058629849679128740687050489
58586717479854667757573205681288459205413340539220011378630094556068816674001 69
84205580403363795376452030402432256613527836951177883863874439662532249850654995
88623428189970773327617178392803494650143455889707194258636397727547109629537415 2
11151368350627526023264847287039207643100595841166120545297030236472549296669638 1
15137322753645098889031360205724817658511806303644281231496550704751025446501172
72115551948668508003685322818315219600373562527944951582841882947876108526398139
55990067376482922443752871846245780361929819713991475644882626039033814418232625
15097482797977996437308997038886778227138360577729788241256119071766394650763304
52795466185509666618566470971134447401607046262156807174818778443714369882185596
70959102596862002353718588748569652200050311734392073211390803293634479727355955
27734907178379342163701205005451326383544000186323991490705479778056697853358048
96690629511943247309958765523681285904138324116072260299833053537087613893963917
79574540161372236187893626051355841587186925538065061647798340254351284396129460
35291332594279490433729908573158029095863138268329147711639633709240031689458636
06064584592512699465572483918656420975268508230754425459937691704197778008536273
09417101634349076642372229435236612557250881477922315197477806055696725380171807
76360346245927877846585065650507808442115296975218908740196609066518035165017925 0
46195013665368543663271426936985491442000145747687190322120660243300964127048943
90397177195180699086998606636583232227870937650220149291011517177635944602023249
30028040186772391028809786606565118326004368850881715723866984224220102495055188
16948032210025154264946398128736776589276881635983127788652014117411091360116 49
95076629077943646005851941998560162647907615321038727557126992518275687989302761
76114616254935649590370804538381823233686120162437365698467037858535305273533379 3
99075216606923805336988795651372855939883499894707416181550125397064648171946708 3
48197214488898790676503795903669672494992545279033729636162658976039498576741397
35944102374432970935547798262961459144293645142861715858733974679189757121195618
73857836447584484235555810500256114923915188930996463428413936080830916628188115
03715284967059741625628236092168075150177725387402564253470879089137291722828611
51591568372524163077225440633787593105982676094420326192428531701878177296023541
30606721360460003896610936470951414171857770141806064436368154644400533160877831
43174440811949422975599314011888683314832802706553833004693290115744147563139997

B.10 円周率 π の値 (4000 桁)

```
3.1415926535897932384626433832795028841971693993751058209749445923078164062862089986280348253421170679821480865132823066470938446095505822317253594081284811174502841027019385211055596446229489549303819644288109756659334461284756482337867831652712019091456485669234603486104543266482133936072602491412737245870066063155881748815209209628292540917153643678925903600113305305488204665213841469519415116094330572703657595919530921861173819326117931051185480744623799627495673518857527248912279381830119491298336733624406566430860213949463952247371907021798609437027705392171762931767523846748184676694051320005681271452635608277857713427577896091736371787214684409012249534301465495853710507922796892589235420199561121290219608640344181598136297747713099605187072113499999983729780499510597317328160963185950244594553469083026425223082533446850352619311881710100031378387528865875332083814206171776691473035982534904287554687311595628638823537875937519577818577805321712268066130019278766111959092164201989380952572010654858632788659361533818279682303019520353018529689957736225994138912497217752834791315155748572424541506959508295331168617278558890750983817546374649393192550604009277016711390098488240128583616035637076601047101819429555961989467678374494482553797747268471040475346462080466842590694912933136770289891521047521620569660240580381501935112533824300355876402474964732639141992726042699227967823547816360093417216412199245863150302861829745557067498385054945885869269956909272107975093029553211653449872027559602364806654991198818347977535663698074265425278625518184175746728909777727938000816470600161452491921732172147723501414419735685481613611573525521334757418494684385233239073941433345477624168625189835694855620992192221842725502542568876717904946016534668049886272327917860857843838279679766814541009538837863609506800642251252051173929848960841284886269456042419652850222106611863067442786220391949450471237137869609563643719172874677646575739624138908658326459958133904780275900994657640789512694683983525957098258226205224894077267194782684826014769909026401363944374553050682034962524517493996514314298091906592509372216964615157095853874105978859597729754989301617539284681382686838689427741559918559252459539594310499725246808459872736446958486538367362226260991246080512438843904512441365497627807977156914359977001296160894416948685555848406353422072225828486481584560285060168427394522674676788952521385225499546667278239896456596116354886205774564980355936345681743241125150760694794510965960490125228279117083713210457615816380353601015033086179286809208747609178249385890097149096759852613655497818931297848216829989487226588048575640142704775551323796414515237462343654285854447952658678210511413547357395231134271661021359695362314429524849371871101457654035902799344037420073105785390621983874478084784896833214457138687519435064302184531910484810053706146806749192781911979399520614196634287544406437451237181921799983910159195618146751426912397489409071864942319615679452080951465502252316038819301420937621385559663893778708303906979207734672218262599661501421503068038447734549202206054146659252014974428550792518666002132434088190710486331734649651453905796268561005508106658796998163574736384052571459102897606440110971206280439039759515677157700420337869936007230558763176358942187312514712053292819182618612586732157919841484882916447060957527069572209175671167229109816909152801735067127485832228718352093539657251210835791513698820914442100675103346711031412671113699086585163983150197016515116851714376576183515565088490998985998238734552833163550764791853589322618548963213293308985706420467525907091548141654985946163718027098199430992448895757128289059232326971992971208444357532654898323911932597463667305860414281388303203824903759852437441702917327656180937734440307074692112019130203303801976211011004492932151608424448596376698389522866847831235562658213144957685726243344189303968642624341077322697802807318915441101044682325271620105265227211116604
396
```

B.11 オイラーの定数 γ の値 (4000 桁)

0.57721566490153286060651209008240243104215933593992359880576723488486772677766467
09369470632917467495146314472498070824809605040144865428362241739976449235362535
00333742937337367394279259525824709491600873520394816567085323315177661152862 1
19950150798479374508570574002992135478614669402960432542151905877553526733139925
40129674205137541395491116851028079842348775872050384310939973613725530608893312
67600172479537836759271351577226102734929139407984301034177717780881549570661075
01016191663340152278935867965497252036212879226555953669628176388792726801324310
10476505963703947394957638906572967929601009015125195092224350140934987 1228247
94974719564697631850667612906381105182419744486783638086174945516989279230187739
10729457815543160050021828440960537724342032854783670151773943987003023703395183
28690001558193988042707411542227819716523011073565833967348717650491941812300040
65469314299929777956930310050308630341856980323103691640025892970809098548682577
73642882539549258736295961332985747393023734388470703702844129201664178502487333
79080562754998434590761643167103146710722370021810745044418664759134803669025532
45862544222534518138791243457350136129778227828814894590986384600629316947188714
95875254923664935204732436410972682761608775950880951262084045444779922991572482
92516251278427659657083214610298214617951957590959227042089896297971255363217948
87376421066060706598256199010288075612519913751167821764361905705844078357350158
00560774579342131449885500786415171615194565706170432450750081687052307890937046 1
43066848179164968425491504967243121837838753564894950868454102340601622508515583
86723494418788044094077010688379511130787202342639522692097160885690938251137871
28368204911789259447848619911852939102930990592552669172744689204438697111471745
71574573203935209122316085086827558890109451681181016874975470969366671210206304
82716589504932731486087494020700674259091824875962137384231144265313502923031751
72257221628324883811245895743862398703757662855130331439299954018531341415862127
88648076110030152119657800681177737635016818389733896089579329914563886443 10
37060807817448995795832457941896202604984104392250786046036252772602291968299586
09883390137871714226917883819529844560791605197279736047591025109957791335157917
72251502549293246325028747677948421584050750599290401855764599018626926776437266 05
71176813365590881554810747000062336372528894955463697143301200791308555263959549
78230231440391497404947468529473208461852464088287953010406349172292 18580
08706770690427926743284446965149718256780958416544918514575331964063311993738 21
57345087498832556088887352801901915508968855468259245444527728173057301080606 177
01136377318246292466008127716210186774468495951428179014511194893422883448253075
31187018609761224623176749775564124619838564014841235871772495542248201615176579
94080629683424289057253947392609386338387143819676429268372497608750737352 8
37023046865034905120342272174366897928486297290889267897770326246239122618887653
00577862743606094443603928097708133836934235508583941126709218734414512 18780327 6
15050947805546630058684556315245460531511325281889107923149131103234430245093345
00030765586487422297177003317845391505669401599884929160911400294869020884853816
97009551563470554452217640358629398286583131238701325358800625686626926997767737
73068322690091608510451500226107180255465928493894927759589754076155993378264824
19795064186814378817185088540803679963142395400916438875007890000062799794280 98
86372992591977765040409922037940427616817837156686530669398309165243227059553041
76673664011679295901293053744971830800427584863508380424667350935588323241 1696
92148606498927636244329588548737897014897133433584480028904666509028453768962 239
83048814062730540879591189670574938544324786914808533770264067758081275458731 117
63647878743073920664201125135272749961754505308558235668306832291767667704103523
15350325101246563861567064498471326959693301678661383333334416579006058674971036
46895174569597181553764078377650184278345991842015995431449047725552306147670166

B.12   度数法による三角関数表 (θ:degree)

θ	$\tan\theta$	$\sin\theta$	$\cos\theta$	θ	$\tan\theta$	$\sin\theta$	$\cos\theta$
0	0	0	1	46	1.0355	0.71934	0.69466
1	0.017455	0.017452	0.99985	47	1.0724	0.73135	0.68200
2	0.034921	0.034899	0.99939	48	1.1106	0.74314	0.66913
3	0.052408	0.052336	0.99863	49	1.1504	0.75471	0.65606
4	0.069927	0.069756	0.99756	50	1.1918	0.76604	0.64279
5	0.087489	0.087156	0.99619	51	1.2349	0.77715	0.62932
6	0.10510	0.10453	0.99452	52	1.2799	0.78801	0.61566
7	0.12278	0.12187	0.99255	53	1.3270	0.79864	0.60182
8	0.14054	0.13917	0.99027	54	1.3764	0.80902	0.58779
9	0.15838	0.15643	0.98769	55	1.4281	0.81915	0.57358
10	0.17633	0.17365	0.98481	56	1.4826	0.82904	0.55919
11	0.19438	0.19081	0.98163	57	1.5399	0.83867	0.54464
12	0.21256	0.20791	0.97815	58	1.6003	0.84805	0.52992
13	0.23087	0.22495	0.97437	59	1.6643	0.85717	0.51504
14	0.24933	0.24192	0.97030	60	1.7321	0.86603	0.5
15	0.26795	0.25882	0.96593	61	1.8040	0.87462	0.48481
16	0.28675	0.27564	0.96126	62	1.8807	0.88295	0.46947
17	0.30573	0.29237	0.95630	63	1.9626	0.89101	0.45399
18	0.32492	0.30902	0.95106	64	2.0503	0.89879	0.43837
19	0.34433	0.32557	0.94552	65	2.1445	0.90631	0.42262
20	0.36397	0.34202	0.93969	66	2.2460	0.91355	0.40674
21	0.38386	0.35837	0.93358	67	2.3559	0.92050	0.39073
22	0.40403	0.37461	0.92718	68	2.4751	0.92718	0.37461
23	0.42447	0.39073	0.92050	69	2.6051	0.93358	0.35837
24	0.44523	0.40674	0.91355	70	2.7475	0.93969	0.34202
25	0.46631	0.42262	0.90631	71	2.9042	0.94552	0.32557
26	0.48773	0.43837	0.89879	72	3.0777	0.95106	0.30902
27	0.50953	0.45399	0.89101	73	3.2709	0.95630	0.29237
28	0.53171	0.46947	0.88295	74	3.4874	0.96126	0.27564
29	0.55431	0.48481	0.87462	75	3.7321	0.96593	0.25882
30	0.57735	0.5	0.86603	76	4.0108	0.97030	0.24192
31	0.60086	0.51504	0.85717	77	4.3315	0.97437	0.22495
32	0.62487	0.52992	0.84805	78	4.7046	0.97815	0.20791
33	0.64941	0.54464	0.83867	79	5.1446	0.98163	0.19081
34	0.67451	0.55919	0.82904	80	5.6713	0.98481	0.17365
35	0.70021	0.57358	0.81915	81	6.3138	0.98769	0.15643
36	0.72654	0.58779	0.80902	82	7.1154	0.99027	0.13917
37	0.75355	0.60182	0.79864	83	8.1443	0.99255	0.12187
38	0.78129	0.61566	0.78801	84	9.5144	0.99452	0.10453
39	0.80978	0.62932	0.77715	85	11.430	0.99619	0.087156
40	0.83910	0.64279	0.76604	86	14.301	0.99756	0.069756
41	0.86929	0.65606	0.75471	87	19.081	0.99863	0.052336
42	0.90040	0.66913	0.74314	88	28.636	0.99939	0.034899
43	0.93252	0.68200	0.73135	89	57.290	0.99985	0.017452
44	0.96569	0.69466	0.71934	90	∞	1	0
45	1	0.70711	0.70711	--			

B.13 逆正接関数 $y = \mathrm{Tan}^{-1}x$ の表 $\left(y : \text{radian/degree}\right)$

x	y (rad)	y (deg)	x	y (rad)	y (deg)	x	y (rad)	y (deg)
0.02	0.019997	1.1458	0.82	0.68682	39.352	1.62	1.0178	58.314
0.04	0.039979	2.2906	0.84	0.69866	40.030	1.64	1.0232	58.627
0.06	0.059928	3.4336	0.86	0.71027	40.696	1.66	1.0286	58.935
0.08	0.079830	4.5739	0.88	0.72165	41.348	1.68	1.0339	59.237
0.10	0.099669	5.7106	0.90	0.73282	41.987	1.70	1.0391	59.534
0.12	0.11943	6.8428	0.92	0.74376	42.614	1.72	1.0442	59.826
0.14	0.13910	7.9696	0.94	0.75448	43.229	1.74	1.0492	60.113
0.16	0.15866	9.0903	0.96	0.76499	43.831	1.76	1.0541	60.396
0.18	0.17809	10.204	0.98	0.77530	44.421	1.78	1.0589	60.673
0.20	0.19740	11.310	1.00	0.78540	45	1.80	1.0637	60.945
0.22	0.21655	12.407	1.02	0.79530	45.567	1.82	1.0684	61.213
0.24	0.23554	13.496	1.04	0.80500	46.123	1.84	1.0730	61.477
0.26	0.25437	14.574	1.06	0.81452	46.668	1.86	1.0775	61.736
0.28	0.27301	15.642	1.08	0.82384	47.203	1.88	1.0819	61.991
0.30	0.29146	16.699	1.10	0.83298	47.726	1.90	1.0863	62.241
0.32	0.30970	17.745	1.12	0.84194	48.240	1.92	1.0906	62.488
0.34	0.32774	18.778	1.14	0.85073	48.743	1.94	1.0949	62.731
0.36	0.34556	19.799	1.16	0.85934	49.236	1.96	1.0990	62.969
0.38	0.36315	20.807	1.18	0.86778	49.720	1.98	1.1031	63.204
0.40	0.38051	21.801	1.20	0.87606	50.194	2.00	1.1071	63.435
0.42	0.39763	22.782	1.22	0.88417	50.659	2.02	1.1111	63.662
0.44	0.41451	23.749	1.24	0.89213	51.116	2.04	1.1150	63.886
0.46	0.43114	24.702	1.26	0.89994	51.563	2.06	1.1189	64.106
0.48	0.44752	25.641	1.28	0.90759	52.001	2.08	1.1227	64.323
0.50	0.46365	26.565	1.30	0.91510	52.431	2.10	1.1264	64.537
0.52	0.47952	27.474	1.32	0.92246	52.853	2.12	1.1300	64.747
0.54	0.49513	28.369	1.34	0.92969	53.267	2.14	1.1337	64.954
0.56	0.51049	29.249	1.36	0.93677	53.673	2.16	1.1372	65.158
0.58	0.52558	30.114	1.38	0.94373	54.071	2.18	1.1407	65.358
0.60	0.54042	30.964	1.40	0.95055	54.462	2.20	1.1442	65.556
0.62	0.55500	31.799	1.42	0.95724	54.846	2.22	1.1476	65.751
0.64	0.56931	32.619	1.44	0.96381	55.222	2.24	1.1509	65.943
0.66	0.58337	33.425	1.46	0.97026	55.592	2.26	1.1542	66.132
0.68	0.59718	34.216	1.48	0.97658	55.954	2.28	1.1575	66.318
0.70	0.61073	34.992	1.50	0.98279	56.310	2.30	1.1607	66.501
0.72	0.62402	35.754	1.52	0.98889	56.659	2.32	1.1638	66.682
0.74	0.63707	36.501	1.54	0.99488	57.002	2.34	1.1669	66.861
0.76	0.64987	37.235	1.56	1.0008	57.339	2.36	1.1700	67.036
0.78	0.66243	37.954	1.58	1.0065	57.670	2.38	1.1730	67.209
0.80	0.67474	38.660	1.60	1.0122	57.995	2.40	1.1760	67.380

B.14　数の広場

◆ 超越数？ それは誰も知らない ◆

e, π はそれぞれ無理数であり，超越数であることが証明されている．ところが，これらの和・積については，現在もなお研究中である．果たして？

π + e = 5.85987448204883847382293085463216538195441649307506s...,

π × e = 8.53973422267356706546355086954657449503488853576511i...

◆ 整数？ まさか！◆

無理数同士の加減乗除により得られる結果は，無理数になる場合もあれば，有理数になる場合もある．精度も考えず，計算機まかせでいると，整数？

$$e^{\pi\sqrt{43}} = 884736743.999777466\cdots$$
$$\approx 884736744 = 960^3 + 744,$$

$$e^{\pi\sqrt{67}} = 147197952743.99999866245\cdots$$
$$\approx 147197952744 = 5280^3 + 744,$$

$$e^{\pi\sqrt{163}} = 262537412640768743.999999999999250072\cdots$$
$$\approx 262537412640768744 = 640320^3 + 744,$$

$$\left[\frac{\log(640320^3 + 744)}{\pi}\right]^2 = 163.00000000000000000000000000000$$
$$23216777942453341067978493036479\,\cdots.$$

◆ 実数？ 本当!! ◆

虚数の虚数乗：i^i は，i が $e^{i\pi/2}$ と表されることを用いて

$$i^i \Rightarrow (e^{i\pi/2})^i = e^{-\pi/2} = 0.20787957635076190854695561983497877\cdots$$

と求められる．何とこれは実数値，正に"虚々実々"の計算である．

B.15 文字の広場

◆ ギリシャ文字一覧表 ◆

A	α	*alpha*	アルファ	N	ν	*nu*	ニュー
B	β	*beta*	ベータ	Ξ	ξ	*xi*	グザイ
Γ	γ	*gamma*	ガンマ	O	o	*omicron*	オミクロン
Δ	δ	*delta*	デルタ	Π	π, ϖ	*pi*	パイ
E	ϵ, ε	*epsilon*	イプシロン	P	ρ, ϱ	*rho*	ロー
Z	ζ	*zeta*	ツェータ	Σ	σ, ς	*sigma*	シグマ
H	η	*eta*	イータ	T	τ	*tau*	タウ
Θ	θ, ϑ	*theta*	シータ	Υ	υ	*upsilon*	ウプシロン
I	ι	*iota*	イオタ	Φ	ϕ, φ	*phi*	ファイ
K	κ	*kappa*	カッパ	X	χ	*chi*	カイ
Λ	λ	*lambda*	ラムダ	Ψ	ψ	*psi*	プサイ
M	μ	*mu*	ミュー	Ω	ω	*omega*	オメガ

◆ 様々な書体 ◆

Roman letters ローマン体： a, b, c, d, e, f, g, h, i, j, k, l, m, n, o, p, q, r, s, t, u, v, w, x, y, z
Bold letters ボールド体： **a, b, c, d, e, f, g, h, i, j, k, l, m, n, o, p, q, r, s, t, u, v, w, x, y, z**
Italic letters イタリック体： *a, b, c, d, e, f, g, h, i, j, k, l, m, n, o, p, q, r, s, t, u, v, w, x, y, z*
Slanted letters 斜体： *a, b, c, d, e, f, g, h, i, j, k, l, m, n, o, p, q, r, s, t, u, v, w, x, y, z*
Sans serif サンセリフ： a, b, c, d, e, f, g, h, i, j, k, l, m, n, o, p, q, r, s, t, u, v, w, x, y, z
SCRIPT 筆記体： $\mathcal{A, B, C, D, E, F, G, H, I, J, K, L, M, N, O, P, Q, R, S, T, U, V, W, X, Y, Z}$

B.16　パスカルの三角形 (白紙)

拡大コピーして，塗り分けに挑戦して下さい.

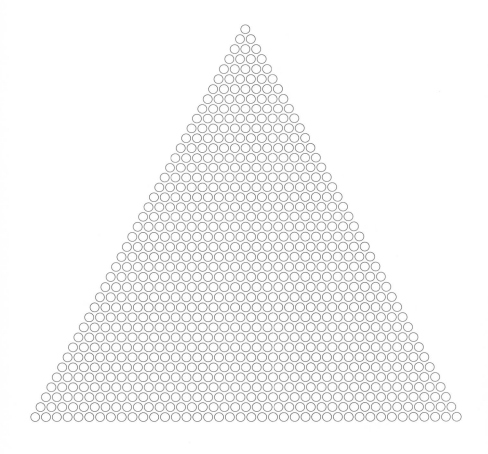

第 V 部

問題解答

Answers to problems

本当の数学は美しいほど，それだけ厳しいもので
ある．　　　　　　　　　　　ハーディ

問題解答

第 1 章

問題 1 29 の平方根の大きさを評価せよ．

解答： $25 < 29 < 36$，すなわち，$5^2 < 29 < 6^2$ より

$$5 < \sqrt{29} < 6$$

である．

問題 2 $0.3181818\cdots$ を分数表示せよ．

解答： $0.3181818\cdots = 0.3 + 0.0181818\cdots$ より，$A = 0.01818\cdots$ とおく．両辺を 100 倍して

$$100A = 1.818\cdots = 1.8 + 0.01818\cdots = 1.8 + A$$

よって，$99A = 1.8$ より $A = 1/55$．答えは

$$\frac{3}{10} + \frac{1}{55} = \frac{7}{22}$$

となる．

問題 3 素因数分解を利用して，$10!$, $20!!$ と $100!$ を求めよ．

解答：

$$
\begin{aligned}
10! &= 1 \times 2 \times 3 \times 4 \times 5 \times 6 \times 7 \times 8 \times 9 \times 10 \\
&= 1 \times 2 \times 3 \times 2^2 \times 5 \times (2 \times 3) \times 7 \times 2^3 \times 3^2 \times (2 \times 5) \\
&= 2^8 \times 3^4 \times 5^2 \times 7 = 3628800, \\
20!! &= 2^{10} \times 10! = 1024 \times 3628800 = 3715891200, \\
100! &= 2^{97} \times 3^{48} \times 5^{24} \times 7^{16} \times 11^9 \times 13^7 \times 17^5 \times 19^5 \times 23^4 \times 29^3 \times 31^3 \times 37^2 \\
&\quad \times 41^2 \times 43^2 \times 47^2 \times 53 \times 59 \times 61 \times 67 \times 71 \times 73 \times 79 \times 83 \times 89 \times 97.
\end{aligned}
$$

$100!$ は具体的には

$$100! = 933262154439441526816992388562667004907159682643816214685929638952175999932299156089414639761565182862536979208272237582511852109168640000000000000000000000000000$$

という 158 桁の数である[注1].

問題 4　定義に従って ${}_4\mathrm{C}_2 + {}_4\mathrm{C}_3$ を計算し，${}_5\mathrm{C}_3$ に一致することを確かめよ.

解答：

$$\begin{aligned}
{}_4\mathrm{C}_2 + {}_4\mathrm{C}_3 &= \frac{4!}{2!(4-2)!} + \frac{4!}{3!(4-3)!} = \frac{4!}{2!2!} + \frac{4!}{3!1!} \\
&= \frac{24}{2\times 2} + \frac{24}{6\times 1} = 6 + 4 = 10, \\
{}_5\mathrm{C}_3 &= \frac{5!}{3!(5-3)!} = \frac{120}{6\times 2} = 10.
\end{aligned}$$

よって，${}_4\mathrm{C}_2 + {}_4\mathrm{C}_3 = {}_5\mathrm{C}_3$ となる.

問題 5　二項定理と S_n の定義式：

$$S_n = \sum_{k=0}^{n} {}_n\mathrm{C}_k$$

を比較することにより，上で得た結果 $S_n = 2^n$ を再現せよ.

解答：二項定理

$$(a+b)^n = \sum_{k=0}^{n} {}_n\mathrm{C}_k\, a^{n-k}b^k$$

と S_n の定義式を比べ，上式に $a = b = 1$ を代入して

$$S_n = (1+1)^n = 2^n$$

注1 階乗は，余りにも大きな数になるので，驚いて感嘆符！を用いるのだ，という説がある.

を得る. よって

$$2^n = {}_n\mathrm{C}_0 + {}_n\mathrm{C}_1 + {}_n\mathrm{C}_2 + {}_n\mathrm{C}_3 + \cdots + {}_n\mathrm{C}_n.$$

同様に, 二項定理において $a = 1, b = -1$ とおき

$$0 = \sum_{k=0}^{n} {}_n\mathrm{C}_k(-1)^k = {}_n\mathrm{C}_0 - {}_n\mathrm{C}_1 + {}_n\mathrm{C}_2 - {}_n\mathrm{C}_3 + \cdots + (-1)^n {}_n\mathrm{C}_n$$

を得る. ここで

$$\begin{aligned} {}_n\mathrm{C}_0 + {}_n\mathrm{C}_1 + {}_n\mathrm{C}_2 + {}_n\mathrm{C}_3 + \cdots + {}_n\mathrm{C}_n &= 2^n, \\ {}_n\mathrm{C}_0 - {}_n\mathrm{C}_1 + {}_n\mathrm{C}_2 - {}_n\mathrm{C}_3 + \cdots + (-1)^n {}_n\mathrm{C}_n &= 0 \end{aligned}$$

の辺々を加えて

$$2({}_n\mathrm{C}_0 + {}_n\mathrm{C}_2 + {}_n\mathrm{C}_4 + {}_n\mathrm{C}_6 + \cdots) = 2^n$$

より

$$_n\mathrm{C}_0 + {}_n\mathrm{C}_2 + {}_n\mathrm{C}_4 + {}_n\mathrm{C}_6 + \cdots = 2^{n-1}.$$

また, 二式の引き算より

$$_n\mathrm{C}_1 + {}_n\mathrm{C}_3 + {}_n\mathrm{C}_5 + {}_n\mathrm{C}_7 + \cdots = 2^{n-1}$$

を得る.

問題 6 無限数列 r^n は, $1 < r$ の場合発散し, $r < 1$ の場合 0 に収束する. ここで 8 桁電卓において, 最も 1 に近い二数:

$$A = 0.9999999, \quad B = 1.0000001$$

により与えられる数列 A^n, B^n の収束・発散を調べたい. A, B の累乗を求め, 数表の形にまとめよ.

解答: 電卓で, ある数の二乗を求めるとき, 例えば 2 を二乗する場合には 2, $\times$, $=$ と入力すればよく, 数値を二回入力する必要はない. この便利さを利用して, A, B の累乗を求める.

電卓を用いて，このような表を実際に作ってみることにより，初期値の 1 を挟んだわずかな差

$$B - A = 1.0000001 - 0.9999999 = 0.0000002$$

が結果に重大な影響を与えることが理解できる.

また，$n = 1, 2, 4, \ldots, 4096$ において，A^n, B^n は

$$A^n = 1.0000000 - 0.0000001 \times n,$$
$$B^n = 1.0000000 + 0.0000001 \times n$$

で与えられていることに注目しよう. 以下に数表をまとめておく.

A^1	$= 0.9999999$	B^1	$= 1.0000001$
A^2	$= 0.9999998$	B^2	$= 1.0000002$
A^4	$= 0.9999996$	B^4	$= 1.0000004$
A^8	$= 0.9999992$	B^8	$= 1.0000008$
A^{16}	$= 0.9999984$	B^{16}	$= 1.0000016$
A^{32}	$= 0.9999968$	B^{32}	$= 1.0000032$
A^{64}	$= 0.9999936$	B^{64}	$= 1.0000064$
A^{128}	$= 0.9999872$	B^{128}	$= 1.0000128$
A^{256}	$= 0.9999744$	B^{256}	$= 1.0000256$
A^{512}	$= 0.9999488$	B^{512}	$= 1.0000512$
A^{1024}	$= 0.9998976$	B^{1024}	$= 1.0001024$
A^{2048}	$= 0.9997952$	B^{2048}	$= 1.0002048$
A^{4096}	$= 0.9995904$	B^{4096}	$= 1.0004096$
A^{8192}	$= 0.9991809$	B^{8192}	$= 1.0008193$
A^{16384}	$= 0.9983624$	B^{16384}	$= 1.0016392$
$\vdots$		$\vdots$	
$A^{4194304}$	$= 0.6573191$	$B^{4194304}$	$= 1.5208589$
$A^{8388608}$	$= 0.4320683$	$B^{8388608}$	$= 2.3130117$
$A^{16777216}$	$= 0.1866830$	$B^{16777216}$	$= 5.3500231$
$A^{33554432}$	$= 0.0348505$	$B^{33554432}$	$= 28.622747$
$A^{67108864}$	$= 0.0012145$	$B^{67108864}$	$= 819.26164$
$A^{134217728}$	$= 0.0000014$	$B^{134217728}$	$= 671189.63$
$A^{268435456}$	$= 0$	$B^{268435456}$	$\Rightarrow$ エラー表示

問題 7 $0.\dot{1}4285\dot{7}$ を無限級数と見て，分数に直せ．

解答：

$$\frac{142857}{10^6}\left(\frac{1}{1-10^{-6}}\right) = \frac{142857}{999999} = \frac{1}{7}$$

問題 8 調和級数：

$$1 + \frac{1}{2} + \frac{1}{3} + \frac{1}{4} + \cdots + \frac{1}{n} + \cdots$$

の収束・発散を調べよ．

解答： 与えられた級数を，2 個，2^2 個，2^3 個,... と 2 の累乗個ずつ項をまとめて

$$I = 1 + \frac{1}{2} + \left(\frac{1}{3} + \frac{1}{4}\right) + \left(\frac{1}{5} + \cdots + \frac{1}{8}\right) + \left(\frac{1}{9} + \cdots + \frac{1}{16}\right) + \cdots$$

と表すと，以下の自明な関係

$$\frac{1}{3} + \frac{1}{4} > \frac{1}{4} + \frac{1}{4} = \frac{1}{2},$$

$$\frac{1}{5} + \frac{1}{6} + \frac{1}{7} + \frac{1}{8} > \frac{1}{8} + \frac{1}{8} + \frac{1}{8} + \frac{1}{8} = \frac{1}{2},$$

$$\frac{1}{9} + \cdots + \frac{1}{16} > \frac{1}{16} + \cdots + \frac{1}{16} = \frac{1}{2}$$

を利用することができて

$$I = 1 + \frac{1}{2} + \underbrace{\left(\frac{1}{3} + \frac{1}{4}\right)}_{\vee} + \underbrace{\left(\frac{1}{5} + \cdots + \frac{1}{8}\right)}_{\vee} + \underbrace{\left(\frac{1}{9} + \cdots + \frac{1}{16}\right)}_{\vee} + \cdots$$

$$J = 1 + \frac{1}{2} \quad\; + \frac{1}{2} \qquad\quad + \frac{1}{2} \qquad\qquad\quad + \frac{1}{2} \qquad\qquad + \cdots$$

より，明らかに $I > J$ であり，しかも

$$J = \lim_{k \to \infty}\left(1 + \frac{1}{2}k\right) \to \infty$$

であるので，無限級数 I は発散する.

第 n 項までの部分和を $I(n)$ で表して，値の変化を具体的に調べてみよう.

$$I(10^1) = 2.9289683, \qquad I(10^{100}) = 230.83572,$$
$$I(10^2) = 5.1873775, \qquad I(10^{200}) = 461.09423,$$
$$I(10^3) = 7.4854709, \qquad I(10^{300}) = 691.35274,$$
$$I(10^4) = 9.7876060, \qquad I(10^{400}) = 921.61125,$$
$$I(10^5) = 12.090146, \qquad I(10^{500}) = 1151.8698,$$
$$I(10^6) = 14.392727, \qquad I(10^{600}) = 1382.1283,$$
$$I(10^7) = 16.695311, \qquad I(10^{700}) = 1612.3868,$$
$$I(10^8) = 18.997896, \qquad I(10^{800}) = 1842.6453,$$
$$I(10^9) = 21.300482, \qquad I(10^{900}) = 2072.9038,$$
$$I(10^{10}) = 23.603067, \qquad I(10^{1000}) = 2303.1623.$$

如何にこの級数の動きが鈍いかが分かる——それでもなお発散するのである.

この問題のように，$n \to \infty$ のとき，第 n 項が $1/n \to 0$ となっても，その級数が収束すると**即断**してはいけない.

問題 9 項が交互に正負を繰り返す級数を交代級数という. 交代級数：

$$[\,1\,]\ \ 1 - \frac{1}{2} + \frac{1}{3} - \frac{1}{4} + \cdots + (-1)^{n-1}\frac{1}{n} + \cdots,$$

$$[\,2\,]\ \ 1 - \frac{1}{3} + \frac{1}{5} - \frac{1}{7} + \cdots + (-1)^{n-1}\frac{1}{2n-1} + \cdots$$

の収束・発散を調べよ.

解答： 交代級数

$$S = a_1 - a_2 + a_3 - a_4 + \cdots + a_n \cdots$$

を考え，その一般項 a_n が

$$a_{n+1} \leqq a_n,\ n \to \infty \quad \text{のとき} \quad a_n \to 0$$

を満たすと仮定する. さて，交代級数の偶数番目までの和を S_{2m} で表し

$$S_{2m} = a_1 - a_2 + a_3 - a_4 + \cdots + a_{2m-1} - a_{2m}$$
$$= (a_1 - a_2) + (a_3 - a_4) + \cdots + (a_{2m-1} - a_{2m})$$

と書くと $a_{n+1} \leqq a_n$ より，括弧内はすべて非負である．故に，$S_{2m} \geqq 0$ であり，項数が増えるに従って，その和は単調に増加する．さらに

$$S_{2m} = a_1 - [(a_2 - a_3) + (a_4 - a_5) + \cdots + (a_{2m-2} - a_{2m-1}) + a_{2m}]$$

と変形すれば，やはり $a_{n+1} \leqq a_n$ より，$S_{2m} \leqq a_1$ となる．よって，S_{2m} は単調増加であり，かつその値は

$$0 \leqq S_{2m} \leqq a_1$$

で押さえられる．すなわち，S_{2m} は 収束する．その和を α と書くと

$$\lim_{m \to \infty} S_{2m} = \alpha$$

である．

次に，奇数番目までの和を S_{2m+1} と表すと，$S_{2m+1} = S_{2m} + a_{2m+1}$ であり，S_{2m+1} は単調減少数列になる．その極限値は

$$\lim_{m \to \infty} S_{2m+1} = \lim_{m \to \infty} (S_{2m} + a_{2m+1})$$
$$= \lim_{m \to \infty} S_{2m} + \lim_{m \to \infty} a_{2m+1} = \alpha$$

となり，S_{2m} と同じ極限値 α を持つ．S_{2m} と S_{2m+1} の関係を具体的に不等式で表せば

$$S_2 < S_4 < S_6 < \cdots < S_{2m} < \cdots < \alpha < \cdots < S_{2m+1} < \cdots < S_5 < S_3 < S_1$$

である．よって，交代級数 S は α に収束する．本問題は

$$a_{n+1} \leqq a_n, \quad n \to \infty \quad \text{のとき} \quad a_n \to 0$$

の条件を満足するので，共に収束する．

ところで，問題 8 より調和級数は発散し，その偶数番目の項の符号を変えた交代級数は収束することが分かった．一般に，級数：

$$a_1 + a_2 + a_3 + a_4 + \cdots + a_n + \cdots \qquad \text{(A)}$$

に対して

$$|a_1| + |a_2| + |a_3| + |a_4| + \cdots + |a_n| + \cdots \qquad \text{(B)}$$

を**絶対値級数 (absolute series)** と呼ぶ．級数 (A) が収束し，(B) が発散するとき，級数 (A) は**条件収束 (conditional convergence)** するといい，(A), (B) が共に収束するとき，(A) は**絶対収束 (absolute convergence)** するという．よって

$$1 - \frac{1}{2} + \frac{1}{3} - \frac{1}{4} + \cdots + (-1)^{n-1}\frac{1}{n} + \cdots$$

は条件収束級数である．

条件収束級数において，項を加える順番を勝手に変更してはいけない．例えば

$$S = 1 - \frac{1}{2} + \frac{1}{3} - \frac{1}{4} + \frac{1}{5} - \frac{1}{6} + \frac{1}{7} - \frac{1}{8} + \cdots$$

の両辺に $1/2$ を掛けて

$$\frac{1}{2}S = \frac{1}{2} - \frac{1}{4} + \frac{1}{6} - \frac{1}{8} + \frac{1}{10} - \frac{1}{12} + \frac{1}{14} - \frac{1}{16} + \cdots$$

を作り，両者を加えると

$$S = 1 - \frac{1}{2} + \frac{1}{3} - \frac{1}{4} + \frac{1}{5} - \frac{1}{6} + \frac{1}{7} - \frac{1}{8} + \cdots$$
$$\frac{1}{2}S = \quad + \frac{1}{2} \quad - \frac{1}{4} \quad + \frac{1}{6} \quad - \frac{1}{8} + \cdots \quad (+$$
$$\rule{6cm}{0.4pt}$$
$$\frac{3}{2}S = 1 \quad + \frac{1}{3} - \frac{1}{2} + \frac{1}{5} \quad + \frac{1}{7} - \frac{1}{4} + \cdots$$

すなわち

$$1 + \frac{1}{3} - \frac{1}{2} + \frac{1}{5} + \frac{1}{7} - \frac{1}{4} + \cdots = \frac{3}{2}S$$

となる．左辺は S の項の順番を変えただけであるのに，その和は $3S/2$ となり収束する値が変わってしまう．同様に S から $S/2$ を引けば，$S/2$ に収束する級数を作り得る．

ここで示したように，条件収束級数は項を加える順序を変えるだけで，和が変わったり，収束しなくなったりする面白い性質を持っている．

$$\boxed{\text{第 2 章}}$$

$\boxed{\text{問題 1}}$ 以下の方程式を解け.

[1] $x^2 - 2\sqrt{7}x + 2 = 0$ [2] $x^2 + x + 1 = 0$

[3] $x^3 + 1 = 0$ [4] $x^4 - 10x^2 + 1 = 0$

[5] $x^4 + 2x^3 - x^2 + 2x + 1 = 0$

解答:

[1] 根の公式より, 直ちに二つの実根: $x = \sqrt{7} \pm \sqrt{5}$ を得る.

[2] 根の公式より, $x = \left(-1 \pm \sqrt{3}\mathrm{i}\right)/2$. このように虚数単位の符号のみが異なる二数を**共役複素数 (conjugate complex number)**, あるいは互いに**複素共役 (complex conjugate)** であるという (第 2 章第 2 節参照).

[3] 与えられた x に関する方程式が α を根として持つとき, その方程式は $(x - \alpha)$ で割り切れる. これを**因数定理 (factor theorem)** と呼ぶ. 本問において, $x = -1$ は明らかに根なので, 与えられた方程式は $x + 1$ で割り切れる. 実際

$$
\begin{array}{r}
x^2 \quad -x \quad +1 \\
x+1{\overline{\smash{\big)}\,x^3 \qquad\qquad\quad +1}} \\
\underline{x^3 \ +x^2 \qquad\qquad} \\
-x^2 \qquad\quad +1 \\
\underline{-x^2 \ -x \qquad} \\
x \ +1 \\
\underline{x \ +1} \\
0
\end{array}
$$

よって, 根は

$$x = -1, \quad \frac{1}{2}\left(1 \pm \sqrt{3}\mathrm{i}\right)$$

である.

[4] $x^2 = t$ と文字を置き換えると，$t^2 - 10t + 1 = 0$. この方程式の根は

$$t = 5 \pm 2\sqrt{6}$$

である．文字を元に戻して，二つの二次方程式

$$x^2 = 5 + 2\sqrt{6}, \quad x^2 = 5 - 2\sqrt{6}$$

を得る．これらの方程式をそのまま解くと，根は

$$x = \pm\sqrt{5 + 2\sqrt{6}}, \quad \pm\sqrt{5 - 2\sqrt{6}}$$

となる．根号の中に根号が入ったこの形は**二重根号 (double radical sign)** と呼ばれる．二重根号は，形が複雑なだけでなく，値を概算しにくいので，できるだけ避けることが望ましい．

そこで，和の二乗の式 $\left(\sqrt{a} \pm \sqrt{b}\right)^2 = a + b \pm 2\sqrt{a}\sqrt{b}$ を利用して

$$5 + 2\sqrt{6} = 2 + 2\sqrt{2}\sqrt{3} + 3 = \left(\sqrt{2} + \sqrt{3}\right)^2$$

と変形する．同様にして

$$5 - 2\sqrt{6} = 2 - 2\sqrt{2}\sqrt{3} + 3 = \left(\sqrt{3} - \sqrt{2}\right)^2.$$

これらを用いて ($5 - 2\sqrt{6} > 0$ より，$\sqrt{2}$ と $\sqrt{3}$ の大小関係に注意して) 二重根号を外すと，根は

$$x = \pm\left(\sqrt{2} + \sqrt{3}\right), \quad \pm\left(\sqrt{3} - \sqrt{2}\right)$$

と表される．

[5] この方程式のように左右対称な係数——この場合は x^2 の係数 -1 を中心と見る——を有する方程式は**相反方程式 (reciprocal equation)** と呼ばれる．相反方程式は，その独特の構造を利用して，次数を減らし得る．

先ず，$x = 0$ は明らかに根ではないので，方程式全体を x^2 で割って

$$x^2 + 2x - 1 + \frac{2}{x} + \frac{1}{x^2} = 0$$

を得る．ここで，$x + \dfrac{1}{x} = t$ とおくと

$$t^2 = \left(x + \frac{1}{x}\right)^2 = x^2 + 2 + \frac{1}{x^2}$$

より

$$x^2 + \frac{1}{x^2} = t^2 - 2.$$

これらを先の方程式に代入して

$$\begin{aligned}
x^2 + 2x - 1 &+ \frac{2}{x} + \frac{1}{x^2} \\
&= x^2 + \frac{1}{x^2} + 2\left(x + \frac{1}{x}\right) - 1 \\
&= (t^2 - 2) + 2t - 1 \\
&= t^2 + 2t - 3 = 0.
\end{aligned}$$

よって，$t = 1, -3$ を得る．これより，二つの二次方程式：

$$\begin{cases}
x + \dfrac{1}{x} = 1, & \text{すなわち，} \quad x^2 - x + 1 = 0, \\[2mm]
x + \dfrac{1}{x} = -3, & \text{すなわち，} \quad x^2 + 3x + 1 = 0
\end{cases}$$

を見出す．これらを解いて

$$x = \frac{1}{2}\left(1 \pm \sqrt{3}\mathrm{i}\right), \quad \frac{1}{2}\left(-3 \pm \sqrt{5}\right)$$

を得る[注2]．

問題 2 以下の二つの連立方程式を解き，前節の注意を考慮して，得た解を比較せよ．

[1] $x + 5y = 17, \quad 1.5x + 7.501y = 25.504$

[2] $x + 5y = 17, \quad 1.5x + 7.501y = 25.5$

[注2] [2] も相反方程式であるが，この場合は既に次数が十分低いので，上例において用いられた文字の置き換えは有効ではない．

解答： 与えられた二つの方程式を

$$x + 5y = 17, \quad 1.5x + 7.501y = 25.5 + \varepsilon$$

と変形して問題を解く．解は

$$x = 17 - 5000\varepsilon, \qquad y = 1000\varepsilon$$

である．これは ε のわずかな変化が解に大きく影響することを示している．従って，この問題を計算機を用いて解く場合には注意を要する．

具体的に $\varepsilon = 0.004,\ 0$ を代入して

[1] $x = -3,\ y = 4$ 　　　　　　[2] $x = 17,\ y = 0$

を得る．

問題 3 接線の方程式 $y = mx + n$ との連立方程式を解くことにより，以下の関数の接線の傾きを求めよ．

[1] $y = \sqrt{ax + b}$ 　　　　　　[2] $y = \dfrac{1}{ax + b}$

解答：

[1] $ax + b \geqq 0$ より定まる定義域 $x \geqq -b/a$，及び値域 $y \geqq 0$ の制限に注意して

$$\sqrt{ax + b} = mx + n$$

とおき，両辺を二乗して

$$ax + b = (mx + n)^2 = m^2x^2 + 2mnx + n^2.$$

移項・整理して x の二次方程式

$$0 = m^2x^2 + 2mnx + n^2 - (ax + b)$$
$$= m^2x^2 + (2mn - a)x + n^2 - b$$

を得る．判別式 $= 0$ を条件として

$$
\begin{aligned}
0 &= (2mn - a)^2 - 4m^2(n^2 - b) \\
&= 4m^2n^2 - 4amn + a^2 - 4m^2n^2 + 4bm^2 \\
&= -4amn + a^2 + 4bm^2.
\end{aligned}
$$

n について解くと

$$
n = \frac{1}{4am}(a^2 + 4bm^2)
$$

となる．よって，求める接線の方程式は

$$
y = mx + \frac{1}{4am}(a^2 + 4bm^2)
$$

である．m の二次方程式とみて整理すると

$$
\begin{aligned}
0 &= 4(ax + b)m^2 - 4aym + a^2 \\
&= 4(ax + b)m^2 - 4a\sqrt{ax + b}\,m + a^2 \\
&= \left(2\sqrt{ax + b}\,m - a\right)^2.
\end{aligned}
$$

これより傾き m は以下の式で表される．

$$
m(x) = \frac{a}{2\sqrt{ax + b}}.
$$

[2] 分母が 0 でないことから，定義域は $x = -b/a$ を除く全実数に制限される．

$$
\frac{1}{ax + b} = mx + n
$$

とおき，両辺に $ax + b$ を掛けて整理すると

$$
\begin{aligned}
0 &= (ax + b)(mx + n) - 1 \\
&= amx^2 + (an + bm)x + nb - 1.
\end{aligned}
$$

これは x の二次方程式である．判別式 $= 0$ を条件として

$$
\begin{aligned}
0 &= (an + bm)^2 - 4am(nb - 1) \\
&= a^2n^2 + 2abmn + b^2m^2 - 4abmn + 4am \\
&= a^2n^2 - 2abmn + b^2m^2 + 4am \\
&= (an - bm)^2 + 4am.
\end{aligned}
$$

実数の二乗は非負であるから，$am < 0$. これより

$$an - bm = \pm 2\sqrt{-am}.$$

さらに n について解いて

$$n = \frac{1}{a}\left(bm \pm 2\sqrt{-am}\right).$$

よって，求める接線の方程式は

$$y = mx + \frac{1}{a}\left(bm \pm 2\sqrt{-am}\right)$$

となる．平方根について

$$\pm 2\sqrt{-am} = a(y - mx) - bm$$

と解き，両辺を二乗して

$$\begin{aligned}
4(-am) &= [a(y - mx) - bm]^2 \\
&= (ax + b)^2 m^2 - 2ay(ax + b)m + a^2 y^2 \\
&= (ax + b)^2 m^2 - 2am + \frac{a^2}{(ax + b)^2}
\end{aligned}$$

となる．m の二次方程式と見て整理すると

$$\left[(ax + b)m + \frac{a}{(ax + b)}\right]^2 = 0.$$

結局，傾き m は

$$m(x) = -\frac{a}{(ax + b)^2}$$

と求められた．

$\boxed{問題\ 4}$ 3 と 5 の平方根を求めよ.

解答:

[1] 3 の平方根の場合,$1 < \sqrt{3} < 2$ より,$x_0 = 2$ として計算を始めると

$$x_1 = \frac{1}{2}\left(x_0 + \frac{3}{x_0}\right) = \frac{1}{2}\left(2 + \frac{3}{2}\right) = \frac{7}{4} \ \Rightarrow 1.75,$$

$$x_2 = \frac{1}{2}\left(\frac{7}{4} + \frac{3}{(7/4)}\right) = \frac{97}{56} \qquad \Rightarrow 1.7321428,$$

$$x_3 = \frac{1}{2}\left(\frac{97}{56} + \frac{3}{(97/56)}\right) = \frac{18817}{10864} \qquad \Rightarrow 1.7320508.$$

よって

$$\sqrt{3} \approx 1.7320508$$

を得る.

[2] 5 の平方根の場合,$\sqrt{5} < \sqrt{6} = \sqrt{2}\sqrt{3} = 2.44\cdots$ より,$x_0 = 2.5$ として計算を始めると

$$x_1 = \frac{1}{2}\left(\frac{5}{2} + \frac{5}{5/2}\right) = \frac{9}{4} \qquad \Rightarrow 2.25,$$

$$x_2 = \frac{1}{2}\left(\frac{9}{4} + \frac{5}{(9/4)}\right) = \frac{161}{72} \qquad \Rightarrow 2.2361,$$

$$x_3 = \frac{1}{2}\left(\frac{161}{72} + \frac{5}{(161/72)}\right) = \frac{51841}{23184} \Rightarrow 2.2360679.$$

よって

$$\sqrt{5} \approx 2.2360679$$

を得る.

第 3 章

問題 1　関数 $f(x) = |x|$ の $x = 0$ における連続性，微分可能性を調べよ．

解答：

[1]　連続性を示す．ε-δ 論法に従って

$$|x - a| = |x - 0| = |x| < \delta,$$
$$|f(x) - f(a)| = \big||x| - |0|\big| = |x| < \varepsilon.$$

与えられた ε に対して，$\delta < \varepsilon$ となる δ を常に見附けられるので，$f(x) = |x|$ は $x = 0$ において連続である．

[2]　微分可能性を示す．微分の定義に従って

$$\lim_{\Delta x \to 0} \frac{f(x + \Delta x) - f(x)}{\Delta x} = \lim_{\Delta x \to 0} \frac{|x + \Delta x| - |x|}{\Delta x}.$$

$x = 0$ においては

$$\lim_{\Delta x \to 0} \frac{|\Delta x|}{\Delta x}$$

となる．この極限は

$$\Delta x > 0 \text{ として，} \lim_{\Delta x \to 0} \frac{|\Delta x|}{\Delta x} = 1, \qquad \Delta x < 0 \text{ として，} \lim_{\Delta x \to 0} \frac{|\Delta x|}{\Delta x} = -1$$

となり，一致しない．よって，$x = 0$ において微分可能ではない．

問題 2　積の微分公式を利用して，x の n 乗の微分を求めよ．

解答：

$$
\begin{aligned}
\mathrm{D}_x x^n &= \mathrm{D}_x(x x^{n-1}) \qquad \text{二つに分け，積の公式を用いる} \\
&= x^{n-1} \mathrm{D}_x x + x \mathrm{D}_x x^{n-1} \\
&= x^{n-1} + x \mathrm{D}_x x^{n-1} \qquad \text{積の公式を一回使った結果} \\
&= x^{n-1} + x \mathrm{D}_x(x x^{n-2})
\end{aligned}
$$

$$= x^{n-1} + x(x^{n-2}\mathrm{D}_x x + x\mathrm{D}_x x^{n-2})$$
$$= x^{n-1} + x^{n-1} + x^2\mathrm{D}_x x^{n-2}$$
$$= 2x^{n-1} + x^2\mathrm{D}_x x^{n-2} \qquad \text{積の公式を二回使った結果}$$
$$= 2x^{n-1} + x^2\mathrm{D}_x(xx^{n-3})$$
$$= 2x^{n-1} + x^2(x^{n-3}\mathrm{D}_x x + x\mathrm{D}_x x^{n-3})$$
$$= 2x^{n-1} + x^{n-1} + x^3\mathrm{D}_x x^{n-3}$$
$$= 3x^{n-1} + x^3\mathrm{D}_x x^{n-3} \qquad \text{積の公式を三回使った結果}$$
$$\vdots$$
$$= nx^{n-1} + x^n\mathrm{D}_x x^{n-n} \qquad \text{積の公式を } n \text{ 回使った結果}$$
$$= nx^{n-1} + x^n\mathrm{D}_x(1) = nx^{n-1}.$$

よって
$$\mathrm{D}_x x^n = nx^{n-1} \quad (n \text{ は自然数})$$

を得る.

$\boxed{\textbf{問題 3}}$　合成関数, 逆関数の微分法を用いて, $\mathrm{d}y/\mathrm{d}x$ を求めよ.

[1] $y = u^{-1},\ u = ax + b$ 　　　[2] $y = \sqrt{u},\ u = ax + b$
[3] $y = \sqrt{x},\ (x > 0)$

解答：

[1] $\dfrac{\mathrm{d}y}{\mathrm{d}u} = -\dfrac{1}{u^2},\ \dfrac{\mathrm{d}u}{\mathrm{d}x} = a$ より

$$\frac{\mathrm{d}y}{\mathrm{d}x} = \frac{\mathrm{d}y}{\mathrm{d}u}\frac{\mathrm{d}u}{\mathrm{d}x} = -\frac{a}{u^2} = \frac{-a}{(ax+b)^2}.$$

[2] $\dfrac{\mathrm{d}y}{\mathrm{d}u} = \dfrac{1}{2}\dfrac{1}{\sqrt{u}},\ \dfrac{\mathrm{d}u}{\mathrm{d}x} = a$ より

$$\frac{\mathrm{d}y}{\mathrm{d}x} = \frac{\mathrm{d}y}{\mathrm{d}u}\frac{\mathrm{d}u}{\mathrm{d}x} = \frac{a}{2\sqrt{u}} = \frac{a}{2\sqrt{ax+b}}$$

となる.

[3] 逆関数 $x = y^2$ を考え，逆関数の微分法則を用いて

$$\frac{\mathrm{d}y}{\mathrm{d}x} = \frac{1}{\dfrac{\mathrm{d}x}{\mathrm{d}y}} = \frac{1}{2y} = \frac{1}{2\sqrt{x}}$$

となる.

$\boxed{問題\ 4}$ ルジャンドルの多項式：

$$P_n \equiv \frac{1}{2^n n!} \mathrm{D}_x^n (x^2 - 1)^n, \ (n = 0, 1, 2, 3, \ldots)$$

に対し，具体的に P_0, P_1, P_2, P_3 を計算せよ.

解答： 定義式に $n = 0, 1, 2, 3$ を代入して

$$P_0 = \frac{1}{2^0 0!} \mathrm{D}_x^0 (x^2 - 1)^0 = 1,$$

$$P_1 = \frac{1}{2^1 1!} \mathrm{D}_x^1 (x^2 - 1)^1 = x,$$

$$P_2 = \frac{1}{2^2 2!} \mathrm{D}_x^2 (x^2 - 1)^2 = \frac{1}{2} \mathrm{D}_x \left[x(x^2 - 1) \right] = \frac{1}{2}(3x^2 - 1),$$

$$P_3 = \frac{1}{2^3 3!} \mathrm{D}_x^3 (x^2 - 1)^3 = \frac{1}{8} \mathrm{D}_x^2 \left[x(x^2 - 1)^2 \right] = \frac{1}{8} \mathrm{D}_x \left[5x^4 - 6x^2 + 1 \right]$$

$$= \frac{1}{2}(5x^3 - 3x)$$

を得る. 以下の図に P_0, P_1, P_2, P_3 を示す.

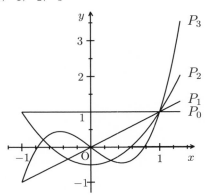

問題 5 次の関数の増減表を作り，そのグラフを描け．

[1] $f(x) = 1 - \dfrac{1}{2!}x^2$　　　　　[2] $g(x) = 1 - \dfrac{1}{2!}x^2 + \dfrac{1}{4!}x^4$

解答：

[1] 変数 x を $-x$ に変える変換を考えると，$f(x)$ は偶関数であることが分かるので，増減表は $x = 0$ を中心に左右対称になる．そこで，x の正の部分についてだけ考察すればよい．

　導関数を求めると

$$f^{(1)}(x) = -x, \quad f^{(2)}(x) = -1$$

となり，増減表

x	$-\sqrt{2}$		0		$\sqrt{2}$
$f^{(2)}(x)$	$-$	$-$	$-$	$-$	$-$
$f^{(1)}(x)$	$+$	$+$	0	$-$	$+$
$f(x)$	0	↗	1	↘	0
備考			上に凸 極大 (最大)		

を得る．

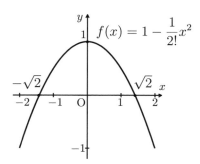

[2] この場合も偶関数なので，x の正の部分だけを考える．関数 $g(x)$ の零点は四次方程式

$$x^4 - 12x^2 + 24 = 0$$

の実根であり，四つの実根の中，正の二つを α, β とおくと

$$\alpha = \sqrt{6 - 2\sqrt{3}}, \quad \beta = \sqrt{6 + 2\sqrt{3}}$$

となる．一階導関数は

$$g^{(1)}(x) = -x + \frac{1}{3!}x^3 = \frac{1}{6}x(x^2 - 6)$$

であり，$g^{(1)}(x) = 0$ の根は $x = \pm\sqrt{6}$ となる．さらに，二階導関数は

$$g^{(2)}(x) = -1 + \frac{1}{2!}x^2 = \frac{1}{2}(x^2 - 2)$$

であり，その零点は $x = \pm\sqrt{2}$ となる．

増減表にまとめると

x		0		$\sqrt{2}$		α		$\sqrt{6}$		β	
$g^{(2)}(x)$	$-$	$-$	$-$	0	$+$	$+$	$+$	$+$	$+$	$+$	$+$
$g^{(1)}(x)$	$+$	0	$-$	$-$	$-$	$-$	$-$	0	$+$	$+$	$+$
$g(x)$	↗	1	↘	$1/6$	↘	0	↘	$-1/2$	↗	0	↗
備考		極大		変曲点				極小 (最小)			

となる．

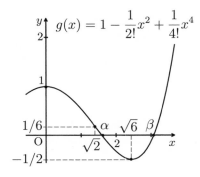

問題 6 $x^3 + x^2 - 4x + 1 = 0$ を解け.

解答： 三次関数

$$f(x) = x^3 + x^2 - 4x + 1$$

を考え，この関数の零点として問題の根を求める．$f(x)$ の一階導関数は

$$f^{(1)}(x) = 3x^2 + 2x - 4$$

であるが，右辺を完全平方の形に変形すると

$$f^{(1)}(x) = 3\left(x + \frac{1}{3}\right)^2 - \frac{13}{3}$$

となる．$f^{(1)}(x)$ の零点は

$$\alpha = \frac{1}{3}\left(-1 - \sqrt{13}\right) \approx -1.5351837,$$
$$\beta = \frac{1}{3}\left(-1 + \sqrt{13}\right) \approx 0.868517$$

と求められ，このとき $f(x)$ の値は

$$f(\alpha) = \frac{1}{27}\left(65 + 26\sqrt{13}\right) \approx 5.8794196,$$
$$f(\beta) = \frac{1}{27}\left(65 - 26\sqrt{13}\right) \approx -1.0646048$$

となる．二階導関数

$$f^{(2)}(x) = 6x + 2$$

の零点 $x = -1/3$ は変曲点である．この点における $f(x)$ の値は

$$f\left(-\frac{1}{3}\right) = \frac{65}{27}$$

である.

以上をまとめて，増減表

x		α		$-1/3$		β	
$f^{(2)}(x)$	$-$	$-$	$-$	0	$+$	$+$	$+$
$f^{(1)}(x)$	$+$	0	$-$	$-$	$-$	0	$+$
$f(x)$	↗	$f(\alpha)$	↘		↘	$f(\beta)$	↗
備考		極大		変曲点		極小	

を得る．

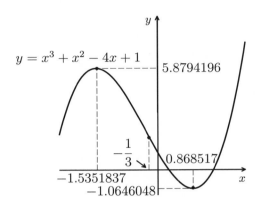

$$y = x^3 + x^2 - 4x + 1$$

増減表から，この三次関数は x 軸と三カ所で交わることが分かる．すなわち，元の方程式は三実根を有する．そこで，それらの根をニュートン - ラフソン法

$$x_{n+1} = x_n - \frac{f(x_n)}{f^{(1)}(x_n)} = x_n - \frac{x_n^3 + x_n^2 - 4x_n + 1}{3x_n^2 + 2x_n - 4}$$

$$= \frac{2x_n^3 + x_n^2 - 1}{3x_n^2 + 2x_n - 4}$$

により求めよう．三つの根を小さい順に計算する．

最小の根は $\alpha = \left(-1 - \sqrt{13}\right)/3$ より小さいので，初期値 $x_0 = -5/2$ として計算を始める．

$$x_1 = \frac{2 \times (-5/2)^3 + (-5/2)^2 - 1}{3 \times (-5/2)^2 + 2 \times (-5/2) - 4} = -\frac{8}{3} \quad \Rightarrow \quad -2.\dot{6},$$

$$x_2 = \frac{2 \times (-8/3)^3 + (-8/3)^2 - 1}{3 \times (-8/3)^2 + 2 \times (-8/3) - 4} = -\frac{859}{324} \quad \Rightarrow \quad -2.6512345.$$

　中間の大きさの根は α と β の間にあるはずだから，初期値 $x_0 = 0$ として計算すると

$$x_1 = \frac{1}{4} \quad \Rightarrow \quad 0.25,$$

$$x_2 = \frac{2 \times (1/4)^3 + (1/4)^2 - 1}{3 \times (1/4)^2 + 2 \times (1/4) - 4} = \frac{29}{106} \quad \Rightarrow \quad 0.2735849.$$

最大の根は $\beta = \left(-1 + \sqrt{13}\right)/3$ より大きいので，初期値 $x_0 = 5/4$ として

$$x_1 = \frac{2 \times (5/4)^3 + (5/4)^2 - 1}{3 \times (5/4)^2 + 2 \times (5/4) - 4} = -\frac{143}{102} \quad \Rightarrow 1.4019607,$$

$$x_2 = \frac{2 \times (143/102)^3 + (143/102)^2 - 1}{3 \times (143/102)^2 + 2 \times (143/102) - 4} = -\frac{3436502}{2494053} \quad \Rightarrow 1.3778784.$$

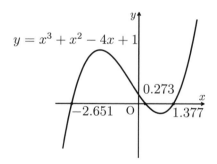

　よって，三次方程式 $x^3 + x^2 - 4x + 1 = 0$ の根は小数点四位以下を切り捨てて

$$x = -2.651, \quad 0.273, \quad 1.377$$

と求められた．本問が示すように，ニュートン‐ラフソン法を用いて根を求めるときには，適当な初期値を選ばないと，意図しない値に収束したり，いつまでも収束せず，根が求められない場合があるので注意を要する．

第 4 章

問題 1　以下の関数の定める曲線の $f(x) \geqq 0$ の部分と，x 軸とで囲まれた領域の面積を求めよ.

$$[1]\ f(x) = 1 - \frac{1}{2!}x^2 \qquad\qquad [2]\ f(x) = 1 - \frac{1}{2!}x^2 + \frac{1}{4!}x^4$$

解答：与えられた関数は共に偶関数であり，x 軸との交点の値は第 3 章で既に求めてあるので，その結果を用いる.

[1] x 軸との交点は $\pm\sqrt{2}$ であり，積分範囲が対称であることから，求めるべき面積 A は

$$\int_{-\sqrt{2}}^{\sqrt{2}} f(x)\mathrm{d}x$$
$$= 2\int_0^{\sqrt{2}}\left(1 - \frac{1}{2!}x^2\right)\mathrm{d}x = 2\left[x - \frac{1}{3!}x^3\right]_0^{\sqrt{2}}$$
$$= \frac{4}{3}\sqrt{2} \approx 1.885618$$

となる.

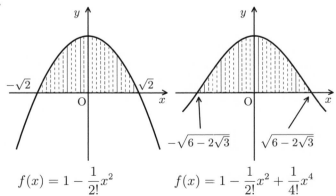

$$f(x) = 1 - \frac{1}{2!}x^2 \qquad\qquad f(x) = 1 - \frac{1}{2!}x^2 + \frac{1}{4!}x^4$$

[2]　[1] と同様にして計算する. x 軸との交点は $\pm\sqrt{6 - 2\sqrt{3}}$ である. 求める

べき面積は

$$
\int_{-\sqrt{6-2\sqrt{3}}}^{\sqrt{6-2\sqrt{3}}} f(x)\mathrm{d}x
$$

$$
= 2\int_0^{\sqrt{6-2\sqrt{3}}} f(x)\mathrm{d}x = 2\int_0^{\sqrt{6-2\sqrt{3}}} \left(1 - \frac{1}{2!}x^2 + \frac{1}{4!}x^4\right)\mathrm{d}x
$$

$$
= 2\left[x - \frac{1}{3!}x^3 + \frac{1}{5!}x^5\right]_0^{\sqrt{6-2\sqrt{3}}} = \frac{4}{15}\sqrt{6-2\sqrt{3}}\left(3+\sqrt{3}\right)
$$

$$
= \frac{8}{15}\sqrt{3\left(3+\sqrt{3}\right)} \approx 2.0094816
$$

となる.

$\boxed{\text{問題 2}}$　以下の原始関数を求めよ.

[1]　$\dfrac{a}{2\sqrt{ax+b}}$ 　　　　　　[2]　$\dfrac{-a}{(ax+b)^2}$ 　　　　　　[3]　$\dfrac{x}{\sqrt{ax+b}}$

解答:

[1]　求めるべき原始関数を $F(x)$ とすると

$$
F(x) = \int \frac{a}{2\sqrt{ax+b}}\mathrm{d}x = \frac{1}{2}a\int \frac{1}{\sqrt{ax+b}}\mathrm{d}x
$$

である. ここで $ax + b = t$ と置くと, $x = (t-b)/a$ より

$$
\frac{\mathrm{d}x}{\mathrm{d}t} = \frac{1}{a}
$$

となる. よって

$$
F(x) = \frac{1}{2}a\int \frac{1}{\sqrt{t}}\frac{1}{a}\mathrm{d}t = \frac{1}{2}\int t^{-(1/2)}\mathrm{d}t
$$

$$
= \frac{1}{2}\frac{1}{\left(-\dfrac{1}{2}+1\right)}t^{-(1/2)+1} + \text{積分定数}
$$

$$
= \sqrt{t} + \text{積分定数}.
$$

変数を元に戻して

$$F(x) = \sqrt{ax + b} + \text{積分定数}$$

を得る.

[2]　求めるべき原始関数を $F(x)$ とすると

$$F(x) = -a \int \frac{1}{(ax + b)^2} \mathrm{d}x$$

である. 前問と同様に, $ax + b = t$ と置くと, $\mathrm{d}x/\mathrm{d}t = 1/a$ より

$$
\begin{aligned}
F(x) &= -a \int \frac{1}{t^2} \frac{1}{a} \mathrm{d}t = -\int t^{-2} \mathrm{d}t \\
&= -\frac{1}{-2 + 1} t^{-2+1} + \text{積分定数} \\
&= t^{-1} + \text{積分定数}.
\end{aligned}
$$

変数を元に戻して

$$F(x) = \frac{1}{ax + b} + \text{積分定数}$$

を得る. 以上の答えと, 第 3 章の問題 [3] とを比べれば, 微分と積分は逆の計算であることが理解できる.

[3]　原始関数を $F(x)$ とし, 部分積分法 $\int f'g \mathrm{d}x = fg - \int fg' \mathrm{d}x$ を用いる. すなわち

$$F(x) = \int \frac{x}{\sqrt{ax + b}} \mathrm{d}x = \int f'g \mathrm{d}x$$

より

$$f'(x) = \frac{1}{\sqrt{ax + b}}, \quad g(x) = x$$

と置く. [1] の結果を用いて

$$f(x) = \int \frac{\mathrm{d}x}{\sqrt{ax + b}} = \frac{2}{a} \sqrt{ax + b}, \quad g'(x) = 1$$

より

$$F(x) = \frac{2}{a} \left(x\sqrt{ax + b} - \int \sqrt{ax + b} \, \mathrm{d}x \right).$$

(しばらく積分定数は省略しておく). 第二項の積分は $ax + b = t$ と置き, 置換積分法を用いて

$$\int \sqrt{ax + b}\, \mathrm{d}x = \frac{1}{a} \int \sqrt{t}\, \mathrm{d}t = \frac{1}{a} \frac{1}{\left(\frac{1}{2} + 1\right)} t^{(1/2)+1} = \frac{2}{3a} t\sqrt{t}$$

となる. よって

$$x\sqrt{ax + b} - \int \sqrt{ax + b}\, \mathrm{d}x$$
$$= x\sqrt{ax + b} - \frac{2}{3a}(ax + b)\sqrt{ax + b}$$
$$= \frac{1}{3a}(ax - 2b)\sqrt{ax + b}$$

である. 以上をまとめて

$$F(x) = \frac{2}{3a^2}(ax - 2b)\sqrt{ax + b} + 積分定数$$

を得る.

問題 3　以下の定積分を求めよ.

$$[1]\ \int_0^1 \frac{a}{2\sqrt{ax + b}}\mathrm{d}x \qquad\qquad [2]\ \int_0^1 \frac{x}{\sqrt{ax + b}}\mathrm{d}x$$

解答:　原始関数を求める手続きは前問で行った通りである.

[1]　変数変換 $ax + b = t$ に従って, x に対する積分範囲 $[0, 1]$ は

$$a \times 0 + b = b, \quad a \times 1 + b = a + b$$

より

$$x : [0,\ 1] \quad \Rightarrow \quad t : [b,\ a + b]$$

となる.

よって

$$\int_0^1 \frac{a}{2\sqrt{ax+b}}\mathrm{d}x = \frac{1}{2}\int_b^{a+b} t^{-1/2}\mathrm{d}t = \left[\sqrt{t}\right]_b^{a+b}$$
$$= \sqrt{a+b} - \sqrt{b}$$

を得る.

もちろん，x の関数として原始関数を求め

$$\left[\sqrt{ax+b}\right]_0^1 = \sqrt{a+b} - \sqrt{b}$$

としてもよい.

[2]　問題 2 の結果を流用し，部分積分法に対する**注意** (p.133) を考慮して

$$\int_0^1 \frac{x}{\sqrt{ax+b}}\mathrm{d}x = \frac{2}{a}\left(\left[x\sqrt{ax+b}\right]_0^1 - \int_0^1 \sqrt{ax+b}\,\mathrm{d}x\right)$$
$$= \frac{2}{a}\left(\sqrt{a+b} - \int_0^1 \sqrt{ax+b}\,\mathrm{d}x\right)$$

となる．ここで

$$\int_0^1 \sqrt{ax+b}\,\mathrm{d}x = \frac{1}{a}\int_b^{a+b} \sqrt{t}\,\mathrm{d}t = \frac{2}{3a}\left[t\sqrt{t}\right]_b^{a+b}$$
$$= \frac{2}{3a}\left[(a+b)\sqrt{a+b} - b\sqrt{b}\right]$$

となるので，まとめて

$$\int_0^1 \frac{x}{\sqrt{ax+b}}\mathrm{d}x = \frac{2}{3a^2}\left[(a-2b)\sqrt{a+b} + 2b\sqrt{b}\right]$$

を得る.

第 5 章

問題 1 次の有理式：

$$\frac{4x^3 - 5x^2 - 6x + 1}{x - 2}$$

を簡単にせよ.

解答： 分子を $f(x)$ とおき，分母 $(x-2)$ の冪に展開する．高階導関数を計算し，$x = 2$ における微分係数を求め，整理すると

$$
\begin{aligned}
f^{(0)}(x) &= 4x^3 - 5x^2 - 6x + 1, & f^{(0)}(2) &= 1, \\
f^{(1)}(x) &= 12x^2 - 10x - 6, & f^{(1)}(2) &= 22, \\
f^{(2)}(x) &= 24x - 10, & f^{(2)}(2) &= 38, \\
f^{(3)}(x) &= 24, & f^{(3)}(2) &= 24
\end{aligned}
$$

となる．これらを $x = 2$ を中心とする展開式：

$$f(x) = \sum_{k=0}^{3} \frac{1}{k!} f^{(k)}(2)(x-2)^k$$

に代入すると

$$f(x) = 1 + 22(x-2) + 19(x-2)^2 + 4(x-2)^3$$

となる．分母で割り，整理して

$$\frac{4x^3 - 5x^2 - 6x + 1}{x - 2} = 4x^2 + 3x + \frac{1}{x-2}$$

を得る.

問題 2 先の例題の結果を利用して，以下の関数：

$$[1]\ \frac{1}{1+x^2} \qquad\qquad [2]\ \frac{1}{(1-x)^2}$$

を $x = 0$ でテイラー級数に展開せよ.

解答： 例題の結果

$$\frac{1}{1-x} = \sum_{n=0}^{\infty} x^n = 1 + x + x^2 + x^3 + \cdots$$

を利用する.

[1] x を $-x^2$ と置き換えると

$$\frac{1}{1-(-x^2)} = 1 + (-x^2) + (-x^2)^2 + (-x^2)^3 + \cdots.$$

よって

$$\frac{1}{1+x^2} = 1 - x^2 + x^4 - x^6 + \cdots$$

を得る.

[2] 例題の結果を掛け合わせると

$$\begin{aligned}
\frac{1}{1-x} \times \frac{1}{1-x} &= \left(\sum_{m=0}^{\infty} x^m \right) \times \left(\sum_{n=0}^{\infty} x^n \right) \\
&= (1 + x + x^2 + x^3 + \cdots)(1 + x + x^2 + x^3 + \cdots) \\
&= (1 + x + x^2 + x^3 + \cdots) + x(1 + x + x^2 + x^3 + \cdots) + x^2(\cdots) + \cdots \\
&= (1 + x + x^2 + x^3 + x^4 + \cdots) + (x + x^2 + x^3 + x^4 + \cdots) + \cdots \\
&= 1 + 2x + 3x^2 + 4x^3 + \cdots + nx^{n-1} + \cdots
\end{aligned}$$

となる. ところで

$$\frac{\mathrm{d}}{\mathrm{d}x} \left(\frac{1}{1-x} \right) = \frac{1}{(1-x)^2}$$

であるので, 無限級数を項別微分して

$$\frac{\mathrm{d}}{\mathrm{d}x}(1 + x + x^2 + x^3 + \cdots) = 1 + 2x + 3x^2 + 4x^3 + \cdots$$

より, 同じ結果

$$\frac{1}{(1-x)^2} = \sum_{n=1}^{\infty} nx^{n-1}$$

を得る.

問題 3 257 の 8 乗根を求めよ.

解答: 先ず

$$\sqrt[8]{257} = \sqrt[8]{1 + 2^8} = 2\sqrt[8]{1 + \frac{1}{2^8}}$$

と変形する. これより

$$\sqrt[8]{257} \approx 2 \times \left(1 + \frac{1}{8} \times \frac{1}{2^8}\right) = 2 + \frac{1}{1024} \approx 2.0009766$$

となる.

第 6 章

問題 1　エルミートの多項式：

$$H_n \equiv (-1)^n e^{x^2} D^n e^{-x^2}, \quad (n = 0, 1, 2, 3, \ldots)$$

に対し，具体的に H_0, H_1, H_2, H_3 を計算せよ．ここで，$D \equiv d/dx$ である．

解答： $n = 0, 1, 2, 3$ に対して正直に計算すると

$$
\begin{aligned}
H_0 &= 1 \times e^{x^2} \times e^{-x^2} = 1, \\
H_1 &= (-1) \times e^{x^2} \times \left(D e^{-x^2} \right) = -e^{x^2} \left(-2x e^{-x^2} \right) = 2x, \\
H_2 &= (-1)^2 \times e^{x^2} \times \left(D^2 e^{-x^2} \right) = e^{x^2} D \left(-2x e^{-x^2} \right) \\
&= e^{x^2} \left(-2e^{-x^2} + 4x^2 e^{-x^2} \right) = 4x^2 - 2, \\
H_3 &= (-1)^3 \times e^{x^2} \times \left(D^3 e^{-x^2} \right) = -e^{x^2} D^2 \left(-2x e^{-x^2} \right) \\
&= -e^{x^2} D \left(-2e^{-x^2} + 4x^2 e^{-x^2} \right) = 8x^3 - 12x
\end{aligned}
$$

となる．以下の図に H_0, H_1, H_2, H_3 を示す・

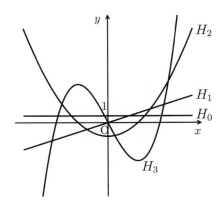

問題 **2** ネイピア数の逆数を，以下の二つの方法で求めよ.

[1] 1 を数 e で割る.   [2] 級数展開の引数に -1 を代入する.

解答:

[1] $e = 2.7182818$ より

$$\frac{1}{e} \Rightarrow \frac{1}{2.7182818} \approx 0.3678794$$

となる.

[2] 指数関数の定義式に $x = -1$ を代入して

$$e^{-1} = 1 - 1 + \frac{1}{2} - \frac{1}{6} + \frac{1}{24} - \frac{1}{120} + \frac{1}{720} - \frac{1}{5040} + \frac{1}{40320} - \frac{1}{362880} + \cdots$$

となる. よって

$$1 - 1 = 0 \qquad \Rightarrow 0,$$
$$0 + \frac{1}{2} = \frac{1}{2} \qquad \Rightarrow 0.5,$$
$$\frac{1}{2} - \frac{1}{6} = \frac{1}{3} \qquad \Rightarrow 0.\dot{3},$$
$$\frac{1}{3} + \frac{1}{24} = \frac{3}{8} \qquad \Rightarrow 0.375,$$
$$\frac{3}{8} - \frac{1}{120} = \frac{11}{30} \qquad \Rightarrow 0.36\dot{6},$$

$$\frac{11}{30} + \frac{1}{720} = \frac{53}{144} \qquad \Rightarrow 0.36805\dot{5},$$
$$\frac{53}{144} - \frac{1}{5040} = \frac{103}{280} \qquad \Rightarrow 0.3678571,$$
$$\frac{103}{280} + \frac{1}{40320} = \frac{14833}{40320} \qquad \Rightarrow 0.3678819,$$
$$\frac{14833}{40320} - \frac{1}{362880} = \frac{16687}{45360} \qquad \Rightarrow 0.3678791,$$
$$\frac{16687}{45360} + \frac{1}{3628800} = \frac{16481}{44800} \qquad \Rightarrow 0.3678794$$

この場合は $1/e = e^{-1}$ となった.

　数値計算において，この結果は**当然ではない**. 級数展開によって逆冪を計算すると，級数の各項の符号は正負を繰り返す. ここで正の項と負の項を別々にまとめて考えると，これは大きさの近い二数の引き算になり，桁落ちの危険性が高い. よって，e^{-n} を用いた級数展開による計算法は正数 n の増大に伴って，誤差が大きくなるので避ける方が望ましい. 数値計算の立場からは「すべて正の項で計算できる e^n を先に求め，その結果の逆数をとる」というのが正解である.

問題 3 誤差関数

$$g(x) = \int_0^x \exp[-t^2]\mathrm{d}t$$

において $g(1)$ を計算せよ．答えは小数点以下 5 桁目を四捨五入せよ．

　方針：被積分関数をテイラー展開し，初めの 7 項を項別積分せよ．

解答： 指数関数の定義式

$$\mathrm{e}^t = 1 + t + \frac{1}{2!}t^2 + \frac{1}{3!}t^3 + \frac{1}{4!}t^4 + \frac{1}{5!}t^5 + \frac{1}{6!}t^6 + \cdots$$

において変数 t を $-t^2$ と置き換えると

$$\mathrm{e}^{-t^2} = 1 + (-t^2) + \frac{1}{2!}(-t^2)^2 + \frac{1}{3!}(-t^2)^3 + \frac{1}{4!}(-t^2)^4 + \frac{1}{5!}(-t^2)^5 + \frac{1}{6!}(-t^2)^6 + \cdots$$

$$= 1 - t^2 + \frac{1}{2!}t^4 - \frac{1}{3!}t^6 + \frac{1}{4!}t^8 - \frac{1}{5!}t^{10} + \frac{1}{6!}t^{12} - \cdots$$

である．これを $g(x)$ に代入し，初めの 7 項を項別積分して

$$g(x) \approx \int_0^x \left(1 - t^2 + \frac{1}{2!}t^4 - \frac{1}{3!}t^6 + \frac{1}{4!}t^8 - \frac{1}{5!}t^{10} + \frac{1}{6!}t^{12} \right) \mathrm{d}t$$

$$= x - \frac{1}{3}x^3 + \frac{1}{2! \times 5}t^5 - \frac{1}{3! \times 7}x^7 + \frac{1}{4! \times 9}x^9 - \frac{1}{5! \times 11}x^{11} + \frac{1}{6! \times 13}x^{13}$$

を得る．よって

$$g(1) \approx 1 - \frac{1}{3} + \frac{1}{10} - \frac{1}{42} + \frac{1}{216} - \frac{1}{1320} + \frac{1}{9360} = \frac{14533011}{19459440}$$

$$\approx 0.746836$$

より $g(1) = 0.7468$ となる．

問題 4 $\displaystyle\int \ln x \mathrm{d}x$ を求めよ.

解答: 部分積分法 $\displaystyle\int f'g = fg - \int fg'$ を用いる. $f' = 1, g = \ln x$ と考えると, $f = x, g' = x^{-1}$ となるので

$$\int \ln x \mathrm{d}x = x \ln x - \int x^{-1} x \mathrm{d}x = x \ln x - x + 積分定数.$$

よって

$$\int \ln x \mathrm{d}x = x(\ln x - 1) + 積分定数$$

となる.

問題 5 $\ln 7$ を求めよ.

解答: 次の展開式

$$\ln p = \frac{1}{2}\ln(p-1) + \frac{1}{2}\ln(p+1)$$
$$+ \frac{1}{2p^2-1} + \frac{1}{3}\left(\frac{1}{2p^2-1}\right)^3 + \frac{1}{5}\left(\frac{1}{2p^2-1}\right)^5 + \cdots$$

を用いる.

$p = 7$ を代入して

$$\ln 7 = \frac{1}{2}\ln 6 + \frac{1}{2}\ln 8 + \frac{1}{97} + \frac{1}{3}\left(\frac{1}{97}\right)^3 + \frac{1}{5}\left(\frac{1}{97}\right)^5 + \cdots.$$

展開を一乗の項で打ち切って

$$\ln 7 \approx \frac{1}{2}(4\ln 2 + \ln 3) + \frac{1}{97}$$
$$= \frac{1}{2}(4 \times 0.693147 + 1.09861) + 0.010309 = 1.945908.$$

よって

$$\ln 7 = 1.94591$$

とする.

問題 6 巻末の素数に対する対数表を用いて，100 までの対数表を完成せよ．

解答： 附録 B 参照．

問題 7 29, 30 番目のメルセンヌ数の桁数を求めよ．

解答： $M_{29} = 2^{110503} - 1$, $M_{30} = 2^{132049} - 1$ より

[1] M_{29} の場合は

$$\log 2^{110503} = 110503 \times 0.301029 = 33264.6 \;\Rightarrow\; 33265 \text{ 桁}$$

[2] M_{30} の場合は

$$\log 2^{132049} = 132049 \times 0.301029 = 39750.6 \;\Rightarrow\; 39751 \text{ 桁}$$

である．

問題 8 2 を底とする対数は，電算機内部の処理が 2 進数に基づくために，情報理論などでよく用いられる．$\log_2 2$, $\log_2 10$ を求めよ．

解答： T を任意の実数として $x = 2^T$ を考え，両辺の (自然) 対数を取ると

$$\ln x = \ln 2^T = T \ln 2$$

より

$$T = \frac{\ln x}{\ln 2} \;\Rightarrow\; \log_2 x = \frac{\ln x}{0.693147}$$

を得る．よって

$$\log_2 2 = \frac{\ln 2}{0.693147} = 1, \quad \log_2 10 = \frac{\ln 10}{0.693147} = \frac{2.30259}{0.693147} \;\Rightarrow\; 3.32194$$

となる．

第 7 章

問題 1　三辺の長さが $3, 4, 5$ の三角形に対し，長さ 4 と 5 の辺の間の角を θ とする．$\cos\theta$ を求めよ．

解答： 与えられた三辺の長さから

$$5^2 = 4^2 + 3^2.$$

よって，ピタゴラスの定理より，この三角形は斜辺 5 の直角三角形であり

$$\cos\theta = \frac{4}{5}$$

を得る．

問題 2　加法定理を用いて，以下の角に対する sine, cosine, tangent の値を求めよ．

$$
\begin{cases}
\dfrac{13\pi}{12} = \pi + \dfrac{\pi}{12}, & \dfrac{14\pi}{12} = \pi + \dfrac{\pi}{6}, & \dfrac{15\pi}{12} = \pi + \dfrac{\pi}{4}, \\[2mm]
\dfrac{16\pi}{12} = \pi + \dfrac{\pi}{3}, & \dfrac{17\pi}{12} = \pi + \dfrac{\pi}{12}, & \dfrac{18\pi}{12} = \pi + \dfrac{\pi}{2}, \\[2mm]
\dfrac{19\pi}{12} = \dfrac{3\pi}{2} + \dfrac{\pi}{12}, & \dfrac{20\pi}{12} = \dfrac{3\pi}{2} + \dfrac{\pi}{6}, & \dfrac{21\pi}{12} = \dfrac{3\pi}{2} + \dfrac{\pi}{4}, \\[2mm]
\dfrac{22\pi}{12} = \dfrac{3\pi}{2} + \dfrac{\pi}{3}, & \dfrac{23\pi}{12} = \dfrac{3\pi}{2} + \dfrac{5\pi}{12}, & 2\pi = \dfrac{3\pi}{2} + \dfrac{\pi}{2}.
\end{cases}
$$

解答： 加法定理

$$
\begin{aligned}
\sin(\alpha + \beta) &= \sin\alpha\cos\beta + \cos\alpha\sin\beta \\
\cos(\alpha + \beta) &= \cos\alpha\cos\beta - \sin\alpha\sin\beta \\
\tan(\alpha + \beta) &= \frac{\tan\alpha + \tan\beta}{1 - \tan\alpha\tan\beta}
\end{aligned}
$$

を用いて

$$\sin \frac{13\pi}{12} = \sin \left(\pi + \frac{\pi}{12} \right) = \sin \pi \cos \frac{\pi}{12} + \cos \pi \sin \frac{\pi}{12}$$

$$= 0 \times \left(\frac{\sqrt{6} + \sqrt{2}}{4} \right) + (-1) \times \left(\frac{\sqrt{6} - \sqrt{2}}{4} \right)$$

$$= -\frac{\sqrt{6} - \sqrt{2}}{4},$$

$$\cos \frac{13\pi}{12} = \cos \left(\pi + \frac{\pi}{12} \right) = \cos \pi \cos \frac{\pi}{12} - \sin \pi \sin \frac{\pi}{12}$$

$$= (-1) \times \left(\frac{\sqrt{6} + \sqrt{2}}{4} \right) - 0 \times \left(\frac{\sqrt{6} - \sqrt{2}}{4} \right)$$

$$= -\frac{\sqrt{6} + \sqrt{2}}{4},$$

$$\tan \frac{13\pi}{12} = \tan \left(\pi + \frac{\pi}{12} \right) = \frac{\tan \pi + \tan \dfrac{\pi}{12}}{1 - \tan \pi \tan \dfrac{\pi}{12}}$$

$$= \frac{0 + (2 - \sqrt{3})}{1 - 0 \times (2 - \sqrt{3})} = 2 - \sqrt{3}$$

を得る．同様にして，他の場合も求められる．

ただし，任意の ϕ に対して

$$\sin(\pi + \phi) = \sin \pi \cos \phi + \cos \pi \sin \phi = -\sin \phi,$$

$$\cos(\pi + \phi) = \cos \pi \cos \phi - \sin \pi \sin \phi = -\cos \phi,$$

$$\tan(\pi + \phi) = \frac{\tan \pi + \tan \phi}{1 - \tan \pi \tan \phi} = \tan \phi$$

が成り立つので，本問の場合には本文中の表に対応して，直ちに次の結果を得る．

θ	$\sin\theta$	$\cos\theta$	$\tan\theta$
$\dfrac{13\pi}{12}$	$-\dfrac{\sqrt{6}-\sqrt{2}}{4} \approx -0.2588190$	$-\dfrac{\sqrt{6}+\sqrt{2}}{4} \approx -0.9659258$	$2-\sqrt{3} \approx 0.2679492$
$\dfrac{14\pi}{12}$	$-\dfrac{1}{2} = -0.5$	$-\dfrac{\sqrt{3}}{2} \approx -0.8660254$	$\dfrac{\sqrt{3}}{3} \approx 0.5773503$
$\dfrac{15\pi}{12}$	$-\dfrac{\sqrt{2}}{2} \approx -0.7071068$	$-\dfrac{\sqrt{2}}{2} \approx -0.7071068$	1
$\dfrac{16\pi}{12}$	$-\dfrac{\sqrt{3}}{2} \approx -0.8660254$	$-\dfrac{1}{2} = -0.5$	$\sqrt{3} \approx 1.7320508$
$\dfrac{17\pi}{12}$	$-\dfrac{\sqrt{6}+\sqrt{2}}{4} \approx -0.9659259$	$-\dfrac{\sqrt{6}-\sqrt{2}}{4} \approx -0.2588190$	$2+\sqrt{3} \approx 3.7320508$
$\dfrac{18\pi}{12}$	-1	0	定義されない
$\dfrac{19\pi}{12}$	$-\dfrac{\sqrt{6}+\sqrt{2}}{4} \approx -0.9659259$	$\dfrac{\sqrt{6}-\sqrt{2}}{4} \approx 0.2588190$	$-(2+\sqrt{3}) \approx -3.7320508$
$\dfrac{20\pi}{12}$	$-\dfrac{\sqrt{3}}{2} \approx -0.8660254$	$\dfrac{1}{2} = 0.5$	$-\sqrt{3} \approx -1.7320508$
$\dfrac{21\pi}{12}$	$-\dfrac{\sqrt{2}}{2} \approx -0.7071068$	$\dfrac{\sqrt{2}}{2} \approx 0.7071068$	-1
$\dfrac{22\pi}{12}$	$-\dfrac{1}{2} = -0.5$	$\dfrac{\sqrt{3}}{2} \approx 0.8660254$	$\dfrac{\sqrt{3}}{3} \approx -0.5773503$
$\dfrac{23\pi}{12}$	$-\dfrac{\sqrt{6}-\sqrt{2}}{4} \approx -0.2588190$	$\dfrac{\sqrt{6}+\sqrt{2}}{4} \approx 0.9659258$	$-(2-\sqrt{3}) \approx -0.2679492$
2π	0	1	0

$\boxed{\text{問題 3}}$　$y = \sin x,\ \cos x$ が，最も簡単な二階微分方程式：

$$\frac{\mathrm{d}^2 y}{\mathrm{d}x^2} = -y$$

の解であることを確かめよ．

解答： $y = \sin x$ とすると

$$\frac{\mathrm{d}y}{\mathrm{d}x} = \frac{\mathrm{d}(\sin x)}{\mathrm{d}x} = \cos x, \qquad \frac{\mathrm{d}^2 y}{\mathrm{d}x^2} = \frac{\mathrm{d}(\cos x)}{\mathrm{d}x} = -\sin x.$$

従って，以下の方程式が得られる．

$$\frac{\mathrm{d}^2 y}{\mathrm{d}x^2} = -y.$$

同様にして，$y = \cos x$ とおくと

$$\frac{\mathrm{d}y}{\mathrm{d}x} = \frac{\mathrm{d}(\cos x)}{\mathrm{d}x} = -\sin x, \quad \frac{\mathrm{d}^2 y}{\mathrm{d}x^2} = \frac{\mathrm{d}(-\sin x)}{\mathrm{d}x} = -\cos x$$

より，これらも同じ微分方程式

$$\frac{\mathrm{d}^2 y}{\mathrm{d}x^2} = -y$$

を満足する．

　ここで，定数 A, B を用いて，二つの解の線型結合

$$y = A\sin x + B\cos x$$

を作り，微分すると

$$\begin{aligned}\frac{\mathrm{d}^2 y}{\mathrm{d}x^2} &= \frac{\mathrm{d}^2}{\mathrm{d}x^2}(A\sin x + B\cos x) \\ &= -(A\sin x + B\cos x) = -y\end{aligned}$$

となり，与えられた方程式を満たす．従って

$$y = A\sin x + B\cos x, \quad (A, B \text{ は定数})$$

がこの微分方程式の最も一般的な解である．

　質量 m を持つ質点の位置が時間 t の関数 $q(t)$ で表され，方程式：

$$m\frac{\mathrm{d}^2 q}{\mathrm{d}t^2} = -kq, \quad (k \text{ は正数})$$

を満足するとき，この系を**調和振動子**と呼ぶ．これは**理論物理学 (theoretical physics)** のすべての分野で同等の重要性を持つ唯一の微分方程式である．この方程式の解は，以下のように定まる．

$$q(t) = A\sin\sqrt{\frac{k}{m}}t + B\cos\sqrt{\frac{k}{m}}t, \quad (A, B \text{ は定数}).$$

問題 4 $\mathrm{Sin}^{-1}x$ を $x = 0$ においてテイラー展開せよ.

解答：

$$\frac{\mathrm{d}}{\mathrm{d}x}\mathrm{Sin}^{-1}x = \frac{1}{\sqrt{1-x^2}}$$

より，右辺を二項展開すると

$$\frac{\mathrm{d}}{\mathrm{d}x}\mathrm{Sin}^{-1}x = 1 + \frac{1}{2}x^2 + \frac{3}{8}x^4 + \frac{5}{16}x^6 + \cdots$$

となる．両辺を積分して

$$\mathrm{Sin}^{-1}x = \int \left(1 + \frac{1}{2}x^2 + \frac{3}{8}x^4 + \frac{5}{16}x^6 + \cdots\right)\mathrm{d}x$$
$$= x + \frac{1}{6}x^3 + \frac{3}{40}x^5 + \frac{5}{112}x^7 + \cdots$$

を得る (右辺は $|x| < 1$ において収束する).

問題 5 以下の積分を求めよ.

$$\int_0^\infty \frac{\mathrm{d}x}{1+x^2}$$

解答：

$$\int_0^\infty \frac{\mathrm{d}x}{1+x^2} = \lim_{t \to \infty} \int_0^t \frac{\mathrm{d}x}{1+x^2}$$
$$= \lim_{t \to \infty} \left(\mathrm{Tan}^{-1} t\right)$$

より

$$\int_0^\infty \frac{\mathrm{d}x}{1+x^2} = \frac{\pi}{2}$$

となる.

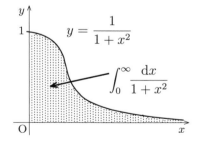

第8章

問題 1　複素数 $e^{i\pi/6}$, $e^{i\pi/4}$, $e^{i\pi/3}$ の値を具体的に求めよ.

解答: オイラーの公式より, 直ちに

$$e^{i\pi/6} = \cos\frac{\pi}{6} + i\sin\frac{\pi}{6} = \frac{\sqrt{3}}{2} + \frac{1}{2}i,$$
$$e^{i\pi/4} = \cos\frac{\pi}{4} + i\sin\frac{\pi}{4} = \frac{\sqrt{2}}{2} + \frac{\sqrt{2}}{2}i,$$
$$e^{i\pi/3} = \cos\frac{\pi}{3} + i\sin\frac{\pi}{3} = \frac{1}{2} + \frac{\sqrt{3}}{2}i.$$

問題 2　1 の n 乗根 x_k の和: $\sum_{k=0}^{n-1} x_k$ を求めよ.

解答: 1 の n 乗根 $x_k = e^{i2\pi k/n}$ の和を

$$S \equiv \sum_{k=0}^{n-1} e^{i2\pi k/n}$$

とおく. S は $e^{i2\pi k/n} = \left(e^{i2\pi/n}\right)^k$ より等比級数と見做せるので

$$S = \sum_{k=0}^{n-1} \left(e^{i2\pi/n}\right)^k = \frac{1 - \left(e^{i2\pi/n}\right)^n}{1 - e^{i2\pi/n}} = \frac{1-1}{1 - e^{i2\pi/n}} = 0.$$

問題 3　上で得た値を基に, 三角関数の値の新しい系列を計算せよ.

解答: 先に求めた

$$\cos\frac{2\pi}{5} = \frac{1}{4}\left(\sqrt{5} - 1\right), \quad \sin\frac{2\pi}{5} = \frac{1}{4}\sqrt{10 + 2\sqrt{5}}$$

に加法定理を適用することにより, 以下の値が得られる.

$$\cos\frac{\pi}{5} = \frac{1}{4}\left(\sqrt{5}+1\right), \qquad\qquad \sin\frac{\pi}{5} = \frac{1}{4}\sqrt{10-2\sqrt{5}},$$

$$\cos\frac{\pi}{10} = \frac{1}{4}\sqrt{10+2\sqrt{5}}, \qquad\qquad \sin\frac{\pi}{10} = \frac{1}{4}\left(\sqrt{5}-1\right),$$

$$\cos\frac{\pi}{20} = \frac{1}{4}\sqrt{8+2\sqrt{10+2\sqrt{5}}}, \qquad \sin\frac{\pi}{20} = \frac{1}{4}\sqrt{8-2\sqrt{10+2\sqrt{5}}},$$

$$\cos\frac{\pi}{60} = \frac{1}{16}\left[\left(\sqrt{6}+\sqrt{2}\right)\sqrt{10+2\sqrt{5}}+\left(\sqrt{6}-\sqrt{2}\right)\left(\sqrt{5}-1\right)\right],$$

$$\sin\frac{\pi}{60} = \frac{1}{16}\left[\left(\sqrt{6}+\sqrt{2}\right)\left(\sqrt{5}-1\right)-\left(\sqrt{6}-\sqrt{2}\right)\sqrt{10+2\sqrt{5}}\right].$$

問題 4 以下の無限級数の和を求めよ．ただし，$|a| \leqq 1$ である．

$$A = \sum_{k=0}^{\infty} a^k \cos k\theta, \quad B = \sum_{k=0}^{\infty} a^k \sin k\theta$$

解答： 問題の和を求めるために，$Z \equiv A + iB$ を定義すると

$$Z = \lim_{n\to\infty}\left(\sum_{k=0}^{n} a^k \cos k\theta + i\sum_{k=0}^{n} a^k \sin k\theta\right)$$

$$= \lim_{n\to\infty}\left(\sum_{k=0}^{n} a^k e^{ik\theta}\right) = \lim_{n\to\infty}\left[\sum_{k=0}^{n}\left(ae^{i\theta}\right)^k\right]$$

より等比級数として扱うことができ，$|a| \leqq 1$ に注意して

$$Z = \lim_{n\to\infty}\left[\frac{1-\left(ae^{i\theta}\right)^{n+1}}{1-ae^{i\theta}}\right] = \frac{1}{1-ae^{i\theta}}$$

を得る．分子・分母に $\left(1-ae^{-i\theta}\right)$ を掛けて整理すると

$$Z = \frac{1-a\cos\theta+ia\sin\theta}{1+a^2-2a\cos\theta} = \frac{1-a\cos\theta}{1+a^2-2a\cos\theta} + i\frac{a\sin\theta}{1+a^2-2a\cos\theta}$$

となる．実部と虚部に分けて

$$\sum_{k=0}^{\infty} a^k \cos k\theta = \frac{1-a\cos\theta}{1+a^2-2a\cos\theta}, \quad \sum_{k=0}^{\infty} a^k \sin k\theta = \frac{a\sin\theta}{1+a^2-2a\cos\theta}.$$

問題 5 次の定積分を計算せよ.

$$[\,1\,]\ \int_0^{2\pi} \sin^5\theta\,\mathrm{d}\theta, \qquad\qquad [\,2\,]\ \int_0^{2\pi}\cos^6\theta\,\mathrm{d}\theta$$

解答:

$[\,1\,]$
$$\int_0^{2\pi}\sin^5\theta\mathrm{d}\theta = \int_0^{2\pi}\left(\frac{\mathrm{e}^{\mathrm{i}\theta}-\mathrm{e}^{-\mathrm{i}\theta}}{2\mathrm{i}}\right)^5\mathrm{d}\theta$$
$$= \frac{\mathrm{i}}{32}\int_0^{2\pi}\left(\mathrm{e}^{\mathrm{i}5\theta}-5\mathrm{e}^{\mathrm{i}3\theta}+10\mathrm{e}^{\mathrm{i}\theta}-10\mathrm{e}^{-\mathrm{i}\theta}+5\mathrm{e}^{-\mathrm{i}3\theta}-\mathrm{e}^{-\mathrm{i}5\theta}\right)\mathrm{d}\theta = 0$$

本問の場合には,積分範囲を二等分し,さらに一方の変数を $\phi-\pi$ に変換すると

$$\int_0^{2\pi}\sin^5\theta\,\mathrm{d}\theta = \int_0^{\pi}\sin^5\theta\,\mathrm{d}\theta + \int_\pi^{2\pi}\sin^5\theta\,\mathrm{d}\theta$$
$$= \int_0^{\pi}\sin^5\theta\,\mathrm{d}\theta + \int_0^{\pi}\sin^5(\phi-\pi)\,\mathrm{d}(\phi-\pi)$$
$$= \int_0^{\pi}\sin^5\theta\,\mathrm{d}\theta - \int_0^{\pi}\sin^5\phi\,\mathrm{d}\phi = 0$$

となるので,実際には直接の計算を必要としない.

$[\,2\,]$
$$\int_0^{2\pi}\cos^6\theta\mathrm{d}\theta = \int_0^{2\pi}\left(\frac{\mathrm{e}^{\mathrm{i}\theta}+\mathrm{e}^{-\mathrm{i}\theta}}{2}\right)^6\mathrm{d}\theta$$
$$= \frac{1}{64}\int_0^{2\pi}\left(\mathrm{e}^{\mathrm{i}6\theta}+6\mathrm{e}^{\mathrm{i}4\theta}+15\mathrm{e}^{\mathrm{i}2\theta}+20+15\mathrm{e}^{-\mathrm{i}2\theta}+6\mathrm{e}^{-\mathrm{i}4\theta}+\mathrm{e}^{-\mathrm{i}6\theta}\right)\mathrm{d}\theta$$
$$= \frac{20}{64}\times 2\pi = \frac{5}{8}\pi$$

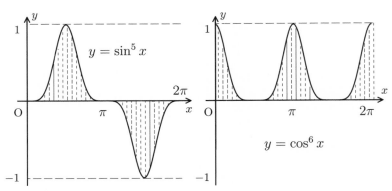

第 9 章

問題 1　二つのベクトル

$$\mathbf{m} = \frac{\sqrt{2}}{2}(\mathbf{e}_x + \mathbf{e}_y), \quad \mathbf{e}_x$$

の成す角を求めよ.

解答： $\mathbf{m}$ と $\mathbf{e}_x$ の成す角を θ とし，両者の内積をとると

$$
\begin{aligned}
\mathbf{m}{\cdot}\mathbf{e}_x &= |\mathbf{m}||\mathbf{e}_x|\cos\theta = |\mathbf{m}|\cos\theta \\
&= \frac{\sqrt{2}}{2}(\mathbf{e}_x + \mathbf{e}_y){\cdot}\mathbf{e}_x = \frac{\sqrt{2}}{2}(\mathbf{e}_x{\cdot}\mathbf{e}_x + \mathbf{e}_y{\cdot}\mathbf{e}_x) \\
&= \frac{\sqrt{2}}{2}(1 + 0) = \frac{\sqrt{2}}{2}
\end{aligned}
$$

となる. また

$$
\begin{aligned}
\mathbf{m}{\cdot}\mathbf{m} &= \frac{\sqrt{2}}{2}(\mathbf{e}_x + \mathbf{e}_y){\cdot}\frac{\sqrt{2}}{2}(\mathbf{e}_x + \mathbf{e}_y) \\
&= \frac{1}{2}(\mathbf{e}_x{\cdot}\mathbf{e}_x + \mathbf{e}_y{\cdot}\mathbf{e}_y) \\
&= \frac{1}{2}(1 + 1) = 1
\end{aligned}
$$

より $|\mathbf{m}| = 1$ を得る. よって

$$\cos\theta = \frac{\sqrt{2}}{2} \quad \text{より} \quad \theta = \frac{\pi}{4}$$

となる.

問題 2　三角形：$\mathbf{a} + \mathbf{b} + \mathbf{c} = \mathbf{0}$ より余弦定理を導け.

解答：

$$\mathbf{a} + \mathbf{b} + \mathbf{c} = \mathbf{0}$$

を $\mathbf{c}$ について解き，二乗すると

$$
\begin{aligned}
\mathbf{c}^2 &= (-\mathbf{a}-\mathbf{b})\cdot(-\mathbf{a}-\mathbf{b}) \\
&= \mathbf{a}\cdot\mathbf{a} + \mathbf{a}\cdot\mathbf{b} + \mathbf{b}\cdot\mathbf{a} + \mathbf{b}\cdot\mathbf{b} \\
&= \mathbf{a}^2 + \mathbf{b}^2 + 2\mathbf{a}\cdot\mathbf{b}
\end{aligned}
$$

となる．ここで，ベクトルの大きさを対応する細文字で表し，$\mathbf{a}$ と $\mathbf{b}$ の間の角を θ_{ab} とすると

$$
c^2 = a^2 + b^2 + 2ab\cos\theta_{ab}
$$

となる（ここで $\theta_{ab} = \pi - \theta$ とおけば，第 7 章 2 節の結果との対応が取れる）．
　上述の解法を各文字について繰り返して，以下の余弦定理を得る．

$$
\begin{cases}
c^2 = a^2 + b^2 + 2ab\cos\theta_{ab}, \\
a^2 = b^2 + c^2 + 2bc\cos\theta_{bc}, \\
b^2 = c^2 + a^2 + 2ca\cos\theta_{ca}.
\end{cases}
$$

問題 3　以下の問いに答えよ．

[1] 行列：

$$
\widetilde{A} = \begin{pmatrix} 1 & 2 & 3 \\ 4 & 5 & 6 \end{pmatrix}, \qquad
\widetilde{B} = \begin{pmatrix} a & 3 & b \\ 6 & c & 9 \end{pmatrix}
$$

に対して，$3\widetilde{A} - 2\widetilde{B} = \widetilde{O}$ であるとき，a, b, c の値を求めよ．

解答：

$$
\begin{aligned}
3\widetilde{A} - 2\widetilde{B} &= 3\begin{pmatrix} 1 & 2 & 3 \\ 4 & 5 & 6 \end{pmatrix} - 2\begin{pmatrix} a & 3 & b \\ 6 & c & 9 \end{pmatrix} \\
&= \begin{pmatrix} 3 & 6 & 9 \\ 12 & 15 & 18 \end{pmatrix} - \begin{pmatrix} 2a & 6 & 2b \\ 12 & 2c & 18 \end{pmatrix} \\
&= \begin{pmatrix} 3-2a & 0 & 9-2b \\ 0 & 15-2c & 0 \end{pmatrix} = \begin{pmatrix} 0 & 0 & 0 \\ 0 & 0 & 0 \end{pmatrix}
\end{aligned}
$$

より，以下を得る．

$$
a = \frac{3}{2}, \quad b = \frac{9}{2}, \quad c = \frac{15}{2}.
$$

[2] 行列:

$$\widetilde{A} = \begin{pmatrix} 1 & 2 & 3 \\ 4 & 5 & 6 \end{pmatrix}, \qquad \widetilde{B} = \begin{pmatrix} 1 & 2 & 3 & 4 \\ 2 & 3 & 4 & 5 \\ 3 & 4 & 5 & 6 \end{pmatrix}$$

に対し, 積 $\widetilde{A}\widetilde{B}$ を求めよ.

解答:

$$\widetilde{A}\widetilde{B} = \begin{pmatrix} 1 & 2 & 3 \\ 4 & 5 & 6 \end{pmatrix}\begin{pmatrix} 1 & 2 & 3 & 4 \\ 2 & 3 & 4 & 5 \\ 3 & 4 & 5 & 6 \end{pmatrix}$$

$$= \begin{pmatrix} 1\times1+2\times2+3\times3 & 1\times2+2\times3+3\times4 & 1\times3+2\times4+3\times5 & 1\times4+2\times5+3\times6 \\ 4\times1+5\times2+6\times3 & 4\times2+5\times3+6\times4 & 4\times3+5\times4+6\times5 & 4\times4+5\times5+6\times6 \end{pmatrix}$$

$$= \begin{pmatrix} 14 & 20 & 26 & 32 \\ 32 & 47 & 62 & 77 \end{pmatrix}.$$

[3] 行列:

$$\widetilde{A} = (1 \quad 2 \quad 3)$$

に対し, 積 $\widetilde{A}\,{}^t\widetilde{A}$, ${}^t\widetilde{A}\,\widetilde{A}$ を求めよ.

解答:

$$\widetilde{A}\,{}^t\widetilde{A} = (1 \quad 2 \quad 3)\begin{pmatrix} 1 \\ 2 \\ 3 \end{pmatrix} = 1\times1+2\times2+3\times3 = 14,$$

$${}^t\widetilde{A}\,\widetilde{A} = \begin{pmatrix} 1 \\ 2 \\ 3 \end{pmatrix}(1 \quad 2 \quad 3) = \begin{pmatrix} 1\times1 & 1\times2 & 1\times3 \\ 2\times1 & 2\times2 & 2\times3 \\ 3\times1 & 3\times2 & 3\times3 \end{pmatrix}$$

$$= \begin{pmatrix} 1 & 2 & 3 \\ 2 & 4 & 6 \\ 3 & 6 & 9 \end{pmatrix}.$$

問題 4 関係: $\left|\widetilde{A}\right| = \left|{}^t\widetilde{A}\right|$, $\left|\widetilde{A}\widetilde{B}\right| = \left|\widetilde{A}\right|\left|\widetilde{B}\right|$ が成り立つことを, 2×2 行列を具体的に計算することから確かめよ.

解答： 行列 $\widetilde{A}$, $\widetilde{B}$ を

$$\begin{pmatrix} a & b \\ c & d \end{pmatrix}, \quad \begin{pmatrix} e & f \\ g & h \end{pmatrix}$$

とおく．先ず

$$\begin{vmatrix} a & b \\ c & d \end{vmatrix} = ad - bc, \quad \begin{vmatrix} a & c \\ b & d \end{vmatrix} = ad - cb$$

より，$\left|\widetilde{A}\right| = \left|{}^t\widetilde{A}\right|$ を得る．次に

$$\left|\widetilde{A}\widetilde{B}\right| = \left|\begin{pmatrix} a & b \\ c & d \end{pmatrix}\begin{pmatrix} e & f \\ g & h \end{pmatrix}\right| = \left|\begin{pmatrix} ae + bg & af + bh \\ ce + dg & cf + dh \end{pmatrix}\right|$$

$$= (ae + bg)(cf + dh) - (af + bh)(ce + dg)$$
$$= adeh + bcfg - adfg - bceh.$$

であるが，一方

$$\left|\widetilde{A}\right|\left|\widetilde{B}\right| = (ad - bc)(eh - gf)$$
$$= adeh + bcfg - adfg - bceh$$

より

$$\left|\widetilde{A}\widetilde{B}\right| = \left|\widetilde{A}\right|\left|\widetilde{B}\right|$$

となる．

問題 5 次の連立方程式を解け．

$$\begin{cases} \sqrt{2}x + y = 2 + \sqrt{3}, \\ x + \sqrt{3}y = 3 + \sqrt{2} \end{cases}$$

解答： 行列形式で

$$\begin{pmatrix} \sqrt{2} & 1 \\ 1 & \sqrt{3} \end{pmatrix}\begin{pmatrix} x \\ y \end{pmatrix} = \begin{pmatrix} 2 + \sqrt{3} \\ 3 + \sqrt{2} \end{pmatrix}$$

と書き，左辺の $2{\times}2$ 行列を $\widetilde{D}$ とすると，その行列式は

$$\det\widetilde{D} = \sqrt{2} \times \sqrt{3} - 1 \times 1 = \sqrt{6} - 1$$

であり，逆行列は

$$\widetilde{D}^{-1} = \frac{1}{\sqrt{6}-1} \begin{pmatrix} \sqrt{3} & -1 \\ -1 & \sqrt{2} \end{pmatrix}.$$

両辺に左から $\widetilde{D}^{-1}$ を掛け，整理すると

$$
\text{左辺} = \frac{1}{\sqrt{6}-1} \begin{pmatrix} \sqrt{3} & -1 \\ -1 & \sqrt{2} \end{pmatrix} \begin{pmatrix} \sqrt{2} & 1 \\ 1 & \sqrt{3} \end{pmatrix} \begin{pmatrix} x \\ y \end{pmatrix}
$$

$$
= \frac{1}{\sqrt{6}-1} \begin{pmatrix} \sqrt{2}\sqrt{3}-1 & \sqrt{3}-\sqrt{3} \\ -\sqrt{2}+\sqrt{2} & -1+\sqrt{2}\sqrt{3} \end{pmatrix} \begin{pmatrix} x \\ y \end{pmatrix}
$$

$$
= \begin{pmatrix} 1 & 0 \\ 0 & 1 \end{pmatrix} \begin{pmatrix} x \\ y \end{pmatrix} = \begin{pmatrix} x \\ y \end{pmatrix}
$$

であり，右辺は

$$
\text{右辺} = \frac{1}{\sqrt{6}-1} \begin{pmatrix} \sqrt{3} & -1 \\ -1 & \sqrt{2} \end{pmatrix} \begin{pmatrix} 2+\sqrt{3} \\ 3+\sqrt{2} \end{pmatrix}
$$

$$
= \frac{1}{\sqrt{6}-1} \begin{pmatrix} \sqrt{3}\times(2+\sqrt{3})+(-1)\times(3+\sqrt{2}) \\ (-1)\times(2+\sqrt{3})+\sqrt{2}\times(3+\sqrt{2}) \end{pmatrix}
$$

$$
= \frac{1}{\sqrt{6}-1} \begin{pmatrix} 2\sqrt{3}-\sqrt{2} \\ 3\sqrt{2}-\sqrt{3} \end{pmatrix} = \begin{pmatrix} \sqrt{2} \\ \sqrt{3} \end{pmatrix}
$$

となる．よって，左辺＝右辺より，解：$x = \sqrt{2}, y = \sqrt{3}$ を得る．

問題 6 行列

$$\widetilde{A} = \begin{pmatrix} a & 0 \\ 0 & b \end{pmatrix}$$

の n 乗を求めよ．

解答： 一般に行列 $\widetilde{M}$ の n 乗は

$$\widetilde{M}^n = \frac{\beta^n - \alpha^n}{\beta - \alpha} \widetilde{M} + \frac{\alpha^n \beta - \alpha \beta^n}{\beta - \alpha} \widetilde{E}$$

で与えられる．ここで α, β は $\widetilde{M}$ の固有値である．行列 $\widetilde{A}$ の固有値 λ は

$$0 = \det\left(\widetilde{A} - \lambda\widetilde{E}\right) = \begin{vmatrix} a-\lambda & 0 \\ 0 & b-\lambda \end{vmatrix} = (a-\lambda)(b-\lambda)$$

より a, b となる. よって

$$\widetilde{A}^n = \frac{b^n - a^n}{b - a}\widetilde{A} + \frac{a^n b - ab^n}{b - a}\widetilde{E}$$

$$= \frac{1}{b - a}\left[\begin{pmatrix}(b^n - a^n)a & 0 \\ 0 & (b^n - a^n)b\end{pmatrix} + \begin{pmatrix}a^n b - ab^n & 0 \\ 0 & a^n b - ab^n\end{pmatrix}\right]$$

$$= \frac{1}{b - a}\begin{pmatrix}a^n(b - a) & 0 \\ 0 & b^n(b - a)\end{pmatrix} = \begin{pmatrix}a^n & 0 \\ 0 & b^n\end{pmatrix}$$

となる.

問題 7

$$\widetilde{A} = \begin{pmatrix}a & 0 \\ 0 & b\end{pmatrix}$$

のとき, $\exp\left[\widetilde{A}\right]$ を求めよ.

解答： $\exp\left[\widetilde{M}\right]$ は

$$\mathrm{e}^{\widetilde{M}} = \frac{\mathrm{e}^{\beta} - \mathrm{e}^{\alpha}}{\beta - \alpha}\widetilde{M} + \frac{\beta\mathrm{e}^{\alpha} - \alpha\mathrm{e}^{\beta}}{\beta - \alpha}\widetilde{E}$$

で与えられる. ここで α, β は $\widetilde{M}$ の固有値である. 行列 $\widetilde{A}$ の固有値は前問より a, b であるので

$$\mathrm{e}^{\widetilde{A}} = \frac{\mathrm{e}^{b} - \mathrm{e}^{a}}{b - a}\widetilde{A} + \frac{b\mathrm{e}^{a} - a\mathrm{e}^{b}}{b - a}\widetilde{E}$$

$$= \frac{1}{b - a}\left[\begin{pmatrix}(\mathrm{e}^{b} - \mathrm{e}^{a})a & 0 \\ 0 & (\mathrm{e}^{b} - \mathrm{e}^{a})b\end{pmatrix} + \begin{pmatrix}b\mathrm{e}^{a} - a\mathrm{e}^{b} & 0 \\ 0 & b\mathrm{e}^{a} - a\mathrm{e}^{b}\end{pmatrix}\right]$$

$$= \frac{1}{b - a}\begin{pmatrix}(b - a)\mathrm{e}^{a} & 0 \\ 0 & (b - a)\mathrm{e}^{b}\end{pmatrix} = \begin{pmatrix}\mathrm{e}^{a} & 0 \\ 0 & \mathrm{e}^{b}\end{pmatrix}$$

となる.

$$\boxed{\text{第 10 章}}$$

$\boxed{\text{問題 } 1}$　$\cos^3 x$ をフーリエ展開せよ.

解答: 計算の便のために複素表現:

$$f(x) = \frac{1}{2} \sum_{m=-\infty}^{\infty} C_m \mathrm{e}^{imx}, \quad C_m = \frac{1}{\pi} \int_{-\pi}^{\pi} f(x) \mathrm{e}^{-imx} \mathrm{d}x$$

を用いる. 複素係数 C_m は

$$
\begin{aligned}
C_m &= \frac{1}{\pi} \int_{-\pi}^{\pi} \cos^3 x \; \mathrm{e}^{-imx} \mathrm{d}x \\
&= \frac{1}{\pi} \int_{-\pi}^{\pi} \left(\frac{\mathrm{e}^{ix} + \mathrm{e}^{-ix}}{2} \right)^3 \mathrm{e}^{-imx} \mathrm{d}x \\
&= \frac{1}{8\pi} \int_{-\pi}^{\pi} \left(\mathrm{e}^{i(3-m)x} + 3\mathrm{e}^{i(1-m)x} + 3\mathrm{e}^{-i(1+m)x} + \mathrm{e}^{-i(3+m)x} \right) \mathrm{d}x
\end{aligned}
$$

で与えられる. ここで積分

$$I_{mn} = \int_{-\pi}^{\pi} \mathrm{e}^{-inx} \mathrm{e}^{imx} \mathrm{d}x = 2\pi \delta_{mn} \begin{cases} m = n \text{ のとき}, 2\pi \\ m \neq n \text{ のとき}, 0 \end{cases}$$

より, C_m は $m = 1, 3$ の場合だけ値を持ち

$$C_1 = \frac{1}{8\pi} \times 3 \times 2\pi = \frac{3}{4}, \qquad C_3 = \frac{1}{8\pi} \times 1 \times 2\pi = \frac{1}{4}$$

となる. よって, $C_m = a_m - ib_m$ より, $a_1 = 3/4, a_3 = 1/4$ となり, $\cos^3 x$ は

$$\cos^3 x = \frac{1}{4}(3\cos x + \cos 3x)$$

と展開されることが分かる.

問題 2 フーリエ級数を周期 $2L$ の関数に適応するように変形せよ.

解答: 変数変換

$$x \Rightarrow \frac{2\pi}{2L}t = \frac{\pi}{L}t$$

により,$2L$ を周期とする関数に適応するフーリエ級数の表現:

複素表現

$$f(t) = \frac{1}{2}\sum_{m=-\infty}^{\infty} C_m e^{i\pi mt/L}, \quad C_m = \frac{1}{L}\int_{-L}^{L} f(t)e^{-i\pi mt/L}dt.$$

実表現

$$f(t) = \frac{1}{2}a_0 + \sum_{m=1}^{\infty}\left(a_m\cos\frac{\pi m}{L}t + b_m\sin\frac{\pi m}{L}t\right),$$

$$a_m = \frac{1}{L}\int_{-L}^{L} f(t)\cos\frac{\pi m}{L}t\,dt, \quad b_m = \frac{1}{L}\int_{-L}^{L} f(t)\sin\frac{\pi m}{L}t\,dt$$

を得る.

新装版あとがき

　我が国の出版界は，「暗黙の諒解」で出来ている．契約書はもちろん，口約束すら無しに漠然と企画が進行し，いよいよ出版という段階になって，はじめて何らかの取り決めが行われる，ということが稀ではない．要するに，著者と出版社との信頼関係のみで出来ている不思議な世界なのである．

　従って，その信頼関係が一度崩れれば，全てが破綻する．二回に渡る本書旧版の絶版も，この信頼関係の崩壊により生じた．当り前の話ではあるが，著者に「出版する権利」は無く，与えられているのは「関係を断つ権利」だけである．誠に不本意ながら，この権利を行使せざるを得なかったという次第である．

　昨今，専門書は益々肩身が狭い．歴史的な名著，素晴らしい翻訳書でさえ相次いで絶版になる時代になった．これを何とか食い止めたいと考え，名著の文庫化を思い立ったのであるが，そのためには専門書が文庫の形式で成立することを，可読性の面でも，商業的面でも証明しなければならない．そのための一つの実験が，本書旧版の文庫化であった．

　幸いこの企画は一応の成功を収めた．そして，本来の大きな計画に向かって進めるか，という段階まで来た所で破綻してしまった．現在，「専門書の文庫化」は様々に試みられているようであるが，誠に残念なことに少々方向を見誤っている．まあ誰の手柄であろうが，何の切っ掛けであろうが，著者の一つの夢が曲がり形にも具体化し，それが多くの学徒に受け入れられているなら，以て瞑すべしということであろうか．

　さて，我々教育者の使命は，個人的な学問・真理探究の成果を広く国民に紹介し，以てその福祉に貢献すること以外に無い．テキストに限定して考えれば，その内容が読者にどれほど深い影響を与えるか，或いはどれほど多くの読者に迎え入れられるか，この両者の積によって，その貢献度を概算することが出来よう．ごく僅かの人達にではあるが，その人生に決定的影響を与える著作と，

大量の読者は居るが各個人への影響力はさほど無い著作と，それぞれにそれぞれの役割がある．いずれも重要である．しかし，商業出版としての立場から考えれば，部数が優先されることは否めない．単純な商品としての価値は，部数と単価の積で決まるからである．

　文化的価値と商業的価値，両者に共通する因子は「部数」である．広く読まれるものでありながら，同時に強い影響を与えるよう内容を吟味する，というのは極めて難しく，誰もが出来ることではないし，何度も出来ることでもない．ネットを活用した市場調査をやったところで，個性的な著作は，集団ではなく「個人の発想」によってしか生み出し得ないものであるから，話は簡単ではないのである．著作は人であり，人そのものである．人生の全てを賭けて挑むものである．このことが理解出来ないようなら，出版の世界に身を置くべきではない．このことを広く理解して頂くためにも，本気の著作が今必要なのである．

　今後も「永遠のテーマ」であるこの課題に挑戦しようと，志だけは高く持っているが，さて何処まで出来るか．我が国は，基礎教育，学術書の分野でも世界一になり得る大きな可能性を秘めている．日本語は，極めて豊かで繊細な表現力を持っている．最終的な出力が「何語」で表されているかということは，多くの翻訳者が存在する現在では大きな問題ではない．執筆者に求められるものは，「独自の視点」であり，「豊かな表現力」であり，「飽くなき執念」である．

　理数分野での業績は，直ちに世界の平和と安定に貢献する．読者の中から是非とも，この分野に進む人が出てきて欲しい．大した先輩は居ない，充分やれる．世界基準に合わせるのではなく，日本基準を世界に広め，「教育の問題なら全て日本人に任せておけ」と言わしめたいものである．これは既に「マンガ・アニメ」の世界では実現している．同じ「二次元」で出来ないはずがないだろう．これが著者最大の夢である——世界は君を待っている！

平成 21 年 12 月 23 日　著者 識

索引

Index

数学
——人間精神の名誉のために.　　ヤコビ

索引

◆　**わ行**

「参考」欄の索引

著者紹介

吉田　武（よしだ　たけし）

京都大学工学博士（数理工学専攻）

著　書　『ケプラー・天空の旋律：60小節の力学素描』共立出版，1999.

『マクスウェル・場と粒子の舞踏：60小節の電磁気学素描』共立出版，2000.

『虚数の情緒：中学生からの全方位独学法』東海大学出版会，2000.

『あの無限，この無限，どの無限？』日本経済新聞社，2002.

『ノーベル物理学劇場・仁科から小柴まで：中学生が演じた素粒子論の世界』
　東海大学出版会，2003.

『私の速水御舟：中学生からの日本画鑑賞法』東海大学出版会，2005.

『はやぶさ：不死身の探査機と宇宙研の物語』幻冬舎，2006.

『素数夜曲：女王陛下のLISP』東海大学出版会，2012.

『呼鈴の科学：電子工作から物理理論へ』講談社現代新書，2014.

『はじめまして数学リメイク』東海大学出版部，2014.

『はじめまして物理』東海大学出版部，2017.

『処世の別解：比較を拒み「自己新」を目指せ』東海大学出版部，2017.

『たくましい数学：九九さえ出来れば大丈夫！』
　集英社インターナショナル新書，2022.

本書は2010年1月に東海大学出版部より発行された同名書籍（最終版：2019年4月第26刷）を弊社において引き継ぎ出版するものです。

新装版 オイラーの贈物―人類の至宝$e^{i\pi}=-1$を学ぶ―

2021年1月23日　第1版第1刷発行
2024年12月12日　第1版第2刷発行

著　者　吉田　武

発行者　原田邦彦

発行所　東海教育研究所
　　　　〒160-0022 東京都新宿区新宿1-9-5新宿御苑さくらビル4F
　　　　電話 03-6380-0494　FAX 03-6380-0499
　　　　eigyo@tokaiedu.co.jp

印刷所　株式会社真興社

製本所　誠製本株式会社